データの取得、
行・列操作による
データ処理から、
モデリング、let式、
DAXクエリまで
完全解説!

Excel パワークエリ

Power Query is the most powerful business tool.

実戦のための技術

沢内晴彦
haruhiko sawauchi

ソシム

はじめに

日常の業務において大量のデータを扱う機会が増え、またローコード/ノーコードツールが一般的になっている昨今、パワークエリは高い注目を浴びてきています。パワークエリを使用することで、これまでVBAなどのプログラム言語が必要だった処理や、Excel関数だと煩雑になってしまう処理も、マウス操作だけで簡単に実行できるようになるからです。

しかし、これはパワークエリのごく限られた側面に過ぎません。実務の場面でパワークエリを本格的に活用したいのであれば、「マウス操作だけ」という楽さに満足してしまうのではなく、その潜在能力にまで迫る必要があります。

パワークエリで大量のデータを取り扱う場合、そもそも「なぜそのような処理を行うのか」といった目的、例えば商品別の売上データを分析したり、消費者の消費傾向を把握するといった目的があるはずです。であれば、単なる操作方法だけでなく「なぜそのような処理を行うのか」という「考え方」、さらには、データ分析のためにどのようなデータが必要で、それをどのように準備するかといった「設計」の考え方が重要になります。

そこで本書では、基本的な操作方法はもちろん、分析用のデータをどのように準備するかといった「考え方」や「設計」に焦点を当て、パワークエリを用いて本当に意味のある「業務で使えるデータ」を作る方法や、エラーへの対処法、エラーが発生しないようにする手法まで詳細に解説します。

そして何よりも「M言語」です。マウス操作だけでは実現できない処理を行うためには、M言語を避けて通ることはできません。そこで、M言語についても基本から実務での活用方法まで詳細に解説します。

さらに、パワークエリで準備したデータを実際に活用するためのパワーピボット、そしてパワーピボットを使いこなすために必須のDAXについても詳しく解説して行きます。

ここまで聞くと「難しそう」というイメージを持たれるかもしれません。確かに、普通の入門書に比べると難しいところもあると思います。しかし、そこまでの知識を身につけていただくことで、皆さんのスキルが実務レベルにまで向上することは間違いありません。

ぜひ、本書でしっかりと「知識」と「考え方」、そして「テクニック」を吸収して、実戦に耐えうる本当の「パワークエリ使い」になってください。

目次

第1部 パワークエリを使い倒すための下地を作る

第1章 パワークエリの「基本」と実戦のための「考え方」

第4章
複数の表をつなげて、より有効なデータを作成する

第5章
分析用にデータを加工・計算する

題6章

エラーの対応と修正しやすい設定

第2部 パワークエリをさらに深く極めるために

第7章

対象データの設計

第8章
M言語の基本的な構文を知る

第9章
M言語の活用

第10章
DAXの基本的な構文を知る

第11章
DAXの実戦的な利用方法

サンプルファイルについて

本書では、解説で使用したファイルの一部をダウンロードして実際に動作させることができます。ダウンロードに対応しているファイルは、誌面の「サンプルファイル名」見出しの右に、ファイル名が記載されています。

> **6-3　変更に強い設定**
>
> CheckPoint!　□セルに入力されたデータの活用方法
> □M言語でExcelの「行」と「列」を指定する方法
>
> サンプルファイル名　Sample1.xlsx、Sample2.xlsx、売上データ1.csv

ダウンロード対応ファイルは、そこで紹介している「機能」や「考え方」を理解する上で、実際の動作を確認し理解を深めていただくために用意しています。実際に操作して確認するだけではなく、データを変更するなど色々とアレンジして試してみてください。

□ダウンロード方法

本書で作成・使用しているサンプルファイルは、下記の弊社ホームページの書籍紹介ページ（以下URL）よりダウンロードすることができます。ページ内にある［正誤表・ダウンロード］欄をご参照ください。

> URL：
> https://www.socym.co.jp/book/1450

なお、ダウンロードしたファイルは圧縮ファイル（ファイル名「Sample.zip」になっていますので、展開してからご使用ください。

□サンプルファイルの形式

本書で使用するサンプルファイルは、Excel2016/2021/365バージョンで使用できる「.xlsx」形式で作成しています。

□Sampleの構成と保存先

“Sample.zip”をダウンロードし解凍すると［Sample］フォルダ内に、サンプルファイルが章番号ごとのフォルダに分けられて保存されています。また併せて、各章のフォルダには「完成例」フォルダがあり、紹介する機能や「考え方」のポイントごとの完成例ファイルを保存してあります。この完成例ファイルはファイル名が「X-X-X完成例.xlsx」のようになっており、この「X-X-X」部分は図版の番号と一致します（例えば「1-5-6完成.xlsx」であれば、第1章の図1-5-6の時点での完成例となります）。

サンプルファイルは、このファイルを展開後、Cドライブの直下に配置することを想定しています。実際に操作するうえでは他の任意のフォルダに保存いただいて結構ですが、一緒に保存されている完成例ファイルはCドライブ直下のSampleフォルダ内にある想定で作られています。これは、パワークエリが他のファイルのデータを取得した場合、そのファイルの参照先が固定になるためです。

□使用上の注意

収録ファイルは十分なテストを行っておりますが、すべての環境を保証するものではありません。また、ダウンロードしたファイルを利用したことにより発生したトラブルにつきましては、著者およびソシム（株）は一切の責任を負いかねますので、あらかじめご了承ください。

□作業環境

本書の紙面は、Windows 11、Microsoft Office 365 がフルインストールされているパソコンにて、画面解像度を1,920 × 1,080ピクセルに設定した環境で作業を行い、画面を再現しています。異なるOSやOffice、画面解像度をご利用の場合は、基本的な操作方法は同じですが、一部画面や操作が異なる場合がありますのでご注意ください。

□パワーピボットについて

パワーピボットはアドインとして提供されているため、実際に使用する際には準備が必要になります。詳しい手順は第10章で解説していますので、そちらを参考にしてください。

□補足

本書は、VBAを実戦で使うためのテクニックや「考え方」を説明したものです。そしてこのサンプルプログラムは、それらの「考え方」の理解を深めるために使用するものです。

ですので、コードを使用する際には、単純に動作させて結果を見るというよりも、コードの各ステップでどのような処理が行われているかを確認するようにしてください。

また、コードをご自分なりにアレンジし、想定した動作になるかを確認するのも理解を深めるための良い方法です。

なお、一部ですがExcelシート上のデータが書籍内と異なるものがあり、この場合も、データが異なるとはいえ、紹介しているコードの「考え方」を確認できるものをご用意しています。ですので、他のサンプル同様、各ステップでどのような処理が行われているか確認し、「考え方」を理解するようにしてください。

第1部

パワークエリを使い倒すための下地を作る

第1章

パワークエリの「基本」と実戦のための「考え方」

パワークエリを実戦視点で使いこなすためには、単に「個々の機能」を知るだけでは足りません。「どんな目的のツールなのか」「習得に必要な知識とは」など、機能以前に知っておくべき前提（基本）が色々とあるのです。

本章では、パワーピボットについても解説します。パワークエリを踏み込んで使いこなすには、パワーピボットを無視するわけにはいかないからです。

1-1　パワークエリとは

CheckPoint!　□パワークエリでできることは?
□パワークエリで得られるメリット

サンプルファイル名　なし

パワークエリでできること

パワークエリは、Excelファイルの表だけではなくCSVファイル（テキストファイル）やデータベース、さらにはPDFファイルやWebのデータを取得・加工できるツールです。

ビジネスの現場では、様々なデータを処理・分析するケースに遭遇します。例えば、売上が悪ければその対策をしなくてはならないわけですが、その際に過去のデータを元に原因の分析を行うことにもなるでしょう。パワークエリはその分析対象となるデータを取得し、さらに分析しやすいように加工するためのツールなのです。

主なパワークエリの機能をまとめると、次のようになります。

- Excelに様々なデータを取得する
  （例：CSV、PDF、Web、Accessデータベースなど）
- 複数のデータを1つの表にまとめる
  （例：1月と2月の売上データを1つの表にする）
- データを分割する（例：氏名を「姓」と「名」に分ける）
- データを結合する（例：「姓」と「名」を結合して「氏名」にする）
- 不要な列を削除する
- フィルタを利用して、必要な行だけを取得する
- データを集計する

など

Memo

パワークエリはExcelに付属のツールで、Excel2016から標準的に搭載されるようになりました。それ以前のバージョンでも、Excel2010以降であればアドインとして別途インストールすれば利用可能です。

パワークエリのメリット

これらのパワークエリの機能の多くは、Excelの標準機能や関数を利用してもできることです。ではなぜ、わざわざパワークエリを使うのか。それは、パワークエリを利用すれば、Excelで行うよりもより簡単に大量のデータを処理することができるからです。

例えば、先ほどのパワークエリの機能の例の中にある「データを分割する（例：氏名を「姓」と「名」に分ける）」という処理は、Excelの標準機能であれば「区切り位置」の機能、関数であればLEFT関数、FIND関数、MID関数、LEN関数を組み合わせれば実現できます（「姓」と「名」の間にスペースがあるという前提ですが）。

図1-1-1 「区切り位置」の機能の例

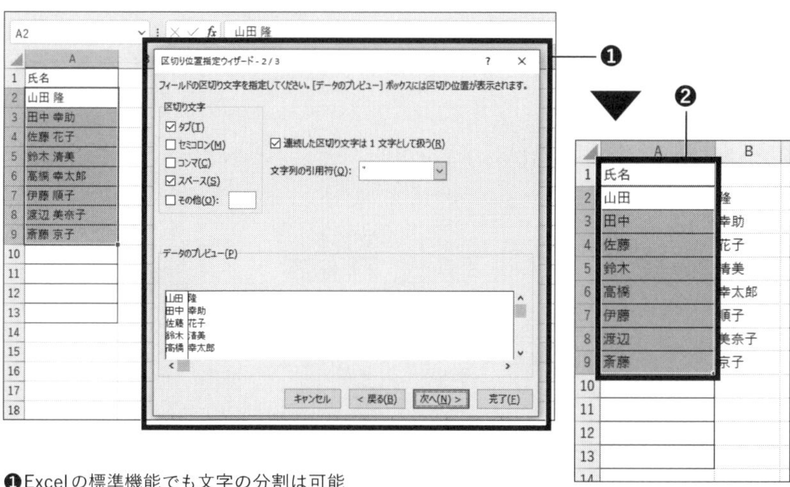

❶Excelの標準機能でも文字の分割は可能
❷このように「氏名」が「姓」と「名」に分割される

しかし、このExcelの「区切り位置」の機能には少し面倒な部分もあります。

先ほどの図1-1-1の処理結果を見てください。「氏名」を分割したのですから当然、「名」が隣の列に入力されています。そしてこの時、もともと隣の列にデータがあれば置き換えられてしまうのです。だから、あらかじめ隣の列に空白列を入れておく必要があります。

あるいは、図1-1-2のようにデータが追加されたとします。その場合、改めて「区切り位置」の機能を使用してデータを分割する必要が生じてしまいます。

図1-1-2
「氏名」欄にデータが追加された場合

	A	B	C	D
1	氏名			
2	山田	隆		
3	田中	幸助		
4	佐藤	花子		
5	鈴木	清美		
6	高橋	幸太郎		
7	伊藤	順子		
8	渡辺	美奈子		
9	斎藤	京子		
10	田中 陽子			
11	大原 恵			
12	川崎 健太			
13	丸山 京子			
14				

❶改めて「区切り位置」の機能を利用して、データを分割する必要がある

対して、パワークエリであればあらかじめ空白列を用意する必要もありませんし、一度列を分割する設定さえしてしまえば、データが追加になっても「データ更新」を行えば自動的に追加したデータも分割されます。

図1-1-3　パワークエリの例

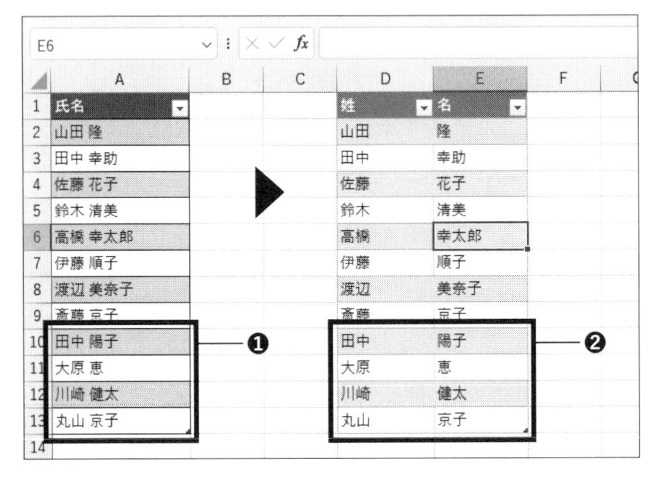

	A	B	C	D	E	F
1	氏名			姓	名	
2	山田 隆			山田	隆	
3	田中 幸助			田中	幸助	
4	佐藤 花子			佐藤	花子	
5	鈴木 清美			鈴木	清美	
6	高橋 幸太郎			高橋	幸太郎	
7	伊藤 順子			伊藤	順子	
8	渡辺 美奈子			渡辺	美奈子	
9	斎藤 京子			斎藤	京子	
10	田中 陽子			田中	陽子	
11	大原 恵			大原	恵	
12	川崎 健太			川崎	健太	
13	丸山 京子			丸山	京子	
14						

❶データが追加されても

❷改めて操作することなくデータが分割される

この違い、大したことがないように感じる方もいるでしょう。しかし、この作業を毎日必ず行わなくてはならないとしたら、どうでしょうか？ しかも、1つの表だけではなく他にも、例えば10個のファイルを更新しなくてはならないとしたら？

仮に、その処理に5分かかったとします。たかが5分ですが、1週間で25分、1ヶ月では100分ですから、業務効率化の面から言えばバカにはならない数値です。

このように、Excelの標準機能を使えば普通にできる処理であっても、データが追加されるなど日々更新しなくてはならないような処理であれば、パワークエリを利用するメリットが大いにあるのです。

Memo

パワークエリのようなツールのことを一般に、ローコード/ノーコードツールと呼びます。プログラムを記述しなくても良く、基本的にマウス操作で様々な処理ができるため、誰でも簡単・手軽に業務効率化ができるというメリットがあります。

ただし、より便利に効果的にパワークエリを使用するには、コードを全く書かないという訳にはいきません。むしろ、コードを書いた方が「楽」なケースもあるくらいです。この辺りは順次解説していきます。

さらに、パワークエリを利用すれば、Excelのシートの行数（約104万行）を超えるデータも扱うことができます。そもそも、パワークエリはビジネスの場面で何らかのデータを分析する際に、元データを取得・加工するためのツールです。分析対象のデータは、100万件を超えることも決して少なくはありません。仮に、シートに収まる数十万件のデータであってもExcel上で処理したら、処理が遅くて仕事にならないということになるでしょう。

しかしこのような場合でも、パワークエリであれば、より少ないストレスでデータを扱うことができるのです。

1-2 パワークエリとパワーピボットの関連

CheckPoint! □パワークエリとパワーピボットの役割の違い
□両者に同様の機能があった場合の使い分けは？

サンプルファイル名　なし

パワークエリとパワーピボット

1-1で説明したように、パワークエリはデータを取得・加工するためのツールです。そして、この処理の最終的な目的はデータ分析ですが、パワークエリそのものにはデータ分析を行うための機能（例えば、ピボットグラフを作るといった機能）はありません。

そこで利用されるのがパワーピボットです（Excelのアドインとして提供されており、使用する際にはアドインを「有効化」します。詳しくは10章を参照してください）。

パワーピボットは、データ分析のためにデータを可視化するツールです。ユーザーは、ピボットテーブルやピボットグラフによるデータの可視化を通じて、データ分析を行うことができます。

ですから、パワークエリの最終的な利用目的であるデータ分析を行うためには、パワーピボットの利用が避けられないのです。

ここで、パワークエリとパワーピボットの関連をさらに理解するために、パワーピボットの主な機能と、1-1で紹介したパワークエリの機能とを比較してみましょう。

パワーピボットでできること

・ピボットテーブルの作成
・複数の表を利用したピボットテーブルの作成
・データを集計する
・ピボットグラフの作成
など

図1-2-1　パワークエリとパワーピボットの関連

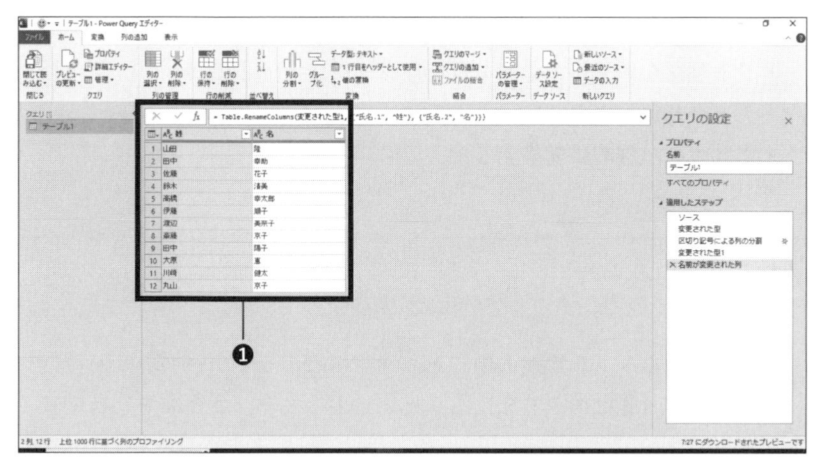

❶パワークエリはデータを取得･加工するツール

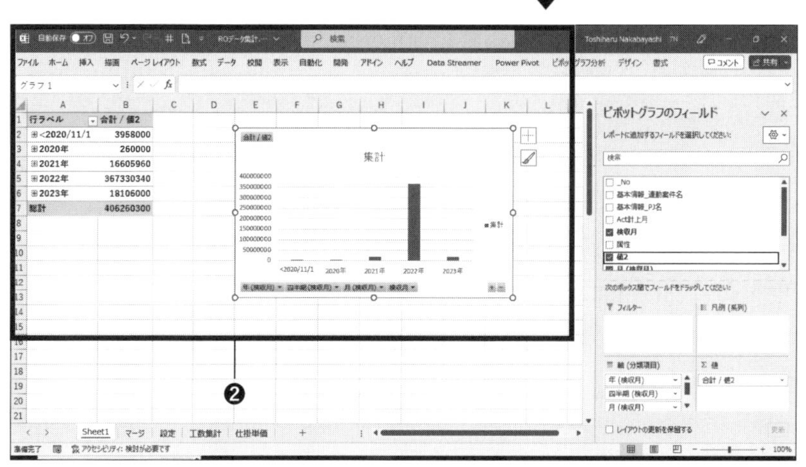

❷パワーピボットはデータを可視化するツール。最終的にはユーザーがデータ分析を行う

パワークエリでできること

- Excelに様々なデータを取得する
  （例：CSV、PDF、Web、Accessデータベースなど）
- 複数のデータを１つの表にまとめる
  （例：１月と２月の売上データを１つの表にする）
- データを分割する（例：氏名を「姓」と「名」に分ける）

・データを結合する（例：「姓」と「名」を結合して「氏名」にする）
・不要な列を削除する
・フィルタを利用して必要な行だけを取得する
・データを集計する
・集計表を一覧表に変換する
など

Memo
　パワーピボットの機能の中でも、通常のピボットテーブルと大きく異なるのが「複数の表を元にしたピボットテーブルを作成できる」という点です。
　データを分析する際には、関連する様々なデータを元に、様々な角度から分析する必要があります。通常のピボットテーブルだと元となる表は1つだけですから、より多角的な分析ができるのがパワーピボットだと言えるでしょう。

　パワークエリは「データの取得・加工」がメインなのに対し、パワーピボットは「データを利用してピボットテーブルやピボットグラフを作る」といった、データの可視化の機能がメインとなっています。このことからも、パワークエリとパワーピボットの関連性がわかるのではないでしょうか。

パワークエリのスキルアップには、パワーピボットの知識が必須

　このように、パワークエリを利用するということは、結果的にパワーピボットの利用にもつながるのですが、だからこそパワークエリをより活用するにはパワーピボットの知識が必要となるのです。
　というのも、パワークエリで取得・加工したデータがパワーピボットでは扱えない、つまりデータの可視化ができない形だとしたらどうでしょう？

それは結果的にデータ分析ができない、つまりパワークエリを使う最終目的が果たせないということになってしまいます。そうならないためにも、パワーピボットの機能をきっちりと理解しておくことが重要なのです。

別の言い方をすれば、パワークエリでは「元のデータを、パワーピボットで扱いやすい形に取得・加工することが大切」ということになります。
そこで、次節では「パワーピボットで扱いやすいと考えられているデータ」について解説して行きたいと思います。

1-3 スタースキーマなどの基本的な考え方を理解する

CheckPoint! □スタースキーマとは何か
□ファクトテーブル/ディメンションテーブルの違いは?

サンプルファイル名　なし

パワークエリで扱うデータ

1-2で説明したように、パワークエリではパワーピボットで扱いやすい形にデータを加工する必要があります。

では、パワークエリで用意すべきデータには、どのようなものがあるのでしょうか?

多くの考え方があるのですが、押さえておきたいのは「スタースキーマ」です。スタースキーマとは、図1-3-1のように関連付けられた複数の表のことを言います。

図1-3-1　スタースキーマの概念図

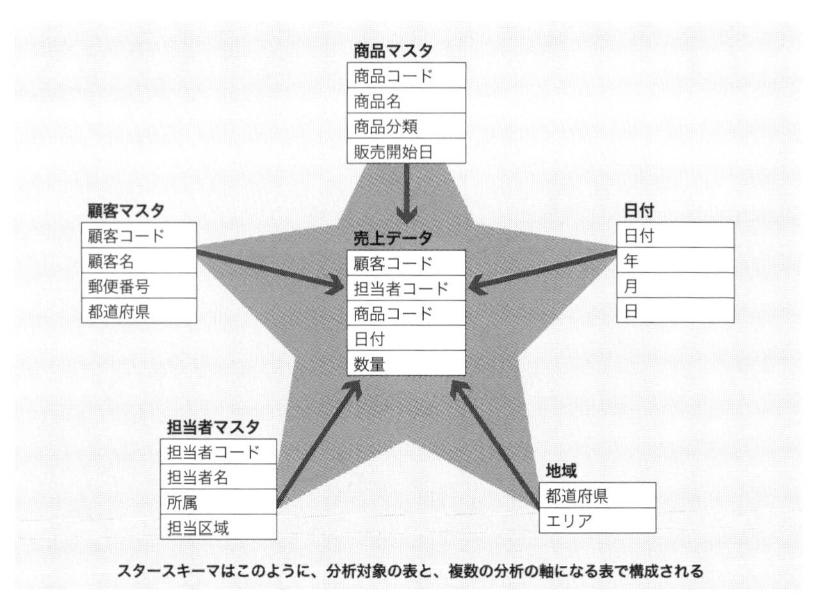

スタースキーマは、大まかに分けると中心にある「分析対象の表（テーブル）」と、周囲にある「分析の軸となるテーブル」の2つで構成されます。

「分析対象」は、例えば日々の売上データなどです。そして「分析の軸」は、例えば商品の売上を分析したいのであれば「商品一覧（商品マスタ）」、担当者別の売上を分析したいのであれば「担当者一覧（担当者マスタ）」ということになります。これらのテーブルを関連付けて処理を行うわけですが、関連付けた形が星形のようになるため「スタースキーマ」と呼ばれます。つまり、パワークエリではこの形を作れるように、データを取得・加工することになるわけです。

なお、「分析対象」のことをファクトテーブル、「分析の軸」のことをディメンションテーブルと呼びます。

StepUp!

パワークエリやパワーピボットでは、データモデルという考え方が導入されています。データモデルは大量のデータを扱うことが前提のため、データを圧縮する機能が備わっています。そのため、ファイル容量も小さく抑えることが可能です。

ファクトテーブルには、ディメンションテーブルと関連付けるための「キー」項目があります。

図1-3-2　ファクトテーブルとディメンションテーブルの例

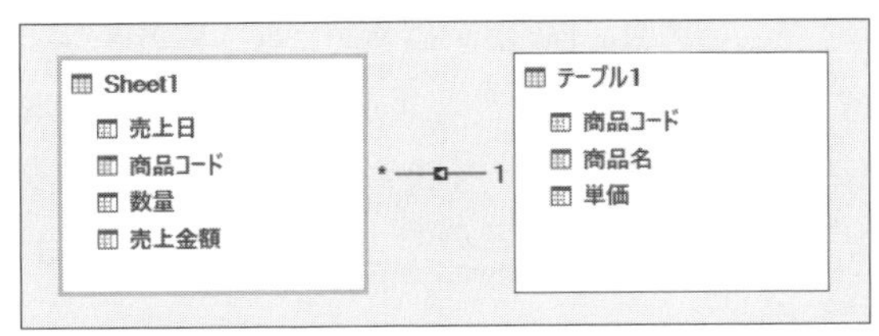

「Sheet1」がファクトテーブルで、「テーブル1」がディメンションテーブルになる。ここでは「商品コード」をキーとして、2つのテーブルを関連付けている

Memo

Accessなどのデータベースに馴染みがあるなら、ファクトテーブルはトランザクションテーブル、ディメンションテーブルはマスタテーブルと理解していただいても結構です。

また、スタースキーマのテーブル間の関連付けは、データベースのリレーションシップとほぼ同じと考えていただいても問題ありません（詳しくは第4章参照）。

実際にファクトテーブルやディメンションテーブルを作る方法は次章以降で解説しますが、その準備として、ここではもう少しファクトテーブルとディメンションテーブルについて理解を深めておきましょう。

ファクトテーブルとディメンションテーブルの基礎

早速ですが、図1-3-3を見てください。日々の売上データが記録されているテーブル（ファクトテーブル）と担当者マスタ（ディメンションテーブル）の2つのテーブルが、担当者コードをキーとして関連付けられています。

図1-3-3　売上データと担当者マスタ

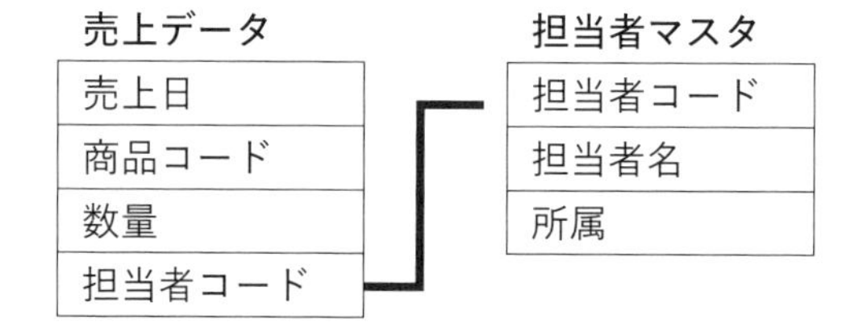

ここでまず知っておいてほしいのは、「売上データ」には「担当者コード」はあるけど「担当者名」は無いという点です。「売上データ」の「担当者コード」と「担当者マスタ」の「担当者コード」が関連付けられているため、必要なときに「担当者名」を参照できるので「売上データ」には不要なのです。

ですので、実際にファクトテーブルをパワークエリで作成する際には、この点を考えながら作業することになります。

なお、「担当者名」を「売上データ」に持たないことによって全体のデータ量を減らすことができ、処理のパフォーマンス的にも有利になります。

ディメンションテーブルは注意が必要

次は「担当者マスタ」です。

図1-3-3の「担当者マスタ」の具体例を見てみましょう。

図1-3-4は、実際に入力されているデータの例です。

図1-3-4 「担当者マスタ」のデータ例

担当者コード	担当者名	所属
202104001	中村紘一	営業1課
200304001	田中芳江	営業2課
201004002	河村健太	営業1課
201804001	斎藤良平	営業2課

先ほどのファクトテーブルの説明で、『「担当者名」は「担当者マスタ」を参照すればわかるので、ファクトテーブル（「売上データ」）には持たない』という話をしました。しかし、この「担当者マスタ」では「所属」が「所属コード」ではなく、単に「所属」となっています。

先ほどの考え方に従えば、この「所属」も「所属コード」にして、図1-3-5のように「所属マスタ」として持つべきだとも考えられます。

図1-3-5 「所属マスタ」がある場合の関連図

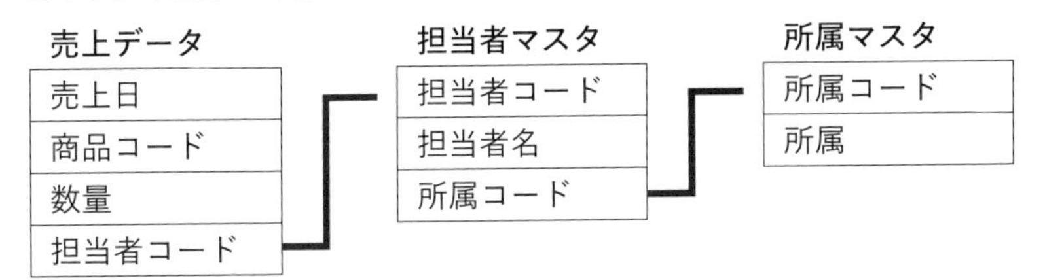

確かにそのような考え方もありますが、スタースキーマの考え方では、ここまでのテーブル分解は行いません。

図1-3-5では、売上データの分析のために「所属」を参照するには「担当者マスタ」を経由する必要があります。そしてテーブルを分解するということは、それだけ経由するテーブルが増えることになり、全体の処理速

度に影響が出る可能性が高くなります。

ですので、スタースキーマでは図1-3-1の概念図のように、ファクトテーブルの周りに分析軸となるディメンションテーブルを置きますが、ディメンションテーブル自体がさらに分割されるということはないのです。

StepUp！

このようなテーブル分割の処理を「正規化」と呼びます。そして、データベースを扱っている方であればご存じかと思いますが、スタースキーマではあえて正規化をすべて行わず、パフォーマンスを上げるという考え方をとっています。

とはいえ、正規化をすべて行うケースも当然あります。パフォーマンスよりも、全体のデータ量を減らすことを優先する場合などです。図1-3-5のように正規化をすべて行ってできた形は、スタースキーマに対してスノーフレークと呼ばれます。

まずは、このような考え方をベースとしてパワークエリでデータを取得・加工する、ということを知っておいてください。

なお、図1-3-3の「売上データ」には「商品コード」もありました。ですから、実際には「商品マスタ」も用意して、「売上データ」と関連付けることになります。

1-4 M言語とDAXの理解が必要な理由

CheckPoint! □M言語の知識はなぜ必要なのか
□DAXの「計算列」と「メジャー」の違いは?

サンプルファイル名　なし

パワークエリとM言語

パワークエリでデータの取得・加工を行う際は、特にプログラムを書いたりする必要はありません。しかし実際には、裏で次のような命令が自動的に記述されています。

図1-4-1　パワークエリの画面

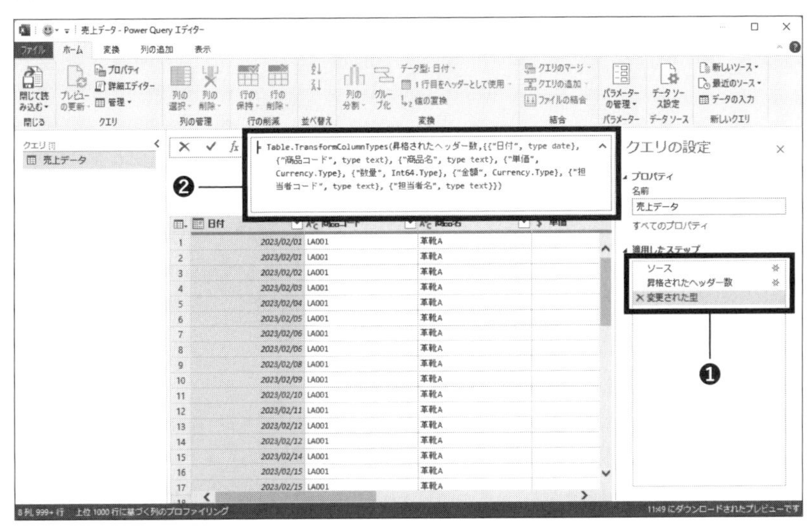

❶パワークエリで行った操作が記録されている

❷操作に対応する命令が自動的に生成されている。これがM言語

この自動生成される命令が、M言語（Power Query M）です。自動生成されるので、パワークエリを勉強し始めたばかりであれば特に気にする必

要はありません。しかし、パワークエリをより踏み込んで使いたいなら、避けては通れないのがM言語なのです。

例えば、パワークエリ上で列の並べ替えを行うとします。その場合、図1-4-2のように見出しをドラッグすることで、列の並べ替えができます。

図1-4-2　パワーピボットでの列の並べ替え

	No	案件名	契約日	売上金額	売上金額	取引
1	1	サンプル案件1	2023/01/05 0:00:00	2023/02/10 0:00:00	10000	
2	2	サンプル案件2	2023/02/15 0:00:00	2023/03/20 0:00:00	25000	
3	3	サンプル案件3	2023/03/10 0:00:00	2023/04/15 0:00:00	18000	
4	4	サンプル案件4	2023/04/20 0:00:00	2023/05/25 0:00:00	32000	
5	5	サンプル案件5	2023/05/01 0:00:00	2023/06/05 0:00:00	15000	
6	6	サンプル案件6	2023/06/03 0:00:00	2023/07/08 0:00:00	28000	
7	7	サンプル案件7	2023/07/12 0:00:00	2023/08/17 0:00:00	21000	
8	8	サンプル案件8	2023/08/06 0:00:00	2023/09/10 0:00:00	19000	
9	9	サンプル案件9	2023/09/15 0:00:00	2023/10/20 0:00:00	27000	
10	10	サンプル案件10	2023/10/08 0:00:00	2023/11/12 0:00:00	23000	
11	11	サンプル案件11	2023/11/18 0:00:00	2023/12/23 0:00:00	35000	
12	12	サンプル案件12	2023/12/10 0:00:00	2024/01/14 0:00:00	28000	
13	13	サンプル案件13	2024/01/20 0:00:00	2024/02/24 0:00:00	21000	
14	14	サンプル案件14	2024/02/15 0:00:00	2024/03/21 0:00:00	29000	

❶見出しをドラッグ＆ドロップして、列を並べ替えることができる

その際に自動生成されたコードは、次のようになります。

▼コード　並べ替えを行うM言語

```
= Table.ReorderColumns(変更された型,{"No", "案件名", "契約日", "取引先コード", "売上金額", "売上日", "取引先名", "取引先部署コード", "取引先部署名", "部署コード", "部署名", "担当者コード", "担当者名"})
```

並べ替えは「ReorderColumns」という命令で行います。その後の {} 内に項目名を指定すればOKです。これを知っていれば、項目名を編集すれば良いのですから、いちいちドラッグ＆ドロップの作業を行わなくても素早く正確に並べ替えの指定ができるのです。

M言語でできること

その他にも、M言語を利用すると、例えば図1-4-3のようなテーブルを作成することができます。

図1-4-3 M言語の例

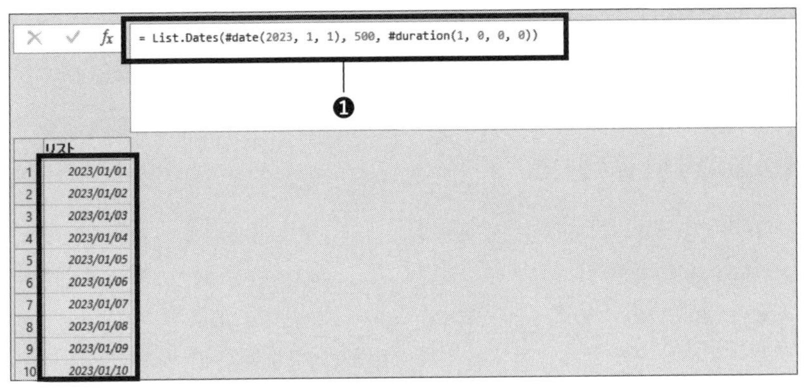

❶ここでは「日付」のテーブルを作成している

また、関数を作ることもできます。関数の作成については第8章で詳しく説明しますが、関数を作成することで、パワークエリのリボンにある機能にはない処理（例えば、「㈱」や「(株)」をまとめて「株式会社」に置換するといった名寄せ）が可能になります。

このように、パワークエリを実戦の中で使っていくには、M言語の知識が不可欠だと言っても過言ではないのです。

DAXとは

DAX（Data Analysis Expressions）はパワーピボットで利用される言語ですが、パワークエリの活用にはパワーピボットの併用が不可欠である以上、DAXについても理解してくべきでしょう。

そこで、まずはDAXについて最低限押さえておいてほしい「計算列」と「メジャー」について説明しておきます。

Memo

DAXはExcel関数に似た構文を持っています。次のDAXは、「売上データ」テーブルの「売上」列の平均を「平均売上」として求めます。

```
平均売上 = AVERAGE('売上データ'[売上])
```

詳細は第10章で説明しますが、ひとまず「Excel関数の構文に似ている」という点を理解をしておいてください。

DAXの「計算列」と「メジャー」

DAXの理解には、まず「計算列」と「メジャー」の2つの用語が大切です。詳しくは第10章で説明しますが、ここでは「計算列＝行単位で処理するもの（例えば、「単価」×「数量」といったもの）」であるのに対し、「メジャー＝テーブル全体に対する処理（例えば、「売上合計」や「売上平均」を求めるもの）」だと理解しておいてください。

パワークエリとの関連で言えば、やはり「メジャー」です。テーブル全体を対象にした計算という考え方は、パワークエリにはありません。

そのため、データ分析の対象としてそういった項目が必要な場合は、DAXで計算することを前提としたテーブルをパワークエリで作る必要があります。

1-5　データ取得の基本

CheckPoint!　□データの取得方法の違い
□データ更新における注意点

サンプルファイル名　売上データ.csv

データ取得の際のポイント

パワークエリでデータを取得するには、いくつかのポイントがあります。ここでは、データを取得するための操作手順について解説しながら、データ取得時のポイントについても紹介して行きたいと思います。

まずは、データを取得する際の基本的な手順を解説します。ここではサンプルとして、新規ブックに「売上データ.csv」ファイルのデータを取得します。

図1-5-1　データの取り込みの開始

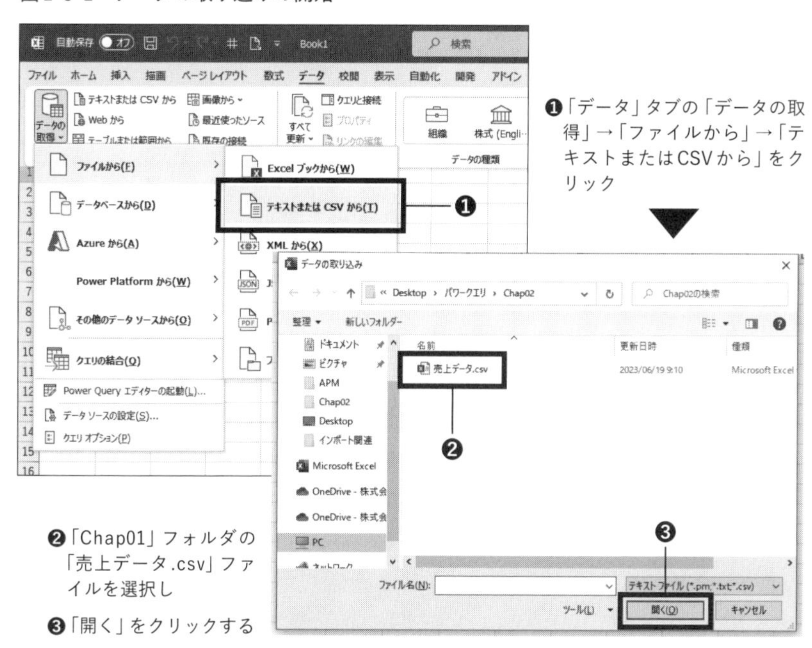

ここではCSVファイルを指定していますが、Excelファイルでも基本的な手順は同じです（Excelファイルの場合は「テキストまたはCSVから」ではなく、「Excelブックから」を選択します）。また、Webやデータベースが対象の場合も、対象を選択する画面が異なるだけで、この後の操作については基本的に同じ考え方となります。

続けて、対象のデータを取得します。

図1-5-2　データの取得

売上データ.csv

元のファイル：932: 日本語 (シフト JIS)　区切り記号：コンマ　データ型検出：最初の 200 行に基づく

日付	商品コード	商品名	単価	数量	金額	担当者コード	担当者名
2023/02/01	LA001	革靴A	12,000.00	4	48,000.00	99-001	中村俊之
2023/02/01	LA001	革靴A	12,000.00	1	12,000.00	01-003	新田祥子
2023/02/02	LA001	革靴A	12,000.00	1	12,000.00	01-003	新田祥子
2023/02/03	LA001	革靴A	12,000.00	7	84,000.00	01-001	前川勝利
2023/02/04	LA001	革靴A	12,000.00	2	24,000.00	99-002	森田祐子
2023/02/05	LA001	革靴A	12,000.00	1	12,000.00	01-001	前川勝利
2023/02/06	LA001	革靴A	12,000.00	3	36,000.00	00-001	田中博行
2023/02/06	LA001	革靴A	12,000.00	7	84,000.00	99-001	中村俊之
2023/02/08	LA001	革靴A	12,000.00	10	120,000.00	99-001	中村俊之
2023/02/09	LA001	革靴A	12,000.00	10	120,000.00	02-005	岡崎松陽
2023/02/10	LA001	革靴A	12,000.00	2	24,000.00	00-001	田中博行
2023/02/11	LA001	革靴A	12,000.00	6	72,000.00	01-001	前川勝利
2023/02/12	LA001	革靴A	12,000.00	4	48,000.00	99-001	中村俊之
2023/02/12	LA001	革靴A	12,000.00	7	84,000.00	01-003	新田祥子
2023/02/14	LA001	革靴A	12,000.00	3	36,000.00	00-001	田中博行
2023/02/15	LA001	革靴A	12,000.00	3	36,000.00	99-001	中村俊之
2023/02/15	LA001	革靴A	12,000.00	5	60,000.00	00-002	山中美晴
2023/02/16	LA001	革靴A	12,000.00	1	12,000.00	02-001	渡部和彦
2023/02/17	LA001	革靴A	12,000.00	10	120,000.00	99-001	中村俊之
2023/02/18	LA001	革靴A	12,000.00	6	72,000.00	02-001	渡部和彦

サイズ制限よりプレビュー内のデータが切り詰められています。

❶

読み込み　データの変換　キャンセル

❶プレビュー画面になるので、「データの変換」をクリック

ここで「データの変換」をクリックするのがポイントです。隣にある「読み込み」ではない点に注意してください。

「データの変換」をクリックすると、図1-5-3のようにパワークエリエディタが自動で起動し、指定したデータが表示されます。これで、パワークエリを利用する目的であるデータの加工が行えることになります。

なお、「読み込み」をクリックすると指定したデータがExcelのワークシートに表示され、パワークエリエディタは起動しません。そのため、データの加工を行うには改めてパワークエリエディタを起動しなくてはならず、効率的ではありません。

図1-5-3 「データの変換」時の動作

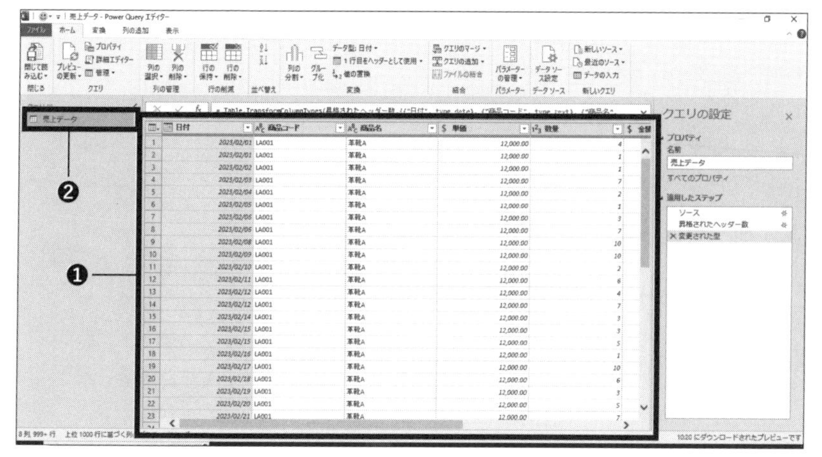

❶パワークエリエディタが表示される
❷対象のデータは「クエリ」として読み込まれる

これで一旦、データを取得することができました（なお、パワークエリでは取得したデータや加工したデータは「クエリ」として管理されます）。次に「データの加工」の処理に入るのですが、ここではひとまずデータ加工が終わったとして話を進めます。

データ加工が終わったらデータをExcelに読み込むのですが、その際のポイントは「読み込み先をどうするか」です。読み込みの方法には「閉じて読み込む」と「閉じて次に読み込む」があるのですが、「閉じて読み込む」の場合、Excelにワークシートが自動的に追加され、そこにデータが読み込まれます。対して「閉じて次に読み込む」では、読込先の指定ができます。ここでは「閉じて次に読み込む」処理を行います。

図1-5-4 読み込み先の選択

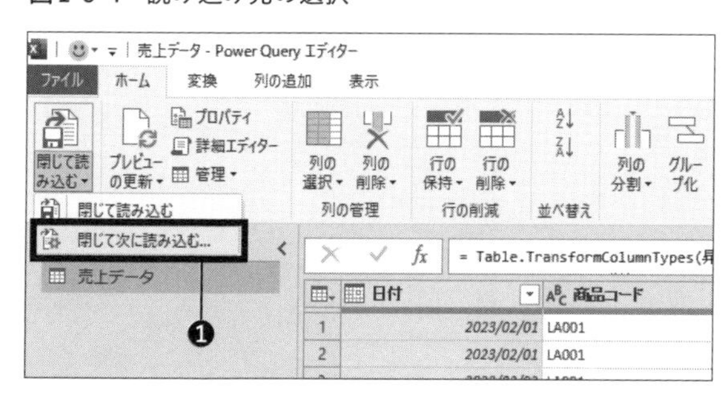

❶「ホーム」タブの「閉じて読み込む」にある「▼」をクリックし、「閉じて次に読み込む」をクリック

図1-5-5 「データのインポート」ダイアログ

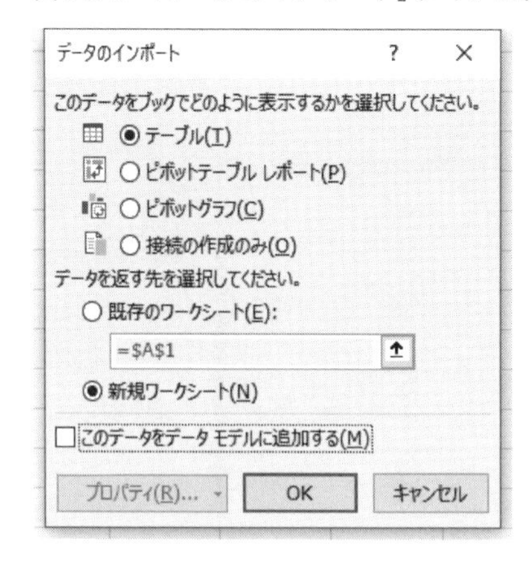

ここでデータの読み込み先を指定できる。Excelにデータを表示（取り込む）場合は「テーブル」を選択し、「データを返す先を選択してください」で対象のワークシートとセルを選択する（「新規ワークシート」の場合は、セルA1が対象となる）

ここで知っておいてほしいのが、「テーブル」を選択した場合と「接続の作成のみ」の違いです。それぞれの結果は、図1-5-6のようになります。

図1-5-6 「テーブル」と「接続のみ作成」の違い

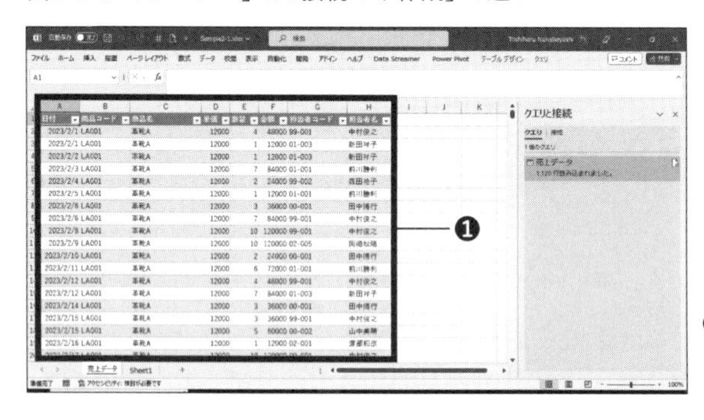

❶「テーブル」を指定すると、Excelにデータが取り込まれる

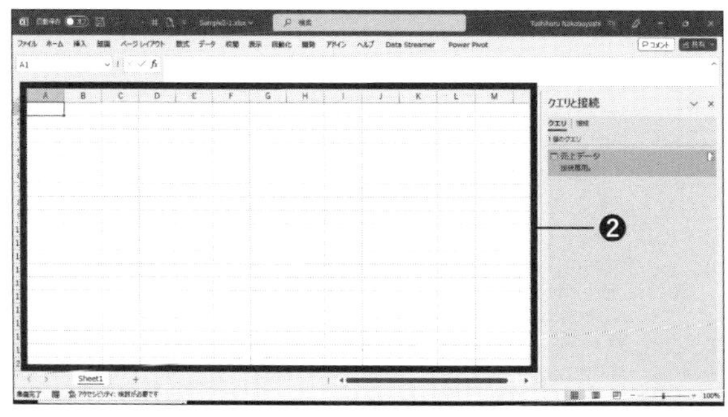

❷「接続の作成のみ」では、Excelにはデータは取り込まれない

このように「接続の作成のみ」の場合、元データとパワークエリでどのように加工したかの情報は保存されていますが、データ自体はExcelに取り込まれません。

この「テーブル」を指定した場合との違いはとても大切なので、さらに詳しく解説して行きます。

「データの読み込み先」の指定は使い分けが重要

繰り返しになりますが、「テーブル」として読み込んだ場合は対象のデータがExcelに読み込まれます。そのため、当然ですがデータを確認したり、そのデータを元に集計することが可能です。そして、そういった目的の場合は「テーブル」を指定することになります。

対して「接続の作成のみ」の場合、データがExcelには表示されません。ただ、データが見えなくては意味がないと感じる方もいるかもしれませんが、そういうわけでもないのです。

「接続の作成のみ」のメリットは、大きく次の2点です。

①Excel上に表示する必要のないデータを取り込まないことで、Excelファイル自体のサイズを減らすことができる。

②データベースのデータなど大量のデータが対象の場合、Excelのワークシートに表示しきれない場合がある。そのような場合でも、「接続の作成のみ」にすることで対象のデータとして扱うことができる。

例えば、社員マスタを利用したデータ分析を行うとします（社員ごとの有給消化率を確認するとなど）。その場合、社員マスタそのものはExcelに取り込む必要がありません（社員マスタを参照して分析用に加工したデータがあれば良いのですから）。

このような場合、社員マスタは「接続の作成のみ」にすべきでしょう。

Memo

後から読み込み先の設定を変更することも可能です。読み込み先の設定を変更する場合は、「クエリと接続」(表示されていない場合は、「データ」タブの「クエリと接続」グループにある「クエリと接続」をクリックして表示してください)で変更可能です。

図1-5-7 「読み込み先」の変更

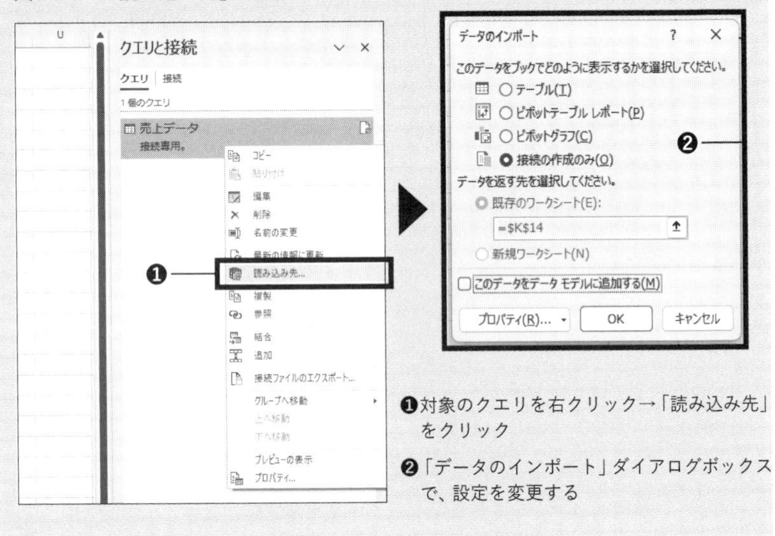

❶対象のクエリを右クリック→「読み込み先」をクリック

❷「データのインポート」ダイアログボックスで、設定を変更する

次に、大量のデータを対象とするケースです。

Excelのワークシートは約100万行ありますが、データベースのデータの場合、それを優に超えるデータを扱っていることもあります。そのようなデータを対象にするなら、「接続の作成のみ」を利用することになります。

このように、「接続の作成のみ」を指定した方が良いケースもあるのです。その点を理解して、「テーブル」を指定するケースと使い分けるようにしてください。

さて、これでデータを取得することができたわけですが、実務では当然、元データが更新されるというケースも発生します。そこで、次は「元データが更新された場合の処理」について解説します。

データ更新について

データを取得後に元データが更新された場合、パワークエリの処理結果も更新する必要があります。しかし、パワークエリのデフォルトの設定は「手動での更新」になっている点に注意してください。

実は、パワークエリには更新のタイミングを指定する機能があります。手動更新ではどうしても忘れてしまうリスクがあるので、ぜひ、更新のタイミングの設定は行うようにしてください。

更新のタイミングは「クエリプロパティ」ダイアログボックスで設定します。

「クエリプロパティ」は、図1-5-8の手順で表示します。

図1-5-8　更新タイミングの設定

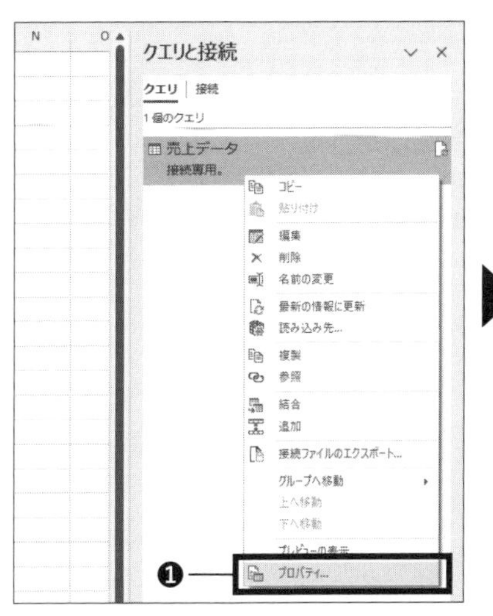

❶「クエリと接続」でクエリを右クリック→「プロパティ」をクリック

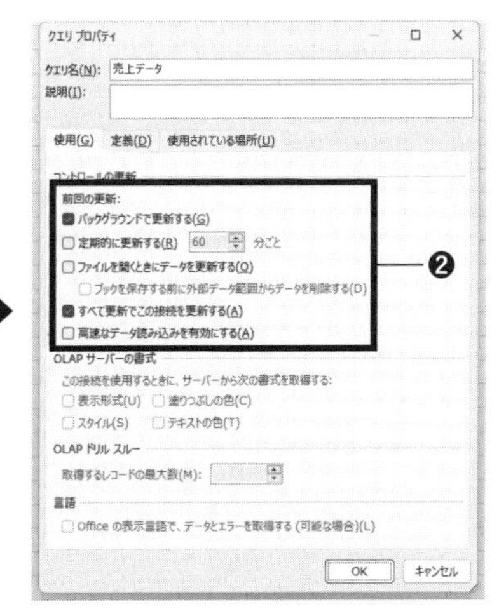

❷「クエリプロパティ」が表示されるので、「前回の更新」で設定する

「前回の更新」の項目を、それぞれの注意点と合わせて次のページの表にまとめます。

■「前回の更新」の項目と注意点

項目	注意点
バックグラウンドで更新	クエリが多く、またファイルの更新順序が問題になる場合は、チェックを外した方が良いケースもある。
定期的に更新	「分」単位で設定できるが、あまり細かいと例えばデータベースが対象の場合、データベースへの負荷が多くなってしまい、パフォーマンスに影響する可能性がある。
ファイルを開くときにデータを更新する	ファイルを開く際に時間がかかってしまうケースがある。
すべて更新でこの接続を更新する	このオプションを外してしまうと、「すべて更新」時にこのクエリが更新されなくなってしまうため注意が必要。 外すのは「非常に処理の重いクエリで、他のクエリとは別で処理したいケース」など。
高速なデータ読み込みを有効にする	ケースによってはメモリ使用量が増え、かえってパフォーマンスが落ちる可能性がある。

ひとまず更新を忘れないようにするのであれば、「ファイルを開くときにデータを更新する」をオンにしておけば十分でしょう。こうすることで、古いデータのまま分析を進めてしまうというリスクを回避することができます。

StepUp！

更新処理をVBAで行いたいという人もいると思います。

VBAでは、次のコードでデータを更新することができます。

```
ActiveWorkbook.RefreshAll    'すべてのクエリを更新する
ActiveWorkbook.Connections("クエリ - ○○クエリ").
Refresh    '特定のクエリを更新する
```

ただし、「クエリプロパティ」の「前回の更新」で「バックグラウンドで更新」をオフに設定しておかないと、このコードを実行してもデータが更新されないことがあります。

第1章のまとめ

- パワークエリは、Excelだけではなくテキストファイル（CSVファイル）やPDFファイル、データベースやWebなど様々なデータを取得・加工するためのツールである。

- パワークエリを利用する最終的な目的は、元となるデータを分析すること。そのためパワークエリのスキルアップには、データ分析のためのデータを可視化できるパワーピボットについても知っておくことが重要。

- パワークエリをより深く使いこなすためには、パワーピボットで使用するDAXについても理解しておく必要がある。まずは「計算列」と「メジャー」という2つの用語について知っておけばOK。

- パワークエリでは、データ分析しやすい「形」にデータを加工する必要があり、その代表的な「形」が「スタースキーマ」である。スタースキーマは、「ファクトテーブル（分析対象のデータ）」と「ディメンションテーブル（分析の軸となるデータ）」で構成される。

- パワークエリの既定の設定では、元となるデータの更新を反映させるには手動で行う必要がある。ただ、これでは古いデータでデータ分析を行ってしまう可能性があるため、例えば「ファイルを開くときに更新」といった設定への変更が必要。

第2章

データ加工の基本

パワークエリで取得したデータの加工において、行と列の操作は欠かせません。そこで、まず身につけていただきたいのは「基本となる操作方法」と「どのようなタイミングで処理すべきかといった考え方」なのですが、特に「考え方」はきちんと理解しておかないとパワークエリを使いこなすことはできないと思ってください。

本章では、全体を通じてM言語にも触れていきます。M言語については、詳しくは第8章以降で解説しますが、その準備段階としてM言語に慣れておいていただきたいのです。また、パワークエリの処理がどのようなものなのかの理解を深めるためにも、行・列の操作を行ったときに作成されるM言語を確認していきます。

2-1 データ読み込み時に行われる処理を理解する

CheckPoint! □データ読み込み時に自動で行われている処理
□パワークエリの「ステップ」とは？

サンプルファイル名　売上データ.xlsx

データ読み込み直後の状態を確認する

ここではまず、データ読み込み直後の状態を確認します。単にデータを読み込む処理といっても、実はパワークエリがいくつかの処理を自動的に行う場合があるからです。

図2-1-1は「売上データ.xlsx」ファイルの「Sheet1」シートにある表を読み込んだものです。ここで見てほしいのが「ステップ」です。

図2-1-1 「売上データ.xlsx」ファイルのデータを読み込んだ状態

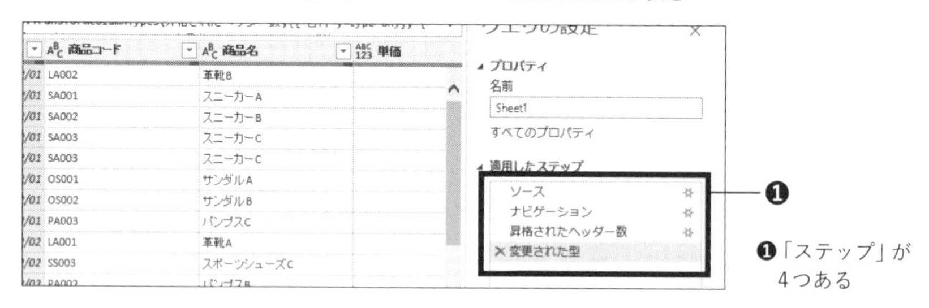

この4つの「ステップ」は、「売上データ.xlsx」ファイルを読み込む際にパワークエリが自動で行ったものです。実際には、各ステップで図2-1-2のようなM言語が自動的に作られています。

図2-1-2 「ステップ」で作成されたM言語のコードの例

```
Excel.Workbook(File.Contents("C:\Users\[illegible]\デスクトップ
  \Jpb_Temp\パワークエリ\Chap02\売上データ.xlsx"), null, true)
```

ステップごとにこのようなコードが自動的に作成される

ここでは4つのステップが自動的に作成されていますが、このステップ数は読み込むデータによって異なります。まず理解していただきたいのは、データ読み込み時にパワークエリが自動的に行っている処理があって、それは「ステップ」という単位で行われているという点です。

なお、作成されたM言語の全体を確認するには、「表示」タブの「詳細エディター」をクリックします。

図2-1-3 「詳細エディター」の表示

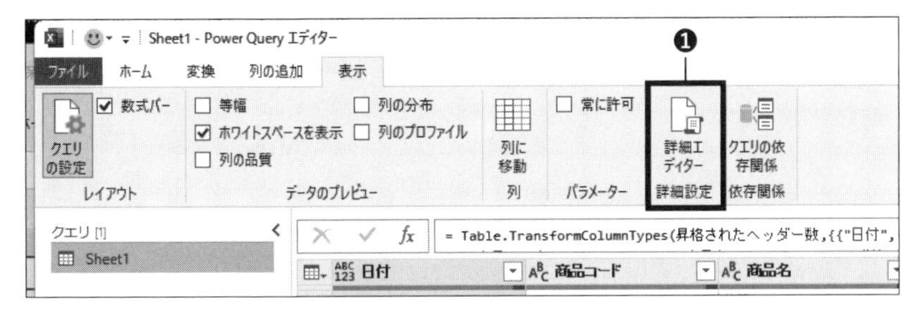

❶「表示」タブの「詳細エディター」をクリックする

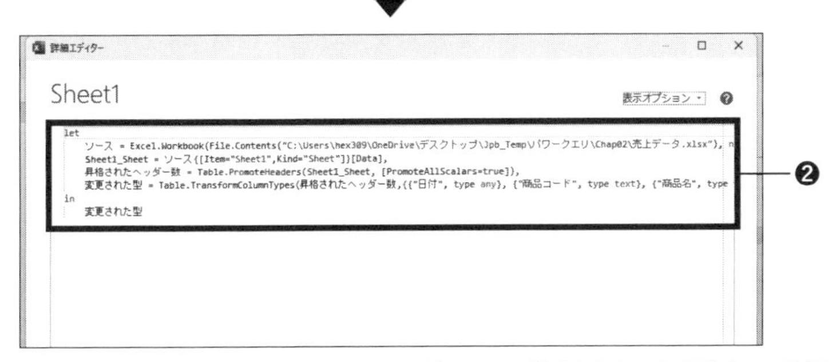

❷「詳細エディター」ダイアログボックスが表示され、作成されたM言語をすべて確認できる

Memo

パワークエリの「ステップ」は、パワークエリで行う処理（操作）の単位と考えてください。パワークエリで何か操作を行うたびに「ステップ」が自動的に作成され、同時にM言語も自動作成されます。なお、パワークエリには「元に戻す」機能がありません。間違った操作をした場合は、作成されたステップの左側にある「×」をクリックして削除します。

この読み込み時の処理は、パワークエリが自動的に行う処理なので通常はあまり気にする必要はないのですが、ここでは理解を深めるためにこの4つのステップについて1つずつ確認して行きましょう。

それぞれの「ステップ」について理解する

先ほどの「売上データ.xlsx」を読み込んだタイミングでは、ステップには次の4つがありました。

▼各ステップとその処理内容

ステップ名	処理内容
ソース	元となるファイルの指定。
ナビゲーション	元となるファイルから取得するデータの指定。
昇格されたヘッダー数	見出しの設定。
変更された型	データ型の設定。

まずは1つ目の「ソース」です。「ソース」の処理で自動的に作成されたM言語は、次のようになります

▼コード 「ソース」の処理で自動作成されたコード

```
= Excel.Workbook(File.Contents("C:¥Users¥XXXX¥OneDrive¥
デスクトップ¥パワークエリ¥Chap02¥売上データ.xlsx"), null,
true)
```

ここでは対象となるファイルのパスが指定されています（実際のパスは環境によって異なります）。パワークエリでは元ファイルのファイル名や保存先が変更された場合、自動更新されないためこのパスを修正しなくてはなりません。パスを修正するには、「ソース」ステップをダブルクリックして更新するか、直接M言語を修正します。

Memo

すでに作成された「ステップ」を編集するには、対象のステップをダブルクリックします。例えば「ソース」をダブルクリックすると、図2-1-4のように編集画面が表示されます。

図2-1-4　ステップ「ソース」を編集する

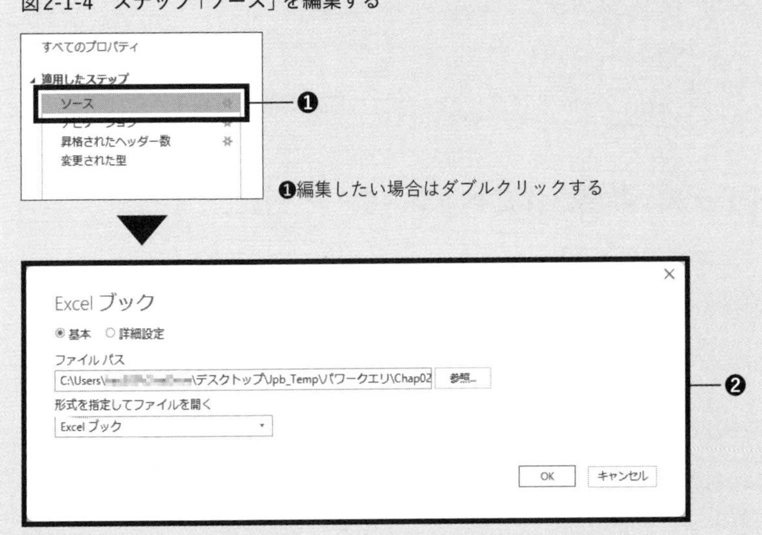

❶編集したい場合はダブルクリックする

❷処理内容に応じた編集画面が表示される

ステップ「ナビゲーション」の処理

次の「ナビゲーション」では、「ソース」で指定したファイルのどのデータを読み込むかを指定しています。M言語を見てみましょう。

▼コード　ステップ「ナビゲーション」で自動作成されたコード

```
= ソース{[Item="Sheet1",Kind="Sheet"]}[Data]
```

ここでは「Item="Sheet1"」で対象が「Sheet1」であること、そして「Kind="Sheet"」で対象がワークシートであること、つまり「Sheet1」ワークシートを取得していることがわかります。パワークエリでは、元データのシート名が変更になっても設定されているシート名が自動更新されないためエラーになります。そのため、もし対象のシート名が変わったらこの部分を修正します。

> **StepUp!**
>
> ここでは、読み込み対象の「売上データ.xlsx」ファイルの表にはテーブルの設定がされていません。もし元の表にテーブルの設定が行われていると、Itemはテーブル名、kindには「table」が指定されます。

ステップ「昇格されたヘッダー数」の処理

「昇格されたヘッダー数」は、パワークエリが表の1行目を見出しとして自動判定して設定する処理です。この処理が行われる前は、仮の見出しとして「Column1」「Column2」……が設定されます。

図2-1-5 「昇格されたヘッダー数」の処理

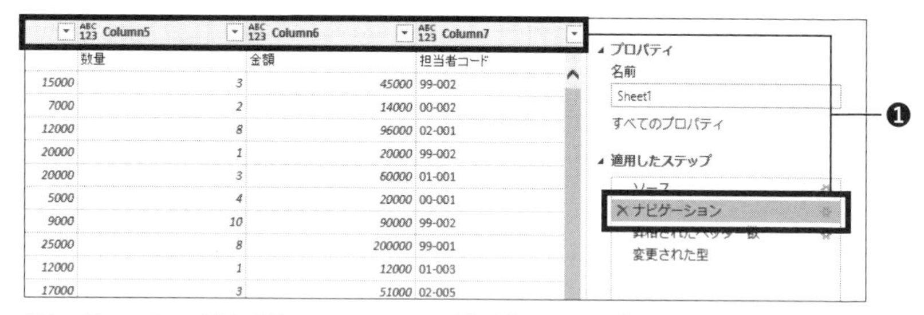

❶1つ前のステップ「ナビゲーション」では、列名が「Column1」「Column2」……のようになっている

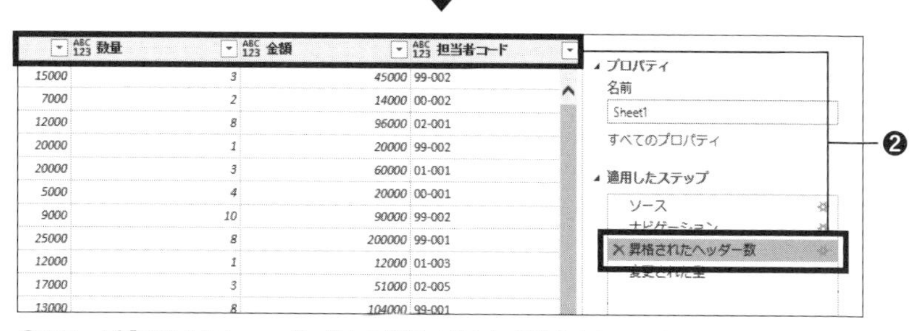

❷ステップ「昇格されたヘッダー数」の処理で見出しが設定されている

では、この処理で自動生成されるM言語を見てみましょう。

▼コード　ステップ「昇格されたヘッダー数」で自動作成されたコード

```
= Table.PromoteHeaders(Sheet1_Sheet,
[PromoteAllScalars=true])
```

ここではPromoteHeadersという命令が使用されています。この命令は、データの先頭の行をヘッダー（つまり見出し）にするという命令です。データ読み込み後、パワークエリが見出しとして判断した行は、この命令によって見出しに設定されます。なお、元データがテーブルやデータベースなどデータ読み込み時に見出しが明確な場合は、このステップは入りません。

ステップ「変更された型」の処理

ここでは、パワークエリが各列の「データ型」を自動的に判定して設定します。まず知っておくべきなのは、パワークエリでは列に「データ型」があるという点です。こちらもM言語を見てみましょう。

▼コード　ステップ「変更された型」で自動作成されたコード

```
= Table.TransformColumnTypes(昇格されたヘッダー数,{{"日付
", type any}, {"商品コード", type text}, {"商品名", type
text}, {"単価", type any}, {"数量", type any}, {"金額",
type any}, {"担当者コード", type text}, {"担当者名", type
text}})
```

列の見出しの後に、それぞれ「type ○○」となっているのがわかります。この「type」の後にあるのがデータ型となります。ここでは「any」と「text」の2種類があり、「any」は「すべてのデータ」を表し、「text」は「テキスト（文字列）」を表します。

なお、この「データ型」が自動設定される処理には注意点があります。

それを理解していただくために、まずは「データ型」とは何かについて解説して行きましょう。

列の「データ型」とは

パワークエリでは、それぞれの列のデータに応じた「型」を指定します。日付が入力される列であれば「日付」型、文字であれば「テキスト」型、数値であれば「整数」型や「10進数」型という具合です。

パワークエリで使用されるデータ型は、次のようになります。

▼パワークエリのデータ型

データ型	説明
テキスト	テキスト形式で表現した文字列、数値、または日付を格納できる。最大文字列長は、268,435,456文字（Unicode文字）または536,870,912バイト。
True/False	TrueまたはFalseのいずれかのブール値。
10進数	64ビットの浮動小数点数。小数部の値を持つ数値を処理することができる。10進数型は、-1.79E+308~–2.23E–308、0、正の値(2.23E–308~1.79E+308)の負の値を処理できる。10進数型で表現できる最大の精度は15桁。小数点区切り文字は数値内の任意の位置に置くことができる。特定の10進数を表すときに精度の細かい違いが発生する可能性がある。
固定小数点数	このデータ型は通貨型とも呼ばれ、小数点区切り文字について固定位置を持つ。小数点区切り文字の右側には常に4桁の数字が入り、有効数字は最大19桁。表現できる最も大きい値は922,337,203,685,477.5807(正または負)。10進数とは異なり固定小数点数型は常に正確であるため、浮動小数点表記の不正確性によって誤差が発生する可能性がある場合に利用する。
整数	64ビットの整数値を表す。整数なので小数は扱わない。19桁の数字を使用でき、-9,223,372,036,854,775,807(–2^63+1)~9,223,372,036,854,775,806(2^63-2)の正または負の整数を扱うことができる。
Percentage	基本的には10進数型と同じだが、パワークエリーエディターウィンドウで列の値をパーセンテージとして書式設定する。書式設定のみである点に注意。

日付/時刻	日付と時刻の両方の値を表す。1900年から9999年までの日付がサポートされる。
日付	日付だけを表す。
時刻	時刻だけを表す。
日付/時刻/タイムゾーン	UTCの日付/時刻とタイムゾーンオフセットを表す。
期間	時間の長さを表す。
Binary	バイナリ形式の、その他のデータを表すことができる。
任意	任意のデータ型は、明示的なデータ型定義がない列に対して指定された状態。すべての値を対象とするデータ型。

「日付」「時刻」「日付/時刻」「日付/時刻/タイムゾーン」型は、いずれも似たデータ型ではありますが、使い分けが必要なケースがあるので注意してください。例えば、M言語やDAXで使用する関数には引数（例えば、Excelの関数であればSUM関数にセル範囲を指定しますが、この関数に指定する値を「引数」と言います）を指定するケースがあります。その引数に異なるデータ型の値を指定するとエラーになってしまいます。「日付」や「時刻」に関するデータ型には、特に注意してください。

なぜこのような機能があるかというと、一番の理由はデータ型を適切に指定することでファイルサイズを減らすことができるためです。例えば、整数型と10進数型（小数を含む）では整数型の方が小数を含まないため、ファイルサイズが小さくなります（10進数型では「1」という値も「1.00」のように小数部分も含めて保存されるため）。したがって、小数を扱う必要がない列では「整数型」を指定すべきです。

また、データ型を指定することで誤った計算を防ぐことができます。例えば、間違って文字が入力されている列と数値が入力されている列の値を掛け算しようとすると、エラーになります。

なお、Accessなどのデータベースソフトでは、「データ型」は一般的な仕組みです。

Memo

Excelでは文字列として入力されている「001」と、数値として入力されている「1」を加算することができます。これはこれで便利な部分もあるのですが、本来は文字と数値を足し算するのはおかしい処理となります。もしそのような処理を行いたい場合は、データ型を変換する関数を使用します（詳しくは第9章で解説します）。

データ型の注意点

「データ型」は、以下2つの点に注意してください。

・自動的に設定された場合、間違っている可能性がある
・日付を入力する列は手動設定する必要がある

1つ目ですが、これを理解するには、まずパワークエリがデータ型をどのように判定しているかを知る必要があります。

パワークエリではデータ型を判定する際、図2-1-6のように対象データの最初の200行をチェックしています（すべてのデータをチェックしてい

図2-1-6　データ型の自動判定がうまくいかない例

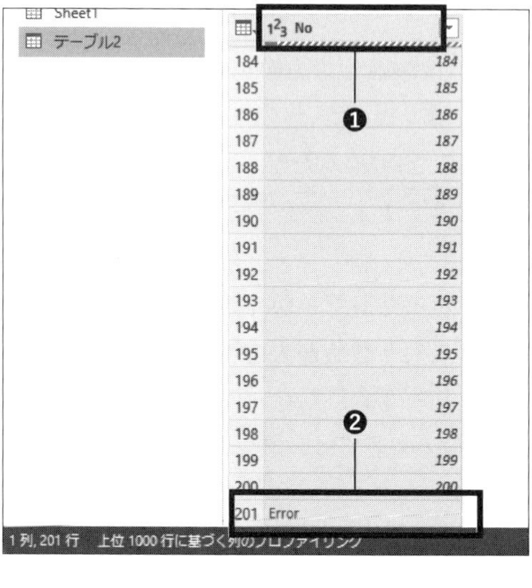

❶データ型は「整数」になっている
❷201行目がエラーになっている（実際は文字列が入力されている）

るわけではありません)。そのため、仮に200行目までが整数で、それ以降に文字が入力されている場合、パワークエリは自動的にデータ型を「整数」型にします。結果、200行目以降の文字のデータは、Excelに読み込んだ際には空欄になります(パワークエリ上では「Error」となります)。

このような場合は、「データ型」を「テキスト」型に変更してください。「データ型」の変更は図2-1-7の手順で行います。

図2-1-7 「データ型」の変更手順

❶見出しの左側にあるデータ型を表すマークをクリックする

❷「テキスト」を選択する

❸「列タイプの変更」ダイアログボックスが表示されるので、「現在のものを置換」をクリックする

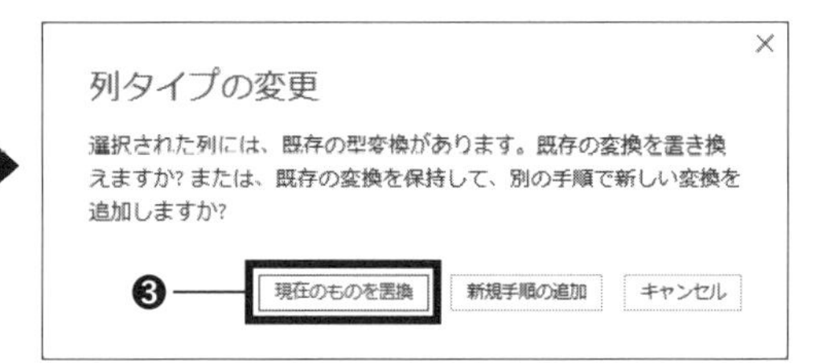

Memo

ただし、これはあくまで対象の列が数値も文字も入力して良いケースのみです。例えば、「売上データ」の「数量」列に文字が入っているのはイレギュラーです。データ型を変えてしまうと文字でも読み込めてしまうので、逆にイレギュラーを見つけられなくなってしまいます。対象の列がどのようなものかによって判断するようにしてください。

これで、図2-1-8のように文字列も正しく読み取ることができるようになります。

図2-1-8　実行結果

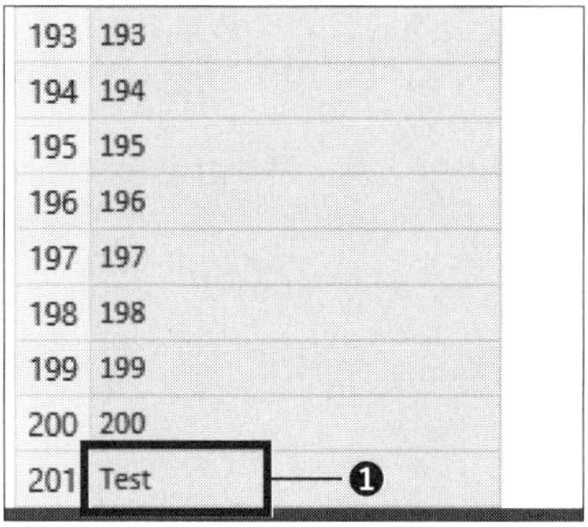

❶文字列のデータが読み込まれた

Memo

　データ取得時にデータ型の自動判定が行われるのは、元データがExcelファイルやCSVファイルの場合です。元データがデータベースなど、もともとデータ型が指定されているデータでは、その情報を取得して設定されます。

　次は「日付を入力する列は手動設定する必要がある」の方ですが、図2-1-9で本節の最初に読み込んだ「売上データ.xlsx」の「日付」列を確認してみます。

図2-1-9　「売上データ.xlsx」の「日付」列

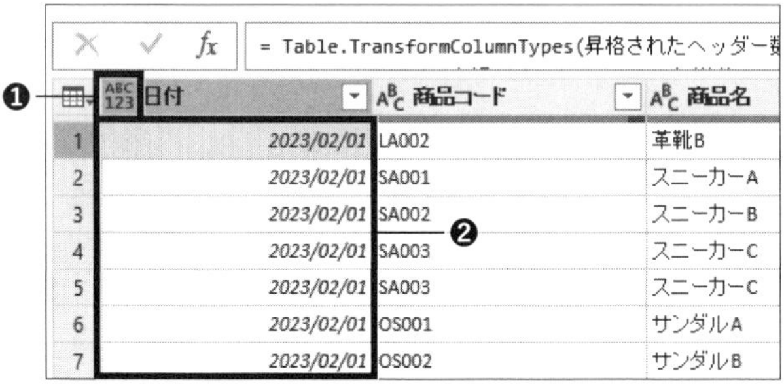

❶データ型が「日付」にはなっていない（M言語の「any」になっている）

❷しかし、データ自体は正しく日付になっている

　次に、これをExcelに読み込むと図2-1-10のようになります。

図2-1-10　パワークエリで取得した「売上データ.xlsx」をExcelに読み込んだところ

	日付	商品コード	商品名	単価	数量	金額	担
2	44958	LA002	革靴B	15000	3	45000	99
3	44958	SA001	スニーカーA	7000	2	14000	00
4	44958	SA002	スニーカーB	12000	8	96000	02
5	44958	SA003	スニーカーC	20000	1	20000	99
6	44958	SA003	スニーカーC	20000	3	60000	01
7	44958	DS001	サンダルA	5000	4	20000	00
8	44958	DS002	サンダルB	9000	10	90000	99
9	44958	PA003	パンプスC	25000	8	200000	99
10	44959	LA001	革靴A	12000	1	12000	01
11	44959	SS003	スポーツシューズC	17000	3	51000	02

❶日付が「シリアル値」になってしまっている

Memo
「シリアル値」とは、Excelが日付や時刻を管理するために使用している値です。1日（24時間）を1.0として、1日ごとに1ずつ増えます（整数部分は日付を、小数部分は時刻を表します）。

この場合も、パワークエリ側でデータ型を正しく設定することで、Excelにも日付の形で読み込むことができます。

図2-1-11　データ型を設定しExcelに読み込んだところ

	日付	商品コード	商品名	単価	数量	金額	担
2	2023/2/1	LA002	革靴B	15000	3	45000	9
3	2023/2/1	SA001	スニーカーA	7000	2	14000	0
4	2023/2/1	SA002	スニーカーB	12000	8	96000	0
5	2023/2/1	SA003	スニーカーC	20000	1	20000	9
6	2023/2/1	SA003	スニーカーC	20000	3	60000	0
7	2023/2/1	DS001	サンダルA	5000	4	20000	0
8	2023/2/1	DS002	サンダルB	9000	10	90000	9
9	2023/2/1	PA003	パンプスC	25000	8	200000	9
10	2023/2/2	LA001	革靴A	12000	1	12000	0
11	2023/2/2	SS003	スポーツシューズC	17000	3	51000	0
12	2023/2/2	PA002	パンプスB	13000	8	104000	9
13	2023/2/2	PA003	パンプスC	25000	3	75000	0

❶「日付」が正しく読み込まれた

2-2 行の操作を理解する

CheckPoint! □パワークエリの行の操作でできること
□「フィルタ」を使うタイミングとは?

サンプルファイル名　売上データ2.xlsx

パワークエリの行の操作とExcelの行の操作の違い

パワークエリでは行の操作を行うことができます。操作方法自体はExcelと似ていますが、パワークエリとExcelでは「できること」に大きな違いあります。それは、パワークエリでは「行の追加」ができないという点です（行の削除やフィルタをかけることは可能です）。

行を追加するということは、新たなデータを追加するということになります。パワークエリはあくまで分析用にデータを加工するツールです。データ自体を追加・変更できてしまうというのは、分析用にデータ加工を行うというパワークエリの範囲を超えた操作ということになるためできないのです。

Memo

それに対して行削除やフィルタをかけることができるのは、元データそのものを修正するということではなく、データ分析に必要なデータのみに絞り込むということだからです。

なお、データそのものを修正することはできません。修正できてしまっては、元データとの整合性が取れなくなってしまうためです。

行削除のポイント

パワークエリの行削除の特徴は、基本的にデータの先頭（または最後）から指定した行数分の削除しかできない点です。表の途中に不要な行がある場合は、「フィルタ」を利用することになります。

では、この行削除の機能は、どのようなときに使うのでしょうか。最も使われるのは、図2-2-1のようなExcelファイルからデータを取得するときでしょう。

「売上データ2.xlsx」を利用して、実際に新規ブックに取り込む手順を確認してみます。

図2-2-1　読み込み対象のExcelファイル

	A	B	C	D
1	支店別売上げデータ			
2				
3	支店名	売上目標	売上金額	達成率
4	横浜	1,000,000	1,200,000	120.0%
5	東京	1,200,000	1,100,000	91.7%
6	新橋	800,000	600,000	75.0%
7	川崎	1,000,000	1,200,000	120.0%
8	赤坂	800,000	700,000	87.5%
9	渋谷	1,200,000	1,000,000	83.3%
10				
11	※新橋支店は、ビル工事の影響あり			
12				

❶読み込みたい表の上下に見出しや備考などが入力されている

元のデータを取得して不要な行を削除するための準備を行う

新規Excelブックに、「Chap02」フォルダにある「売上データ2.xlsx」を読み込みます。Excelの「データ」タブから「データの取得」→「ファイルから」→「Excelブックから」を選択してください。「ナビゲーター」が表示されるので「Sheet1」を選択し、「データの取得」をクリックします。

図2-2-2 「ナビゲーター」画面

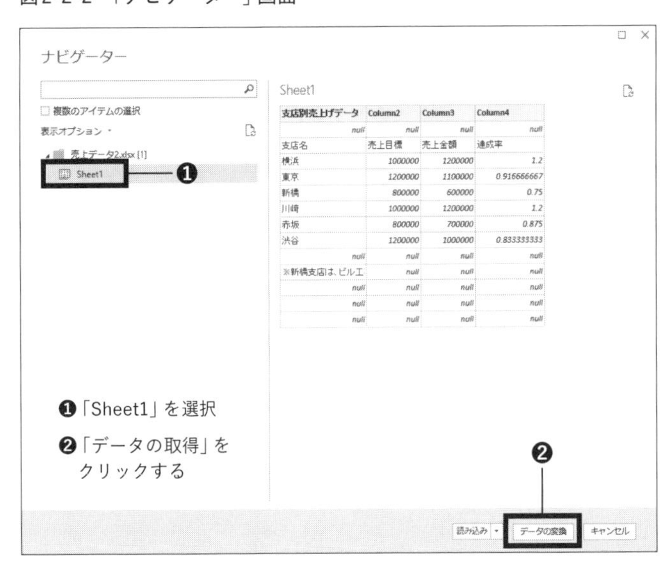

すると、図2-2-3のようにパワークエリエディタが起動して、「売上データ2.xlsx」ファイルの内容が表示されます。

図2-2-3　「売上データ2.xlsx」のデータを取得した状態

= Table.TransformColumnTypes(昇格されたヘッダー数,{{"支店別売上げデータ",

	支店別売上げデータ	Column2	Column3	Column4
1	null	null	null	
2	支店名	売上目標	売上金額	達成率
3	横浜	1000000	1200000	
4	東京	1200000	1100000	0.91
5	新橋	800000	600000	
6	川崎	1000000	1200000	
7	赤坂	800000	700000	
8	渋谷	1200000	1000000	0.8:
9	null	null	null	
10	※新橋支店は、ビル工事の...	null	null	
11	null	null	null	
12	null	null	null	
13	null	null	null	

❶表以外にも余分な行が読み込まれていることがわかる

次に不要な行を削除します。このときに注意が必要なのが、「売上データ2.xlsx」のセルA1の値が見出しとして設定されてしまっている点です。

図2-2-4　元データとパワークエリに読み込んだデータの比較

	A	B	C	
1	支店別売上げデータ			
2				
3	支店名	売上目標	売上金額	達成率
4	横浜	1,000,000	1,200,000	
5	東京	1,200,000	1,100,000	
6	新橋	800,000	600,000	
7	川崎	1,000,000	1,200,000	
8	赤坂	800,000	700,000	
9	渋谷	1,200,000	1,000,000	
10				
11	※新橋支店は、ビル工事の影響あり			
12				

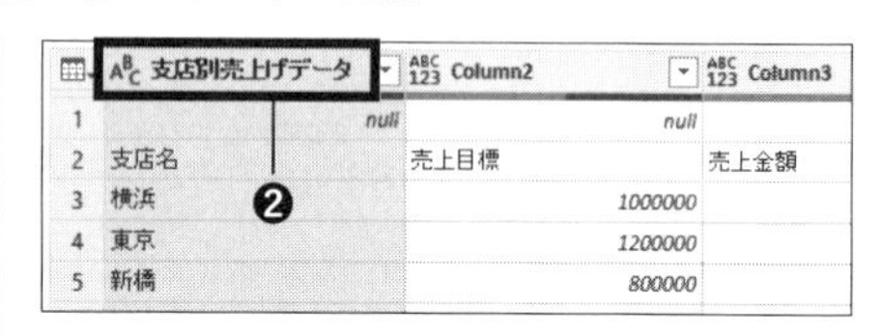

	支店別売上げデータ	Column2	Column3
1	null	null	
2	支店名	売上目標	売上金額
3	横浜	1000000	
4	東京	1200000	
5	新橋	800000	

❶セルA1の値が

❷このように見出しになっている

この行は本来、削除対象です。そのため、まずはこの見出しの設定を解除するところから始めます。以降の処理は、少し手順が多くなるので整理しておきましょう。

- 見出しの設定とデータ型の設定を削除する
- 不要な行（最初と最後）を削除する
- 改めて見出しの設定を行う
- 改めてデータ型の設定を行う

行の操作を行って対象の表のみを取得する

まずは、見出しの設定とデータ型の設定を削除します。見出しの設定は前節で見たように、「昇格したヘッダー行」というステップで行われています。そのため、まずその1つ手前の「ナビゲーション」を選択し、「ナビゲーション」が行われた状態を表示します。

図2-2-5　ステップ「ナビゲーション」が行われた状態

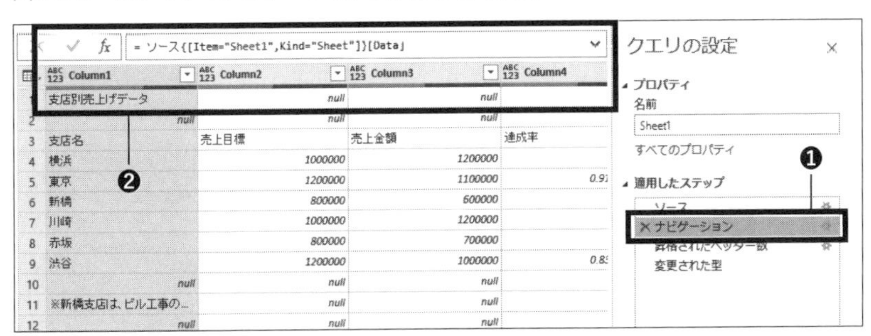

❶「ナビゲーション」をクリックする

❷セルA1の値が見出しになる前の状態が表示される

ここで「ナビゲーション」以降のステップを削除します。こうすることで、見出しの設定を解除することができます。また併せて、データ型の設定も削除しましょう。

前述したように、データ型の設定はパワークエリが自動的に行っていますが、現時点ではデータ型の判定対象に表以外も含まれているため正しい判定になっていません。

ステップを削除するには、対象のステップを選択し、ステップ名の左側にある「×」をクリックします。ここでは「昇格されたヘッダー数」と「変更された型」の2つを削除してください。

なお、削除時には確認のメッセージが表示されるので、「削除」をクリックしてください。

図2-2-6　ステップの削除

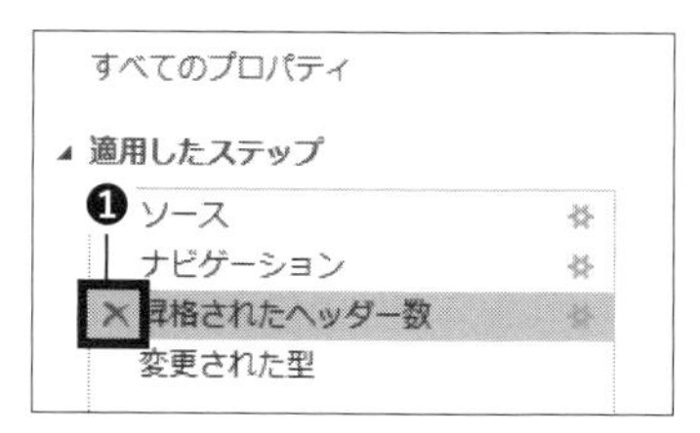

❶ステップ名の左にある「×」をクリックして削除する

次に、行の削除を行います。ステップ「ナビゲーション」が選択された状態で、図2-2-7のように「ホーム」タブの「行の保持」→「行の範囲の保持」をクリックして行を削除します。

図2-2-7　行削除の操作1

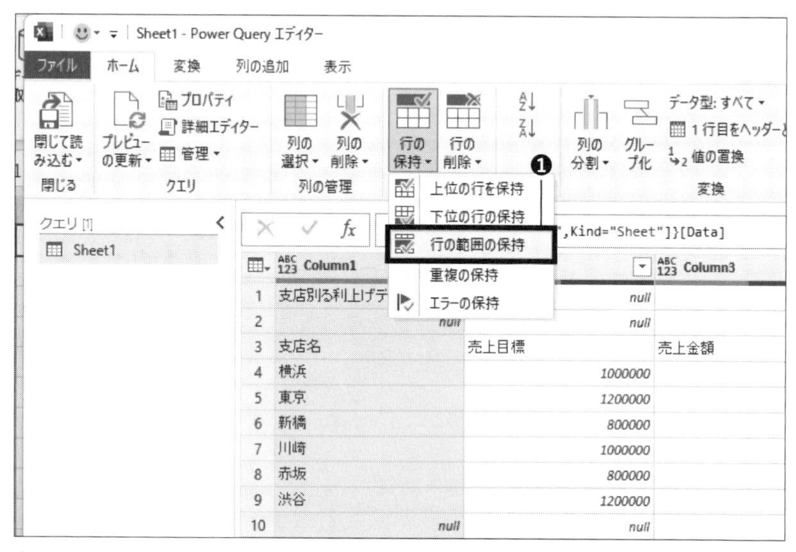

❶「ホーム」タブの「行の保持」→「行の範囲の保持」をクリックする

> Memo
>
> 行の削除ですが、パワークエリでは「指定した行を残す」方法と「指定した行を削除する」方法の2種類があります。ここでは表のみ、つまり特定の範囲の行を残したいので「行の範囲を保持する」を使っています。

StepUp!

ステップの途中に、新たにステップを挿入することもできます。例えば、一連の処理の途中のステップを選択した状態で新しい操作をした場合などは図2-2-8のようなダイアログボックスが表示されるので、「挿入」をクリックしてください。

図2-2-8　ステップ挿入時の画面

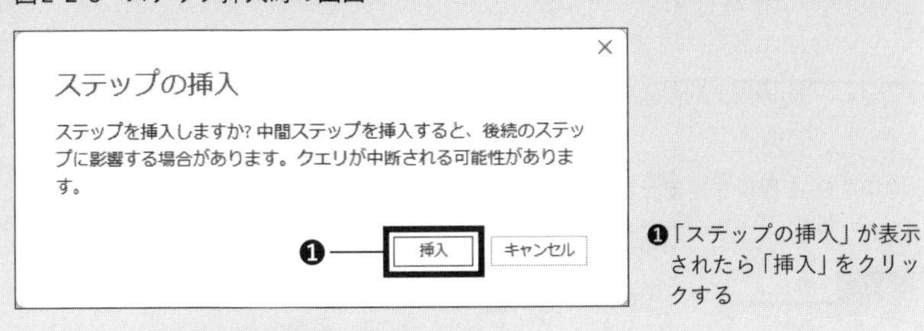

❶「ステップの挿入」が表示されたら「挿入」をクリックする

次に、「行の範囲の保持」ダイアログボックスで保持する行を指定します。パワークエリでは「○行目から○行目を保持」ではなく、「○行目から○行分保持」するという指定になります。今回は3行目から7行保持するので、図2-2-9のように指定し「OK」をクリックします。

図2-2-9　行削除の操作2

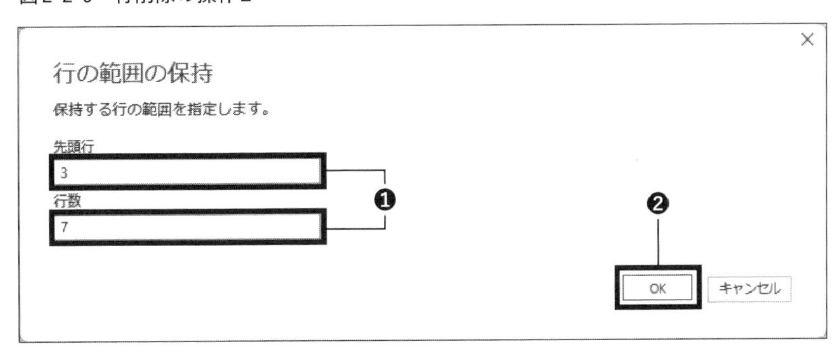

❶「先頭行」に「3」、行数に「7」を入力する

❷「OK」をクリックする

これで、対象は表のデータのみとなりました。

図2-2-10　実行結果

	Column1	Column2	Column3	Column4
1	支店名	売上目標	売上金額	達成率
2	横浜	1000000	1200000	1.
3	東京	1200000	1100000	0.91666666
4	新橋	800000	600000	0.7
5	川崎	1000000	1200000	1.
6	赤坂	800000	700000	0.87

不要な行がすべて削除された

次に、見出しの設定を行います。図2-2-11の操作を行ってください。

図2-2-11　1行目を見出しにする

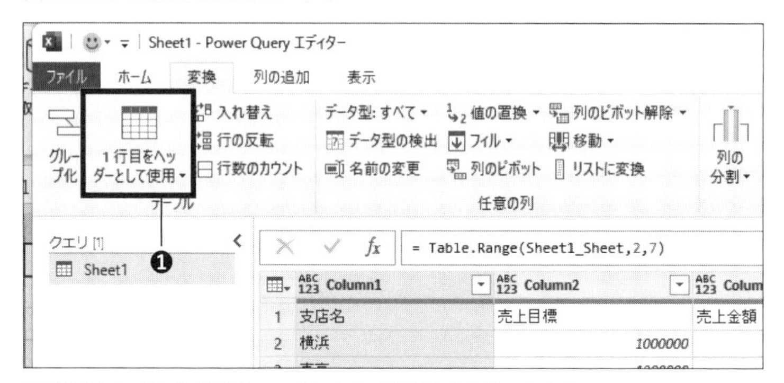

❶「変換」タブの「1行目をヘッダーとして利用」をクリックする

これで見出しも正しく設定できました。

続けて、データ型の設定を行いましょう。データ型は列ごとに設定します。変換方法は図2-2-12のようになります。

ここではそれぞれの列に、次ページ表のデータ型を設定してください。

図2-2-12　データ型を設定する

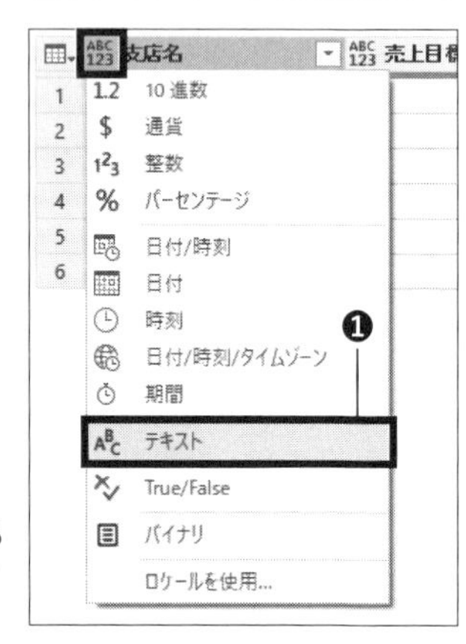

❶対象の見出しの左側にある記号をクリックし、データ型を選択する

▼対象列と変換するデータ型

列名	データ型
支店名	テキスト
売上目標	整数
売上金額	整数
達成率	パーセンテージ

最後に、データをExcelに読み込んで完了です。

図2-2-13　実行結果

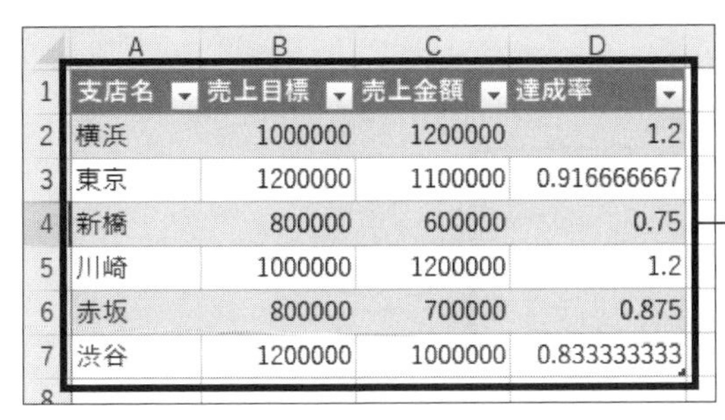

これでひとまずデータを取得することができました。なお、「達成率」はデータ型を「パーセント」にしても、Excelに取得した際に反映されないため、必要に応じてExcelで書式設定を行ってください。

その他の「行の保持」と「行の削除」

先ほど説明したように、パワークエリには行を削除する機能があり、それには「保持」と「削除」の2種類があります。まずは、パワークエリのリボンから2つの処理について確認しましょう。

図2-2-12 「行の保持」の命令

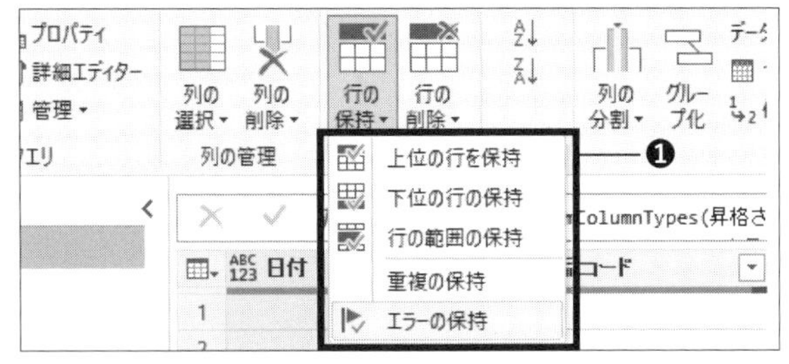

❶5種類の方法がある

図2-2-13 「行の削除」の命令

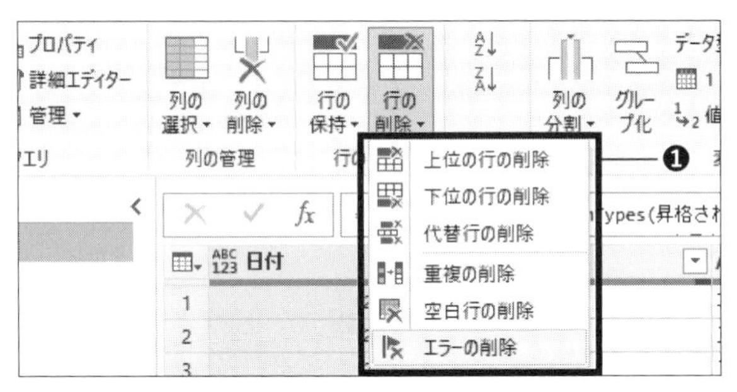

❶6種類の方法がある

それぞれの命令がどのような処理を行うかについて、次の表にまとめます。

▼パワークエリの「行」に関する命令

カテゴリ	命令	説明
行の保持	上位の行を保持	指定した行数分、先頭から保持する。
行の保持	下位の行を保持	指定した行数分、最後から保持する。
行の保持	行の範囲の保持	指定した位置から、指定した行数分保持する。
行の保持	重複の保持	重複行を保持する（選択された列が対象）。
行の保持	エラーの保持	エラー行を保持する（行すべてがエラーの場合保持）。
行の削除	上位の行の削除	指定した行数分、先頭から削除する。
行の削除	下位の行の削除	指定した行数分、最後から削除する。

行の削除	代替行の削除	指定したパターンで「削除」と「保持」を行う。
行の削除	重複の削除	重複行を削除する（選択された列が対象）。
行の削除	空白行の削除	空白行を削除する（行すべてが空白の場合削除）。
行の削除	エラーの削除	エラー行を削除する（行すべてがエラーの場合削除）。

注意すべきは「重複行」です。選択されている列で重複を判定します。行全体で判定したい場合は、すべての行を選択してから実行してください。

なお、この中でわかりにくいのが「代替行の削除」です。サンプルで確認しましょう。右の図2-2-14が元データだとします。

このデータをパワークエリに取得し、「代替行の削除」を図2-2-15の設定で行います。

図2-2-14　元となるデータ

	A	B
1	値	値2
2	1	A
3	2	B
4	3	C
5	4	D
6	5	E
7	6	F
8	7	G
9	8	H
10	9	I
11	10	J

❶元となるサンプルデータ。A列が連番になっている

▼設定する値

項目	値	説明
削除する最初の行	1	1行目から開始する。
削除する行の数	2	2行削除する。
保持する行の数	1	行保持する。

図2-2-15 「代替行の削除」の設定

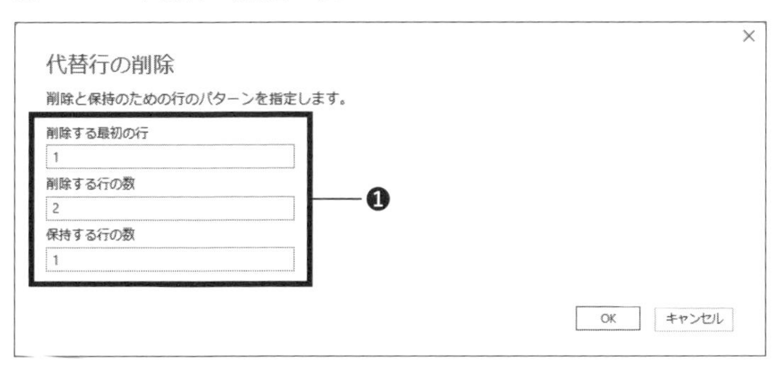

❶このように設定して「OK」をクリックする

結果は図2-2-16のようになります。わかりにくいのですが、これは1行目から始めて2行削除するので、「値」列から「1」と「2」が削除されます。続けて「保持」の指定は1行なので、「値」列の「3」が残ります。次に2行削除なので、「値」列から「4」と「5」が削除され「6」が保持される……と、このように指定した「削除」と「保持」が繰り返される処理になります。

図2-2-16　実行結果

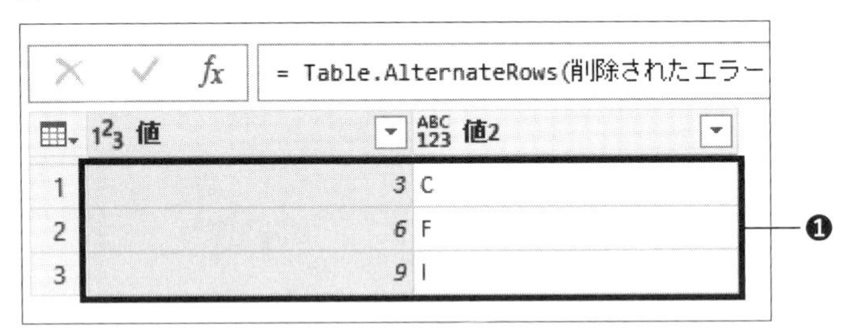

❶「削除」される行と「保持」される行がある

「フィルタ」操作のポイント

行の操作の最後に、「フィルタ」について解説します。パワークエリでもExcel同様、フィルタをかけて必要なデータのみ抽出することができます。フィルタ操作の方法は、Excelのオートフィルタとほぼ同じです。

フィルタで大切なのは、そのタイミングです。パワークエリでは様々なデータ加工が可能ですが、対象のデータが多ければ多いほど処理に時間がかかります。そのため、可能な限り早い段階（ステップ）でフィルタリングを行うべきです。そうすることで余分な処理が減り、全体の処理速度が向上するのです。

2-3　列の追加の操作を理解する

CheckPoint!　□列を追加する際にできること
□「例からの列」機能とは何か

サンプルファイル名　売上データ3.xlsx、売上データ4.xlsx、日付データ.xlsx

列の追加の基本

パワークエリではデータ分析用にデータを加工する際、元のデータから新たなデータ（列）を作ることができます。

例えば、顧客の売上を都道府県名ごとに集計したいとします。このとき、顧客リストの住所欄が「神奈川県川崎市」のように、都道府県名と市区町村名が一緒だとしたらどうでしょう。これではデータ集計するときにやりにくいですよね。そこでパワークエリでデータを分割して、「都道府県名」の列を新たに作るのです。

列を追加する基本的な操作は、パワークエリの「列の追加」タブで行います。

図2-3-1 「列の追加」タブ

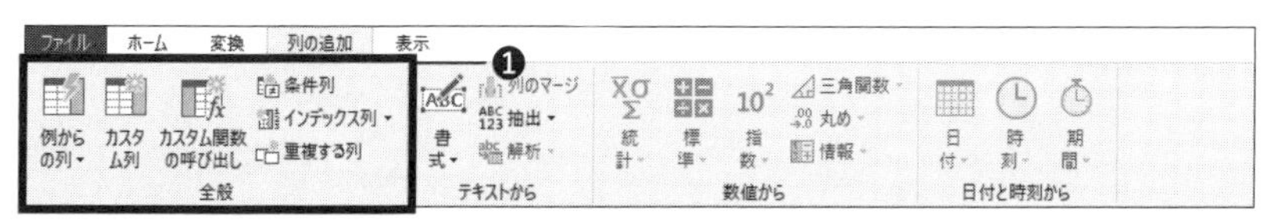

❶基本となるのは、「列の追加」タブの中の「全般」グループ

ここでは、この中から基本として押さえておいて欲しい以下の機能について解説します。

- 数式を利用して列を追加する（「カスタム列」機能）
- 条件から列を追加する（「条件列」機能）
- 例をいくつか入力し、それを元に新たな列を作成する（「例からの列」機能）

それぞれ順番に見て行きましょう。

数式を利用して列を追加するには

パワークエリでは、数式の処理結果を新しい列として追加することができます。ここでは「売上データ3.xlsx」ファイルを使用して、実際に操作してみましょう。図2-3-2は新規にExcelブックを作成し、「売上データ3.xlsx」ファイルをパワークエリに読み込んだところです。このデータの「金額」と「原価」から「利益」を求めて、新しい列として追加します。

図2-3-2 「売上データ3.xlsx」のデータ

= Table.TransformColumnTypes(昇格されたヘッダー数,{{"案件名", type

	案件名	金額	原価
1	顧客管理DB開発	3500000	2000000
2	売上管理DB開発	4000000	3000000
3	売上データ集計ツール開発	1500000	1000000
4	販売計画管理ツール開発	2000000	1450000

❶「金額」と「原価」列がある。これから「利益」を求める

「利益」は「金額」-「原価」で求めることができます。このような計算式を使用して列を追加する場合は、「カスタム列」を使用します。実際の手順は図2-3-3〜2-3-5のようになります。

図2-3-3 「カスタム列」の追加

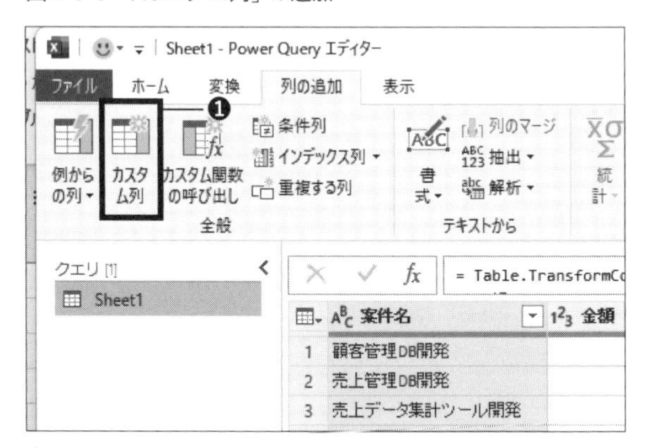

❶「列の追加」タブにある「カスタム列」をクリックする

図2-3-4　計算式の指定

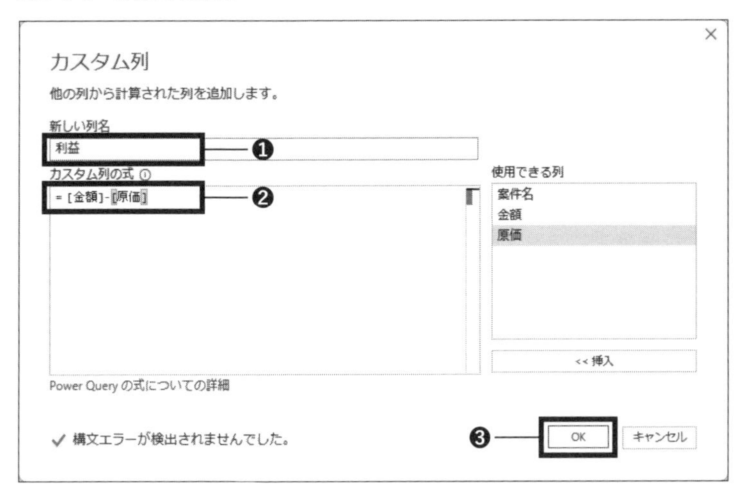

❶「新しい列名」を「利益」に変更する

❷「カスタム列の式」に「=[金額]-[原価]」と入力する

❸「OK」をクリックする

> **Memo**
>
> 「カスタム列の式」で既存の列を使用する場合は、「使用できる列」のリストから対象の列名をダブルクリックすることで、列名を「カスタム列の式」に入力することができます。列名は間違うとエラーになるため、この方法をとった方が確実です。

図2-3-5　実行結果

= Table.AddColumn(変更された型, "利益", each [金額]-[原価])

	案件名	金額	原価	利益
1	客管理DB開発	3500000	200000	1500000
2	上管理DB開発	4000000	300000	1000000
3	上データ集計ツール開発	1500000	100000	500000
4	売計画管理ツール開発	2000000	145000	550000

❶「利益」列が追加された

このように、「カスタム列」では計算式を利用した列の追加が可能です。なお、「カスタム列」は特に計算式を使わず、同一の値をすべての行に入力するようなケースでも利用することができます。

例えば、空白列を追加したい場合には「カスタム列の式」に「=null」と入力します。

> Memo
>
> パワークエリはデータ分析用にデータを加工するためのツールですが、通常の業務で「ちょっとデータを加工して表の体裁を整えたい」といった場合でも役に立ちます。紹介した空行を作る方法は、例えば基幹システムに取り込むためのデータをExcelで作成する際に、列の数を合わせなくてはならないといった場合に利用できます。

条件に応じて列を追加するには

次に、条件に応じた結果を新しい列として追加する方法です。図2-3-5は「売上データ4.xlsx」を新規Excelブックのパワークエリに読み込んだところです。

このデータを元に、図2-3-6のように「達成率」が「1」以上の場合は「達成」、そうでない場合は「未達成」と入力された列を追加します。

図2-3-6　「売上データ4.xlsx」のデータ

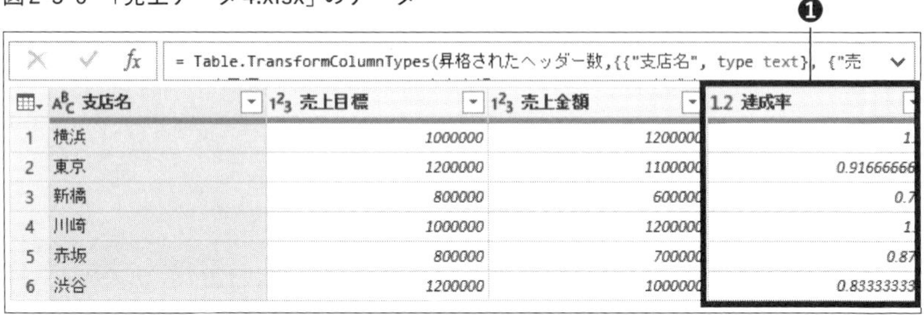

= Table.TransformColumnTypes(昇格されたヘッダー数,{{"支店名", type text}, {"売

	支店名	売上目標	売上金額	達成率
1	横浜	1000000	1200000	1.
2	東京	1200000	1100000	0.91666666
3	新橋	800000	600000	0.7
4	川崎	1000000	1200000	1.
5	赤坂	800000	700000	0.87
6	渋谷	1200000	1000000	0.83333333

❶「達成率」が「1」以上の場合は「達成」、そうでない場合は「未達成」と入力された列を追加する

条件に応じた値を入力するには、図2-3-7のように「列の追加」タブの「条件列」を使用します。

図2-3-7　「条件列」の追加

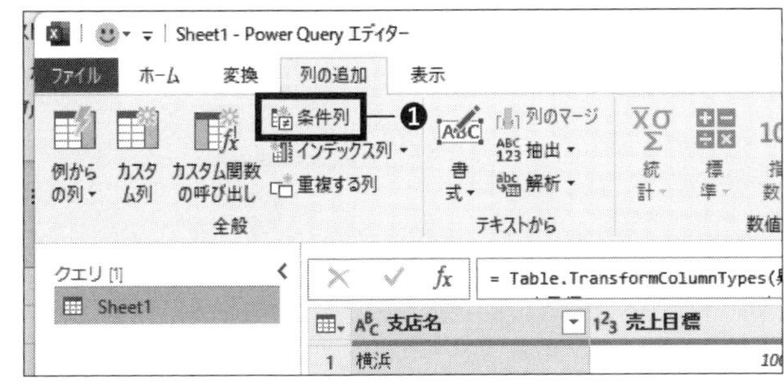

❶「列の追加」タブの「条件列」をクリックする

すると図2-3-8の「条件列の追加」ダイアログボックスが表示されるので、それぞれ次の値を入力してください。

▼入力する値

対象	値
新しい列名	結果
列名	達成率
演算子	次の値以上
値	1
出力	達成
それ以外の場合	未達成

図2-3-8　「条件列」の設定

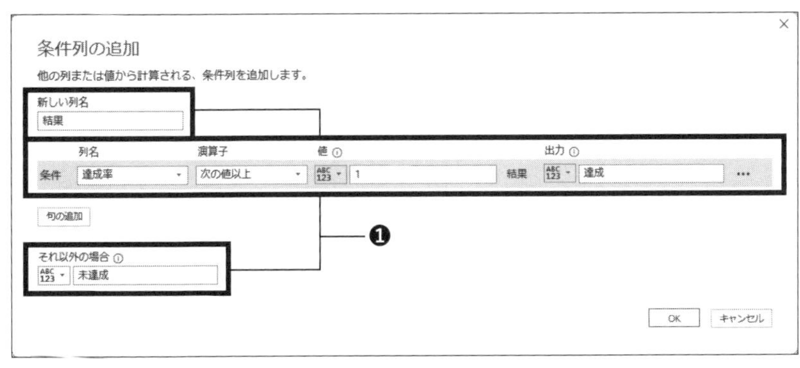

❶条件式などを入力する

これで「OK」をクリックすれば完成です。

図2-3-9　完成図

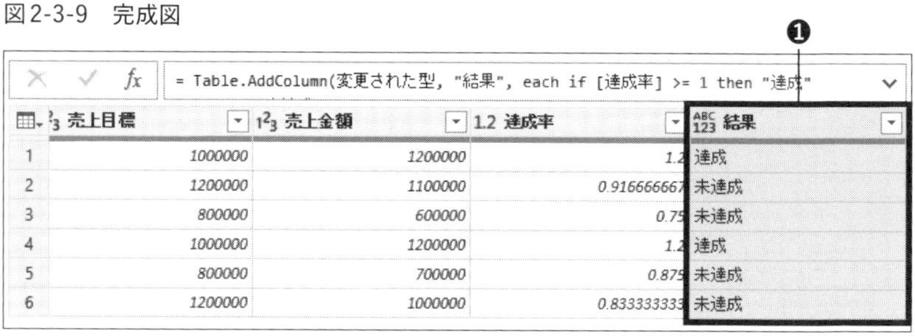

= Table.AddColumn(変更された型, "結果", each if [達成率] >= 1 then "達成"

	売上目標	売上金額	達成率	結果
1	1000000	1200000	1.2	達成
2	1200000	1100000	0.9166666667	未達成
3	800000	600000	0.75	未達成
4	1000000	1200000	1.2	達成
5	800000	700000	0.875	未達成
6	1200000	1000000	0.8333333333	未達成

❶「達成率」に応じた値が入力された列が追加された

ここで指定した条件式のM言語を見てみましょう。

▼コード　自動作成されたM言語

```
=Table.AddColumn(変更された型, "結果", each if [達成率]
>= 1 then "達成" else "未達成")
```

「if」という文字があります。VBAになじみのある方であれば、その後の「then」や「else」も理解できるでしょう。ここでは、もしも「達成率」が「1」以上だったら（then）「達成」、そうでなければ（else）「未達成」と入力するという式になっています。

詳しい構文については第8章で説明しますが、まずはできるだけM言語の式を見ることで徐々に慣れていってください。

例をいくつか入力し、それを元に新たな列を作成するには

最後に、ユーザーが「例」をいくつか入力することによって、パワークエリが自動的にデータを作成して列を追加してくれる機能を紹介します。まずは実際に見てみましょう。

図2-3-10は、「日付データ.xlsx」を新規Excelブックのパワークエリに読み込んだところです。この日付データから「月」だけを抽出して、新しい列を作るとします。日付から月だけを抜き出すので、先ほど紹介した「カ

スタム列」で何らかの数式を利用すれば可能です。しかし、ここではいくつかの「例」を入力することで、その「例」からユーザーが処理したいことをパワークエリが類推して自動的にデータを作成してくれる「例からの列」という機能を利用します。

図2-3-10　元となる日付データ

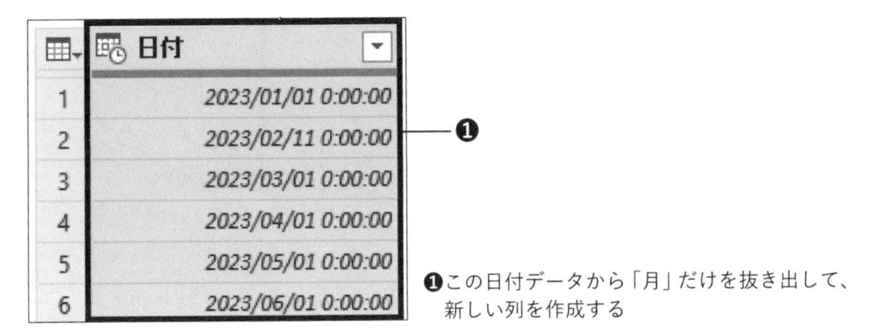

「例からの列」の機能は、「列の追加」タブの「例からの列」ボタンで実行してください。

図2-3-11　列の追加1

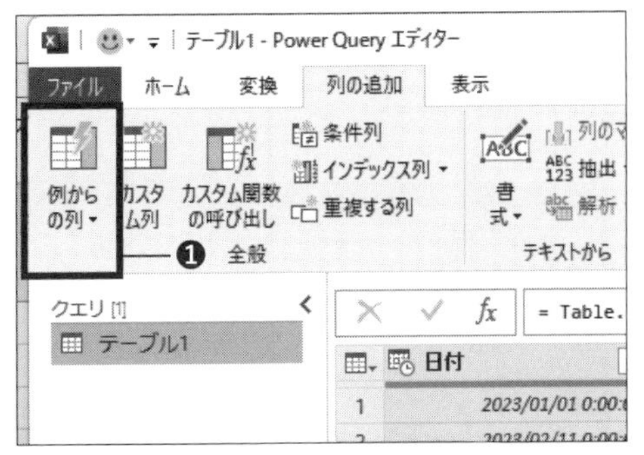

❶「列の追加」タブにある「例からの列」をクリックする

例を入力する画面が表示されます。ここでは「月」のみにしたいので、初めの行に「1」と入力してみます。図2-3-12のように候補が出ますが、ここではひとまず無視して「Esc」ボタンを押してください。

図2-3-12　列の追加2

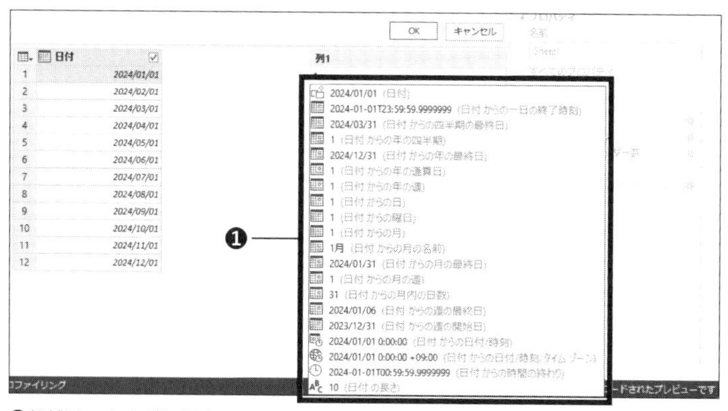

❶候補はひとまず無視する

次に、2行目に「2」を入力します。すると図2-3-13のように、それ以降も正しく「月」のデータが表示されていることがわかります。これで「OK」をクリックすれば完了です。

図2-3-13　列の追加3

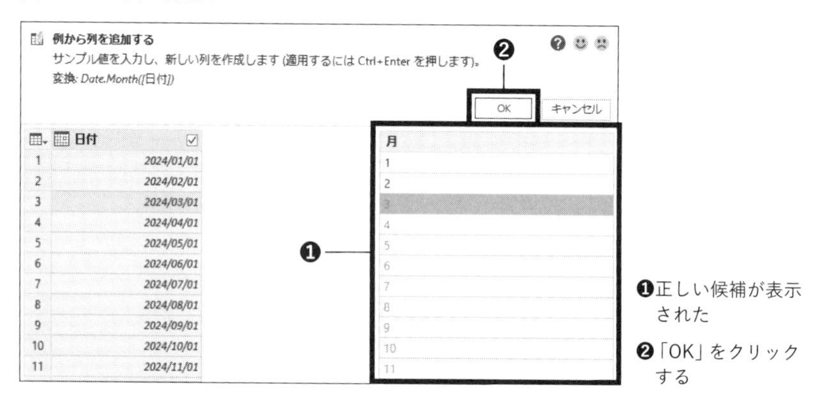

❶正しい候補が表示された

❷「OK」をクリックする

Memo

実は最初に無視したリストの中に、「日付から月」という項目があります。これを選択することで「月」を取得できるのですが、他のデータだとリストに出てこないようなケースもあるため、あえてリストを使用しない方法を紹介しました。

ではここで、パワークエリによって自動作成されたM言語を見てみましょう。

▼コード　自動作成されたM言語

```
=Table.AddColumn(変更された型,"月",each Date.Month([日
付]),Int64.Type)
```

Monthという命令が使われていますが、この関数は指定した値（日付）から「月」を取得する命令です。つまり「例からの列」の機能は、このような計算式を自動的に作成してくれる機能だと言えるのです。

なお、この処理も当然ながら、M言語を自分で記述することで作成可能です。ただ、処理が複雑になるような場合は、一旦「例からの列」機能でコードを作成し、必要に応じてM言語を修正するという方法が効率的です。

2-4　列の削除の操作を理解する

CheckPoint!　□２種類ある列の削除方法の違い
□列の削除ではＭ言語を直接編集した方が良い理由

サンプルファイル名　売上データ5.xlsx

列を削除する方法は２種類ある

パワークエリの列の削除方法には、次の２種類があります。

▼列の削除方法

命令	説明
列の削除	指定した列を削除する。
他の列の削除	指定した列以外を削除する。

実は、この２つの処理には大きな違いがあるのですが、まずはそれぞれの操作方法を確認しましょう。

対象となるのは、図2-4-1のデータです。このデータは、新規Excelブックでパワークエリに「売上データ5.xlsx」を読み込んだところです。この表から「商品コード」と「担当者コード」を削除します。

図2-4-1 「売上データ5.xlsx」のデータ

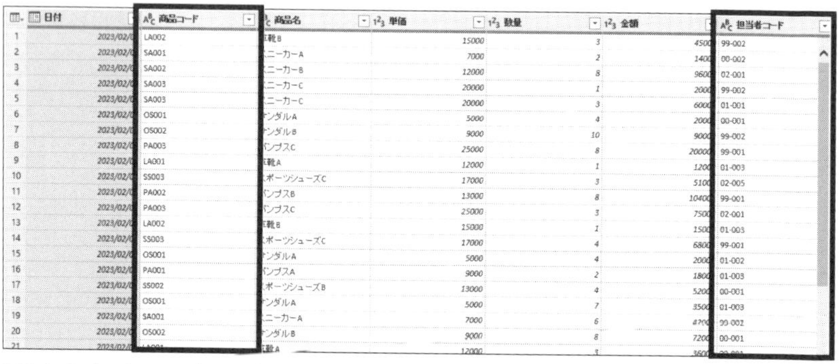

	日付	商品コード	商品名	単価	数量	金額	担当者コード
1	2023/02/0	LA002	靴B	15000	3	4500	99-002
2	2023/02/0	SA001	ニーカーA	7000	2	1400	00-002
3	2023/02/0	SA002	ニーカーB	12000	8	9600	02-001
4	2023/02/0	SA003	ニーカーC	20000	1	2000	99-002
5	2023/02/0	SA003	ニーカーC	20000	3	6000	01-001
6	2023/02/0	OS001	ンダルA	5000	4	2000	00-001
7	2023/02/0	OS002	ンダルB	9000	10	9000	99-002
8	2023/02/0	PA003	ンプスC	25000	8	20000	99-001
9	2023/02/0	LA001	靴A	12000	1	1200	01-003
10	2023/02/0	SS003	ポーツシューズC	17000	3	5100	02-005
11	2023/02/0	PA002	ンプスB	13000	8	10400	99-001
12	2023/02/0	PA003	ンプスC	25000	3	7500	02-001
13	2023/02/0	LA002	靴B	15000	1	1500	01-003
14	2023/02/0	SS003	ポーツシューズC	17000	4	6800	99-001
15	2023/02/0	OS001	ンダルA	5000	4	2000	01-002
16	2023/02/0	PA001	ンプスA	9000	2	1800	01-003
17	2023/02/0	SS002	ポーツシューズB	13000	4	5200	00-001
18	2023/02/0	OS001	ンダルA	5000	7	3500	01-003
19	2023/02/0	SA001	ニーカーA	7000	6	[illegible]	99-002
20	2023/02/0	OS002	ンダルB	9000	8	7200	00-001
21	2023/02/0	[illegible]	靴A	12000	3	3600	[illegible]

元となるデータ。この表から「商品コード」と「担当者コード」を削除する

まずは「列の削除」機能です。削除したい列を選択して、「ホーム」タブの「列の削除」をクリックします。

図2-4-2 「列の削除」機能の操作

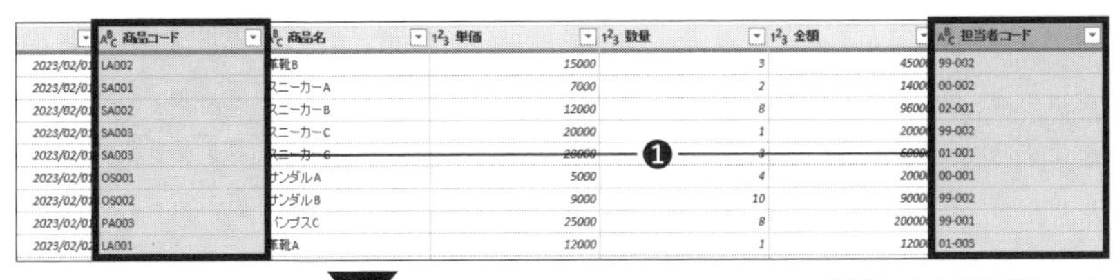

❶削除する列を選択する

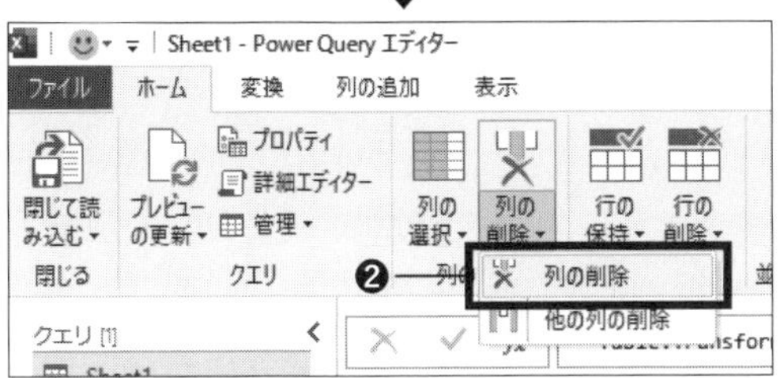

❷「列の削除」をクリックする

これで選択された列が削除されます。

次は「他の列を削除」機能です。こちらは図2-4-3のように、先ほどとは逆に残したい列を選択してから操作します。

図2-4-3 「他の列を削除」機能の操作

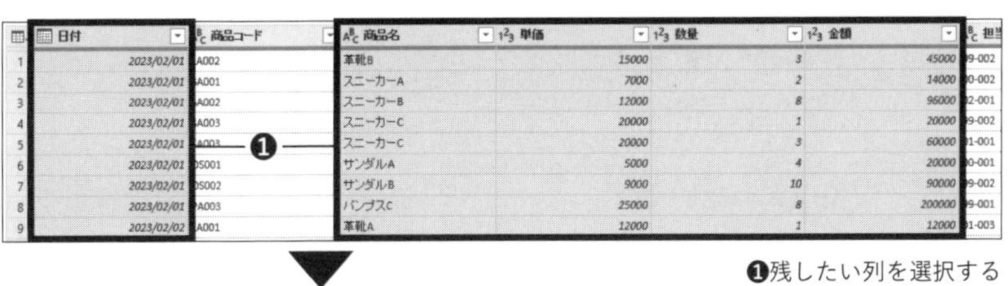

❶残したい列を選択する

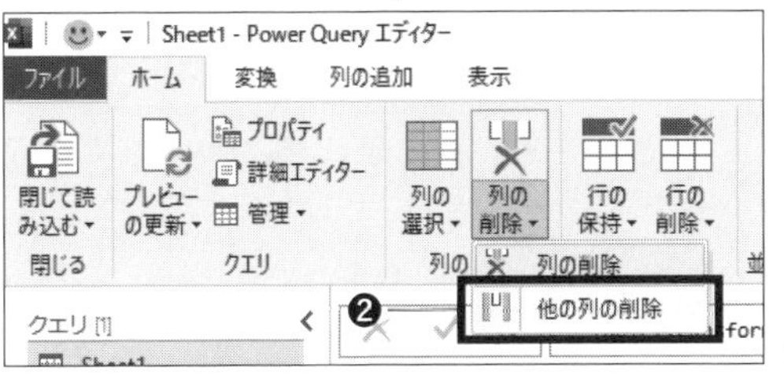

❷「他の列を削除」をクリック

いずれも図2-4-4のような結果になります。

図2-4-4　実行結果

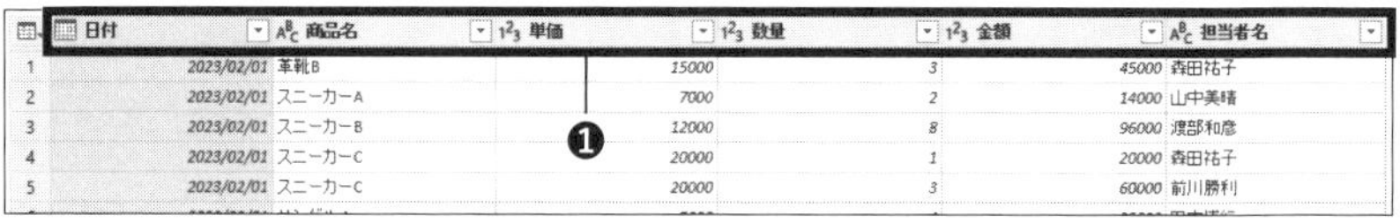

	日付	商品名	単価	数量	金額	担当者名
1	2023/02/01	革靴B	15000	3	45000	森田祐子
2	2023/02/01	スニーカーA	7000	2	14000	山中美晴
3	2023/02/01	スニーカーB	12000	8	96000	渡部和彦
4	2023/02/01	スニーカーC	20000	1	20000	森田祐子
5	2023/02/01	スニーカーC	20000	3	60000	前川勝利

❶「商品コード」と「担当者コード」の列が削除された

「列の削除」と「他の列の削除」では実は意味が異なる

このように、処理結果だけを見れば同じに見える「列の削除」機能と「他の列の削除」機能ですが、実は大きな違いがあります。その違いを理解するために、自動作成されたM言語を確認しましょう。

▼コード　「列の削除」機能で作成されたM言語

```
=Table.RemoveColumns(変更された型,{"商品コード","担当者コード"})
```

▼コード　「他の列の削除」機能で作成されたM言語

```
=Table.SelectColumns(変更された型,{"日付","商品名","単価","数量","金額","担当者名"})
```

まず「列の削除」機能では、「RemoveColumns」という命令が使用されています。それに対して「他の列の削除」機能では、「SelectColumns」という命令が使用されています。「他の列の削除」が、M言語の命令では「列を選択（残す）」という命令になっている点がポイントです。そしてその命令の後には、「列の削除」機能では削除対象の列名が、「他の列の削除」機能では残す列名が記述されています。

実務では、この違いが大きく影響するケースもあるのです。

列を削除する命令の違いがエラーの原因になるケース

この2つの機能は、元データの列名が変更になった場合に、どちらの命令を使うかでエラーが発生したりしなかったりすることがあります。わかりやすいように、表にまとめておきましょう。

▼元データの列名変更とエラーの関係

命令	削除対象以外の列名	削除対象の列名
RemoveColumns（列の削除）	エラーにならない	エラー
SelectColumns（他の列の削除）	エラー	エラーにならない

要するに、M言語の命令の中に記述されている列名が変わってしまうとエラー、そうでなければエラーにならないということです。元データの列名が変更になる可能性がある場合は、このことを考慮してどちらの命令を使うかを決めるようにしてください。

なお、M言語を使用すると、列名が変更になっても対応することが可能です。詳しくは第9章で解説します。

Memo

不要な列を削除することで、その後の処理のパフォーマンスが上がります。そのため、行の削除やフィルタ同様に、できるだけ早い段階で列削除の処理は行うべきです。通常はデータを取得した直後が良いでしょう。

ただし、もし元データの列名の変更の可能性が無い（例えば、他のシステムから出力されるデータが元になっているなど）ということであれば、筆者のおすすめは「他の列の削除」の利用です。というのも、この命令は列の削除と合わせて列の並べ替えも同時に行ってくれるからです。

「他の列の削除」機能は列の並べ替えも行ってくれる

「他の列の削除」機能は、「残したい列を選択する」だけではなく、選択した順番通りに列を並べ替えてもくれます。そのため、列を選択するときに並べ替えたい順番通りに列を選択するとことで、任意の順序への並べ替えも同時に行うことができるのです。

実際のデータを確認しましょう。まずは、先ほど紹介した「他の列の削除」で作成されたM言語を再掲します。

▼コード 「他の列の削除」で作成されたM言語

```
=Table.SelectColumns(変更された型,{"日付","商品名","単価","数量","金額","担当者名"})
```

この中の「{"日付","商品名","単価","数量","金額","担当者名"}」の部分が「残す列」になるのですが、この命令の処理結果は、この列名の順番通りになります。仮にこの部分を次のように直接変更すると、パワークエリの列の順番も変わります（「担当者名」を「商品名」の次に移動しています）。

▼コード 順番を入れ替えたコード

```
=Table.SelectColumns(変更された型,{"日付","商品名","担当者名","単価","数量","金額"})
```

図2-4-5 実行結果

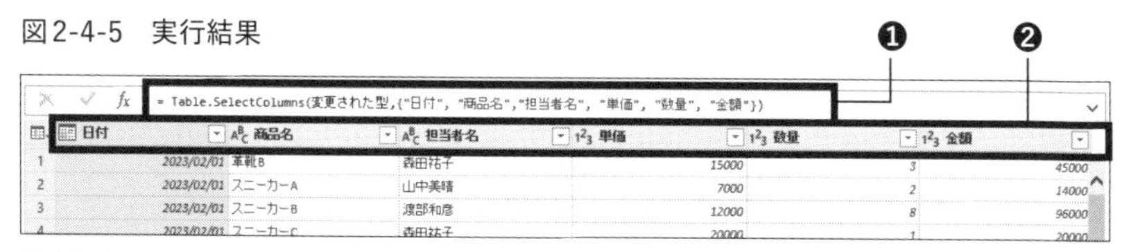

❶変更されたM言語のコード

❷列の並び順も変更されている

なお、列を削除する操作では、「列の削除」「他の列の削除」のいずれの処理を行うにしても、対象の列数が多いと意外に面倒です（途中で間違った列を選択したり、選択が解除されてしまうなど）。そこで、対象の列が多い場合は、2,3の列を選択して一旦「列の削除」か「他の列の削除」を実行し、その後でM言語のコードを直接編集して必要な列のみにする方法がおすすめです。

Memo

「SelectColumns」という命令は、列を削除せず単に列の並べ替えのためだけに使用することもできます。列の追加や削除を行っていると、どうしても列の順序がバラバラになります。そこで、最終的にこの「SelectColumns」を使って欲しい順序に並べ替えるのです。その場合も、M言語を使用して直接列名を指定した方が、表の列数が多い場合は楽です。

M言語の編集を数式バーで行うとやりにくいという方は、テキストエディタを使用しても良いでしょう。もし慣れているテキストエディタがあるなら、パワークエリが自動的に作成したM言語をテキストエディタで編集し、再度パワークエリエディタに戻すという方法が効率的です。

第2章のまとめ

- パワークエリの処理は「ステップ」で構成され、各ステップではM言語が自動的に作成されている。このM言語を直接変更することで、処理内容を修正することができる。

- パワークエリでは、行の削除は行えるが行の追加はできない。なお、行の削除を「ステップ」の初期に行うことで、パワークエリ全体の処理のパフォーマンスを上げることができる。

- パワークエリでは様々な方法で列を追加することができる。主な方法としては、計算式が利用できる「カスタム列」、条件に応じて列を追加できる「条件列」などがある。また「例からの列」を使用すると、いくつかの「例」を入力することでパワークエリが自動的にやりたい処理内容を推測し処理してくれる。

- パワークエリでは列の削除を行うことができる。列の削除には「列の削除」と「他の列の削除」という2つの機能（方法）がある。いずれも処理結果は同じだが、使用されているM言語の命令が異なるため、使う命令と元データの組み合わせによってエラーが発生したりしなかったりするので注意が必要。

- 「他の列の削除」の命令は残す列を指定するが、同時に指定した順番に表の列も並びが変わるので、列の並べ替えも同時に行いたい場合は便利。また削除する列が無く単に列を並べ替えるためだけでも、この命令は使うことができる。

第3章

様々なフォーマットのExcel表を加工する

Excelで作成される表には、「売上一覧や顧客一覧などの一覧表」や「会議のための資料」など、実に様々な「フォーマット（形）」が存在します。そしてフォーマットが多様なだけに、例えば会議の資料として見せるためには良いが、データ分析に向いている形にはなっていないといった問題が頻繁に生じているのです。本来はデータ分析できる形でデータを記録しておき、それを元に会議用資料などの形にアウトプットすべきでしょう。しかし、実務ではなかなかそうもいきません。

「そのままではデータ分析には向かない表」とはどういうものなのか、そしてそのような表を「データ分析できる形」にするにはどうすれば良いのか。本章では、元データとして扱うことが最も多い「Excelの表」の加工について解説します。

3-1 Excelで作成された表の問題点と正しいデータの持ち方

CheckPoint! □データ分析に向いた表とは?
□テーブル形式でデータを持つべき理由

サンプルファイル名　なし

様々なフォーマットがあるExcel表

業務では、Excelを利用して様々な表を作成します。また表と言っても、単なる一覧表ではなく請求書や領収書などの帳票類をExcelで作っている方も多いでしょう。

図3-1-1は支店別の売上とコストをまとめたものです。このようなフォーマットはよく見ると思いますが、データ分析に向いているわけではありません。例えば「地域」の列ですが、地域ごとにセル結合されているため、地域ごとのデータ集計ができません。

図3-1-1　地域別支店別売上表

	A	B	C	D	E	F	G	H
1								
2	地域	支店名	4月		5月		6月	
3			売上	コスト	売上	コスト	売上	コスト
4	東北	盛岡	444000	311000	12000	223000	784000	387000
5		秋田	166000	207000	669000	545000	32000	281000
6		仙台	929000	122000	172000	382000	323000	253000
7	関東	高崎	423000	40000	29000	394000	847000	253000
8		大宮	680000	178000	455000	546000	146000	351000
9	❶	東京	448000	8000	307000	298000	595000	193000
10		川崎	934000	19000	633000	38000	408000	415000
11								
12	中部	名古屋	316000	382000	934000	545000	600000	456000
13		岐阜	666000	583000	951000	514000	861000	579000
14	関西	京都	576000	369000	300000	245000	426000	69000
15		大阪	576000	374000	996000	101000	172000	480000
16		神戸	730000	189000	490000	555000	590000	346000
17								

❶「地域」のデータがセル結合されているため、「地域」で集計することができない

その他にも、図3-1-1には空白行があったり、見出しも2行になっているなど、データを集計し分析するには不向きな点がいくつかあります。

このように、実はExcelで作成された表はデータ分析をするには問題があるものも多いのです。そこで、パワークエリを使ってデータ分析に向いた形に表を加工することになるのですが、そもそもデータ分析に向いた表とはどういったものなのでしょうか？

「データ分析に適した表」とは

データ分析に向いた「表」とは、テーブル形式になっている表を指します。そして、テーブル形式の表には次のルールがあります。

- 見出しがある
- 見出しは1行のみ
- 見出しの名称は重複が無い
- セルが結合され、複数行・複数列にまたがったデータが存在しない
- 空行が無い
- 1つのセルにデータは1つのみで、複数入力されていない
- クロス集計表ではない

さて、先ほど紹介した地域別の売上表を図3-1-2として再掲します。これをよく見ると、色々と「正しい形」から外れてしまっていることがわかるでしょう。

このようなテーブル形式は、Excelの「テーブル機能」を使用することである程度カバーすることができます。テーブル機能は、データを追加すると自動的に書式がコピーされるなどとても便利です。意外と使用していない方が多いのですが、ぜひ利用してみてください。

図3-1-2　地域別支店別売上表

	A	B	C	D	E	F	G	H
1								
2	地域	支店名	4月		5月		6月	
3			売上	コスト	売上	コスト	売上	コスト
4	東北	盛岡	444000	311000	12000	223000	784000	387000
5		秋田	166000	207000	669000	545000	32000	281000
6		仙台	929000	122000	172000	382000	323000	253000
7	関東	高崎	423000	40000	29000	394000	847000	253000
8		大宮	680000	178000	455000	546000	146000	351000
9		東京	448000	8000	307000	298000	595000	193000
10		川崎	934000	19000	633000	38000	408000	415000
11								
12	中部	名古屋	316000	382000	934000	545000	600000	456000
13		岐阜	666000	583000	951000	514000	861000	579000
14	関西	京都	576000	369000	300000	245000	426000	69000
15		大阪	576000	374000	996000	101000	172000	480000
16		神戸	730000	189000	490000	555000	590000	346000
17								

❶見出しが2行になっていて、セル結合もされている

❷空白行がある

❸セル結合され、正しくデータが入力されていない

❹列に月ごとのデータがあるクロス集計表になっている

この表をデータ分析に向いた形にすると、図3-1-3のようになります。

図3-1-3　データ分析に適した形の表

	A	B	C	D	E
1					
2	地域	支店名	月	売上	コスト
3	東北	盛岡	4月	444000	311000
4	東北	秋田	4月	166000	207000
5	東北	仙台	4月	929000	122000
6	東北	高崎	4月	423000	40000
7	東北	大宮	4月	680000	178000
8	東北	東京	4月	448000	8000
9	東北	川崎	4月	934000	19000
10	中部	名古屋	4月	316000	382000
11	中部	岐阜	4月	666000	583000
12	関西	京都	4月	576000	369000
13	関西	大阪	4月	576000	374000
14	関西	神戸	4月	730000	189000
15	東北	盛岡	5月	12000	223000

見出しが1行になり、セル結合によるデータの欠落も解消されている。また「月」の列が加わり、クロス集計表ではなくなっている

パワークエリを実際に使用する場面で多いのが、このようにデータ分析には向かない表をテーブル形式に変換するケースです（次節以降では、こういった処理の具体的な操作方法を解説して行きます）。

ただし、本来であればこのような作業を行わずとも、データ集計・分析ができるようにすべきということは理解しておいてください。

データを持つ本来の目的

先ほど説明したように、データは「テーブル」形式で持つべきです。業務では様々な、そして多くのデータを扱います。その目的は単に記録として残すためだけではなく、そのデータを利用して現在の業務を分析し、課題を見つけ、さらにより良いビジネスを行うことにつなげることです（こういった過程を経て新たなビジネスを創生することを、一般にDXと呼びます。その意味で、パワークエリはDXのツールの1つとも言えます）。

ですから、本来であれば図3-1-3のような表（テーブル）があって、それを元に図3-1-1のような表を作成するべきなのです。

確かに、図3-1-1は会議などで見せるには適したデータです。しかし、本来このようなデータは、元となるデータがあった上で最終的なアウトプットとして作るべきなのです。つまり、あくまで「テーブル」→「会議用資料」の順で作成すべきなのです。パワークエリを使用することで「会議用資料」→「テーブル」ということも可能ですが、それはイレギュラーであって、将来的には本来あるべき姿に変更していくことが望ましいということを忘れないでください。

StepUp!

Excelで請求書などの帳票を作っている方も多いと思います。その場合も、直接請求書のフォーマットにデータを入力するのではなく、テーブルになっているデータからVLOOKUP関数などを使用して転記する形にすると、後でデータを集計したり、未請求のデータを抽出するなどのデータ管理が行いやすくなります。

3-2 空白行とセル結合を処理する

CheckPoint! □結合セルの問題点とは?
□作業手順が重要な理由

サンプルファイル名　地域別売上データ.xlsx

対象のデータを確認する

ここでは、空白行と結合セルのあるデータの処理方法を解説します。

図3-2-1で対象のデータを確認しましょう。図3-2-1では、9行目に「空白行」があります。また、A列の「地域」はセル結合されています。セル結合では、結合されたセルの左上端にしかデータは入力されていません。そのため、パワークエリにデータを読み込んだ際には、左上端以外のセルは空白になってしまいます。

そこで、パワークエリを使って「空白行」を削除し、結合セルによってできた「地域」の未入力データを補完します。

図3-2-1
対象の「地域別売上データ」

	A	B	C
1	地域	支店名	売上
2	東北	盛岡	444000
3		秋田	166000
4		仙台	929000
5	関東	高崎	423000
6		大宮	680000
7		東京	448000
8		川崎	934000
9			
10	中部	名古屋	316000
11		岐阜	666000
12	関西	京都	576000
13		大阪	576000
14		神戸	730000

❶「空白行」がある

❷「地域」がセル結合されデータが正しく入力されていない

Memo

図3-2-1では、A列の「地域」がセル結合されていました。そのため、集計だけではなくExcelのフィルタ機能も使えません。なお、これを回避するために、セル結合を使わずすべての行に正しく地域名を入力し、その上で見やすくするためにセルの値を非表示に書式設定す

る方法もあります（セルの値を非表示にするには、表示形式の「ユーザー設定」で「;;;」を指定します。

図3-2-2
セルの値を「非表示」にする

A5 東北

	A	B	C	D
1				
2	地域	支店名	4月	
3			売上	コスト
4	東北	盛岡	444000	31100
5		秋田	166000	20700
6		仙台	929000	12200
7	関東	高崎	423000	4000

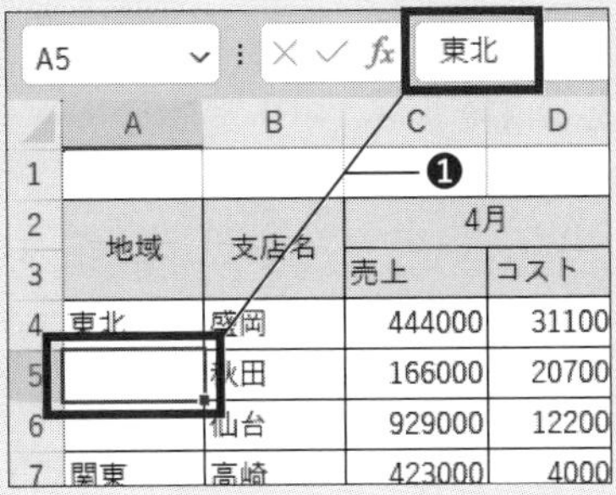

❶セル結合をせずデータを入力し、表示形式で見えなくして見栄えを整えている

「空白行」を削除する

実際に処理を行ってみます。

図3-2-3は、新規ブックで「地域別売上データ.xlsx」をパワークエリに読み込んだところです。ここで、セル結合が自動で解除されている点に注意してください。パワークエリはテーブル形式のデータを読み込むようにできています。そのため、結合された状態をそのまま読み込むことができません。結果、このように自動的にセル結合が解除されるのです。

なお、空白のセルには「null」が入力されることも、併せて確認しておいてください。

図3-2-3　「地域別売上データ.xlsx」ファイルをパワークエリに読み込んだところ

	地域	支店名	売上
1	東北	盛岡	
2	null	秋田	
3	null	仙台	
4	関東	高崎	
5	null	大宮	
6	null	東京	
7	null	川崎	
8	null	null	
9	中部	名古屋	
10	null	岐阜	
11	関西	京都	
12	null	大阪	

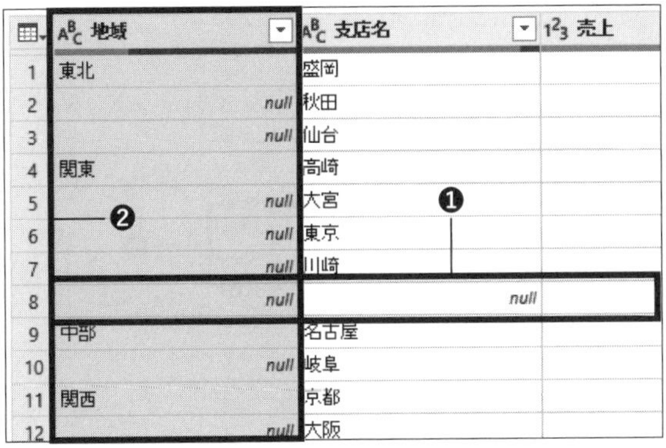

❶「空白行」の各セルには「null」と表示されている

❷セル結合は解除され、空白のセルには「null」と表示されている

StepUp!

「null」とは、そもそもは「不定」(決まっていない)という意味です。ですので、厳密には「空白」とは異なります。ただし、パワークエリ上で「null」となっているデータは、Excelに読み込んだ際に「空欄」になります。

では、この表を加工してデータ分析できる形にしましょう。初めに空白行を削除します。空白行を削除するには、図3-2-4のように「ホーム」タブの「行の削除」から「空白行の削除」を選択します。特に対象の列などを選択する必要はありません。これで空白行が削除されます(図3-2-5)。

図3-2-4 「空白行」の削除

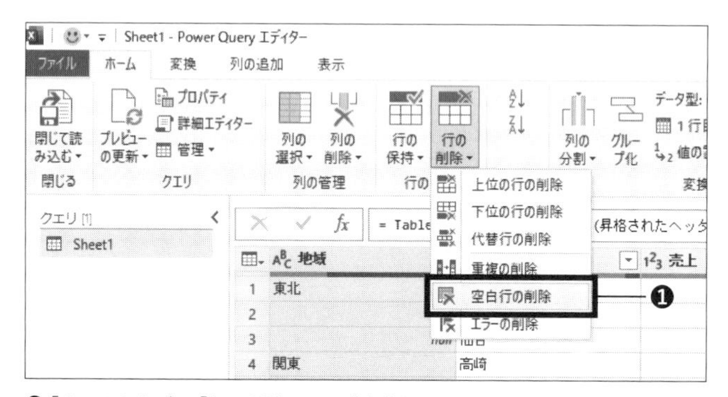

❶「ホーム」タブの「行の削除」から「空白行の削除」を選択する

図3-2-5 実行結果

	地域	支店名	売上
1	東北	盛岡	444000
2	null	秋田	166000
3	null	仙台	929000
4	関東	高崎	423000
5	null	大宮	680000
6	null	東京	448000
7	null	川崎	934000
8	中部	名古屋	316000
9	null	岐阜	666000
10	関西	京都	576000
11	null	大阪	576000
12	null	神戸	730000

❶空白行が削除された

Memo

第2章で行の操作方法を解説した際、「表の途中のデータは削除できない」という話をしました。しかし、nullとエラー値は例外的に削除可能となっています。それは、これらを含めるかどうかで集計結果に違いが出てしまうからです（エラーについては第6章で解説します）。

欠落しているデータを埋める

次に、A列の「地域」で欠落しているデータを埋めましょう。繰り返しになりますが、パワークエリではExcelのセル結合は解除され、結合範囲の左上端にしかデータが入力されません（あとは「null」になります）。そして、これではデータ集計・分析ができません。

そこで、パワークエリの「フィル」機能を利用して、データを補完します。「フィル」機能は、対象の列の値を上または下方向の空白セルにコピーする機能です。Excelの「オートフィル」機能と似ていますが、「オートフィル」が対象ごとに操作が必要なのに対し、パワークエリでは対象列のデータは一括で「フィル」してくれます。ただし、パワークエリでは行（右または左）方向の「フィル」はできません（とはいえ、方法はあります。後ほど解説します）。

「フィル」機能は図3-2-6のように対象の列を選択し、「変換」タブの「フィル」を使用します。ここでは下方向にデータを埋めるので、「下へ」をクリックします。これで、対象の列の空白がすべて「フィル」機能によって埋められます（図3-2-7）。

図3-2-6 「フィル」機能を使ってデータを埋める

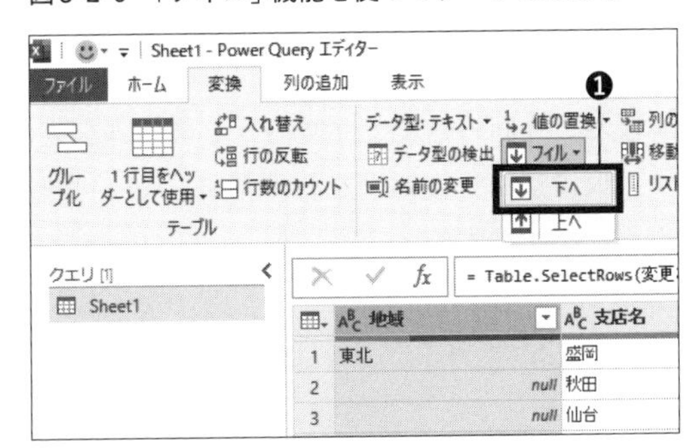

❶「変換」タブの「フィル」から「下へ」をクリックする

図3-2-7　実行結果

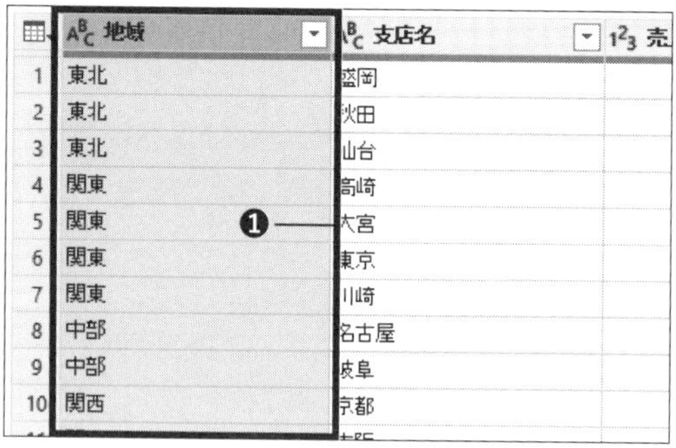

	地域	支店名	売
1	東北	盛岡	
2	東北	秋田	
3	東北	仙台	
4	関東	高崎	
5	関東	大宮	
6	関東	東京	
7	関東	川崎	
8	中部	名古屋	
9	中部	岐阜	
10	関西	京都	

❶データが入力された

これで表が正しい形になりました。この形になっていれば、「地域」ごとのデータ集計も可能です。

併せて、「フィル」機能を使った際に自動生成されているM言語のコードを確認してみましょう。

▼コード　「フィル」機能のM言語

```
= Table.FillDown(削除された空白行,{"地域"})
```

「FillDown」という命令に続けて、「削除された空白行」とあります。これは直前の「ステップ」名です。そして「"地域"」とあります。今回は「地域」列が対象でしたので、この部分で対象となる列名を指定していることがわかります。

なお、今回の処理で「空白行」の処理を先に行ったのには理由があります。仮に空白行の処理を行う前に「フィル」の処理を行うと、図3-2-8のようになります。

図3-2-8　先に「フィル」の処理を行った場合

	地域	支店名	売上
1	東北	盛岡	444000
2	東北	秋田	166000
3	東北	仙台	929000
4	関東	高崎	423000
5	関東	大宮	680000
6	関東	東京	448000
7	関東	川崎	934000
8	関東	null	null
9	中部	名古屋	316000
10	中部	岐阜	666000
11	関西	京都	576000
12	関西	大阪	576000

❶空白行だった行にまでデータが入力されている

これでは空白行を削除する機能が利用できなくなってしまいます。ですから、先に空白行の処理を行ったのです。

このようにパワークエリを利用してデータ加工する場合、その順序も大切だということを併せて理解しておいてください。

Memo

繰り返しになりますが、このような処理順序が結果に影響する可能性があるため、最初にどのような処理をどのような順序で行うかを検討することが重要なのです。もちろん、パワークエリの「ステップ」は後から入れ替えることも可能なので、「作りながら考える」こともできるでしょう。

なお、実際にはいくら先に処理順序等を検討したとしても、変更は出ます。とはいえ、やはり最初にきちんと検討した方が、全体的な作業の効率は高くなるのです。

3-3 見出しが複数行ある表に対応する

CheckPoint! □制限の多い「行」の編集を柔軟に行う方法
□元データから新たな見出しを作成する方法

サンプルファイル名　支店別売上データ.xlsx

元のデータを確認する

ここでは、図3-3-1ように見出しが複数行ある表を加工し、見出しを1行にします。その際、「売上」「利益」「コスト」だけでは何月のデータなのかわからないため、見出しを「4月売上」「4月利益」「4月コスト」のようにします。

このような表は、業務ではよく見かけるでしょう。会議の資料であれば見やすければOKなのですが、最初からこのような形でデータを持つことは、その後のデータ活用に支障をきたします。

そこで、この表の見出しを1行に修正します。

図3-3-1　元となる「支店別売上データ.xlsx」

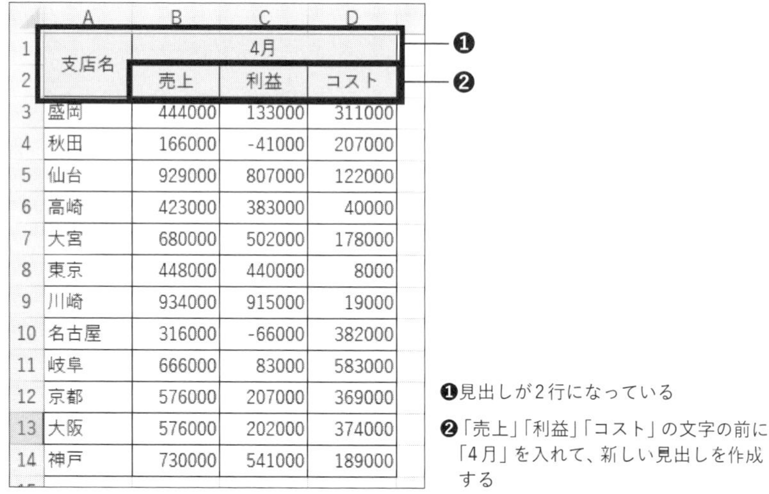

	A	B	C	D
1	支店名	4月		
2		売上	利益	コスト
3	盛岡	444000	133000	311000
4	秋田	166000	-41000	207000
5	仙台	929000	807000	122000
6	高崎	423000	383000	40000
7	大宮	680000	502000	178000
8	東京	448000	440000	8000
9	川崎	934000	915000	19000
10	名古屋	316000	-66000	382000
11	岐阜	666000	83000	583000
12	京都	576000	207000	369000
13	大阪	576000	202000	374000
14	神戸	730000	541000	189000

加工処理の手順を確認する

図3-3-1の表を加工して見出しを1行にするわけですが、先に処理手順について考えてみましょう。今回行う処理とその手順は、次のとおりです。

1. パワークエリに「支店別売上データ.xlsx」を読み込む
2. セル結合が解除され「null」になっている個所を埋めるため、行列を入れ替える（「フィル」機能は「行」には対応していないため）
3. 「フィル」機能を利用してデータを入力する
4. 何月のデータかわかるように、「月」とそれ以外の見出しをマージした列を作成する
5. 不要な列を削除する
6. 行列を入れ替えて元の形に戻す
7. 1行目を見出しに設定しなおす

ここでの一番のポイントは、「フィル」機能を使用するために行列を入れ替える処理を行っている点です。前節で解説したように、「フィル」機能は列に対してのみ設定可能です。そのため、いったん行列を入れ替える処理を行うのです。

では、実際の処理を見て行きましょう。

StepUp!

パワークエリでは「どのような順序で処理を行うか」が大切です。だからぜひ、最初に手順を考えるようにしてください。

手順を考える際に大切なのは、「複数の処理を、あたかも1つの手順のように考えない」ことです。例えば、「Excelの表をPowerPointに貼り付ける」という処理の手順を考えてみましょう。処理手順を考えるのが苦手な人は、次のように考えます。

Excelの表をコピーする→PowerPointに貼り付ける

しかし、きちんと処理手順を考えられる人は次のように考えます。

元のExcelファイル（シート）を選択する→対象の表を選択する→表をコピーする→対象のPowerPointを選択する→貼り付け対象のスライドを選択する→表を貼り付ける

少し細かいなと感じるかもしれませんが、このように考える習慣が身についていると、業務分析の場面でも必ず役に立ちます。徐々にでも良いので、ぜひ身につけておいてください。

表の行列を入れ替え、「フィル」機能でデータを入力する

図3-3-2は、新規ブックのパワークエリに「支店別売上データ.xlsx」を読み込んだところです。

図3-3-2　対象の「支店別売上データ.xlsx」

	Column1	Column2	Column3	Column4
1	支店名	4月	null	null
2	null	売上	利益	コスト
3	盛岡	444000	133000	311000
4	秋田	166000	-41000	207000
5	仙台	929000	807000	122000
6	高崎	423000	383000	40000
7	大宮	680000	502000	178000
8	東京	448000	440000	8000
9	川崎	934000	915000	19000
10	名古屋	316000	-66000	382000
11	岐阜	666000	83000	583000
12	京都	576000	207000	369000

❶

❶セル結合が解除されている。見出しも認識されていない

ここでは、見出しの名称に「4月」と付ける準備として、1行目の「null」の部分に「フィル」機能を使用して「4月」の文字を入力します。しかし、パワークエリの「フィル」機能は列方向にしか使用できません。

そこで「フィル」機能を利用するために、この表の行列を入れ替えます。行列を入れ替えるには、図3-3-3のように「変換」タブの「入れ替え」をクリックします。

図3-3-3 「入れ替え」処理

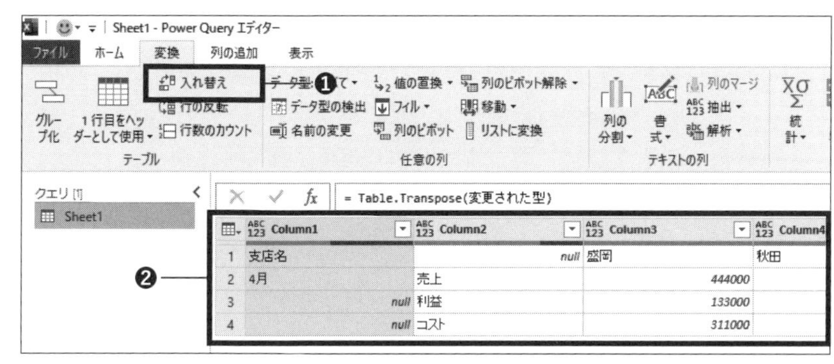

❶「変換」タブの「入れ替え」をクリックする

❷表の行列が入れ替わった

次に図3-3-4のように、「フィル」機能を使ってデータを入力します。1列目を選択し、「変換」タブの「フィル」から「下へ」をクリックします。これでデータが入力されます。

図3-3-4 「フィル」機能の利用

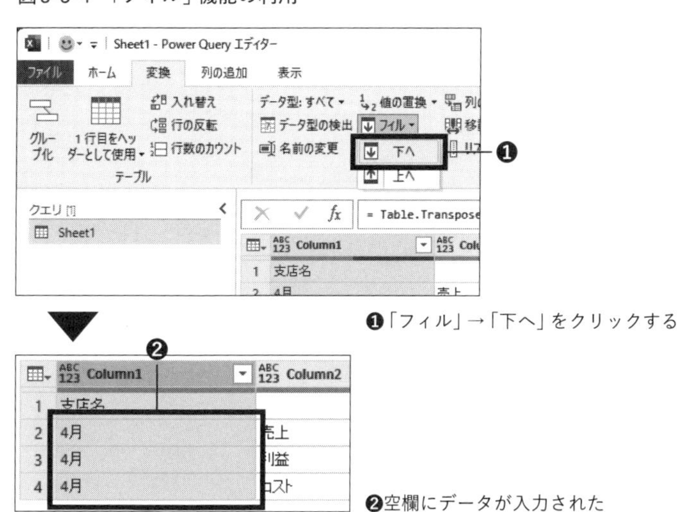

❶「フィル」→「下へ」をクリックする

❷空欄にデータが入力された

次に、最終的に見出しになる文字を作成します。

Memo

パワークエリには行の操作に制限があります。しかし、実際には「行列」の入れ替えを行うことで、柔軟な処理が可能になるのです。元のフォーマットが複雑で行方向の加工が必要な場合は、いったん行列を入れ替えて処理を行い、再度行列を入れ替えて元の形に戻すようにしてください。ただし、行数や列数が多いと、この「入れ替え」の処理は非常に重くなる可能性があります。その点には注意してください。

新たな見出しとなる列を作成する

ここでは1列目の値と2列目の値をマージすることで、「4月売上」のように対象月もわかる見出しを新たに作成します。

見出しが複数ある表は、実によく見かけます。前節で解説したように、元となるテーブル形式のデータがあって、このようなアウトプットを作っているのであれば良いのですが、そうでないケースが多いのが事実です。なお、今回は2行ある見出しを1行にまとめる方法を解説しますが、元の見出しが3行でも基本的には同じ操作で1行にまとめることができます。

ここでは、1行目のデータは図3-3-5のように、2列目に「null」が入っています。このままだとマージができないため、まず「null」を空白に置換します。

図3-3-5 「支店名」の行

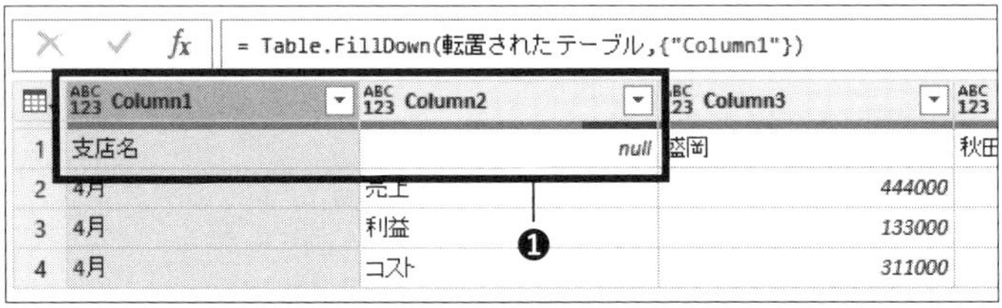

= Table.FillDown(転置されたテーブル,{"Column1"})

	Column1	Column2	Column3	
1	支店名	null	盛岡	秋田
2	4月	売上	444000	
3	4月	利益	133000	
4	4月	コスト	311000	

❶

❶2列目が「null」になっているため、1列目とマージするときにエラーになる

「null」を置換するには、図3-3-6のように、対象となる列（2列目）を選択し「変換」タブの「値の置換」をクリックします。「値の置換」ダイアロ

グボックスが表示されるので、「検索する値」に「null」と入力して「OK」をクリックします（「置換後」は空欄のままでOKです）。これで「null」が空白に変換されます（図3-3-7）。

> Memo
> 「null」は、空白ではなく「不定」という意味です。空白であれば他の文字とマージすることも可能ですが、あくまで空白とは別のものなので文字をマージすることができません。そのため、「値の置換」の処理が必要になります。

図3-3-6 「値の置換」の利用

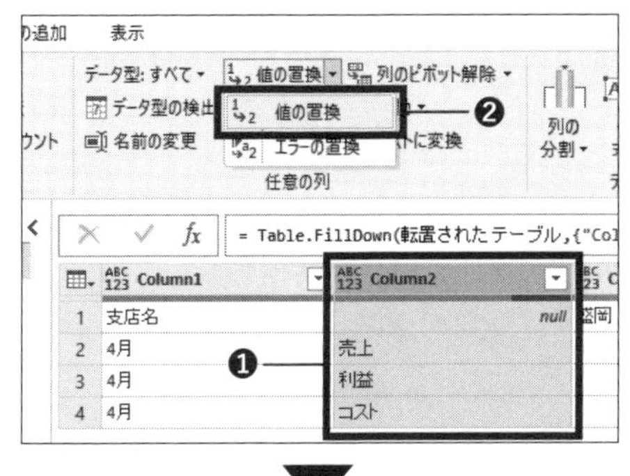

❶対象の列（2列目）を選択する

❷「変換」タブの「値の置換」をクリックする

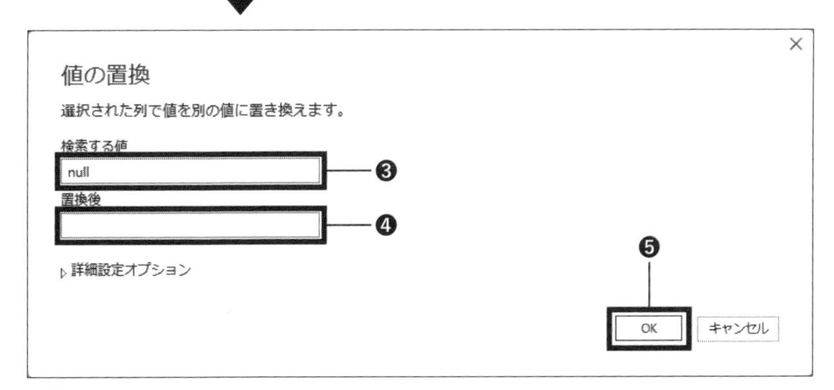

❸「null」と入力する

❹ここは空欄のまま

❺「OK」をクリックする

図3-3-7　実行結果

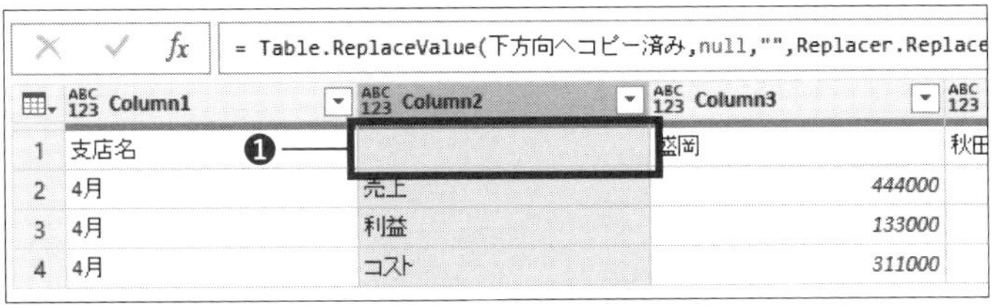

= Table.ReplaceValue(下方向へコピー済み,null,"",Replacer.Replace

	Column1	Column2	Column3	
1	支店名		盛岡	秋田
2	4月	売上	444000	
3	4月	利益	133000	
4	4月	コスト	311000	

❶「null」が空欄に置換された。これで値のマージが可能になる

ここで自動作成されるM言語を確認してみましょう。

▼コード　「値の置換」で生成されたM言語

```
= Table.ReplaceValue(下方向へコピー済み,null,"",Replacer.
ReplaceValue,{"Column2"})
```

見ていただきたいのは、「ReplaceValue」という命令の後のカッコ内です。最初の「下方向へコピー済み」は、直前の「ステップ」名です。そして、次の値が置換前の値の「null」、次の値が置換後の値です。置換後は「""」となっていて、nullとは異なる指定になっている点に注意してください。このことから、nullと空欄は異なるということがわかります。

> StepUp!
> 「下方向へコピー済み」の処理は、「4月」の「フィル」を行った図3-3-4の処理になります。つまり、「下方向へコピー済み」の処理結果はフィルを行った後の「テーブル」ということになります。M言語の関数の多くは、引数にテーブルを取ります。これは前のステップの結果（基本的にテーブルです）を引き継いで、次の処理を行うためです。

続けて1列目の値と2列目の値をマージして、新たな見出しとなる値を作成します。列の値をマージするには「カスタム列」を使用します。図3-3-8のように、「列の追加」タブの「カスタム列」をクリックし、「カスタム列」ダイアログボックスで式を指定します。すると、新しい列が表の右端に作成されます。

これで、元データの値を使用して新しい列が作成されます（図3-3-9）。なお、ここでは「新しい列名」を「見出し」にしましたが、この列名は実際には使用しないため、どのような名称でもOKです。

図3-3-8　見出しになる列の追加

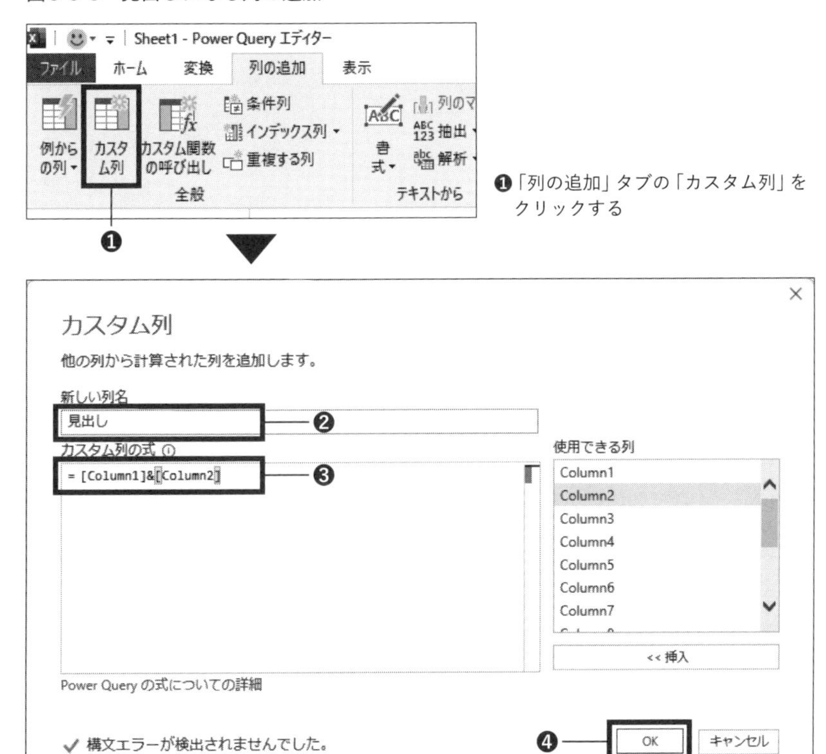

❷「新しい列名」を「見出し」にする

❸「カスタム列の式」に「=[Column1]&[Column2]」と入力する

❹「OK」をクリックする

図3-3-9　実行結果

	Column14	見出し
	神戸	支店名
576000	730000	4月売上
202000	541000	4月利益
374000	189000	4月コスト

❶1列目の値と2列目の値がマージされた列が末尾に追加された

次に、ここで作成された列を表の先頭に移動しましょう。列を移動するには、図3-3-10のように対象の列を右クリックして、「移動」から「先頭へ移動」をクリックします。

図3-3-10　列の移動

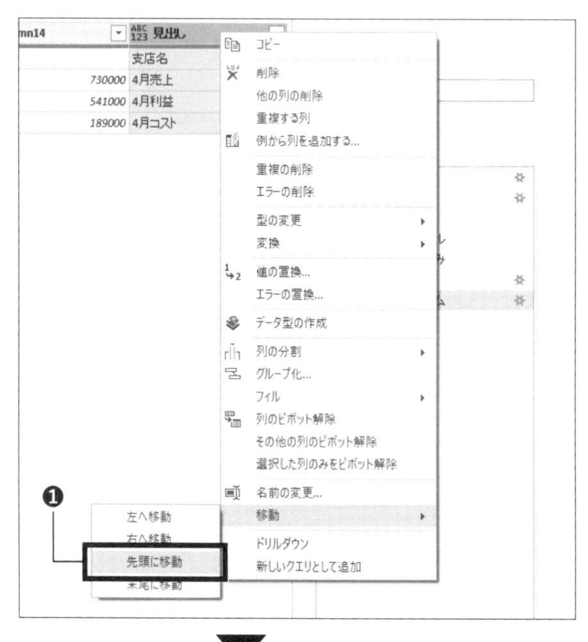

❶「移動」から「先頭へ移動」をクリックする

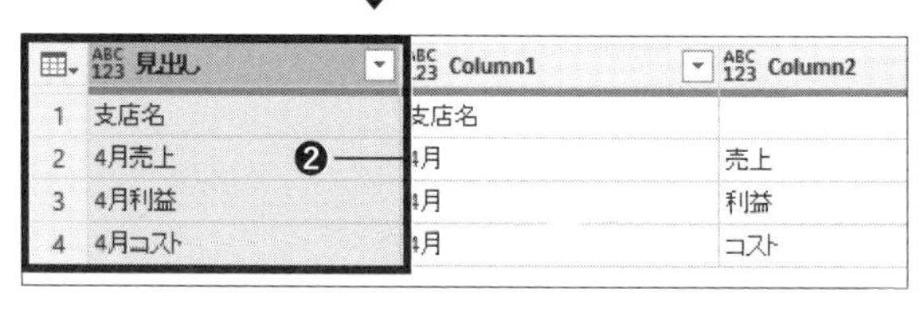

	見出し	Column1	Column2
1	支店名	支店名	
2	4月売上	4月	売上
3	4月利益	4月	利益
4	4月コスト	4月	コスト

❷「見出し」列が先頭に移動した

次に、元々の1列目と2列目（「Column1」と「Column2」）が不要なので削除します。図3-3-11のように2つの列を選択し、「ホーム」タブの「列の削除」から「列の削除」をクリックしてください。これで表が必要な列のみとなります（図3-3-12）。

図3-3-11　不要な列の削除

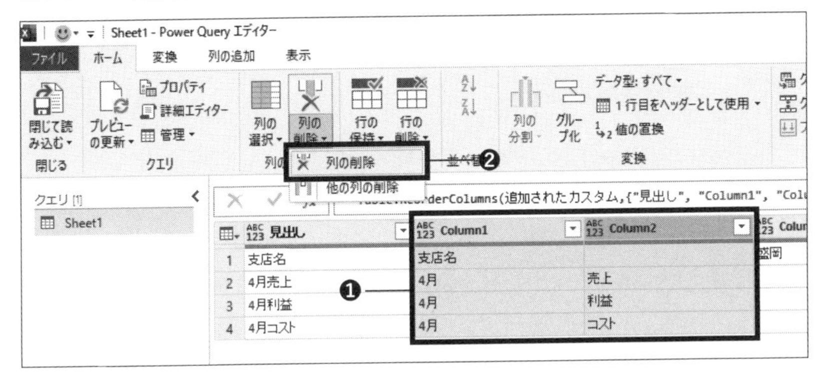

❶対象の列を選択する

❷「ホーム」タブの「列の削除」から「列の削除」をクリックする

図3-3-12　実行結果

	見出し	Column3	Column4	Column5
1	支店名	盛岡	秋田	仙台
2	4月売上	444000	166000	
3	4月利益	133000	-41000	
4	4月コスト	311000	207000	

❶もともと見出しだった2列が削除された

StepUp!

今回は列の移動と削除をそれぞれ別々に行いましたが、第2章で解説したように「他の列を削除」機能を使用して、列の並べ替えと列の削除を同時に行うこともできます。参考までに、それぞれのM言語を確認しておきましょう。

▼コード　列を「先頭に移動」した際に作成されたM言語

```
= Table.ReorderColumns(追加されたカスタム,{"見出し",
"Column1", "Column2", "Column3", "Column4",
"Column5", "Column6", "Column7", "Column8",
"Column9", "Column10", "Column11", "Column12",
"Column13", "Column14"})
```

▼コード　列を削除した際に作成されたM言語

```
= Table.RemoveColumns(並べ替えられた列,{"Column1",
"Column2"})
```

▼コード　2つの処理を「他の列を削除」で行った場合のM言語

```
= Table.SelectColumns(追加されたカスタム,{"見出し",
"Column3", "Column4","Column5", "Column6",
"Column7", "Column8","Column9", "Column10",
"Column11", "Column12","Column13", "Column14"}))
```

「他の列の削除」の処理では、削除対象の「Column1」と「Column2」がありません。また、「見出し」列が先頭に記述されています。これで、列の順序の指定と列の削除を同時に行うことができます。

今回は説明の都合でそれぞれの操作を行いましたが、本来は1回の処理で並べ替えもできる「他の列の削除」を使った方が効率的です。

行列を戻し見出しを設定する

最後に、表を元の形に戻して見出しを再設定します。まずは行列の入れ替えです。先ほどと同様、「変換」タブの「入れ替え」をクリックしてください。図3-3-13のように行列が再度入れ替えられ、元の表の形に戻りました。

図3-3-13　実行結果

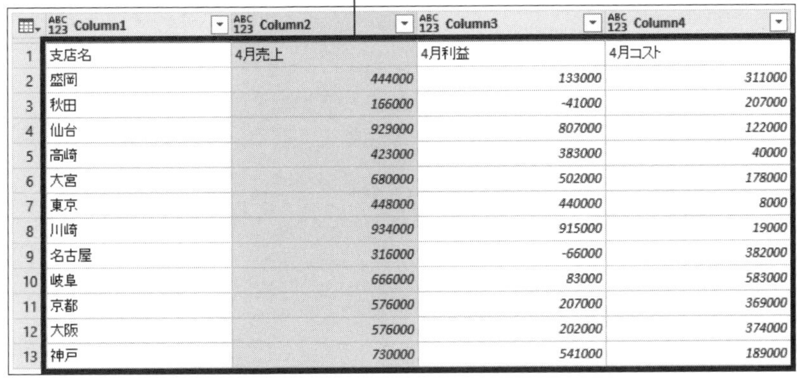

	Column1	Column2	Column3	Column4
1	支店名	4月売上	4月利益	4月コスト
2	盛岡	444000	133000	311000
3	秋田	166000	-41000	207000
4	仙台	929000	807000	122000
5	高崎	423000	383000	40000
6	大宮	680000	502000	178000
7	東京	448000	440000	8000
8	川崎	934000	915000	19000
9	名古屋	316000	-66000	382000
10	岐阜	666000	83000	583000
11	京都	576000	207000	369000
12	大阪	576000	202000	374000
13	神戸	730000	541000	189000

❶行列が入れ替わり元の表の形に戻った

最後に、1行目を見出しに設定しましょう。図3-3-14のように、「変換」タブの「1行目をヘッダーとして使用」をクリックしてください。

図3-3-14　実行結果

	支店名	4月売上	4月利益	4月コスト
1	盛岡	444000	133000	311000
2	秋田	166000	-41000	207000
3	仙台	929000	807000	122000
4	高崎	423000	383000	40000
5	大宮	680000	502000	178000
6	東京	448000	440000	8000
7	川崎	934000	915000	19000
8	名古屋	316000	-66000	382000
9	岐阜	666000	83000	583000
10	京都	576000	207000	369000
11	大阪	576000	202000	374000
12	神戸	730000	541000	189000

❶見出しが設定された

これで2行あった見出しを1行にすることができました。先述したように、パワークエリでは行の操作を列の操作ほど柔軟にはできません。しかしこのように行列を入れ替えることで、柔軟な処理が可能になります。

Memo

今回の処理はここまでですが、厳密に言えばこのデータは正しい「テーブル」とは言い難い点があります。それは見出しに4月と付いている点です。今回はカスタム列の作成方法を紹介するためにこのような方法をとりましたが、本来であれば見出しに「月」は不要で、代わりに図3-3-15のように「月」の列を追加すべきでしょう（さらに言えば「年」も）。そうすることで、5月のデータをこの表の下に続けて記載することができます（見出しに「月」があると、5月のデータは「5月売上」のようにしなくてはなりません）。

図3-3-15　本来あるべき形

	A	B	C	D	E
1	支店名	月	売上	利益	コスト
2	盛岡	4	444000	133000	311000
3	秋田	4	166000	-41000	207000
4	仙台	4	929000	807000	122000
5	高崎	4	423000	383000	40000
6	大宮	4	680000	502000	178000
7	東京	4	448000	440000	8000
8	川崎	4	934000	915000	19000
9	名古屋	4	316000	-66000	382000
10	岐阜	4	666000	83000	583000
11	京都	4	576000	207000	369000
12	大阪	4	576000	202000	374000
13	神戸	4	730000	541000	189000

❶本来はこのように「月」の列があった方が良い

3-4 その他の特殊な表に対応する

CheckPoint! □ピボット形式を解除するには?
□1つのセルに複数データが入力されているときの対処方法

サンプルファイル名 月別売上データ.xlsx、支店データ.xlsx

特殊な形のデータをテーブル形式に変換する

以下2つの「特殊な形のデータ」をテーブル形式に変換する方法を解説します。いずれも実務ではよく見ますが、データ分析に向いているとは言えない形です。

- ピボット形式（クロス集計表）のデータ
- 1つのセルに複数の値が入力されているデータ

まずはピボット形式のデータです。これは報告書などでよく見る形で、図3-4-1のような表を指します。この表は、月ごとの推移などデータを比較して見ることができる表です。そのため、すでに分析できる状態になっている表とも言えます。

ただ、このデータを元に、例えば『「地域」列を追加して、その地域ごとの集計・分析を行う』といった、他の分析を行いたいという場合には不向きです。そこで、このピボット形式の表をテーブル形式に変換します。

図3-4-1 ピボット形式の表

	A	B	C	D
1	支店名	4月	5月	6月
2	盛岡	444000	12000	784000
3	秋田	166000	669000	32000
4	仙台	929000	172000	323000
5	高崎	423000	29000	847000
6	大宮	680000	455000	146000
7	東京	448000	307000	595000
8	川崎	934000	633000	408000
9	名古屋	316000	934000	600000
10	岐阜	666000	951000	861000
11	京都	576000	300000	426000
12	大阪	576000	996000	172000
13	神戸	730000	490000	590000
14				

縦方向に「支店名」、横方向に「月」の売上が入力されているクロス集計表

Memo

ピボット形式（クロス集計表）は、2つ以上の項目を縦と横に配置して、その交差した位置に集計値を置くことで項目間の関係を見ることができる表です。Excelのピボットテーブルが該当するため、ここでは「ピボット形式」と呼んでいます。

では早速、実際の操作を確認しましょう。図3-4-2は、「月別売上データ.xlsx」を新規ブックのパワークエリに取り込んだところです。

図3-4-2 「月別売上データ.xlsx」ファイル

	Column1	Column2	Column3	Column4
1	支店名	4月	5月	6月
2	盛岡	444000	12000	784000
3	秋田	166000	669000	32000
4	仙台	929000	172000	323000
5	高崎	423000	29000	847000
6	大宮	680000	455000	146000
7	東京	448000	307000	595000
8	川崎	934000	633000	408000
9	名古屋	316000	934000	600000
10	岐阜	666000	951000	861000
11	京都	576000	300000	426000
12	大阪	576000	996000	172000
13	神戸	730000	490000	590000

❶「月別売上データ.xlsx」ファイルを読み込んだところ。見出しが設定されていない

まずは見出しの設定を行います。図3-4-3のように、「変換」タブの「1行目をヘッダーとして使用」をクリックしてください。

図3-4-3 見出しの設定（実行結果）

	支店名	4月	5月	6月
1	盛岡	444000	12000	784000
2	秋田	166000	669000	32000
3	仙台	929000	172000	323000
4	高崎	423000	29000	847000
5	大宮	680000	455000	146000
6	東京	448000	307000	595000
7	川崎	934000	633000	408000
8	名古屋	316000	934000	600000

❶見出しが設定された

次に、ピボットを解除します。今回は「4月」「5月」「6月」の列がピボットになっているので、この列のピボットを解除します。ピボットを解除するには、図3-4-4のように対象の列（今回は3列）を選択し、「変換」タブの「ピボット解除」から「選択した列のみをピボット解除」をクリックします。これで、ピボットが解除されテーブル形式の表になります（図3-4-5）。

図3-4-4 ピボットの解除

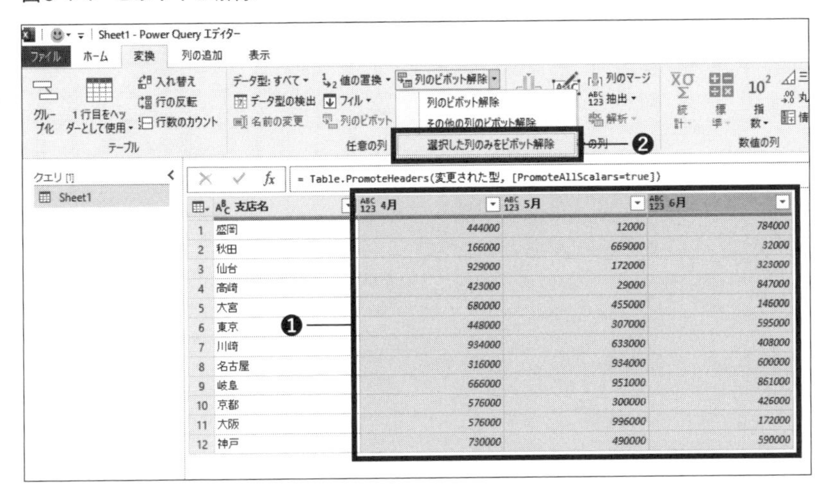

	支店名	4月	5月	6月
1	盛岡	444000	12000	784000
2	秋田	166000	669000	32000
3	仙台	929000	172000	323000
4	高崎	423000	29000	847000
5	大宮	680000	455000	146000
6	東京	448000	307000	595000
7	川崎	934000	633000	408000
8	名古屋	316000	934000	600000
9	岐阜	666000	951000	861000
10	京都	576000	300000	426000
11	大阪	576000	996000	172000
12	神戸	730000	490000	590000

❶対象の列を選択する

❷「変換」タブの「ピボット解除」から「選択した列のみをピボット解除」をクリックする

図3-4-5 実行結果

	支店名	属性	値
1	盛岡	4月	444000
2	盛岡	5月	12000
3	盛岡	6月	784000
4	秋田	4月	166000
5	秋田	5月	669000
6	秋田	6月	32000
7	仙台	4月	929000
8	仙台	5月	172000

ピボットが解除されテーブル形式のデータになった

ピボット形式の表は、本来は元となるデータがあって、それをExcelのピボットテーブル機能などを利用して作るものです。元のデータがあれば良いのですが、今回紹介した例のように、ピボットになってしまっているデータしか手元にない場合は、ここで解説した方法でデータを加工してください。

複数のデータが入力されているセルがあるデータ

図3-4-6のように、1つのセルに複数のデータが入力されていることがあります。ひとまず、このデータを分割して担当者の列を増やしましょう。ここではデータがカンマで区切られているので、そのカンマを基準にしてデータを分割します。

図3-4-6
複数のデータが入力されたセルがあるデータ

	A	B
1	支店名	担当者
2	盛岡	田中
3	秋田	佐藤
4	仙台	林
5	高崎	神田
6	大宮	北側
7	東京	村上,橋本
8	川崎	山田,北村
9	名古屋	島原
10	岐阜	岡田
11	京都	村田
12	大阪	中村
13	神戸	峰

❶1つのセルに2つのデータが入力されている

図3-4-7は、「支店データ.xlsx」を新規ブックのパワークエリに読み込んだところです。1つのセルに、複数のデータがカンマで区切られて入力されています。

図3-4-7 「支店データ.xlsx」のデータ

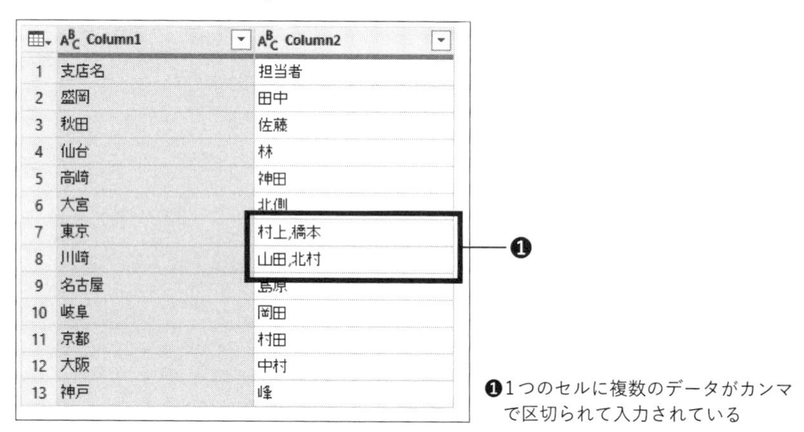

	Column1	Column2
1	支店名	担当者
2	盛岡	田中
3	秋田	佐藤
4	仙台	林
5	高崎	神田
6	大宮	北側
7	東京	村上,橋本
8	川崎	山田,北村
9	名古屋	島原
10	岐阜	岡田
11	京都	村田
12	大阪	中村
13	神戸	峰

❶1つのセルに複数のデータがカンマで区切られて入力されている

まずは見出しの設定を行います。「変換」タブの「1行目をヘッダーとして使用」をクリックし、図3-4-8のように1行目を見出しにします。

図3-4-8　実行結果

	支店名	担当者
1	盛岡	田中
2	秋田	佐藤
3	仙台	林
4	高崎	神田
5	大宮	北側
6	東京	村上,橋本
7	川崎	山田,北村
8	名古屋	島原
9	岐阜	岡田
10	京都	村田
11	大阪	中村
12	神戸	峰

❶見出しの設定が行われた

次に、カンマで区切られたデータを分割します。データを分割して新しい列を追加するには、図3-4-9のように、「変換」タブの「列の分割」から「区切り記号による分割」を使用します。

図3-4-9 「区切り記号による分割」の利用

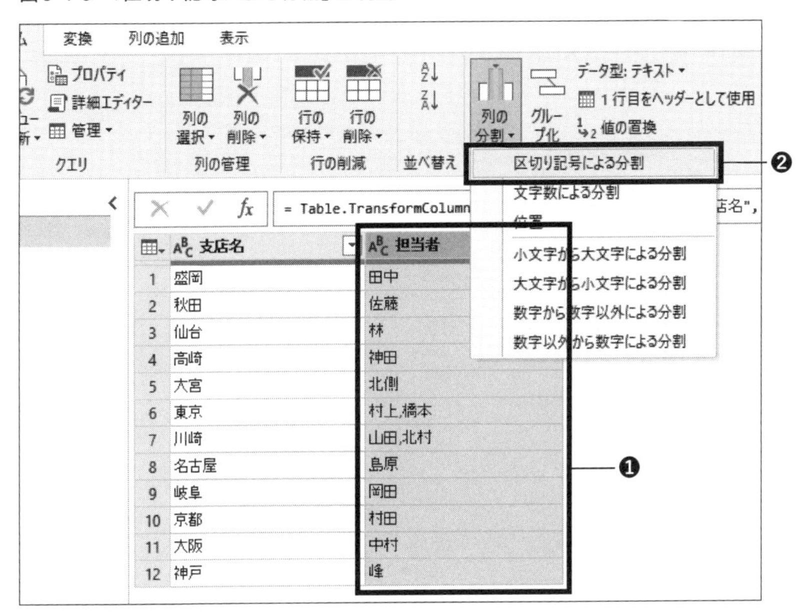

❶対象の列を選択し

❷「区切り記号による分割」をクリックする

すると、図3-4-10のように「区切り記号による列の分割」ダイアログボックスが表示されるので「OK」をクリックします（ここでは設定の変更は必要ありません）。これで、列が自動的に追加されデータが分割されます（図3-4-11）。

図3-4-10 「区切り記号による列の分割」の設定

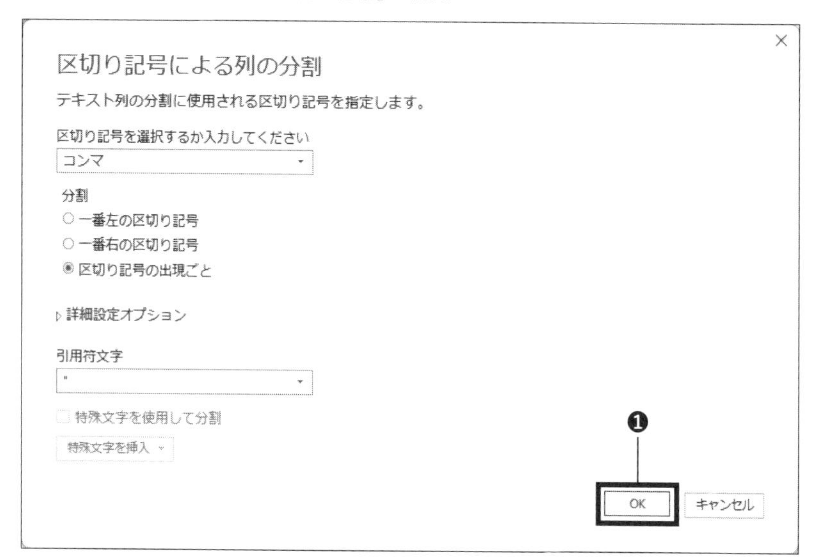

❶ここでは特に設定を変更する必要がないので、そのまま「OK」をクリックする

Memo

「区切り記号による分割」では、区切り文字を「カスタム」にすることで任意の「文字」で値を分割することができます（記号だけではなく、「県」などの文字での分割も可能）。ただし、分割の基準にした文字は削除されてしまうので注意が必要です。

図3-4-11　実行結果

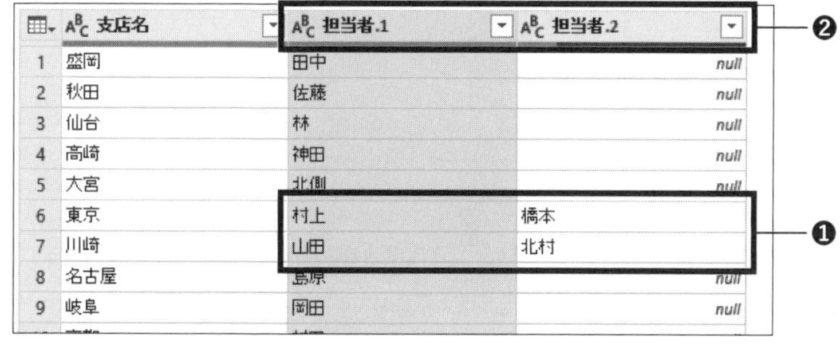

	支店名	担当者.1	担当者.2
1	盛岡	田中	null
2	秋田	佐藤	null
3	仙台	林	null
4	高崎	神田	null
5	大宮	北側	null
6	東京	村上	橋本
7	川崎	山田	北村
8	名古屋	島原	null
9	岐阜	岡田	null

❶データが分割され列が追加された

❷列名も自動的に振られている

これでデータ分割ができました。列名が自動的に「担当者1」「担当者2」のようになっている点にも注意してください。

これでひとまず完成ですが、この表が「ピボット形式」になっていることに気づいた方もいるでしょう。データの使用法によってはこのままでも良いかもしれませんが、ここではせっかくなのでピボットを解除します。列のピボットを解除するには、対象の列を選択し（ここでは「担当者1」と「担当者2」）、「変換」タブの「列のピボット解除」をクリックします。これで表がテーブル形式になるため、担当者のカウントなどができるようになりました。

図3-4-12　ピボットの解除（実行結果）

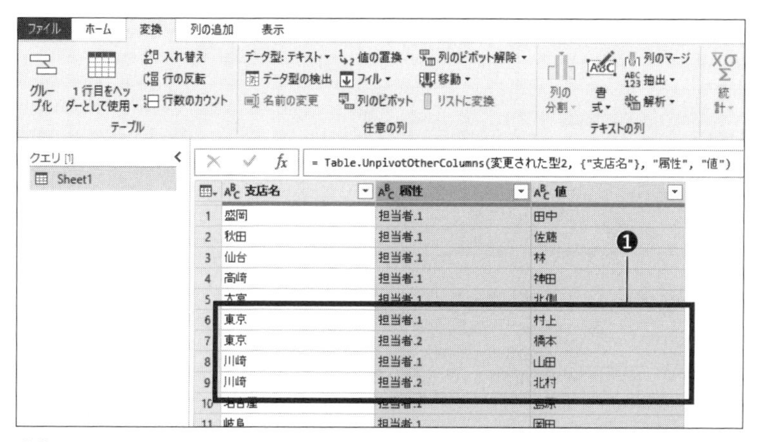

	支店名	属性	値
1	盛岡	担当者.1	田中
2	秋田	担当者.1	佐藤
3	仙台	担当者.1	林
4	高崎	担当者.1	神田
5	大宮	担当者.1	北側
6	東京	担当者.1	村上
7	東京	担当者.2	橋本
8	川崎	担当者.1	山田
9	川崎	担当者.2	北村
10	名古屋	担当者.1	島原
11	岐阜	担当者.1	岡田

❶「担当者」が2名いた支店は行が2行に分かれている

このようにパワーピボットを利用することで、特殊な形式の表であってもデータ分析に適したテーブル形式に変換することができるのです。

Memo

1つのセルに複数の値が入力されているものを複数行にしたい場合、1回の処理で行うことも可能です。図3-4-13の「区切り記号による列の分割」ダイアログボックスで、「詳細設定オプション」をクリックすると「分割の方向」が表示されます。ここで「行」を選択することで、分割した値を行を増やして処理してくれます（図3-4-14）。

図3-4-13 「行」方向への分割

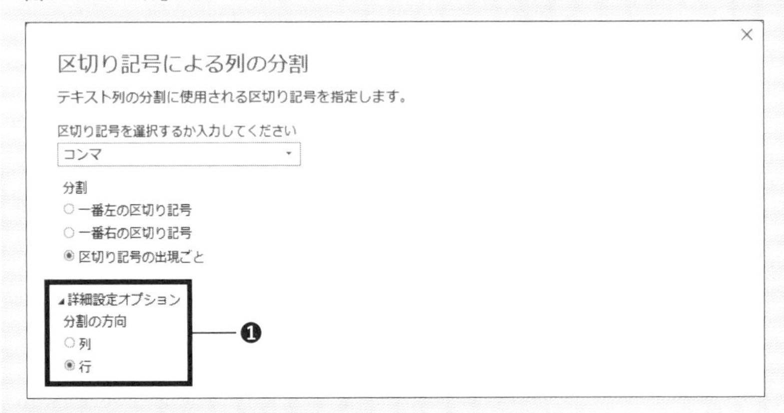

❶「列の分割」機能では「行」方向への分割もできる

図3-4-14 実行結果

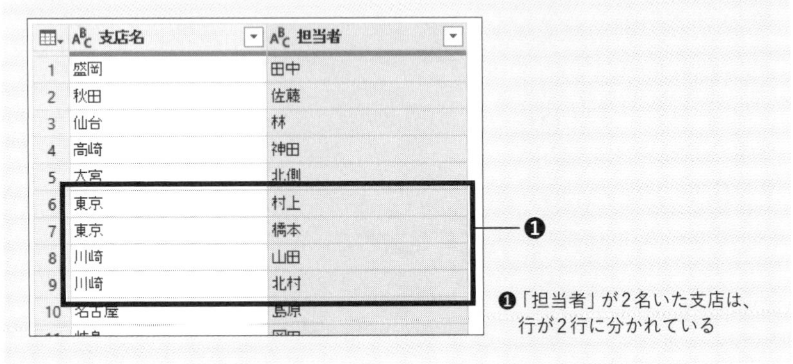

	支店名	担当者
1	盛岡	田中
2	秋田	佐藤
3	仙台	林
4	高崎	神田
5	大宮	北側
6	東京	村上
7	東京	橋本
8	川崎	山田
9	川崎	北村
10	名古屋	島原

❶「担当者」が2名いた支店は、行が2行に分かれている

第3章のまとめ

●Excelの表には様々なフォーマット（形）があり、中にはデータ分析には適さないものもある。その場合、パワークエリを使ってデータ分析に適した形に表を加工する必要がある。

●データ分析に適した形とは、テーブル形式の表である。テーブル形式の表は「見出しは1行」「1つのセルに複数のデータを入力しない」といったルールがあるので、それに準拠していない表は加工する必要がある。

●パワークエリでは、結合セルは無視される。そのため、パワークエリに取り込んだ際に「null」のセルができる。そして「フィル」機能を使うことで、「null」のセルにデータを入力することができる。

●パワークエリでは、操作順序が大切なケースが多い。そのため、メモでも良いので手順をあらかじめ書き出しておくと、その後の手戻りが少なく効率的に作業できる。

●ピボット形式や1つのセルに複数のデータが入力されているようなケースでも、パワークエリでテーブル形式に加工することができる。ただし、本来はデータにはテーブル形式の元データがあるべきなので、新規データを作成する場合は、このような加工が不要なようにあらかじめテーブル形式で作るべき。

第4章

複数の表をつなげて、より有効なデータを作成する

データ分析は対象のデータがバラバラに分かれているとうまくいきません。例えば、売上データが月別に分かれているため、年間を通じての分析がそのままではできないといったケースも珍しくないでしょう。そこで本章では、パワークエリを使用して複数のテーブル（表）をまとめる方法について解説します。

パワークエリではデータを「結合」することができます。そして、この「結合」には「追加」と「マージ」の、大きく2種類の結合方法があります。そこで、それぞれがどのようにデータを「結合」するのか、どのようなときにその結合方法を使用するのかについて解説して行きます。

4-1 テーブルを結合する「追加」機能と「マージ」機能

CheckPoint! □テーブルの「追加」機能
□6種類ある「マージ」機能の違い

サンプルファイル名　4-6月売上.xlsx

「追加」機能と「マージ」機能の概要

パワークエリでは、複数のテーブルを「結合」して1つのテーブル（表）を作成することができます。この「結合」機能は、さらに「追加」と「マージ」の2種類の機能に分かれます。

「追加」機能は、対象のテーブルに別のテーブルのデータを縦方向に結合します。例えば図4-1-1のように、月ごとに分かれている売上一覧を1つのテーブルにして毎月の売上の推移を確認したり、月別の売上を比較したいときなどに使用します。

図4-1-1 「追加」機能の例

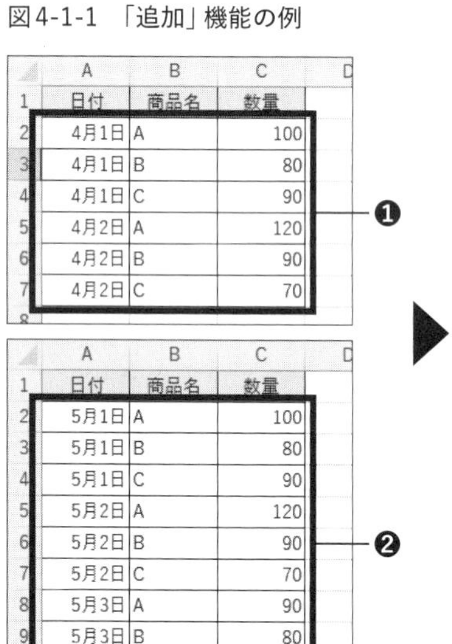

	A	B	C
1	日付	商品名	数量
2	4月1日	A	100
3	4月1日	B	80
4	4月1日	C	90
5	4月2日	A	120
6	4月2日	B	90
7	4月2日	C	70

	A	B	C
1	日付	商品名	数量
2	5月1日	A	100
3	5月1日	B	80
4	5月1日	C	90
5	5月2日	A	120
6	5月2日	B	90
7	5月2日	C	70
8	5月3日	A	90
9	5月3日	B	80
10	5月3日	C	70

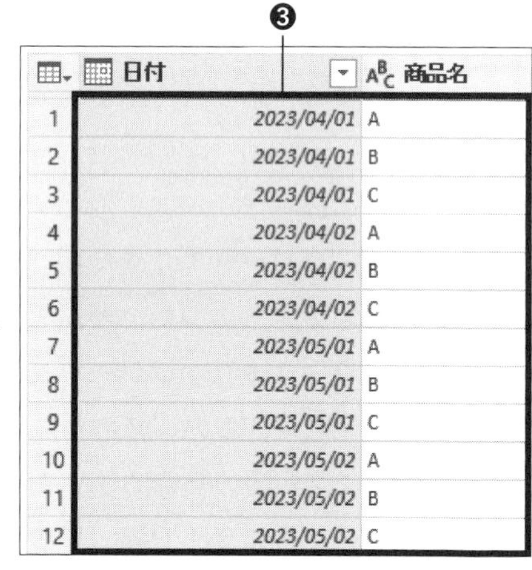

	日付	商品名
1	2023/04/01	A
2	2023/04/01	B
3	2023/04/01	C
4	2023/04/02	A
5	2023/04/02	B
6	2023/04/02	C
7	2023/05/01	A
8	2023/05/01	B
9	2023/05/01	C
10	2023/05/02	A
11	2023/05/02	B
12	2023/05/02	C

❶「4月」の売上データに

❷「5月」の売上データを追加し、

❸1つのテーブルを作成する。なお、「日付」列のようにExcelの表示形式はパワークエリに反映されないことがあるので注意が必要

このように、テーブルを縦につなげるのが「追加」機能になります（実際の操作方法は次節で解説します）。なお、実際の「追加」機能では2つ以上の表をまとめることも可能です。

これに対して、「マージ」機能は基本的に2つの表を横方向に結合します。例えば、「商品マスタ」テーブルにある「定価」を「売上一覧」テーブルに結合して、1つのテーブルを作成するような場合です。ExcelのVLOOKUP関数やXLOOKUP関数を使用した場合をイメージしてください。

ただし、この「マージ」機能には種類があり、実務ではその使い分けが大切になります。そこでまずは、この「マージ」機能にどのような種類があって、どのような処理を行うのかを整理します。

Memo

ここでは「結合」「追加」「マージ」という用語が出てきます。パワークエリでは、まず大きな機能のくくりとして「結合」機能があって、さらにその中に「追加」と「マージ」があります。パワークエリを扱う上で、それぞれをしっかりと区別するようにしてください。

「マージ」機能の種類

パワークエリの「マージ」機能には、次の6種類があります（ここではパワークエリで表示される言葉をそのまま掲載しています）。

「マージ」の種類

① 左外部（最初の行すべて、および2番目の行のうち一致するもの）
② 右外部（2番目の行すべて、および最初の行のうち一致するもの）
③ 完全外部（両方の行すべて）
④ 内部（一致する行のみ）
⑤ 左反（最初の行のみ）
⑥ 右反（2番目の行のみ）

ここで「左」「右」とあるのは、最初に選択したテーブルが「左」、2番目に選択したテーブルが「右」と考えてください。

また、これらの命令にある「最初の」は「最初のテーブルの」、「2番目の」は「2番目のテーブルの」という意味です。

この6種類の「マージ」方法ですが、当然ながら処理結果が異なります。それぞれがどのような処理を行うのか、1つずつ見て行きましょう。なお、ここでは「左」に「売上データ」のテーブルを、「右」に「商品マスタ」のテーブルを配置したとして解説します。また両方のテーブルには「商品コード」があり、この「商品コード」を2つのテーブルを紐づける「キー」項目として利用します。

StepUp!

「マージ」機能では、対象の2つのテーブルを紐づけるための項目（列）が必要です。これを「キー」項目と呼びます。「キー」項目は、列名が一致していなくても問題ありません。また、複数の列を組み合わせて「キー」項目とすることも可能です。

例えば図4-1-2のように、「支店コード」ごとに「IDカードNo」が振られているとします。この場合、「0001」の「IDカードNo」は「支店コード」が「A001」にも「B001」にも存在するため、「キー」項目としては不適切です。従って、「支店コード」と「IDカードNo」の2項目を組み合わせて「キー」項目とします。

図4-1-2　複数の項目が「キー」項目になる例

支店コード	IDカードNo	氏名
A001	0001	佐藤
A001	0002	鈴木
B001	0001	高橋
B001	0002	田中
B001	0001	伊藤

「マージ」機能①：「左外部」マージ

「左外部」マージは、「左」(「売上データ」) のすべてのレコード (行) と、それに合致する「右」(「商品マスタ」) のレコードをマージします (図4-1-3)。「売上データ」テーブル (左) の3件のレコードの「商品コード」に一致するレコードが、「商品マスタ」テーブル (右) から取得されマージされています。このように、「左外部」のマージは「左」側のテーブルに列を加え、対応する情報を追加したい場合に使用します。

図4-1-3 「左外部」の結合例

「売上データ」

商品コード	売上数量
A0001	50
B0001	30
D0001	30

「商品マスタ」

商品コード	商品名
A0001	コーヒー
B0001	紅茶
C0001	緑茶
D0001	玄米茶

商品コード	売上数量	商品名
A0001	50	コーヒー
B0001	30	紅茶
D0001	30	玄米茶

❶「左」のテーブルのすべてのレコードと、それに対応する「右」のテーブルのレコードが結合されている

この処理をベン図で表すと、図4-1-4のようになります。

図4-1-4
「左外部」の処理を表したベン図

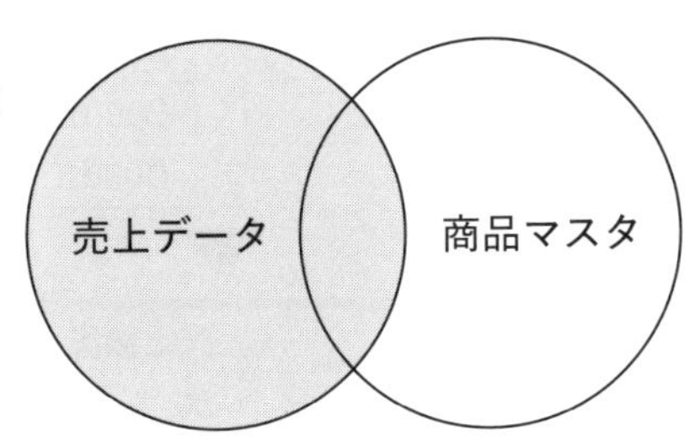

なお、このマージをデータベースでは「左外部結合」と呼びます。

Memo

ベン図とは、複数の要素の共通部分や独立部分を表すことができる図です。基本的に要素（ここでは「売上データ」と「商品マスタ」）を「円」で表し、円が重なっている部分が共通部分で、塗りつぶしてある部分が対象の処理で取得できるデータという意味になります。

図4-1-4では、左側が「売上データ」、右側が「商品マスタ」です。「左外部」の処理なので、「売上データ」のすべてと「売上データ」と「商品マスタ」の共通部分が塗りつぶされています。これで、「左外部」の処理では「売上データ」のすべてと「商品マスタ」で共通するデータが取得できるということがわかります。

「マージ」機能②：「右外部」マージ

「右外部」マージは、「右」（「商品マスタ」）のテーブルのすべてのレコードと、それに合致する「左」（「売上データ」）のレコードをマージします。図4-1-5では、「商品マスタ」テーブル（右）のすべてのレコードと「商品コード」が一致するレコードを、「売上データ」テーブルから取得しマージしています。このように、「右外部」のマージは「右」側のテーブルに列を加え、対応する情報を追加したい場合に使用します。

図4-1-5 「右外部」の結合例

「売上データ」

商品コード	売上数量
A0001	50
B0001	30
D0001	30

「商品マスタ」

商品コード	商品名
A0001	コーヒー
B0001	紅茶
C0001	緑茶
D0001	玄米茶

商品コード	商品名	売上数量
A0001	コーヒー	50
B0001	紅茶	30
C0001	緑茶	null
D0001	玄米茶	30

❶「右」テーブルのすべてのレコードと、合致する「左」テーブルのレコードが結合されている

この処理をベン図で表すと、図4-1-6のようになります。

なお、このマージをデータベースでは「右外部結合」と呼びます。

図4-1-6
「右外部」の処理を表したベン図

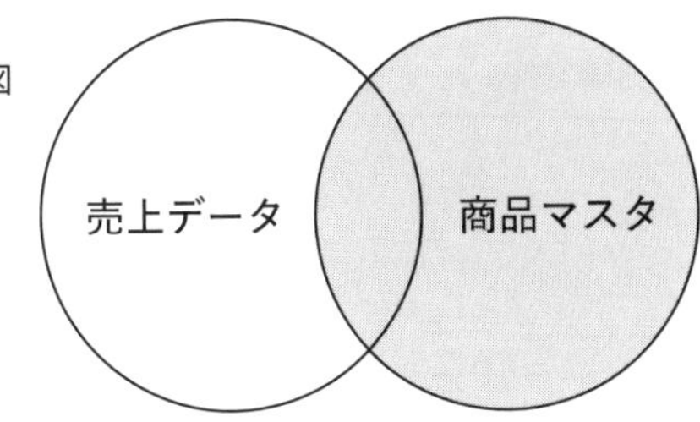

「マージ」機能③：「完全外部」マージ

「完全外部」マージは、「左」(「売上データ」)のすべてのレコードと、「右」(「商品マスタ」)のすべてのレコードを結合します。図4-1-7では、「売上データ」テーブルのすべてのレコードと「商品マスタ」テーブルのすべてのレコードが「商品コード」で紐づけられ、すべてのレコードが取得されます。このように、「完全外部」のマージは「左」側と「右」側のテーブルのすべてのデータを結合し、1つのテーブルを作成したい場合に使用します。

図4-1-7 「完全外部」の結合例

「売上データ」

商品コード	売上数量
A0001	50
B0001	30
D0001	30

「商品マスタ」

商品コード	商品名
A0001	コーヒー
C0001	緑茶
D0001	玄米茶

▼

商品コード	商品名	売上数量
A0001	コーヒー	50
B0001	null	30
C0001	緑茶	null
D0001	玄米茶	null

❶

❶すべてのレコードが含まれている。なお、対象のデータが無い部分は「null」になる

この処理をベン図で表すと、図4-1-8のようになります。

なお、このマージをデータベースでは「完全外部結合」と呼びます。

図4-1-8
「完全外部」の処理を表したベン図

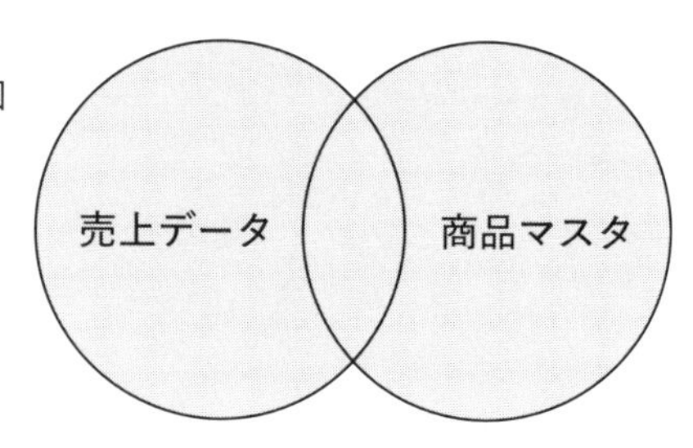

Memo

実際にパワークエリで「完全外部」の処理を行うと、次のようなテーブルが作成されます（先ほどの図4-1-7は、わかりやすいように整理した形で表しています）。

図4-1-9　パワークエリでの「完全外部」の処理結果

商品コード	売上数量	商品コード	商品名
A0001	50	A0001	コーヒー
B0001	30	null	null
C0001	null	C0001	緑茶
null	null	D0001	玄米茶

❶「商品コード」の列が2つある。左側が「売上一覧」、右側が「商品マスタ」の「商品コード」を表している

「マージ」機能④：「内部」マージ

「内部」マージは、「左」（「売上データ」）のテーブルのレコードと、それに合致する「右」（「商品マスタ」）のレコードをマージします。図4-1-10では、「売上データ」テーブルと「商品マスタ」テーブルを「商品コード」で紐づけ、両方のテーブルに共通するレコードのみを取得します。このように、「内部」のマージは「左」側と「右」側のテーブルで、「キー」項目が一致するレコードのみを取得する場合に使用します。

図4-1-10 「左外部」の結合例

「売上データ」

商品コード	売上数量
A0001	50
B0001	30
D0001	30

「商品マスタ」

商品コード	商品名
A0001	コーヒー
C0001	緑茶
D0001	玄米茶

▼

商品コード	商品名	売上数量
A0001	コーヒー	50
D0001	玄米茶	30

❶左右のテーブルの両方にあるレコードが結合される

この処理をベン図で表すと、図4-1-11のようになります。

なお、このマージをデータベースでは「内部結合」と呼びます。

図4-1-11
「内部」の処理を表したベン図

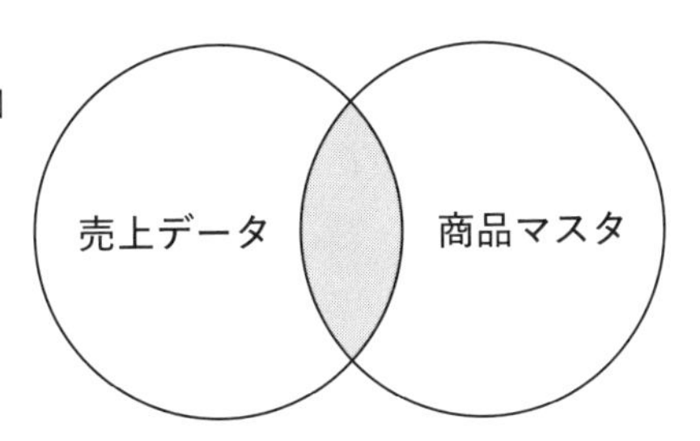

「マージ」機能⑤：「左反」マージ

「左反」マージは、「左」（「売上データ」）のすべてのレコードと、「右」（「商品マスタ」）のテーブルのレコードで一致しないレコードを取得します。図4-1-12では、「売上データ」テーブルの「商品コード」が「商品マスタ」テーブルに無いレコードを取得します。このように、「左反」のマージは「左」側と「右」側のテーブルを「キー」項目で紐づけ、「左」側にしかないレコードを取得したい場合に使用します。

図4-1-12 「左外部」の結合例

「売上データ」

商品コード	売上数量
A0001	50
B0001	30
C0001	40
D0001	30

「商品マスタ」

商品コード	商品名
A0001	コーヒー
B0001	紅茶
D0001	玄米茶

▼

商品コード	売上数量
C0001	40

❶「左」のテーブルで「右」のテーブルには無いデータが取得された

この処理をベン図で表すと、図4-1-13のようになります。

なお、このマージをデータベースでは「左アンチ結合」と呼びます。

図4-1-13
「左反」の処理を表したベン図

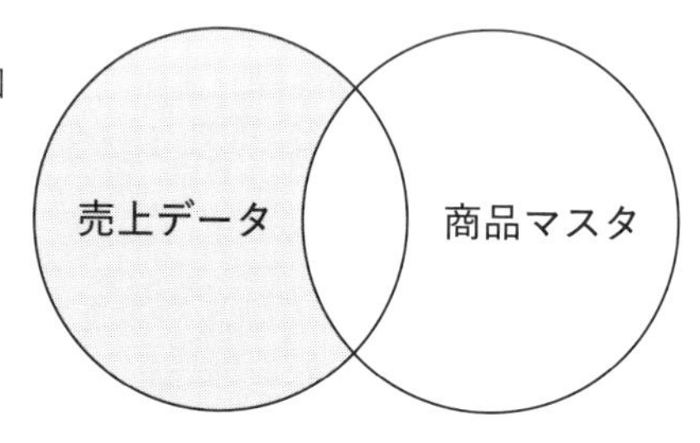

「マージ」機能⑥：「右反」マージ

「右反」マージは、「右」(「商品マスタ」) のテーブルのすべてのレコードと、「左」(「売上データ」) のレコードで一致しないレコードを取得します。図4-1-14では、「商品マスタ」テーブルの「商品コード」で「売上データ」に無いレコードを取得します。

このように「右反」のマージは、「左」側と「右」側のテーブルを「キー」項目で紐づけ、「右」側にしか無いレコードを取得したい場合に使用します。

図4-1-14 「左外部」の結合例

「売上データ」

商品コード	売上数量
A0001	50
B0001	30
D0001	30

「商品マスタ」

商品コード	商品名
A0001	コーヒー
B0001	紅茶
C0001	緑茶
D0001	玄米茶

▼

商品コード	商品名
C0001	緑茶

❶「右」のテーブルで、「左」のテーブルには無いレコードが取得された

この処理をベン図で表すと，図4-1-15のようになります。

なお、このマージをデータベースでは「右アンチ結合」と呼びます。

図4-1-15
「右反」結合を表したベン図

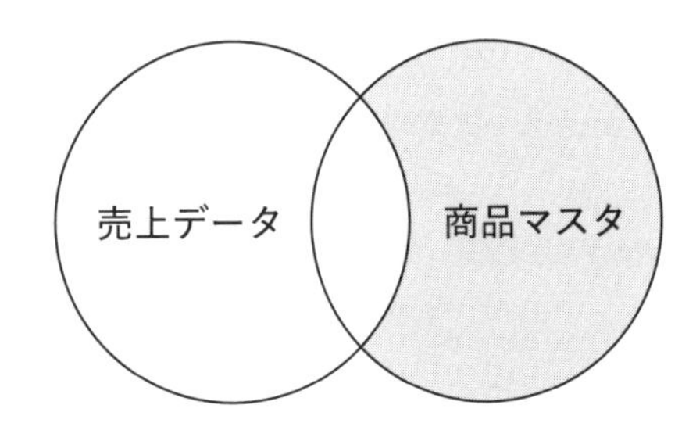

以上のように、パワークエリの「マージ」には6種類の方法があります。まずはこのような種類があることを理解してください。なお、実際の操作方法やそれぞれのマージ方法の使い分けの具体例については、4-3で解説します。

複数データの取得

最後に、パワークエリの「追加」機能と「マージ」機能を使用する準備として、複数データの取得方法について解説します。

パワークエリでは、複数のワークシートをまとめて取得することができます。例えば図4-1-16のように、1つのブック内に複数のシートに分けて

データが入力されているとします。これらをまとめてパワークエリに取得することができるのです（「4-6月売上.xlsx」ファイルを使用）。

図4-1-16　データが複数シートに分かれている

	A	B	C	D	E
1	日付	商品名	数量		
2	4月1日	A	100		
3	4月1日	B	80		
4	4月1日	C	90		
5	4月2日	A	120		
6	4月2日	B	90		
7	4月2日	C	70		
8					
9					
10					
11					

4月　5月　6月　＋

❶データが複数のシートに分かれている

まずは新規のブックで、「データ」タブの「データの取得」→「ファイルから」→「Excelブックから」を選択します。

図4-1-17　複数シートのデータの取得

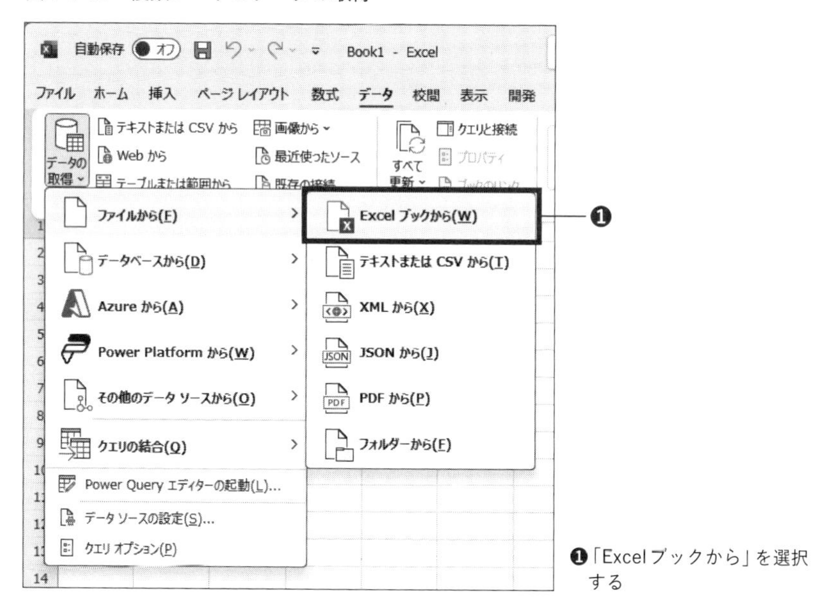

❶「Excelブックから」を選択する

すると「ナビゲーター」ダイアログボックスが表示されるので、「複数のアイテムの選択」のチェックボックスをオンにし、取得したいデータを選択します（図4-1-18）。最後に「データの変換」ボタンをクリックすることで、複数データを取得することができます（図4-1-19）。

図4-1-18　複数データの取得

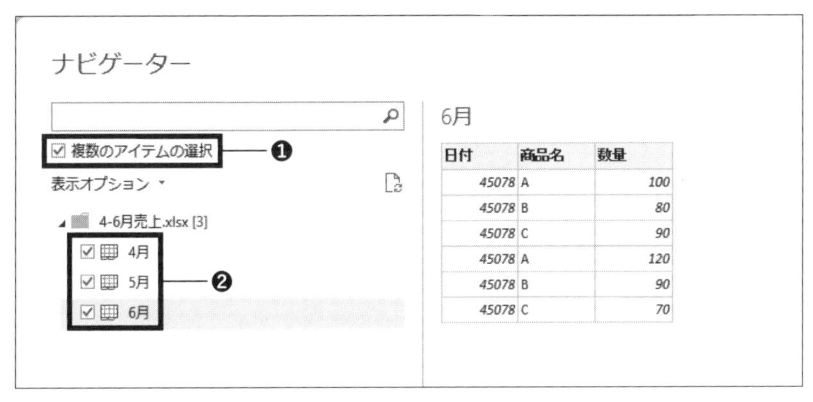

❶「複数のアイテムの選択」にチェックを入れる
❷取得するデータにチェックを入れる

図4-1-19　実行結果

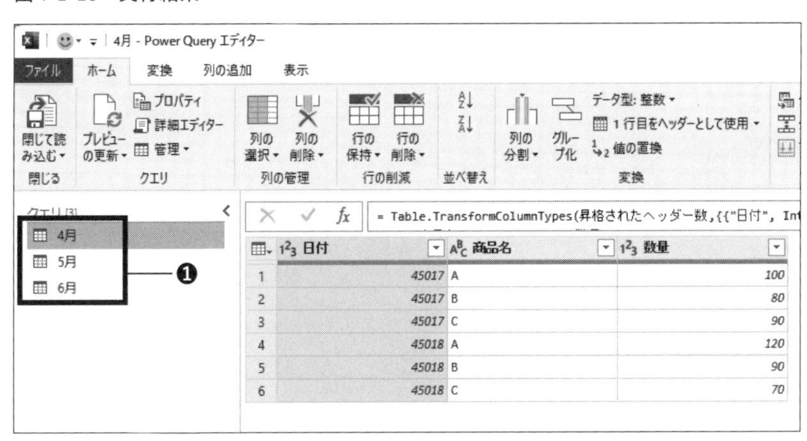

❶複数データを同時に取得することができた

4-2 テーブルに別テーブルのデータを「追加」する

CheckPoint! □「追加」機能の操作方法
□「追加」機能を利用する際の注意点

サンプルファイル名　売上データ.xlsx

パワークエリの「追加」機能の概要

複数のテーブルを縦方向につなげて結合するのが「追加」機能です。これは「クエリの追加」という命令を使用して行います。

この機能は、例えば売上データが月別のシートに分かれているようなケースで、これらを1つのテーブルにまとめるときに利用できます。こうすることで、年間トータルでのデータ分析を行うことができるようになります。

では、早速ですが実際に操作してみましょう。図4-2-1は、「売上データ.xlsx」ファイルにある「4月」シートと「5月」シートのデータをパワークエリに読み込んだところです。この4月の売上データに5月のデータを追加します。

図4-2-1 「4月」と「5月」の売上データを読み込んだところ

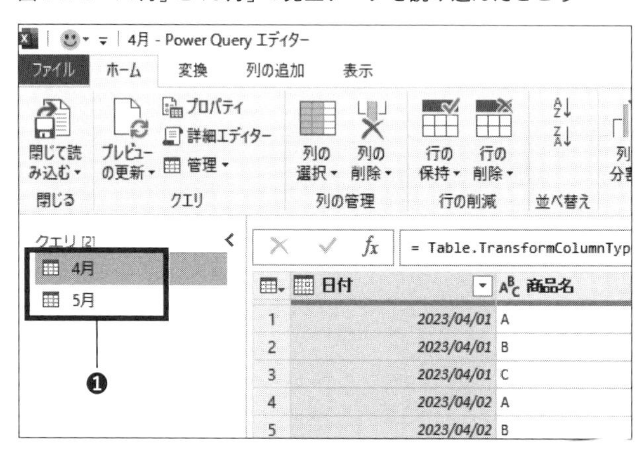

❶2つのデータを結合する

この2つのテーブルを、「クエリの追加」機能を使用して1つにまとめます。今回は「4月」のテーブルに単純に追加するのではなく、新たに「4月」テーブルに「5月」テーブルのデータを追加したテーブルを作ります。

「ホーム」タブの「クエリの追加」から、「クエリを新規クエリとして追加」を選択します。「追加」ダイアログボックスが表示されるので、「4月」と「5月」のテーブルを指定して「OK」をクリックします。

図4-2-2 「クエリの追加」の実行

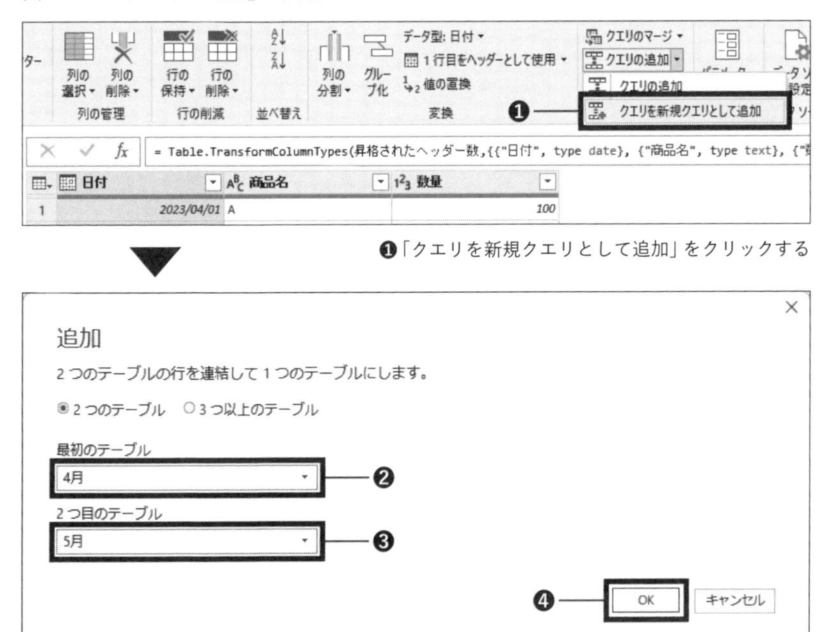

❷「最初のテーブル」に「4月」テーブルを

❸「2つ目のテーブル」に「5月」テーブルを指定する

❹「OK」をクリックする

これで2つのテーブルが1つにまとめられます。ただし、実行結果の図4-2-3をよく見てください。新たに「追加1」というクエリが作成されているのは良いのですが（新たにテーブルを作成したのですから）、「数量」と「売上数量」の2つの列ができてしまっています。

図4-2-3　実行結果

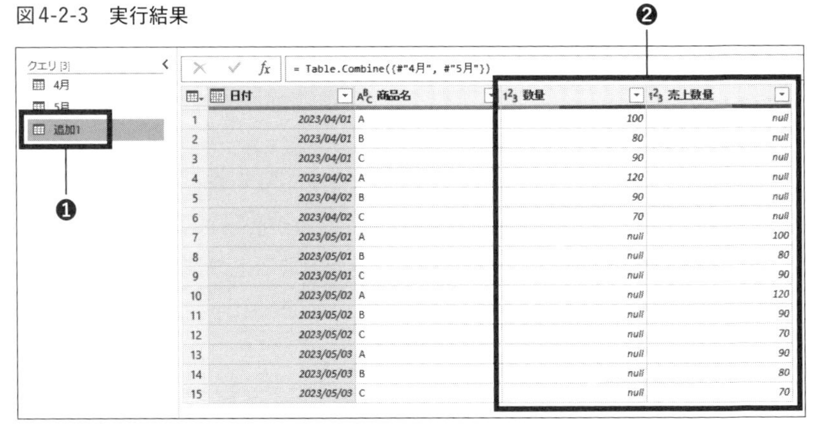

	日付	商品名	数量	売上数量
1	2023/04/01	A	100	null
2	2023/04/01	B	80	null
3	2023/04/01	C	90	null
4	2023/04/02	A	120	null
5	2023/04/02	B	90	null
6	2023/04/02	C	70	null
7	2023/05/01	A	null	100
8	2023/05/01	B	null	80
9	2023/05/01	C	null	90
10	2023/05/02	A	null	120
11	2023/05/02	B	null	90
12	2023/05/02	C	null	70
13	2023/05/03	A	null	90
14	2023/05/03	B	null	80
15	2023/05/03	C	null	70

❶「追加1」という新たなクエリが作成された

❷「数量」と「売上数量」の2つの列ができてしまっている

「追加」機能の注意点

処理結果が思った形にならなかったのは、「4月」テーブルと「5月」テーブルの列名が一致していなかったためです。

このように、「クエリの追加」機能では、それぞれのテーブルの列名が一致していないと正しく「追加」できません。

このようなことは実際にはよくある話です。本来は統一すべきなのですが、表を作成する担当者が変わったりすると起こり得ます。

では、これを修正してみましょう。ここではパワークエリ上で「5月」テーブルの列名を、「売上数量」から「数量」に修正します。列名を変更するには、対象の列名をダブルクリックして編集モードにして行います。

図4-2-4　列名を変更する

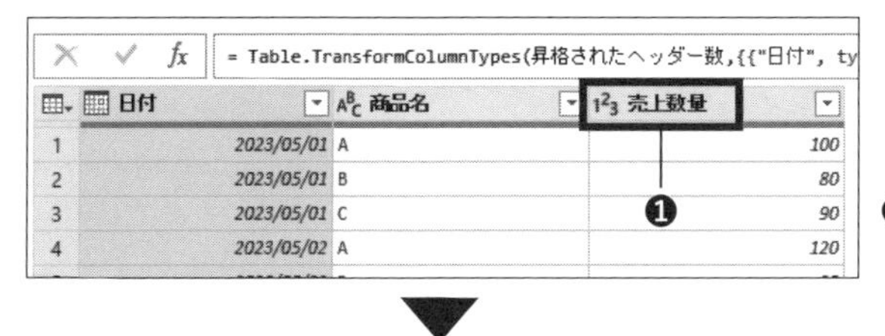

❶ダブルクリックで編集モードにして修正する

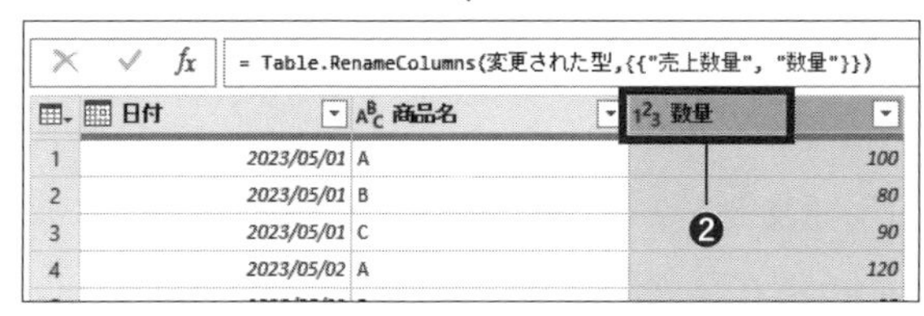

❷「数量」に修正した

では、先ほど作成した「追加1」クエリを見てみましょう。図4-2-5のように、列名の変更が自動的に反映されて正しいテーブルになりました。

図4-2-5　実行結果

= Table.Combine({#"4月", #"5月"})

	日付	商品名	数量
1	2023/04/01	A	100
2	2023/04/01	B	80
3	2023/04/01	C	90
4	2023/04/02	A	120
5	2023/04/02	B	90
6	2023/04/02	C	70
7	2023/05/01	A	100
8	2023/05/01	B	80
9	2023/05/01	C	90
10	2023/05/02	A	120
11	2023/05/02	B	90
12	2023/05/02	C	70
13	2023/05/03	A	90
14	2023/05/03	B	80
15	2023/05/03	C	70

❶「売上数量」列が無くなり、正しいテーブルが作成された

StepUp!

元のファイルである「5月売上.xlsx」を修正せずに、パワークエリ上で列名を変更している点に注意してください。

例えば、この「5月売上.xlsx」ファイルの作成者が、自分ではなく

他の担当者だとします。仮に元のファイルの列名を修正したとしても、その後、その担当者が何らかの理由で「5月売上.xlsx」ファイルを自分の手元にあるファイルで上書きしたらどうでしょうか？ そうすると、列名が元に戻ってしまってデータをうまく取得できなくなってしまいます。
　しかし、パワークエリ側で列名を修正しておけば、そのようなケースでもこちらはデータ更新のみで他の修正は不要になるのです。

このように、「クエリの追加」では列名が重要な役割を果たします。今回は「列名が異なるとうまく追加できない」ということを理解してただくために、あえて列名が異なる状態のままで操作しました。

ではここで、パワークエリが自動作成したM言語も見てみましょう。

▼コード　パワークエリが作成したM言語

```
= Table.Combine({#"4月", #"5月"})
```

「Combine」という命令に続いて、対象のテーブルが指定されていることがわかります（ここで「#」はテーブルを示します）。もし、多くの表を1つにまとめる必要があるのなら、先ほど紹介した「クエリの追加」の操作をいちいち行うのではなく、このコードを編集すると効率的です。

Memo
　単純に、「4月」テーブルに「5月」テーブルを追加するのであれば、「ホーム」タブの「クエリの追加」→「クエリの追加」を使用します。「クエリを新規クエリとして追加」との使い分けですが、「4月」テーブルを単独で他にも利用するかどうかになります。単独で使用する場合は「クエリを新規クエリとして追加」を使用して、新規に「4月」テーブルと「5月」テーブルを結合したテーブルを作成します。逆に単独で使用することがないのであれば、「クエリの追加」で「4月」テーブルに「5月」テーブルのデータを追加します。

「クエリの追加」には、もう1つポイントがあります。それは「列数」の問題です。先ほどは列名が異なるテーブルを使用しましたが、例えば図4-2-6のように「5月」の売上のテーブルの列が1列多かったらどうでしょうか？

図4-2-6　列数が増えているテーブル

	A	B	C	D
1	日付	商品名	売上数量	備考
2	5月1日	A	100	
3	5月1日	B	80	割引あり
4	5月1日	C	90	
5	5月2日	A	120	
6	5月2日	B	90	
7	5月2日	C	70	割引あり
8	5月3日	A	90	
9	5月3日	B	80	

❶「備考」列が加わり、「4月」のテーブルよりも1列多くなっている

この場合、パワークエリでデータ更新すると、新たに作ったクエリにも自動的に「備考」列が追加されます。そのため、何らかの理由で列が増えると、処理結果の列も増えることになるのです。

これはこれで便利なのですが、「たまたまその月のデータだけ」列が増えて、まとめたテーブルには不要な列の場合は、列削除の処理を行う必要が出てくるので注意が必要です。

このように、パワークエリの「追加」機能では「列」が重要なポイントになります。列名が異なったり列の数が異なるというケースは、実務ではよくありがちなことです。ですから、テーブルの「追加」の処理を行う場合は、あらかじめそのようなケースを想定し、元のテーブルを確認してから作業するようにしましょう。そして、もし列名や列数が異なる場合は、「追加」の処理を行う前に列名や列数を統一する処理をパワークエリ上で行っておくと良いでしょう。

Memo

複数のファイルからデータを取得する場合、パワークエリの「フォルダから」の機能が利用できます。この機能については本章の最後に解説します。

4-3 2つのテーブルを「マージ」する

CheckPoint! □「マージ」機能の種類とその操作方法
□「マージ」機能を利用する際の注意点

サンプルファイル名　Sample1.xlsx、Sample2.xlsx

「マージ」機能のおさらい

テーブルの「マージ」には4-1で紹介したような種類があるため、目的に応じて使い分けることが大切です。

どのような種類があるのか、再掲しておきましょう。

「マージ」機能の種類

・左外部（最初の行すべて、および2番目の行のうち一致するもの）
・右外部（2番目の行すべて、および最初の行のうち一致するもの）
・完全外部（両方の行すべて）
・内部（一致する行のみ）
・左反（最初の行のみ）
・右反（2番目の行のみ）

すでに述べましたが、これらの命令の「最初の」は「最初のテーブルの」、「2番目の」は「2番目のテーブルの」という意味です。また、「左」が「最初のテーブル」、「右」が「2番目のテーブル」を指します。

この「マージ」機能の種類を適切に使い分けることが、必要な情報を取得するためには重要です。そこで操作方法の説明に入る前に、それぞれの「マージ」方法がどのようなときに利用されるのか整理しておきます。

「マージ」機能の種類を整理し、使用する場面を理解する

「マージ」機能の種類の違いを理解するうえで、まず整理したいのが「マー

ジ」の種類にある「左」と「右」の違いです。

例えば次の例について、その結果を考えてみてください。

- 「左」に「売上データ」テーブル、「右」に「商品マスタ」テーブルがある「左外部」のマージ
- 「左」に「商品マスタ」テーブル、「右」に「売上一覧」テーブルがある「右外部」のマージ

いずれも、「売上一覧」のすべてのレコードに対して一致する「商品マスタ」のレコードをマージします。つまり、基準となるテーブル（ここでは「売上一覧」）が「左」にあるか「右」にあるかの違いなので、実は6種類ある「マージ」機能も左右の違いを1つにまとめてしまうと4種類にすることができます。

このことを踏まえ、改めて「マージ」機能の種類を整理してどのような場面で利用するのかをまとめると、次のようになります。

▼「マージ」機能の一覧

マージの種類	主な用途
左（右）外部	基準となるテーブルに対して、他のテーブルの情報を補完したいときに使用する。「売上一覧」に対して、「商品マスタ」から「商品マスタ」にしかない情報（例えば「単価」など）を補完することができる。
完全外部	複数のテーブルのすべての情報をマージして、抜け漏れのないテーブルを作成したいときに使用する。例えば「商品マスタ」が存在しない場合に、「売上一覧」や「売上担当者一覧」といったテーブルをマージして「商品マスタ」を作成することができる。
内部	2つのテーブルに共通のレコードのみを取得するときに使用する。例えば、「4月」と「5月」の「売上一覧」から2か月とも売れた商品のみを取得することができる。
左（右）反	基準となるテーブルにはあるが、比較対象のテーブルには無いデータを取得したいときに使用する。例えば、「商品マスタ」を基準にして「4月」の「売上一覧」と比較することで、「4月」に売れなかった商品を取得することができる。

なお、「左外部」(「左反」) と「右外部」(「右反」) ですが、基準となるテーブルを「左」にするか「右」にするかを統一した方が良いでしょう (ちなみに、筆者は基本的に「左」に統一しているので、「右外部」や「右反」は使用しません)。実際にデータを整理する作業では、常にデータをどのように加工していくかを考えながら作業します。その際に、基準となるテーブルが「左」だったり「右」だったりすると、混乱の元になるためです。

さて、「マージ」の種類について整理したところで、実際の操作方法について解説して行きましょう。いずれの「マージ」の種類も操作方法は同じです。そこで、ここではよく利用される「左外部」を実際に操作します。

「左外部」の操作方法

「左外部」のマージは、左側のテーブルのすべてのレコード (行) と、キーとなる項目を使用して、それに合致する右のテーブルのレコードを結合します。例えば、売上一覧を「左」、商品マスタを「右」にすることで、すべての売上に対して商品マスタのデータを結合することができます。

ここでは、図4-3-1の2つのテーブルを使って実際に「左外部」の処理を行い、図4-3-2のような1つのテーブルを作成します (「Sample1.xlsx」ファイル使用)。ExcelのVLOOKUP関数やXLOOKUP関数を使用して、「商品名」と「単価」列を「売上一覧」に追加するイメージです。

図4-3-1　売上一覧と商品マスタ

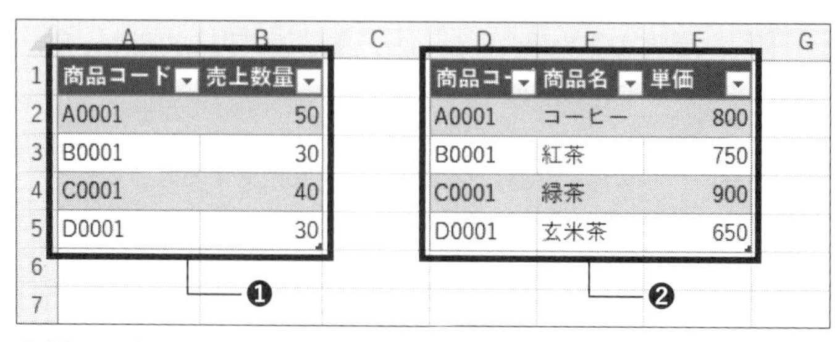

商品コード	売上数量
A0001	50
B0001	30
C0001	40
D0001	30

商品コード	商品名	単価
A0001	コーヒー	800
B0001	紅茶	750
C0001	緑茶	900
D0001	玄米茶	650

❶「売上一覧」テーブル

❷「商品マスタ」テーブル

図4-3-2　完成例

	A	B	C	D	E
1	商品コード	商品名	売上数量	単価	
2	A0001	コーヒー	50	800	
3	B0001	紅茶	30	750	
4	C0001	緑茶	40	900	
5	D0001	玄米茶	30	650	

「売上一覧」テーブルと「商品マスタ」テーブルを結合して、このテーブルを作成する

では、実際に操作しましょう。ここでは新規ブックに、Sample01.xlsxファイルにある「売上一覧」テーブルと「商品マスタ」テーブルを読み込んで作業します。図4-3-3は、パワークエリに2つのテーブルを読み込んだところです。

図4-3-3　パワークエリに読み込んだ「売上一覧」テーブルと「商品マスタ」テーブル

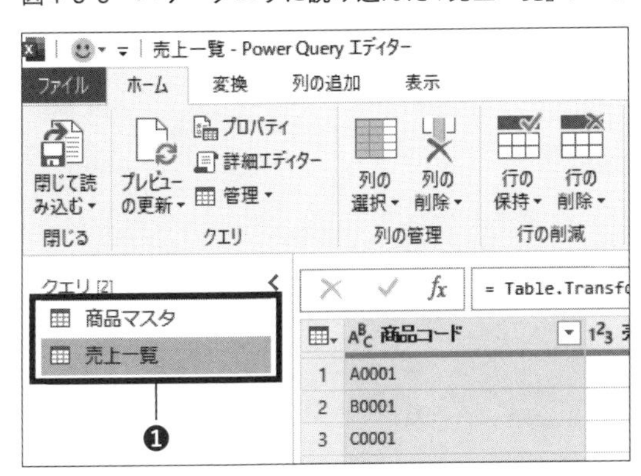

❶この2つのテーブルをマージする

この2つのテーブルに対して、「左外部」の結合を行います。「売上一覧」テーブルが選択された状態で、「ホーム」タブから「クエリのマージ」→「新規としてクエリをマージ」をクリックします（図4-3-4）。

Memo

「商品マスタ」と「売上一覧」ですが、ここではそれぞれテーブル名が使用されています。そのため、パワークエリに読み込んだ際にも、その名前が反映されています。Excelのデータをパワークエリに読み込

む際は、読み込んだ後に名称変更しても良いのですが、あらかじめテーブル名やシート名にわかりやすい名前を付けておくと手間が省けます。

図4-3-4 「新規としてクエリをマージ」の操作

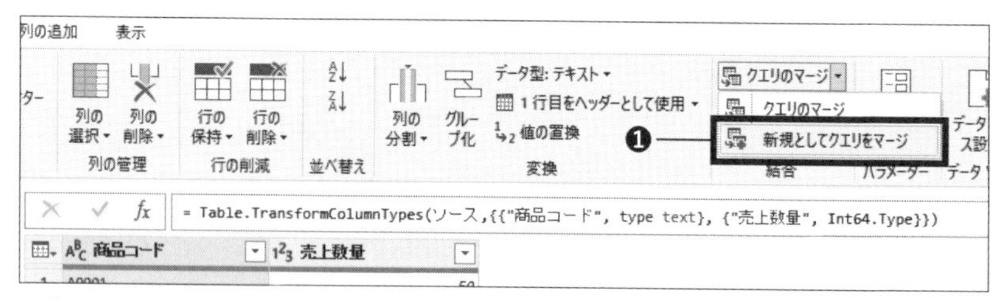

❶「ホーム」タブの「クエリのマージ」→「新規としてクエリをマージ」をクリックする

すると「マージ」ダイアログボックスが開かれるので、図4-3-5のように設定します（「商品コード」列はクリックして選択します）。

図4-3-5 「マージ」ダイアログボックス

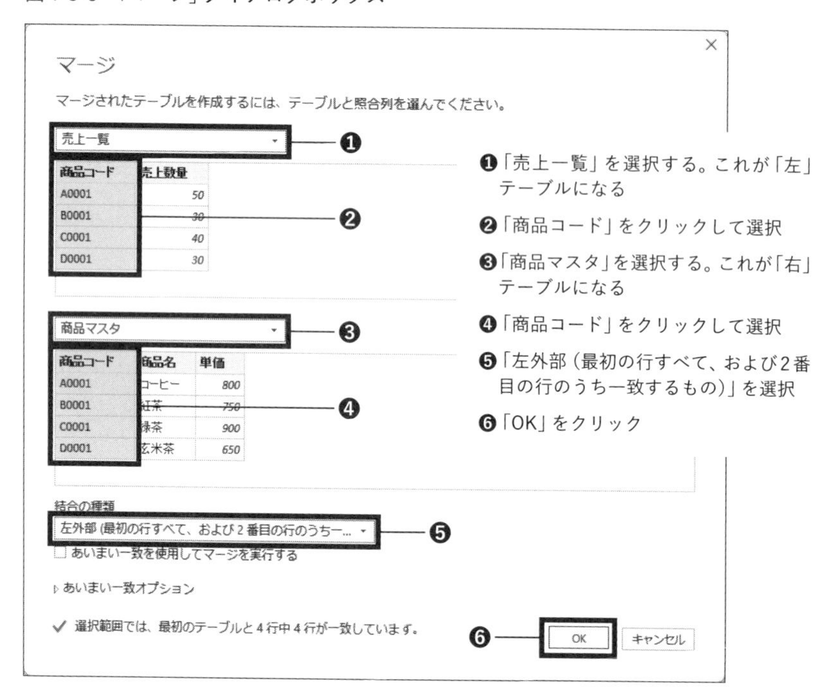

❶「売上一覧」を選択する。これが「左」テーブルになる

❷「商品コード」をクリックして選択

❸「商品マスタ」を選択する。これが「右」テーブルになる

❹「商品コード」をクリックして選択

❺「左外部（最初の行すべて、および2番目の行のうち一致するもの）」を選択

❻「OK」をクリック

ここで、2つのテーブルを紐づけるために「商品コード」を選択している点に注意してください。このように、「マージ」機能では必ずテーブルを紐づけるための列（これを「キー」と言います）を指定する必要があります。なお、この「キー」列は複数列を組み合わせることも可能です。複数列を指定する場合は、「Ctrl」キーを押しながら対象の列を指定してください。

2つのテーブルをマージすると、図4-3-6の1つ目の図のように見出しに「商品マスタ」が表示され、データは「Table」となります。これは、「商品マスタ」のどの列をマージするかがまだ指定されていないためです。そこで、「マージ」したテーブル（「商品マスタ」テーブル）を展開して、どの列を表示するか選択します。

図4-3-6　「テーブル」を展開する

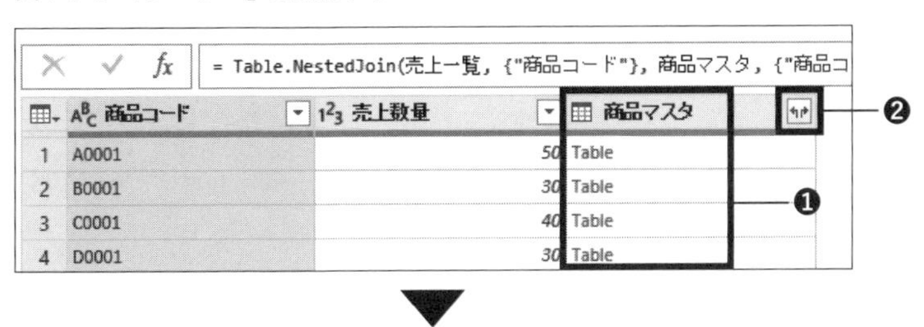

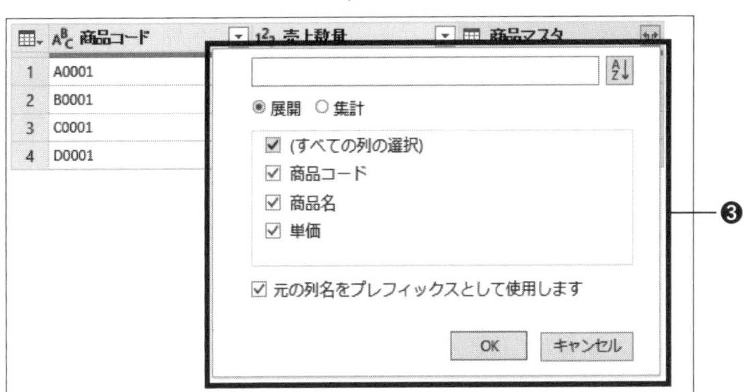

❶「商品マスタ」テーブルのテーブル名が表示され、値には「Table」と入力されている

❷このボタンをクリックすることで

❸「商品マスタ」テーブルの列のリストが表示されるので、表示する列を選択する

ここでは「商品名」と「単価」を表示するので、この2つのみチェックを入れます。また、「元の列名をプレフィックスとして使用します」のチェックを外します（図4-3-7）。

先ほど、今回の処理は「ExcelのVLOOKUP関数やXLOOKUP関数と同じイメージ」だと説明しましたが、このように1回の処理で複数列の値を取得できるため、関数を使うよりも便利です。

図4-3-7　表示する列を選択する

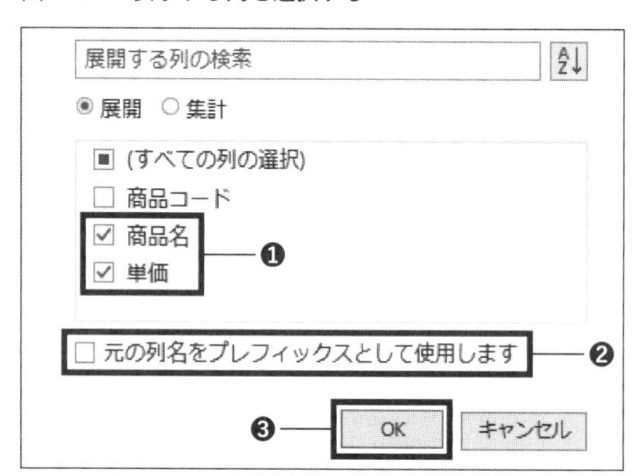

❶「商品名」と「単価」のみにする

❷「元の列名をプレフィックスとして使用します」のチェックを外す

❸「OK」をクリックする

Memo

ExcelのVLOOKUP関数やXLOOKUP関数の代わりに、パワークエリの「マージ」機能を使用するメリットは他にもあります。それは、「データが追加になったときに、計算式をコピーする必要が無い」という点です。Excel関数はデータが増えるとその分数式をコピーする必要がありますが、パワークエリではその必要が無いのです。

Memo

「元の列名をプレフィックスとして使用します」をオンにすると、列名の前に元のクエリの名称が付加されます。例えば、今回のケースであれば「商品マスタ.単価」のようになります。マージするテーブルに同じ列名がある場合には、このようにすることで、どのテーブルの列なのかが明確になるメリットがあります。ただし、実際には最終的に列名を修正することが多い（「商品マスタ.単価」だと冗長なので「単価」に直すことが多い）ので、あまり気にする必要はありません。ただ、パワークエリでの作業中に列名が長いと、列名が隠れてしまってわかりにくいことがあります。ですので筆者の場合、このチェックは原則外すようにしています。

図4-3-8　実行結果

	商品コード	売上数量	商品名	単価
1	A0001	50	コーヒー	800
2	B0001	30	紅茶	750
3	C0001	40	緑茶	900
4	D0001	30	玄米茶	650

❶「商品名」と「単価」の値が表示された

なお、このままでは表が少し見づらいので、列の順序を変更します。図4-3-9のように「商品名」を「商品コード」の右側に移動します（列を移動するには列名の部分をドラッグします）。

図4-3-9　列の順序の変更

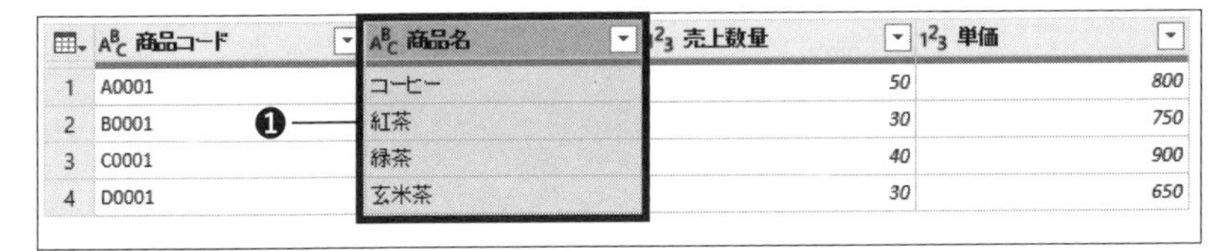

	商品コード	商品名	売上数量	単価
1	A0001	コーヒー	50	800
2	B0001	紅茶	30	750
3	C0001	緑茶	40	900
4	D0001	玄米茶	30	650

❶「商品名」列を「商品コード」列の右側に移動する

最後に、Excelに読み込んで完了です。

図4-3-10　実行結果

	A	B	C	D
1	商品コード	商品名	売上数量	単価
2	A0001	コーヒー	50	800
3	B0001	紅茶	30	750
4	C0001	緑茶	40	900
5	D0001	玄米茶	30	650
6				

「売上一覧」と「商品マスタ」のデータがマージされた

では、マージ処理でパワークエリが自動作成したM言語を見てみましょう。

▼コード　パワークエリが自動作成したM言語

```
= Table.NestedJoin(売上一覧, {"商品コード"}, 商品マスタ,
{"商品コード"}, "商品マスタ", JoinKind.LeftOuter)
```

この命令の最後に「LeftOuter」と記述されています。これで、この「マージ」が「左外部」であることがわかります。また「商品コード」という文字列があることから、キー項目をここで指定していることもわかります。

なお、先ほどの「追加」の場合と異なり、「マージ」機能では1回で複数のテーブルをまとめて「マージ」することはできません。

「マージ」機能の注意点

先ほどの「左外部」のマージでは、ExcelのVLOOKUP関数やXLOOKUP関数を使用したのと同じような結果を得ることができました。そのため、この機能は「VLOOKUP関数やXLOOKUP関数の代わりに使える」と紹介されることが多く、またそんな使い方をしている方も多いでしょう。

しかし、パワークエリの「マージ」機能は、決してVLOOKUP関数やXLOOKUP関数と全く同じ処理を行うわけではありません。

実際のデータで確認してみましょう。図4-3-11のデータを使用して、再度「左外部」の「マージ」を行ってみます(「Sample2.xlsx」ファイルのデータを新規ブックに読み込み、先ほどと同じように操作してください)。

図4-3-11　元となるデータ

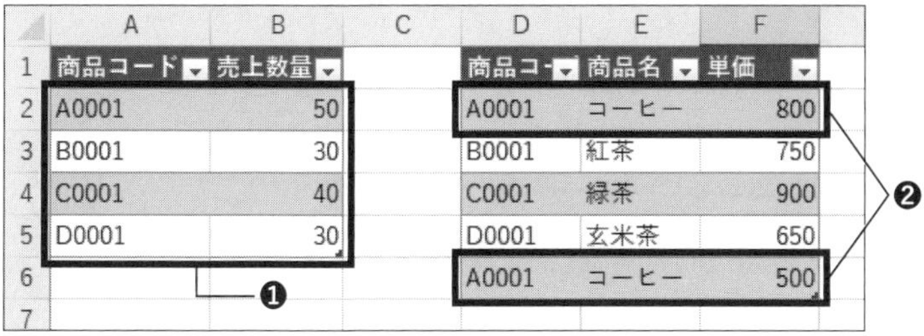

	A	B	C	D	E	F
1	商品コード	売上数量		商品コード	商品名	単価
2	A0001	50		A0001	コーヒー	800
3	B0001	30		B0001	紅茶	750
4	C0001	40		C0001	緑茶	900
5	D0001	30		D0001	玄米茶	650
6				A0001	コーヒー	500
7						

❶「売上一覧」テーブル

❷「商品コード」の「A001」が2レコードある

この2つのテーブルで「左外部」のマージを行うと、図4-3-12のように元の「売上一覧」の行数よりも1行多くなってしまいます。

図4-3-12　実行結果

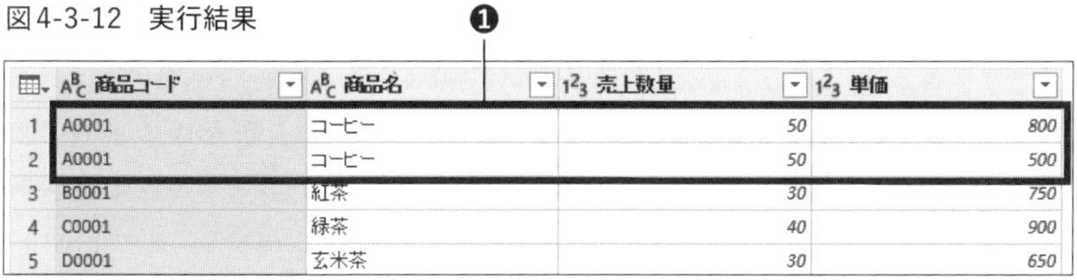

	商品コード	商品名	売上数量	単価
1	A0001	コーヒー	50	800
2	A0001	コーヒー	50	500
3	B0001	紅茶	30	750
4	C0001	緑茶	40	900
5	D0001	玄米茶	30	650

❶「承認コード」「A001」のレコードが2件になっている

ExcelのVLOOKUP関数やXLOOKUP関数では、参照先で最初に見つかったデータを返します。そのため行が増えるということはありません。しかし、パワークエリではこのように検索対象（ここでは「商品マスタ」テーブル）のキー項目が重複していると、処理結果も同じように複数のレコードとして取得されてしまいます。

Memo

ここでは「商品マスタ」テーブルでデータが重複しているという例をあげましたが、そもそも「商品マスタ」テーブルで商品の重複はあってはならないはずです。パワークエリを利用することで元のデータを加工することができますが、そうはいってもやはり元のデータをきちんと管理することが重要なのです。

4-4　同じフォルダ内のファイルをすべて「追加」する

CheckPoint!　□複数のファイルを1つのテーブルにまとめる方法
□対象となるファイルの注意点

サンプルファイル名　4月売上.xlsx、5月売上.xlsx、6月売上.xlsx、7月売上.xlsx

元データが複数ファイルに分かれている場合の結合処理

売上データが月ごとのシートに分かれていて、そのデータを1つのテーブルにまとめる方法を先述しましたが、このような作業は実務では珍しくありません。さらに言えば、月別にファイルが分かれていて、そのファイルすべてをまとめたいということもよくあるでしょう。

パワークエリには、このような処理に対応するために「フォルダーから」読み込む機能が用意されています。この機能は、指定したフォルダ内にあるファイルを自動的に読み込み、さらにそのファイル内の表を1つにまとめてくれる機能です。

この機能を利用することで、先ほどの例のように月別の売上ファイルを1つにまとめて、年間のデータとして分析することができるようになります。しかも、読み込み対象のフォルダにファイルを追加したり削除したりしても、パワークエリ側でデータ更新するだけでデータの追加・削除が自動で行われるため、一度設定してしまえばその後の管理が非常に容易となります。

では、実際の操作方法を見てみましょう。ここではChap04フォルダ内にある「月別売上」フォルダ内のデータを読み込むことにします。

「月別売上」フォルダのデータを結合する

「月別売上」フォルダには、図4-4-1のように「4月」と「5月」のファイルが存在しています。この2つのファイルを読み込んで、1つのテーブルを作成します。

図4-4-1 「月別売上」フォルダ

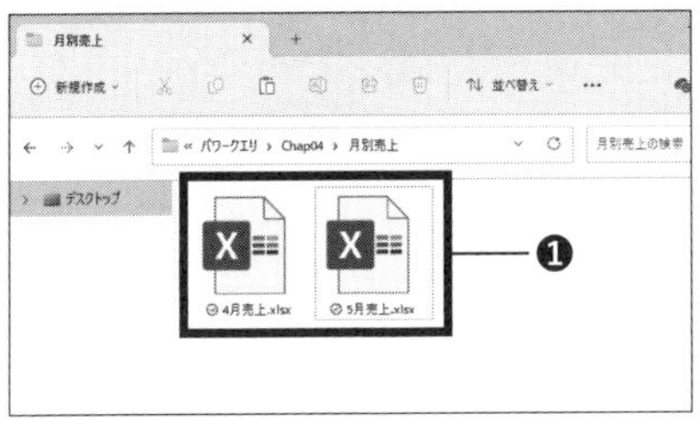

❶「4月」と「5月」の売上データが入力されたファイルがある

実際の操作ですが、まずは新規ブックを開き、「データ」タブから「データの取得」→「ファイルから」→「フォルダーから」を選択します。

図4-4-2 フォルダ内のデータを取得する

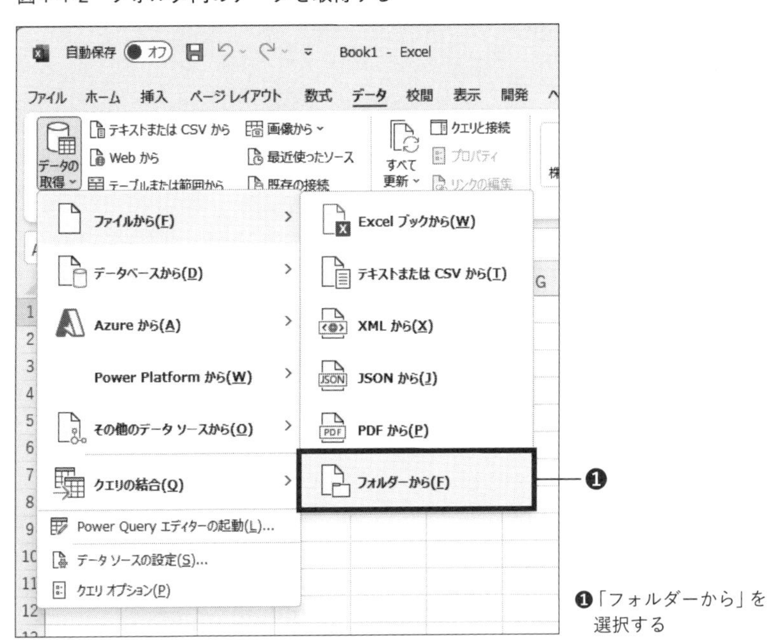

❶「フォルダーから」を選択する

図4-4-3のように「フォルダの選択」ダイアログボックスが表示されるので、「月別売上」フォルダを選択して「開く」をクリックします。

図4-4-3 「フォルダの選択」ダイアログボックス

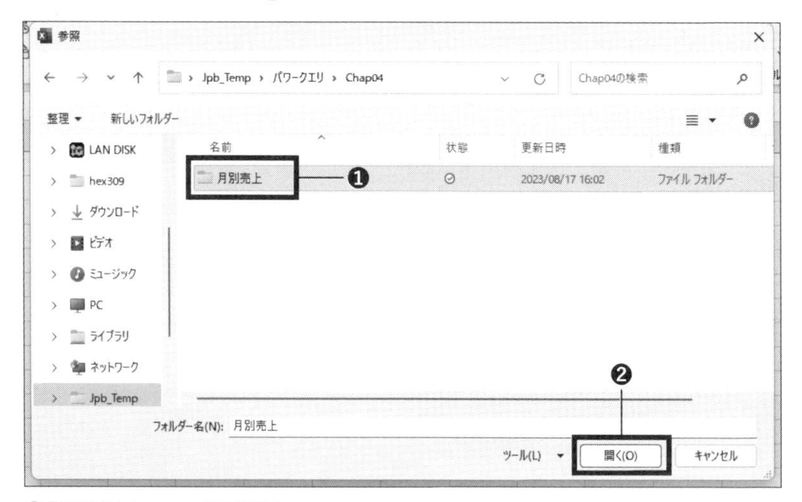

❶「月別売上」フォルダを選択し

❷「開く」をクリックする

続けて、図4-4-4のように対象のファイルがリスト表示されるので、「結合」から「データの取得と変換」をクリックします。

図4-4-4 データの取得

❶「データの取得と変換」をクリック

次に図4-4-5のように、読み込み対象のファイルのうち基準となるデータを指定します。

図4-4-5　対象データの選択

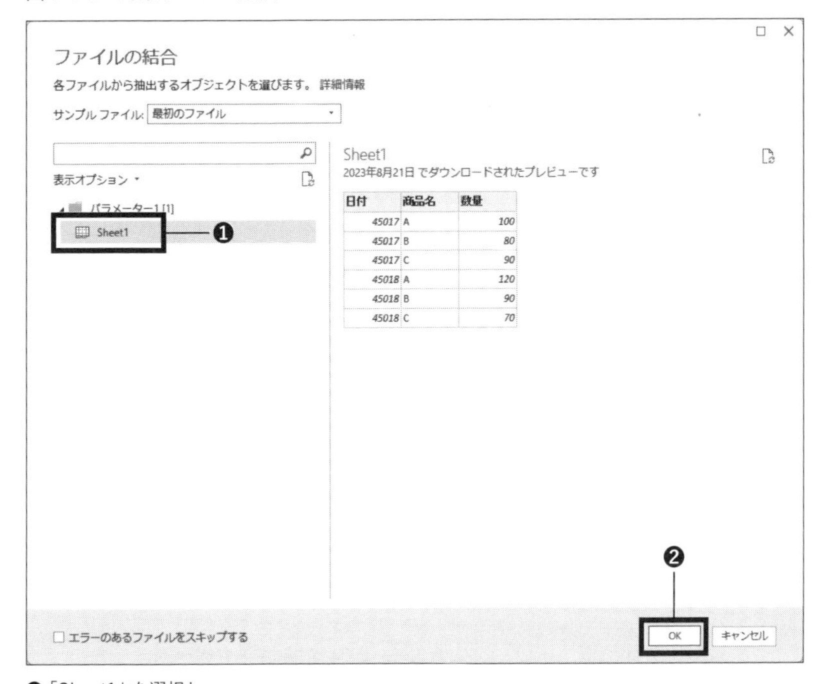

❶「Sheet1」を選択し

❷「OK」をクリック

これでデータが取得できます（図4-4-6）。

なお、図4-4-5で「サンプルファイル」が「最初のファイル」になっている点にも注意してください。「最初のファイル」とは、パワークエリが指定したフォルダ内に最初に見つけたファイルという意味になります。今回は、「4月売上.xlsx」ファイルが「最初のファイル」として選択されています。

Memo

ここでは「Sheet1」を選択していますが、これがファイルからデータを読み込む際の基準となるテーブルになります。対象ファイルによってテーブルの列数が異なる場合は、ここで対象となるファイルやシートを正しく選択することが必要です。

図4-4-6　データ取得の完了

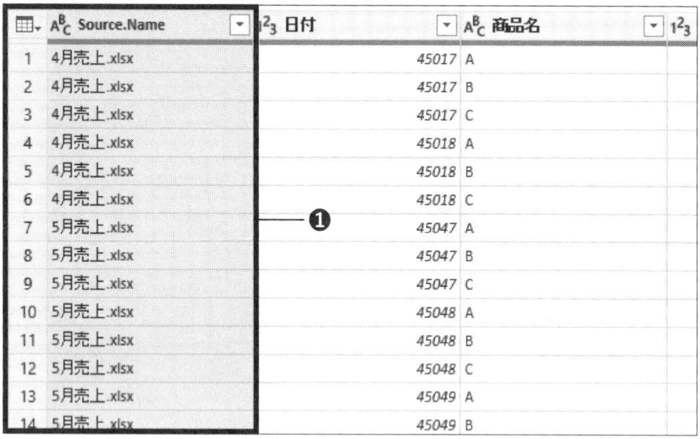

	Source.Name	日付	商品名	
1	4月売上.xlsx	45017	A	
2	4月売上.xlsx	45017	B	
3	4月売上.xlsx	45017	C	
4	4月売上.xlsx	45018	A	
5	4月売上.xlsx	45018	B	
6	4月売上.xlsx	45018	C	
7	5月売上.xlsx	45047	A	
8	5月売上.xlsx	45047	B	
9	5月売上.xlsx	45047	C	
10	5月売上.xlsx	45048	A	
11	5月売上.xlsx	45048	B	
12	5月売上.xlsx	45048	C	
13	5月売上.xlsx	45049	A	
14	5月売上.xlsx	45049	B	

❶

❶「4月」と「5月」のファイルからデータが取得され、1つのテーブルに結合された

最後に、「日付」のデータ型を修正し、「他の列の削除」を使用して、「日付」「商品名」「数量」の列を残して完成です。ここまでできたらExcelに取り込んでおきましょう。

図4-4-7　実行結果

```
= Table.SelectColumns(変更された型,{"日付", "商品名", "数量"})
```

	日付	商品名	数量
1	2023/04/01	A	100
2	2023/04/01	B	80
3	2023/04/01	C	90
4	2023/04/02	A	120
5	2023/04/02	B	90
6	2023/04/02	C	70
7	2023/05/01	A	100
8	2023/05/01	B	80
9	2023/05/01	C	90
10	2023/05/02	A	120
11	2023/05/02	B	90
12	2023/05/02	C	70
13	2023/05/03	A	90
14	2023/05/03	B	80

2つのファイルからデータが取得された

ファイルがフォルダに追加された際の動作を確認する

　このように売上データを月別のファイルで管理している場合、6月になれば新たに「6月」のファイルが作成されることになります。そのような場合の、パワークエリの動作を確認しましょう。

「6月」のファイルを「月別売上」フォルダに追加します。「Chap04」フォルダにある「6月売上.xlsx」ファイルを、「月別売上」にコピーしてください。

図4-4-8 「6月売上.xlsx」の追加

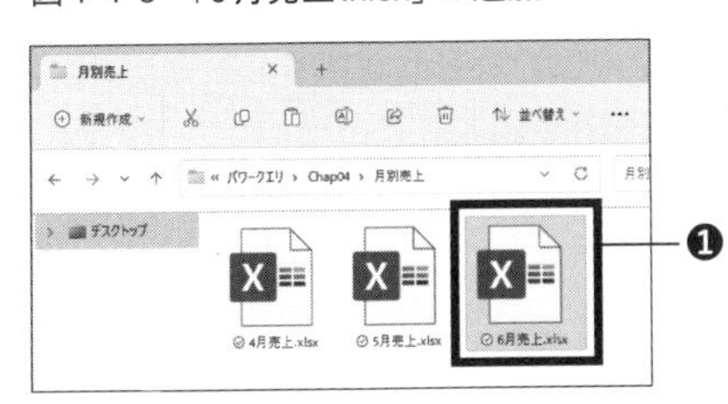

❶「6月売上.xlsx」ファイルを「月別売上」フォルダにコピーする

　次に、Excel側でデータを更新します。「データ」タブの「すべて更新」ボタンをクリックしてください。

図4-4-9 データの更新

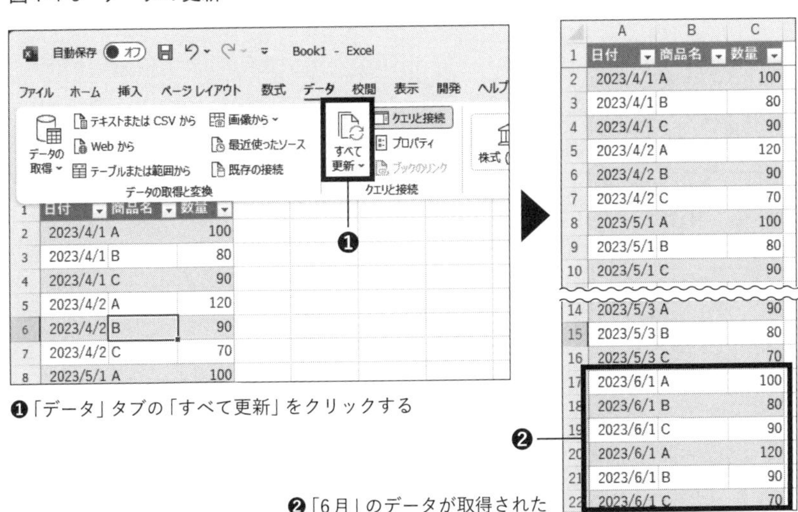

❶「データ」タブの「すべて更新」をクリックする

❷「6月」のデータが取得された

このように、「フォルダーから」機能ではファイルが追加された場合も「更新」処理を行うだけで、追加されたファイルからデータを取得することができます（データ更新の注意点は、1-5で解説していますので参照してください）。

なお、ここでは「6月売上.xlsx」ファイルを追加しましたが、逆に対象のフォルダ（ここでは「月別売上」フォルダ）からファイルを削除してデータを更新すると、そのファイルのデータが削除されます。

Memo

パワークエリが無い環境だと、このような処理はVBAを使ってコーディングするか、ひたすら手作業でコピー&ペーストするしかありませんでした。VBAを使わなくてもできるというところが、パワークエリの大きなメリットの1つです。

「フォルダーから」機能の注意点

4-2で紹介した「追加」機能と同様、「フォルダーから」機能にも注意点があります。それは、最初に設定した列数のデータしか取得することができない点です。例えば図4-4-10のように、「7月売上.xlsx」ファイルに新たに「備考」列が追加されているとします。

図4-4-10　「備考」列が加わったテーブル

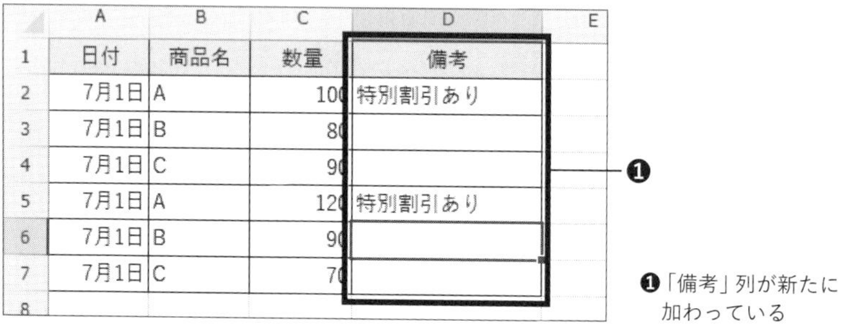

	A	B	C	D	E
1	日付	商品名	数量	備考	
2	7月1日	A	100	特別割引あり	
3	7月1日	B	80		
4	7月1日	C	90		
5	7月1日	A	120	特別割引あり	
6	7月1日	B	90		
7	7月1日	C	70		
8					

❶

❶「備考」列が新たに加わっている

このファイルを先ほどの「6月売上.xlsx」ファイルと同様、「月別売上」フォルダに追加します。Chap04ファルダにある「7月売上.xlsx」ファイルを「月別売上」フォルダにコピーし、Excelの「データ」タブの「すべて更新」でデータを更新してください。

図4-4-11　実行結果

	A	B	C	D	E
1	日付	商品名	数量		
17	2023/6/1	A	100		
18	2023/6/1	B	80		
19	2023/6/1	C	90		
20	2023/6/1	A	120		
21	2023/6/1	B	90		
22	2023/6/1	C	70		
23	2023/7/1	A	100		
24	2023/7/1	B	80		
25	2023/7/1	C	90		
26	2023/7/1	A	120		
27	2023/7/1	B	90		
28	2023/7/1	C	70		

❶「7月」のデータは取得できたが、「備考」列は取得できていない

このように、新たに加わった列は反映されないので注意が必要です。

なお、対象ファイルの列数が異なることがあらかじめわかっている場合は、一番列数の多いファイルを基準にすることですべての列を読み込むことができます。基準となるファイルを指定するには、「フォルダーから」機能を使用する際に表示される「ファイルの結合」ダイアログボックス（図4-4-12）の「サンプルファイル」で任意のファイルを選択してください。

Memo

本来であれば、こういったフォーマットの変更（列の追加）は避けるべきでしょう。このようなことが発生する原因の多くは、元データをExcelで管理していることにあります。なかなか現実的には難しいかもしれませんが、やはりデータ管理はデータベースを使用するなどして正しく行い、そこからデータ分析用に必要なデータを取得してくるというのが王道です。データをExcelのみで管理しているという場合には、ぜひ全体の見直しも検討してみてください。

図4-4-12　基準となるファイルの選択

❶「サンプルファイル」対象のファイルを選択することができる

こうすることで、列数に違いがあるファイルであっても対応することができます。

しかし実際の業務では、列数が増えることがあらかじめわかっていることの方が少ないでしょう。今回の例のように、「7月」のデータから急に列数が増えているといったケースも珍しくありません。そのような場合、改めて設定をし直すという方法もありますが、M言語を編集することでも対応できます。

Memo

対象ファイルのシート名が異なる場合も、正しくデータを取得することができません。この場合、パワークエリでシート名を変更することができないため、元ファイルのシート名を修正するようにしてください。

「サンプルファイル」を後から変更する

今回の例では、「4月」のファイルを「サンプルファイル」として設定しました。パワークエリ上では、「クエリ」の「サンプルファイル」をクリックすることで対象のファイルを確認することができます。

図4-4-13 「サンプルファイル」の確認

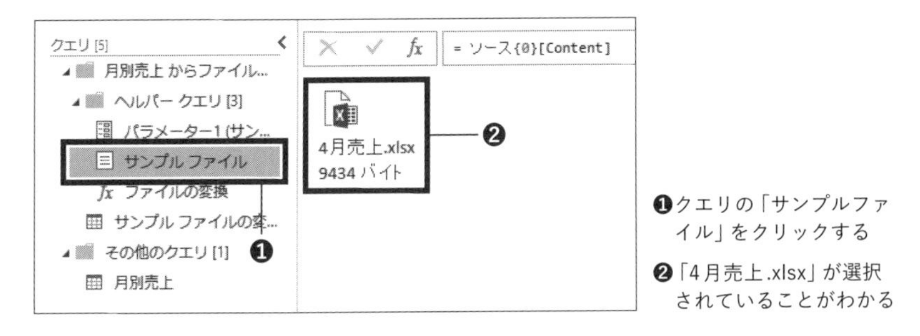

❶クエリの「サンプルファイル」をクリックする

❷「4月売上.xlsx」が選択されていることがわかる

ここでM言語を確認しておきましょう。次のようになっています。

▼コード 「サンプルファイル」のM言語

```
= ソース{0}[Content]
```

この中の「ソース」は、このクエリの1つ前のステップになります。そこで、1つ前のステップを選択して確認します。

図4-4-14 ステップ「ソース」の確認

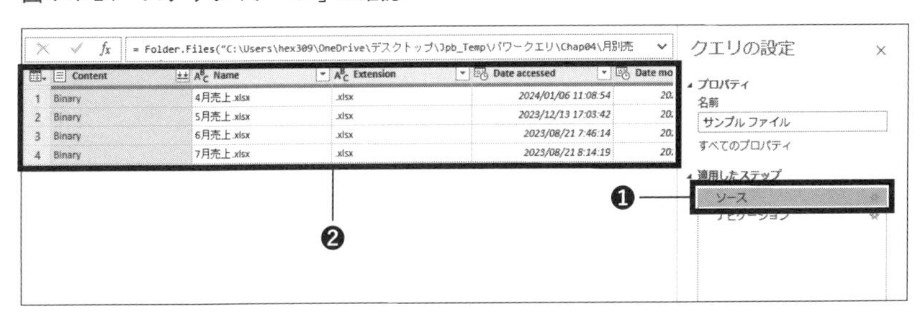

❶「ソース」をクリックする

❷読み込まれているファイル名の一覧が表示される

列が増えたファイルは「7月売上.xlsx」でした。このファイルが4番目に読み込まれていることを確認してください。

そのうえで、図4-4-13の画面に戻ってM言語を編集します。先ほど確認したように、M言語は「= ソース{0}[Content]」となっていました。この中の「{0}」の部分が、取得したファイルの何番目のファイルを使用するかを指定する箇所になります（番号は0から始まります）。「7月売上.xlsx」は4番目に読み込まれるファイルだったので、ここを「{3}」に修正します。

図4-4-15 「ナビゲーション」ステップ

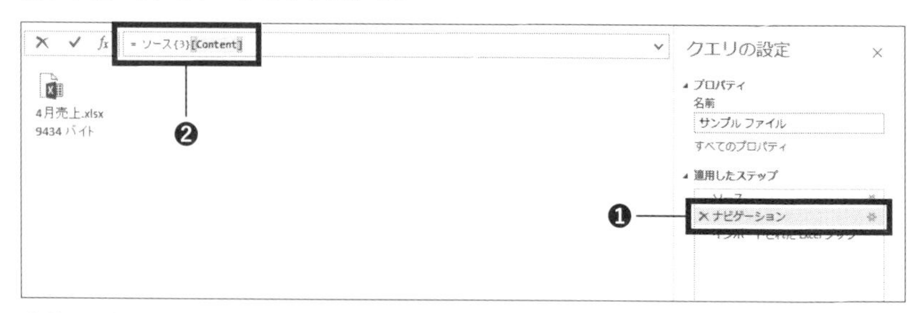

❶「ナビゲーション」をクリックする
❷M言語を「= ソース{3}[Content]」に修正する

修正すると、ステップが自動で追加され図4-4-16のようになります。このステップは不要ですので、ステップ名の左にある「×」をクリックしてステップを削除します。

図4-4-16 追加されたステップの削除

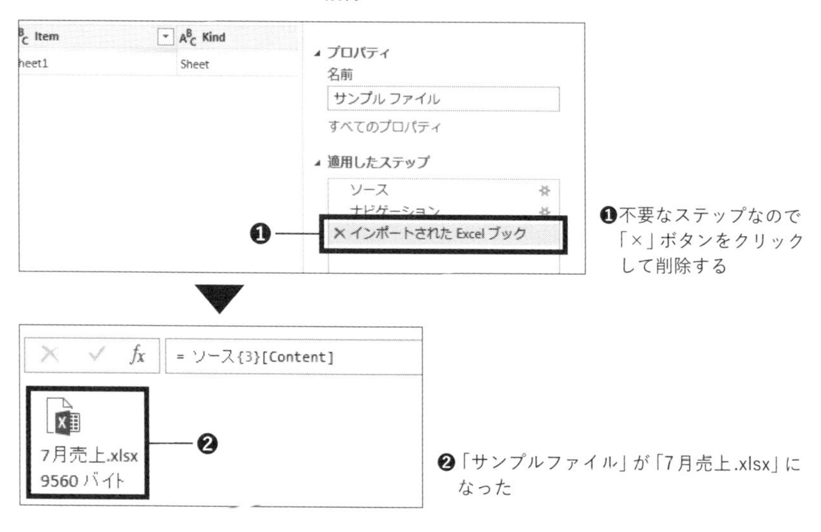

❶不要なステップなので「×」ボタンをクリックして削除する

❷「サンプルファイル」が「7月売上.xlsx」になった

最後に、クエリの「月別売上」を編集して完了です。M言語を編集して、「備考」列を追加します。

「月別売上」で「他の列の削除」を行った「ステップ」のM言語は、次のようになっています。これに「備考」を追加します。

▼「月別売上」クエリのM言語を修正する

```
= Table.SelectColumns(変更された型,{"日付", "商品名", "数量"})
↓
= Table.SelectColumns(変更された型,{"日付", "商品名", "数量","備考"})
```

図4-4-17　M言語の修正

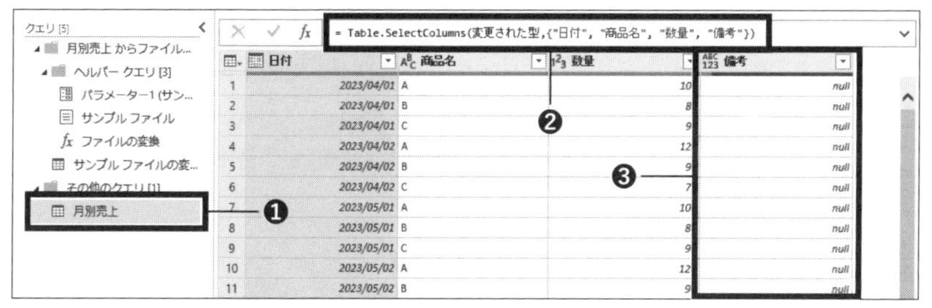

❶「月別売上」を選択する

❷M言語に「備考」を追加する

❸「備考」列が追加された

これで修正は完了です。この処理は、もしM言語を編集しなければ、「フォルダーから」取得の処理を最初から行う必要があります。M言語を編集することで、そのような手間を省くことができるのです。

このようにパワークエリの「結合」機能や「フォルダーから」機能を使用することで、複数のデータから1つのテーブルを作成することができます。必要なデータが複数のファイルやシートに分かれているということはよくある話なので、ぜひこの機能を活用して「データ分析」が可能なデータを作ってください。

Memo

「フォルダーから」機能はとても便利です。これまでは、このような処理を行う場合はVBAを使用してプログラムを作成するしかありませんでした。それがマウス操作だけで可能になったのです。

Excel自体はいまだに新しい関数や機能が追加され続けていますが、中には「とても便利だけど、あまり知られていない」というものもあります（例えば、XLOOKUP関数はVLOOKUP関数に代わるものとして非常に使いやすく、また便利なのですが、意外と使われていません）。新しい機能が加わるとネットニュースになりますので、ぜひチェックしてみてください。新しい発見があるかもしれません。

第4章のまとめ

●パワークエリでは、複数のテーブル（表）を「結合」して1つのテーブルにすることができる。「結合」には「追加」と「マージ」の大きく2種類があり、さらに「マージ」には6種類の方法がある。

●パワークエリの「追加」は、基本的に縦方向にレコード（行）を結合する。ただし、列名が異なる場合は正しく「追加」できないため、列名をそろえる必要がある。なお、異なる列名を修正するのは、元ファイルではなくパワークエリ上で行った方が良い。

●パワークエリの「マージ」機能は、基本的に横方向にレコードを結合する。「マージ」機能は6種類ある（実際には4種類と考えられる）が、それぞれどのようなレコードが取得できるのかを理解することが大切。

●複数ファイルのデータをまとめたい場合、「フォルダーから」機能が利用できる。この機能を利用すると、指定したフォルダ内のファイルのデータを取得することができる。ただし、対象がExcelファイルの場合、シート名が異なると正しく取得できないので注意が必要。

第5章

分析用にデータを加工・計算する

業務では、分析に使用するデータのすべてが分析に適した状態になっているとは限りません。データそのものに余分なスペースが含まれているなど、「データの不統一」によって正しい分析ができないケースもあります。また、単純にデータ分析で必要な項目が無いケース（「月」ごとの売上を見たいときに「月」の列が無い等）もあるでしょう。

本章では、対象のデータを分析用に加工し計算処理する方法について解説します。元データのままでは分析ができないケース等に対応し、分析を効率的にできるようにするための機能、また併せてM言語の一部であるM関数についても、使用方法を含めて解説して行きます。

5-1 データ加工の基本

CheckPoint! □データ加工が必要な理由
□「カスタム列」でできること

サンプルファイル名　なし

データ分析に向かないデータ

データ分析を行う場合は「必要なデータ」がそろっていることが前提となりますが、実務ではそうならないケースも多々あるでしょう。

例えば、アルファベットの大文字・小文字、電話番号などの半角・全角が統一されていないという表記の「揺れ」があったり、なぜか会社名の後に不要なスペースが入っているといったケース。このようなデータがあると、分析が正しくできません。

そこでパワークエリを使用して、こういったデータを「きれい」にする処理を行います。なお、「きれい」にする処理のことを、データ分析の世界では「データクレンジング」と呼びます。

Memo

データクレンジングでは、半角・全角や大文字・小文字の違いの他に、例えば「会社名」に「ソシム（株）」と「ソシム株式会社」が混在するといったケースもあります。このような場合は「置換」機能を使用して処理をすることになるのですが、この方法については後ほど解説します。

また、元データに「データ分析に必要な列」が無いというケースもあります。例えば、「売上一覧」の「日付」のデータを利用して、「月」ごとのデータを集計・分析したいとしましょう。このような場合は、「売上日」から「月」だけを取り出して新しい列として作ります。もちろん、データ分析時に「月」だけを取り出して処理することも可能ですが、それよりも「月」が分析対象になっていることがわかっているのなら、あらかじめ「月」

の列を用意しておいた方がパフォーマンス的にも良くなります。

データを加工、計算する機能

パワークエリでは、データを「テキスト」「数値」「日付」「時刻」の4種類に分けて加工、計算する機能が用意されており、これらの機能はパワークエリの「列の追加」タブにあります。具体的な操作方法は次節以降で解説しますが、先にどのような機能があるかを確認しておきましょう。なお、これらの機能は対象の「列」データを処理します。Excelのように「特定のセルの値だけ処理する」いうことはできません。

▼データ加工機能の一覧

対象	機能	処理内容
テキスト	書式	小文字・大文字への変換、前後の空白文字の削除（トリミング）、印刷不可能な文字の削除（クリーン）、文字の先頭に任意の文字を付ける（プレフィックス）、文字の末尾に任意の文字を付ける（サフィックス）。
テキスト	列のマージ	指定した列のデータをマージする。
テキスト	抽出	文字の長さ、先頭（末尾）の文字の抽出、指定した範囲の文字の抽出、指定した区切り記号の前後（中間）の文字の取得ができる。
テキスト	解析	指定した列の値を、XMLやJSON形式のデータとして解析する。
数値	標準	加減乗除、剰余、整数除算、パーセンテージ、指定した列に対するパーセンテージの処理ができる。
数値	指数	絶対値、累乗、平方根、指数、対数、階乗の処理ができる。
数値	三角関数	サイン、コサイン、タンジェント、アークサイン、アークコサイン、アークタンジェントの処理ができる。
数値	丸め	切り上げ、切り捨て、四捨五入（「銀行型の丸め」処理。後述）ができる。
数値	情報	偶数/奇数の判定、符号の取得ができる。

日付と時刻	日付	期間、日付のみ、年、年の開始日（終了日）、月、月の開始日（終了日）、月内の日数、月の名前、年の四半期、四半期の開始日（終了日）、年（月）の通算週、州の開始日（終了日）、日、月（週）の通算日、1日の開始（終了）時刻、曜日名、日付の減算、日付列と時刻列のマージ、最も早い（遅い）日付の取得。
日付と時刻	時刻	時刻のみ、現地時刻、時、時の始まり（終わり）、分、秒、減算、日付列と時刻列のマージ、最も早い（遅い）時刻の取得。
日付と時刻	期間	n日間、時間、分、秒、合計年数（日数、時間数、秒数）、乗算、減算、統計情報の取得。

Memo

テキストの処理では大文字・小文字の変換はできますが、全角・半角の変換はできません。そのため、半角カタカナを全角カタカナに変換してデータを統一するといったことができないのです。これを行うには、M言語を使って独自の処理を作る必要があります（具体的な方法は次節で解説します）。

以上が、パワークエリの基本的な「データ加工や計算の機能」です。しかし、いずれも1つの処理（例えば数値を加算するなど）しかできません。複数の加工処理や計算処理を行いたい場合には、第2章で解説した「カスタム列」を使用します。そして、その際に使用するのがM関数なのです。

Memo

パワークエリにも、Excel同様に「関数」があります。具体的な例は次節以降で解説しますが、基本的にはExcelの関数と同じ感覚で使うことができます。なお、本書ではExcelの関数をExcel関数、パワークエリの関数をM関数と呼びます（M関数と呼ぶのは、M関数がM言語の一部分だからです）。

「カスタム列」とM関数

第2章で見たように、「カスタム列」は新たに独自の列を追加する機能です。追加する列には固定値を入力することもできますし、例えば、売上金額に対して消費税を掛けて消費税額を求めるといった計算処理も可能です。

そして、この「カスタム列」で様々な計算処理に使用するのがM関数になります。M関数はパワークエリのM言語の一部です。例えば、テキストを操作するM関数には次のようなものがあります。

▼テキストを処理するM関数の例

関数名	説明
Text.Length	文字列の長さを返す。
Character.FromNumber	数値をその文字に変換する。
Character.ToNumber	文字をその数値に変換する。
Text.At	先頭から指定した文字数分の文字を返す。
Text.Middle	指定の位置から指定の長さまのテキストを返す。
Text.Remove	指定した文字をすべて削除する。
Text.RemoveRange	テキストの先頭から指定した文字数を削除する。
Text.Replace	指定した文字で対象の文字を置換する。

このようなM関数を使用することで、パワークエリのリボンにある処理よりもさらに多くの処理が可能になります。具体的な使い方は次節以降で解説しますが、ここではまずこのような関数がパワークエリにもあるということを理解しておいてください。

なお、M関数には次のような種類があります。すべての関数を紹介することはできませんが、どのような関数の種類があるか知っておくことは、今後スキルアップしていくうえで大切です。

▼M関数の種類

関数の種類	説明
データ関数へのアクセス	データにアクセスし、テーブルの値を返す。
Binary関数	バイナリデータの作成と操作を行う。
コンバイナ関数	値をマージする。
比較関数	等価性をテストする。
データ関数	日付型の値の日付部分の作成と操作を行う。
DateTime関数	datetime値とdatetimezone値の作成と操作を行う。
DateTimeZone関数	datetimezone値の作成と操作を行う。
Duration関数	期間の値の作成と操作を行う。
エラー処理	エラーをトレースまたは作成する。
式関数	Mコードの構築と評価を行う。
関数の値	他のM関数の作成と呼び出しを行う。
List関数	リスト値の作成と操作を行う。
Lines関数	テキストのリストと、バイナリおよび1つのテキスト値との間で変換を行う。
論理関数	論理値の作成と操作を行う。
Number関数	数値の作成と操作を行う。
レコード関数	レコード値の作成と操作を行う。
置換関数	特定の値を置き換える。
分割関数	テキストを分割する。
テーブル関数	テーブル値の作成と操作を行う。
テキスト関数	テキスト値の作成と操作を行う。
Time関数	時間値の作成と操作を行う。
Type関数	型の値の作成と操作を行う。
Uri関数	URIクエリ文字列の作成と操作を行う。
Value関数	値を評価したり、値に対して操作を実行する。

Memo

VBAの経験のある方でしたら、M関数とM言語の関係は、VBA言語とVBA関数のそれと同じだと考えていただいて結構です。VBAで実務レベルの処理を行おうとした場合にVBA関数を無視できないのと同様に、M関数もパワークエリで実務レベルの処理を行おうとした場合には無視できません。

Memo

パワークエリに限らず、スキルアップするために対象の全体像を知ることは大切です。例えばExcelを上手に使いこなしている人の多くは、「この処理はExcelでできそうだ」といった「当たり」を付けて調べることが得意でしょう。その「当たり」を付けるためにも、例えば、どんな関数があるのかを一度眺めてみることが大切なのです。

では、具体的な操作方法について見て行きましょう。

パワークエリには「データ型」があります。そのため、データの種類ごとに特徴や考え方があるので、「対象のデータがどの種類のデータなのか」が大切になります。そこで、ここからはデータを「テキスト」「数値」「日付・時刻」の3つに分けてそれぞれ解説して行きます。

5-2 テキストデータの処理

CheckPoint! □列の指定と文字の連結方法
□カスタム列でのＭ関数の使用方法

サンプルファイル名　会社一覧.xlsx、会社一覧2.xlsx、売上一覧.xlsx、会員一覧.csv
Sample2.xlsx

テキストデータ加工の基本

テキストデータの加工では最もシンプルな処理が、「文字の連結」でしょう。ここでは、顧客名の後に「御中」という文字を連結する方法を通じて、「カスタム列」の機能を確認しつつパワークエリでのテキストの扱い方について解説します。

図5-2-1は、「会社一覧.xlsx」ファイルを「テーブル1」の新規ブックのパワークエリに読み込んだところです。この「顧客名」列のテキストに「カスタム列」の機能を使用して「御中」と文字を加え、宛名として利用できるようにします。

図5-2-1　「会社一覧.xlsx」を読み込んだところ

```
= Table.TransformColumnTypes(テーブル1_Table,{{"顧客ID", type text}, {"
```

	顧客ID	顧客名	郵便番号	住所
1	A001	株式会社〇〇	101-XXXX	東京都渋谷区xx-x-x
2	A002	〇〇商事株式株式会社	150-XXXX	東京都千代田区x-xxx
3	A005	株式会社IX	211-XXXX	神奈川県川崎市xx-xx
4	A004	株式会社△〇	215-XXXX	神奈川県横浜市x-xxx
5	A005	株式会社ABC	215-XXXX	神奈川県横浜市x-xxx

❶この「顧客名」に「御中」と付ける

「列の追加」タブの「カスタム列」をクリックし、「新しい列名」に「宛名用」と入力して、「カスタム列の式」に「= [顧客名] & "御中"」と入力します。

図5-2-2 「カスタム列」の追加

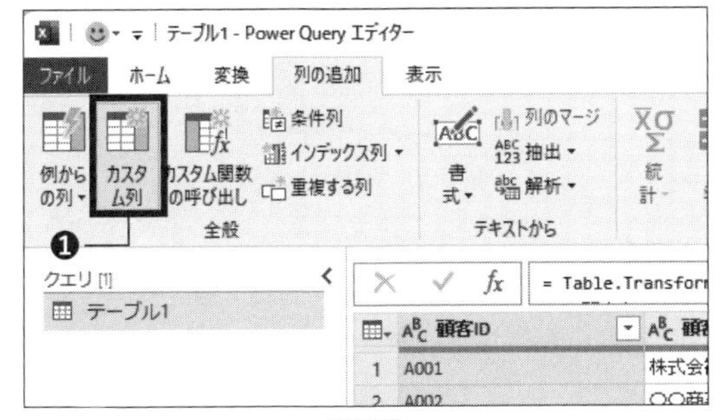

❶「カスタム列」をクリックする

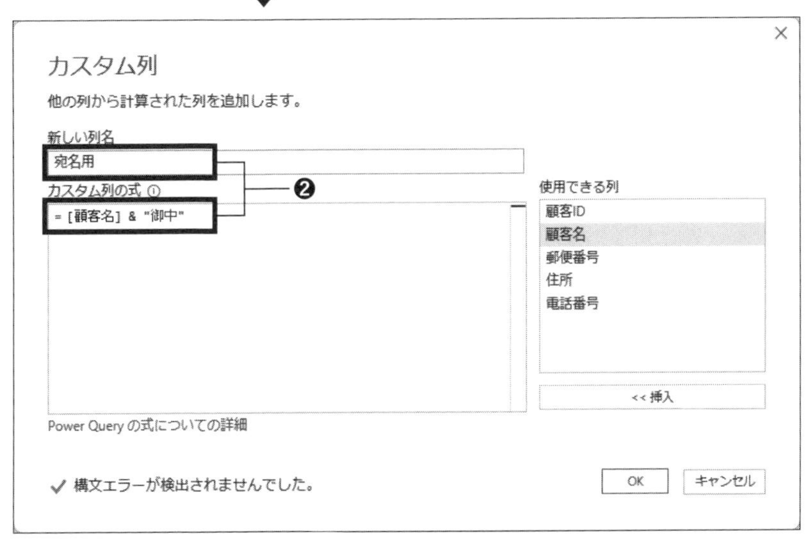

❷「カスタム列」ダイアログボックスで「新しい列名」に「宛名用」、「カスタム列の式」に「=[顧客名]&"御中"」と入力する

そして「OK」ボタンをクリックすると、図5-2-3のように処理結果が表示されます。このとき、追加した列は右端になるという点に注意してください。

図5-2-3　実行結果

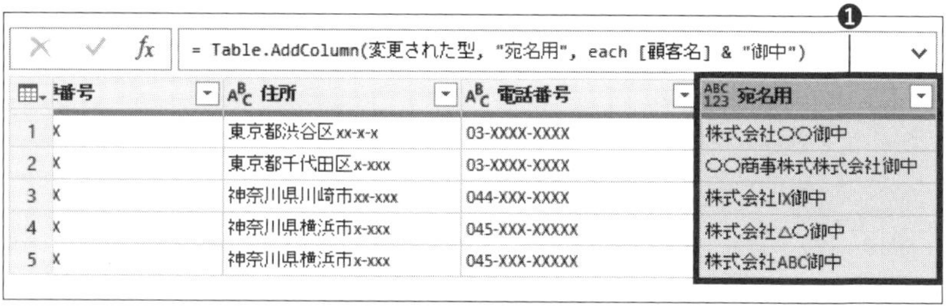

```
= Table.AddColumn(変更された型, "宛名用", each [顧客名] & "御中")
```

❶

	番号	住所	電話番号	宛名用
1	X	東京都渋谷区xx-x-x	03-XXXX-XXXX	株式会社○○御中
2	X	東京都千代田区x-xxx	03-XXXX-XXXX	○○商事株式株式会社御中
3	X	神奈川県川崎市xx-xxx	044-XXX-XXXX	株式会社IX御中
4	X	神奈川県横浜市x-xxx	045-XXX-XXXXX	株式会社△○御中
5	X	神奈川県横浜市x-xxx	045-XXX-XXXXX	株式会社ABC御中

❶「顧客名」に「御中」と付いた新しい列が作成された

ここでのポイントは次の通りです。

- 列名は「[]」で囲む
- テキストを連結するのは「&」を使用する
- 文字列は「""（ダブルクォーテーション）」で囲む

これは「カスタム列」に限らずパワークエリの基本となるので、しっかり覚えておいてください。

Memo

列名の記述ですが、「カスタム列」ダイアログボックスでは、右側の「使用できる列」から選択するのが入力ミスもなく確実です。ただし、M言語を直接編集する場合には、自分で列名を指定する必要があります。「列名を「[]」で囲む」は、その際に必要な知識なので忘れないようにしましょう。

Memo

「カスタム列」では、単純に文字を入れるだけといった処理も可能です。例えば、パワークエリで加工したデータを他のシステムで読み込む際にカラム数を合わせるため、パワークエリで列を追加して空欄にしておくということも可能です。

なお、ここでは「空欄」を「""」で表していますが、「null」としてもOKです。ただし「null」の場合は、その後にこの列を使って演算を行う際にエラーとなることもあるので注意してください。

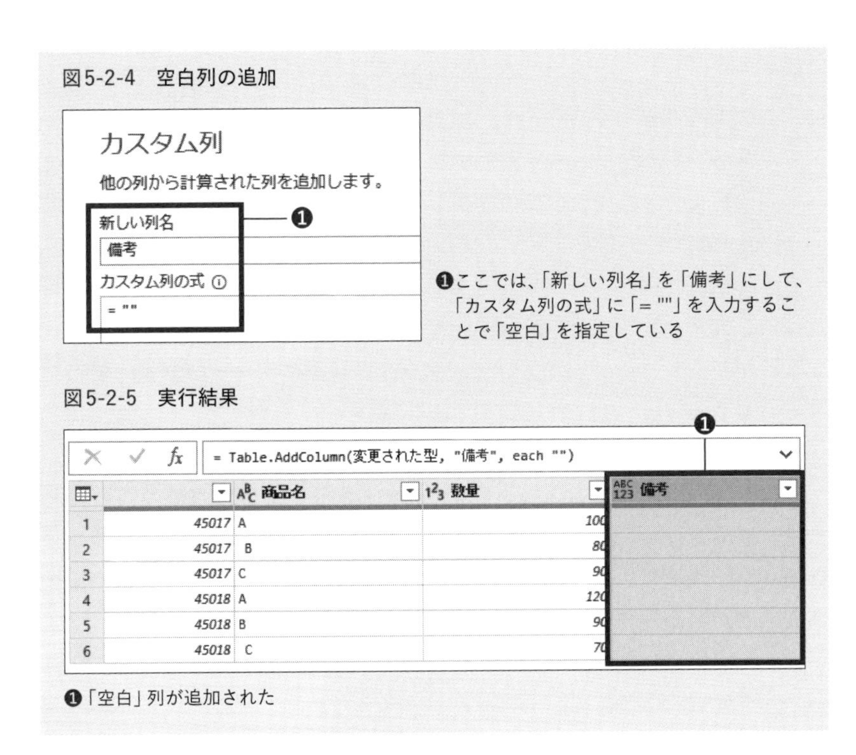

図5-2-4　空白列の追加

❶ここでは、「新しい列名」を「備考」にして、「カスタム列の式」に「= ""」を入力することで「空白」を指定している

図5-2-5　実行結果

❶「空白」列が追加された

「クリーン」機能

「クリーン」機能は、データ内にある印刷できない文字（改行やTabなど、「制御文字」と呼ばれる文字）を削除する機能です。制御文字は、それ自体は印刷されませんし、見ることもできません（Wordなどの機能でタブや改行を「表示」することはできますが、基本的には見えないものです）。しかし、制御文字もコンピュータからすると文字なので、例えば図5-2-6のようなデータは異なるデータだと判定されてしまいます。

図5-2-6　セル内改行がある例

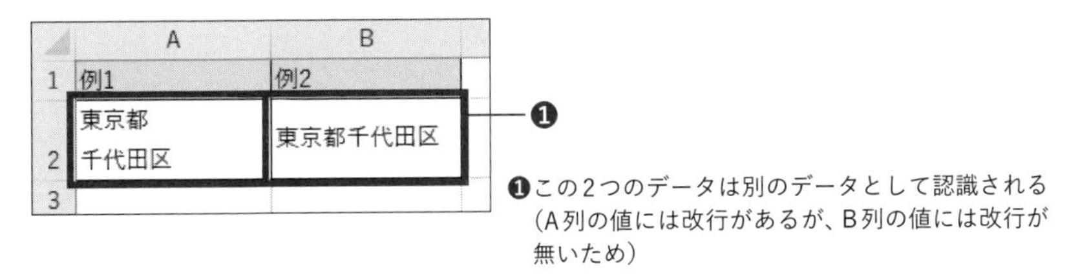

❶この2つのデータは別のデータとして認識される（A列の値には改行があるが、B列の値には改行が無いため）

Memo

　このようなデータは、Excelではよく見かけます。Excelでは列幅が長くなると1画面に入る列数が少なくなるため、「見やすさ」重視でセル内改行を行って1つの列の列幅を短くすることがよく行われます。

　Excelではデータを「保存」する機能と、データを「見せる」「印刷する」機能が同じシートでできてしまいます（データベースだとそうはいきません）。それがExcelの便利なところでもあるのですが、そのことが逆に分析には向かないデータを生む原因にもなってしまっているのです。

　このセル内改行を削除して、2つのデータが正しく認識されるようにします。図5-2-7は、「会社一覧2.xlsx」ファイルの「テーブル1」を新規ブックのパワークエリに読み込んだところです。セル内改行されている個所があることがわかります。

図5-2-7　セル内改行のあるデータを読み込んだところ

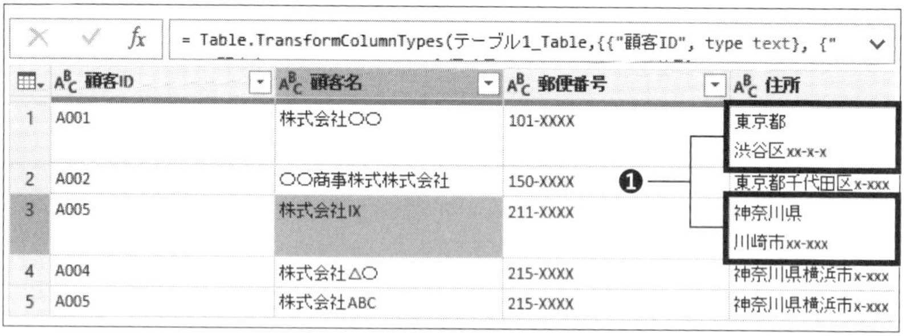

`= Table.TransformColumnTypes(テーブル1_Table,{{"顧客ID", type text}, {"`

	顧客ID	顧客名	郵便番号	住所
1	A001	株式会社○○	101-XXXX	東京都 渋谷区xx-x-x
2	A002	○○商事株式株式会社	150-XXXX	東京都千代田区x-xxx
3	A005	株式会社IX	211-XXXX	神奈川県 川崎市xx-xxx
4	A004	株式会社△○	215-XXXX	神奈川県横浜市x-xxx
5	A005	株式会社ABC	215-XXXX	神奈川県横浜市x-xxx

❶このセル内改行を削除する

　このセル内改行を削除しましょう。「住所」列を選択し、「列の追加」タブにある「書式」→「クリーン」をクリックします。

図5-2-8　セル内改行を削除する

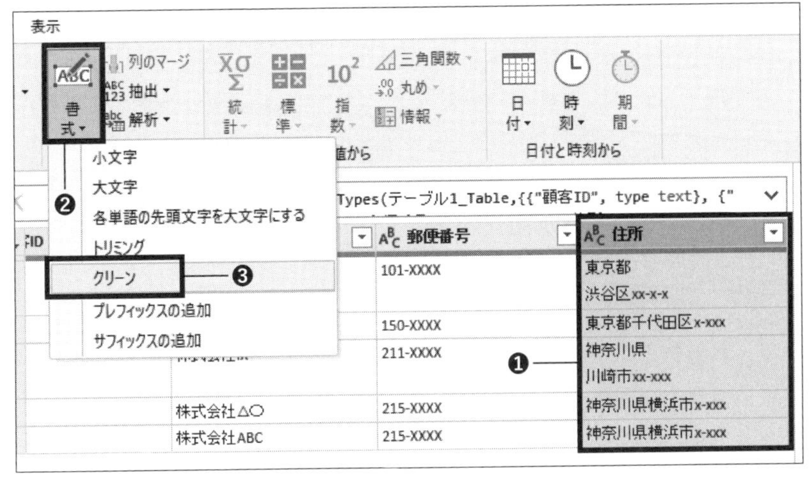

❶「住所」列を選択する

❷「列の追加」タブの「書式」をクリック

❸「クリーン」をクリックする

これでセル内改行が削除され、新しく列が作成されました（図5-2-9）。実務では、この後に元の列を削除して、追加された列の列名を変更するなどしてください。

図5-2-9　実行結果

= Table.AddColumn(変更された型, "クリーン", each Text.Clean([住所]),

	番号	住所	電話番号	クリーン
1	X	東京都 渋谷区xx-x-x	03-XXXX-XXXX	東京都渋谷区xx-x-x
2	X	東京都千代田区x-xxx	03-XXXX-XXXX	東京都千代田区x-xxx
3	X	神奈川県 川崎市xx-xxx	044-XXX-XXXX	神奈川県川崎市xx-xxx
4	X	神奈川県横浜市x-xxx	045-XXX-XXXXX	神奈川県横浜市x-xxx
5	X	神奈川県横浜市x-xxx	045-XXX-XXXXX	神奈川県横浜市x-xxx

❶セル内改行が削除され、新しい列が追加された

Memo

パワークエリでは、新たな列は右端に追加されます。第2章でも解説しましたが、列の並べ替えは列数が多いと手間なので、最後にまとめて行うと効率的です。その際、「他の列の削除」機能を使用するとさらに効率的です（詳しくは第2章を参照してください）。

「トリミング」機能

「トリミング機能」は、対象データの前後のスペース（空白文字）を削除してくれる機能です。データ入力の際、何らかの理由で不要なスペースが入ることがあります。そうなると、例えば「山田△太郎△」さん（△はスペース）と「山田△太郎」さんは別のデータということになってしまい、正しく集計・分析ができません。

では、「トリミング」機能を試してみましょう。図5-2-10は「売上一覧.xlsx」を新規ブックのパワークエリに取り込んだところです。少しわかりにくいですが、商品名の前後に余分なスペースがあります。これを削除しましょう。

図5-2-10 「売上一覧」データ

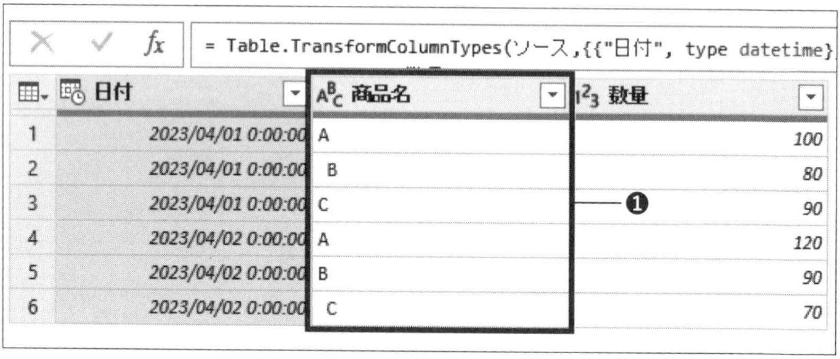

= Table.TransformColumnTypes(ソース,{{"日付", type datetime},

	日付	商品名	数量
1	2023/04/01 0:00:00	A	100
2	2023/04/01 0:00:00	B	80
3	2023/04/01 0:00:00	C	90
4	2023/04/02 0:00:00	A	120
5	2023/04/02 0:00:00	B	90
6	2023/04/02 0:00:00	C	70

❶「商品名」の前後にスペースがある

まずは「商品名」列を選択し、「列の追加」タブにある「書式」→「トリミング」をクリックします。

図5-2-11　セル内改行を削除する

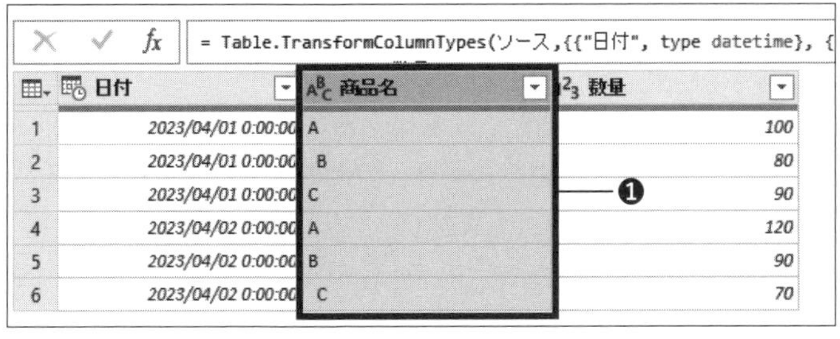

❶「商品名」列を選択する

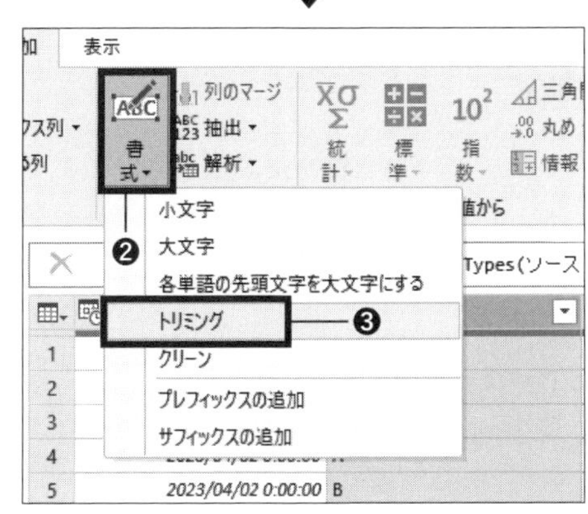

❷「列の追加」タブの「書式」をクリック

❸「トリミング」をクリックする

これでスペースが削除され、新しく列が作成されます。

実務では列名の修正や列の順序の修正も必要ですが、ひとまずこれで完了です。

図5-2-12　実行結果

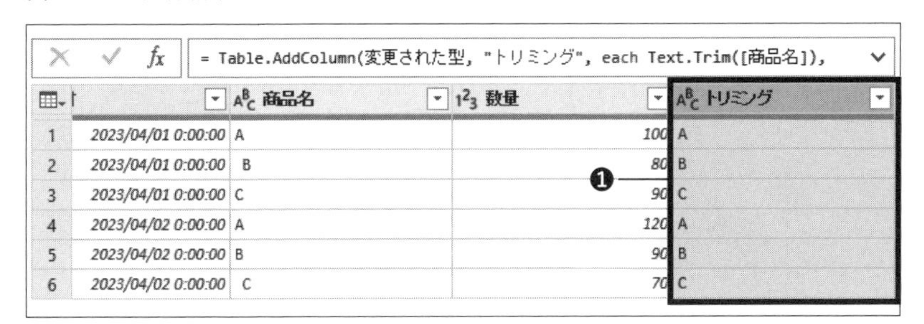

❶データの前後のスペースが取り除かれた

Memo

「トリミング」機能は、Excel関数のTRIM関数をイメージするとわかりやすいでしょう。ただし、全く同じ動作をするわけではありません。パワークエリの「トリミング」機能は、対象データの「前後」のスペースを削除します。TRIM関数の場合、前後のスペースを削除するのは同じですが、例えば「山田△△太郎」（△はスペース）のように文字の間に複数のスペースがある場合は、「山田△太郎」のように1つのスペースを残して他のスペースを削除します。

M関数を使用したテキスト加工

次に、M関数を使用したテキストデータの加工例を解説します。ここでは次の状況を想定しています。

- 元データはCSVファイル
- 会員番号は数字のみ4桁で、「0」から始まるデータもある
- Excelで開いてしまったため、本来は「0001」の会員番号が「1」になってしまった

このような話はとてもよくあります。そこで、この「1」になってしまった会員番号を「0001」に戻す処理を行いましょう（このようにデータを「0」で埋めて桁をそろえる処理を、「0埋め」と呼びます）。

Memo

CSVファイルは通常、ファイルをダブルクリックするとExcelで開かれてしまいます。その結果、このように「0」が削除されてしまったり、「2000-1-1」というテキストが日付に変換されてしまうといったことが起きます。CSVファイルはテキストファイルですので、そのようなことを避けるには、対象ファイルをメモ帳などのテキストエディタで開くようにしましょう。

このような桁数をそろえる処理は、「カスタム列」でM関数のText.PadStart

関数を使用します。この関数は、指定した値で指定した桁数分テキストを埋めてくれる関数です。

実際に操作してみましょう。図5-2-13は、「会員一覧.csv」を新規ブックのパワークエリに読み込んだところです。

図5-2-13 「会員一覧.csv」を読み込んだところ

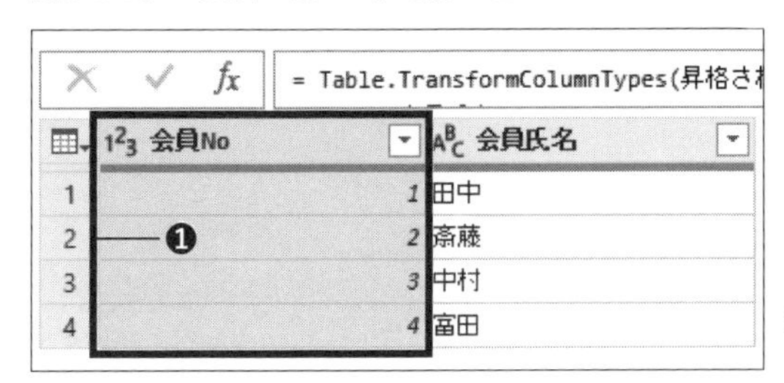

❶「会員No」が1桁の数値になっている

まずは4桁のテキストにするため、データ型を変更します。「会員No」列のデータ型を、図5-2-14のように「テキスト」へ変換しましょう。このとき、「列タイプの変更」の確認画面が表示されるので、「現在のものを置換」を選択してください。

図5-2-14 データ型の変換

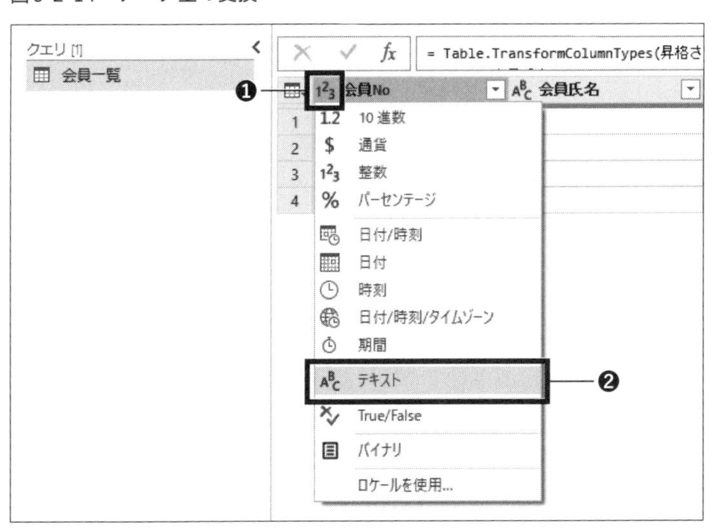

❶列名の左の記号をクリックする

❷「テキスト」をクリックする

次に、「カスタム列」を使用して「0埋め」の処理を行います。「列の追加」タブの「カスタム列」をクリックし、「カスタム列」ダイアログボックスが表示されたら、「カスタム列の式」に「=Text.PadStart([会員No],4,"0")」と入力してください。

図5-2-15　「0埋め」の処理

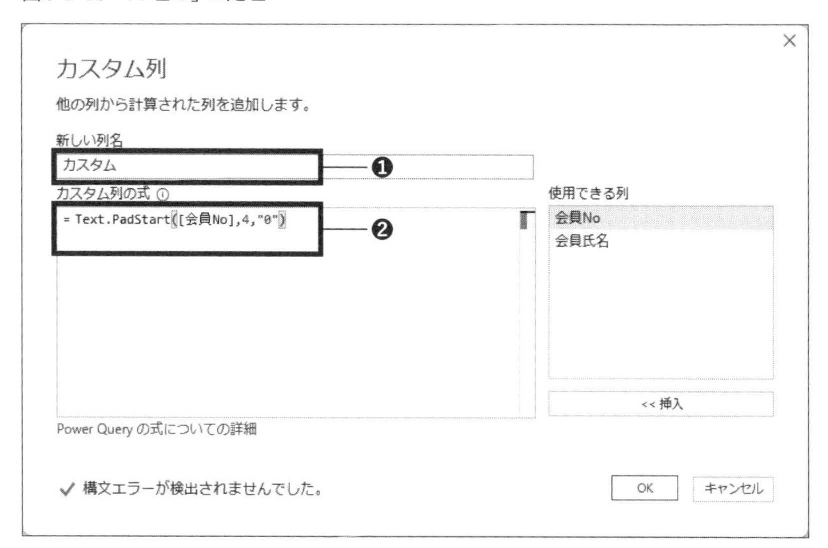

❶「新しい列名」はそのままにする

❷「カスタム列の式」に「=Text.PadStart([会員No],4,"0")」と入力し、「OK」をクリックする

これで、「会員No」が4桁でそろえられた新しい列が追加されました。

図5-2-16　実行結果

= Table.AddColumn(変更された型, "カスタム", each Text.PadStart([

	会員No	会員氏名	カスタム
1	1	田中	0001
2	2	斎藤	0002
3	3	中村	0003
4	4	富田	0004

❶桁数がそろえられた新しい列が追加された

あとは、元の「会員No」列を削除し、追加した列名を「会員No」に修正して列の順序を変更すれば完了です。

このように、「カスタム列」ではM関数を直接記述して処理を行うことができます。

Memo

「カスタム列」を追加する際に、「新しい列名」は特に指定しませんでした。これは、仮に「新しい列名」に「会員No」と指定しても、すでに「会員No」という列名があるため自動的に「会員No1」となってしまって、いずれにせよ列名の修正が必要になるからです。

なお、Text.PadStart関数の構文は次のようになります。

▼Text.PadStart関数の構文

```
Text.PadStart(対象テキスト,桁数,埋めるための文字)
```

Excel関数と同様、M関数もカッコ内に指定する値のことを「引数」と呼びます。引数「埋めるための文字」には、対象の文字を「""（ダブルクォーテーション）」で囲んで指定します。

なお、Text.PadStart関数と似た関数に、Text.PadEnd関数があります。こちらは先頭から文字を埋めるのではなく、末尾から文字を埋めます。

Memo

「カスタム列」ダイアログボックスでText.PadStart関数を入力する際、図5-2-17のように最初の文字を入力すると入力候補が表示されます。使用したい関数が見つかったら、マウスやカーソルキーを使用して選択し、「Tab」キーを押すことで関数を入力することができます。

図5-2-17　M言語の入力補完機能

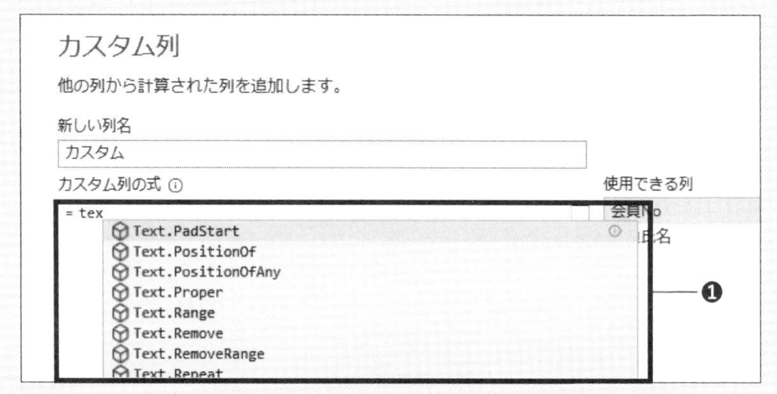

❶入力候補を自動で表示してくれる。対象を選択後、「Tab」キーを押すことで確定できる

変換テーブルを使ったデータの置換

最後に、変換用のテーブルを使用した文字の置換方法を解説します。実務で扱うデータでは、「名寄せ」が発生する場合があります。例えば、図5-1-18のように会社名の「株式会社」が「(株)」だったり、「㈱」だったりするものをすべて「株式会社」に統一するといったケースです（「Sample1.xlsx」ファイルの「変換テーブル」テーブル）。

図5-2-18　「名寄せ」が必要な例

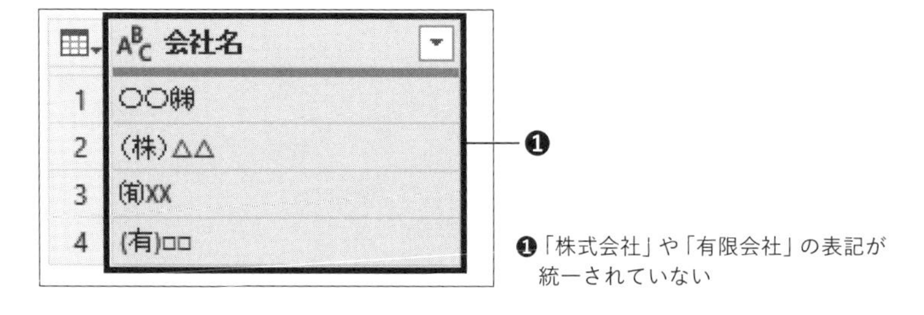

❶「株式会社」や「有限会社」の表記が統一されていない

このような場合に、それぞれのパターンすべてを個別に置換するのは非常に手間です。そこで、ここでは変換用のテーブルを用意して、そのテーブルの情報を元に変換する方法を解説します。

今回用意するのは、図5-2-19の変換用テーブルです（「Sample1.xlsx」ファイルの「テーブル1」テーブル）。

図5-2-19　変換用のテーブル

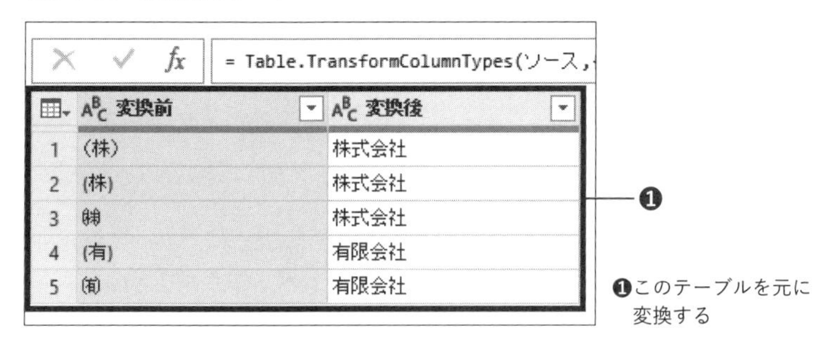

❶このテーブルを元に変換する

具体的な方法ですが、ここではM言語を使用してカスタム列を追加します。新規ブックにこの「変換テーブル」と「テーブル1」を読み込み、図5-2-20のように対象のクエリ（「テーブル1」）を選択した状態で、「列の追加」タブの「カスタム列」をクリックします。

図5-2-20　「カスタム列」の追加

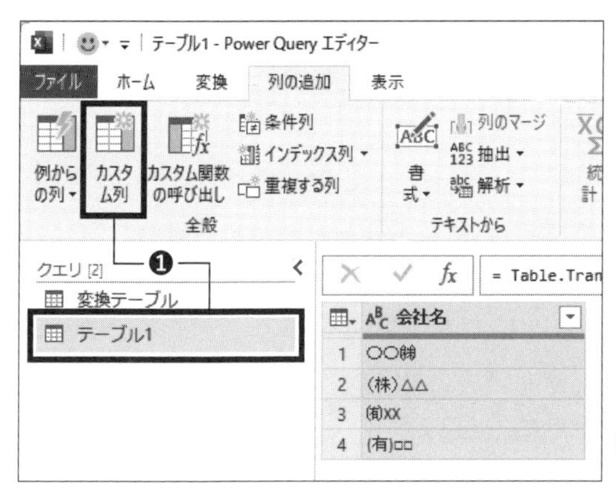

❶このテーブルに「カスタム列」を追加します

すると「カスタム列」ダイアログボックスが表示されるので、次の数式を入力します（図5-2-21）。

▼入力する関数

```
= List.Accumulate(Table.ToRows(変換テーブル),[会社名],
(x,y)=>Text.Replace(x,y{0},y{1}))
```

図5-2-21 「カスタム列」の設定

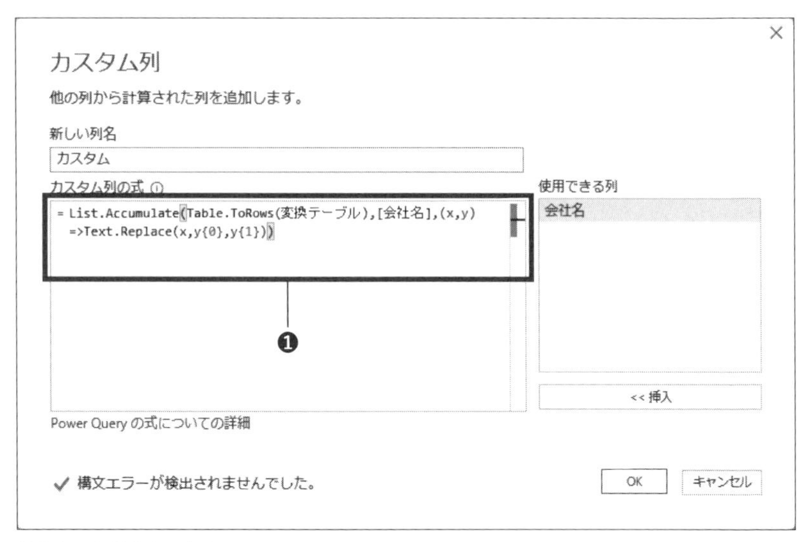

❶指定した関数を入力する

関数を入力したら、「OK」をクリックして完了です。

図5-2-22 実行結果

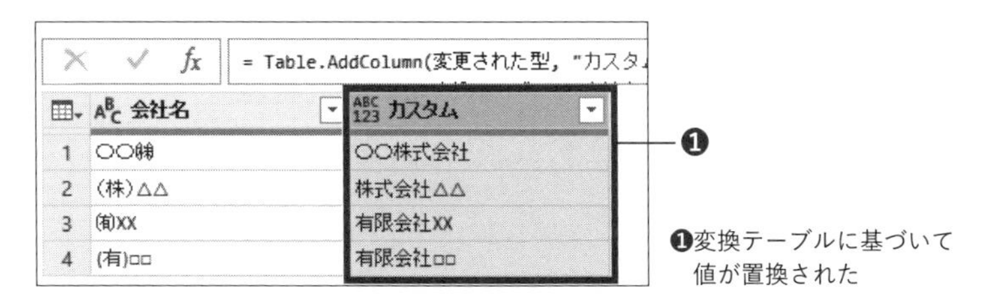

❶変換テーブルに基づいて値が置換された

ここで入力した関数について詳しく見ていきましょう。入力内容を再掲します。

▼入力した関数

```
= List.Accumulate(Table.ToRows(変換テーブル),[会社名],
(x,y)=>Text.Replace(x,y{0},y{1}))
```

まずは、List.Accumulate関数です。この関数は引数を3つとります。それぞれの指定した値とその説明は、次の通りです。

▼List.Accumulate関数の引数に指定した値

引数	指定した値	説明
第1引数	Table.ToRows(変換テーブル)	元となるテーブルをTable.ToRows関数でリスト化したもの（第1引数にはリストを指定するため）。
第2引数	[会社名]	処理対象の列。
第3引数	(x,y)=>Text.Replace(x,y{0},y{1})	処理内容。

まず、第1引数で参照するテーブルを指定しています。ただし、List.Accumulate関数の第1引数にはテーブルは指定できずリストを指定するため、Table.ToRows関数でリスト化しています。第2引数は、今回変換したい列を指定しています。

そして第3引数です。これは実際の処理を関数の形で記述しています（関数については第8章で解説します）。その内容ですが、次のようになります。

▼第3引数の詳細

値	説明
x	第2引数に指定した[会社名]列の個々の値。
y	第1引数に指定したリスト（変換テーブル）の1行1行の値。
Text.Replace(x,y{0},y{1}))	文字列の置換。xの値（[会社名]）から変換テーブルの1列目（y{0}）の値を検索し、見つかった場合は変換テーブルの2列目（y{1}）の値で置換する。

結果、変換テーブルを元に値の置換が行われます。

この方法を利用すると、変換テーブルを用意すれば、例えば氏名の名寄せで『「斉藤」さんの「斉」の文字のように複数のケースがある場合に、一旦置換する』といった処理にも利用できます。

また、「半角/全角」の変換も次のような変換テーブルを用意することで可能になります。

▼半角/全角の変換用テーブル

半角	全角
ｱ	ア
ｲ	イ
ｳ	ウ

このとき、文字を置換する処理の部分が「Text.Replace(x,y{0},y{1})」の場合は半角から全角へ、「Text.Replace(x,y{1},y{0})」の場合は全角から半角へ変換できます。

以上で、テキストの加工については終了です。テキストデータのデータクレンジングでは、この他にも第3章で解説した「置換」機能も併せて利用します。

実務では様々なデータがあるため、一筋縄では行かないことも多いでしょう。しかしパワークエリを使用することで、より効率的に処理することができるのです。

5-3　数値に関する処理

CheckPoint!　□パワークエリ独特の集計処理とは?
□M関数を使用しないとできない処理

サンプルファイル名　売上一覧2.xlsx、売上一覧3.xlsx、Sample2.xlsx

数値処理の基本

数値処理は、基本的には計算処理になります。テキストデータのようにデータクレンジングを行うというよりも、その後のデータ分析に必要な値を算出することが主な目的です。

なお、「利益/売上」という計算式で利益率を求めるような処理と、担当者ごとにグループ化して売上を集計するという処理の、大きく2つのパターンがあります。

数値処理で注意しなくてはならないのが次の2点です。

▼数値処理の注意点

注意点	対処方法
データ型が「テキスト」だと計算できない	データ型を変換してから処理する。
「null」は計算できない	「null」を「0」に置換してから処理する。

普段Excelに慣れている方でも、文字列の「0」(表示形式が「文字列」になっている)と数値の「0」の違いはあまり意識していないことがよくあります。実際、Excelでは文字列の「0」でも、Excelが数値として解釈してくれるので計算することができるのですが、パワークエリではははっきりと区別されるので注意してください。

また「null」についても、データベースを使っていないと馴染みがないとは思いますが、「空白」とは異なるので気を付けてください。

では、具体例を見て行きましょう。

パワークエリ独特の計算処理

ここでは、個別の売上金額が全体の売上金額の何パーセントかを計算する方法を解説します。通常、Excelであれば次のように売上金額の合計を計算するセルを用意して、その結果に対して売上比率を求めます。

図5-3-1　Excelの例

D2　=C2/C8

	A	B	C	D
1	日付	商品名	売上金額	売上比率
2	4月1日	A	100	0.181818
3	4月1日	B	80	0.145455
4	4月1日	C	90	0.163636
5	4月2日	A	120	0.218182
6	4月2日	B	90	0.163636
7	4月2日	C	70	0.127273
8		合計	550	
9				

❶全体の合計を算出し

❷その合計金額に対して計算処理を行う

しかし、パワークエリではこのような「合計」のセルを加える処理はできないので、ひと工夫する必要が出てきます。Excelとはだいぶ異なるため、まずは操作手順から整理しましょう。

①「売上金額」の合計を求める
②「合計金額」を元のテーブルにマージする
③「売上比率」を求める

ポイントは「合計金額」を元のテーブルにマージするところです。実際に操作して確認しましょう。図5-3-2は、「売上一覧2.xlsx」の「テーブル1」を新規ブックのパワークエリに読み込んだところです。

図5-3-2 「売上一覧2.xlsx」を読み込んだところ

= Table.TransformColumnTypes(ソース,{{"日付", type datetime}, {

	日付	商品名	売上金額
1	2023/04/01 0:00:00	A	100
2	2023/04/01 0:00:00	B	80
3	2023/04/01 0:00:00	C	90
4	2023/04/02 0:00:00	A	120
5	2023/04/02 0:00:00	B	90
6	2023/04/02 0:00:00	C	70

❶この「売上金額」を元に「売上比率」を求める

まずは「合計金額」を求めます。「売上金額」列を選択し、「変換」タブの「統計」→「合計」をクリックします。

図5-3-3 「合計金額」の計算

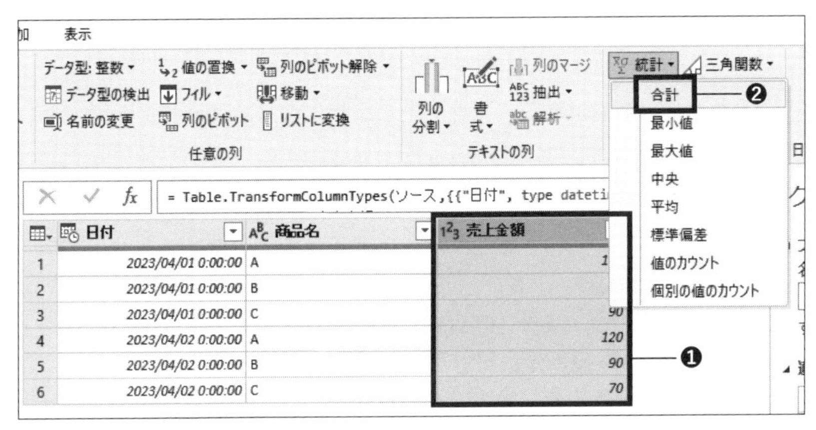

❶「売上金額」列を選択

❷「変換」タブの「統計」から「合計」をクリック

これで、図5-3-4のように売上の「合計金額」が計算されます。処理結果だけが表示されるので少し戸惑うかもしれませんが、これが正しい動作です。

図5-3-4　実行結果

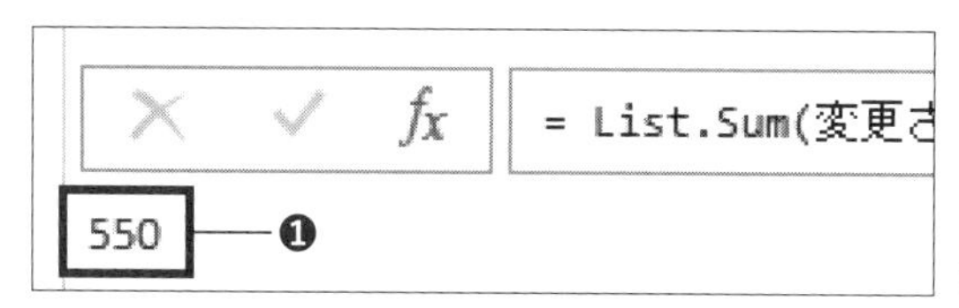

❶合計金額が計算された

続けて、この値を元のテーブルにマージします。ここでは「ステップ」を編集します。そこで、まずは現時点での「ステップ」を確認しましょう（図5-3-5)。「変更された型」は、元のデータを読み込んだ状態を表します。そして「計算された合計」が、先ほど「合計金額」を求めた処理になります。

次に、元のテーブルとマージするために「ステップ」を追加し、元のテーブルを表示させます。図5-3-6のように「ステップ」の「計算された合計」をクリックして、「次にステップの挿入」をクリックします。

すると、図5-3-7のように新しいステップが追加されるので、数式バーの値を「変更された型」に変更してください。

部5-3-5　現時点での「ステップ」

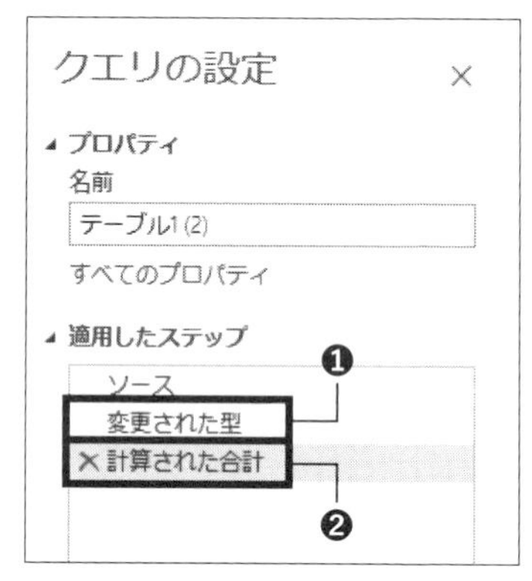

❶「変更された型」は元データを読み込んだ状態を表す

❷「計算された合計」は「合計金額」を求めた処理を表す

図5-3-6　「ステップ」の追加

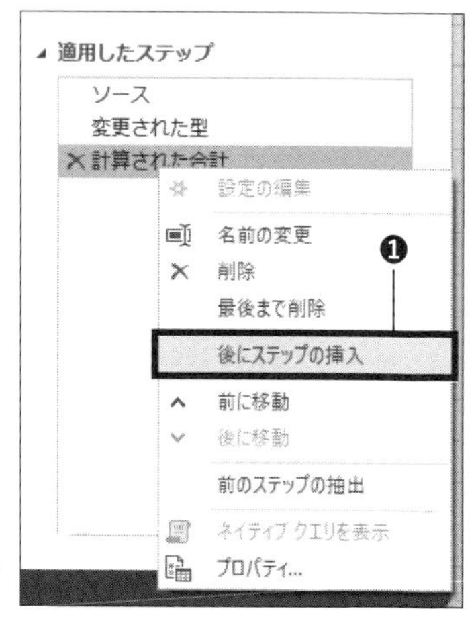

❶「計算された合計」を右クリックして、「次にステップを挿入」をクリック

図5-3-7　元のテーブルを表示する

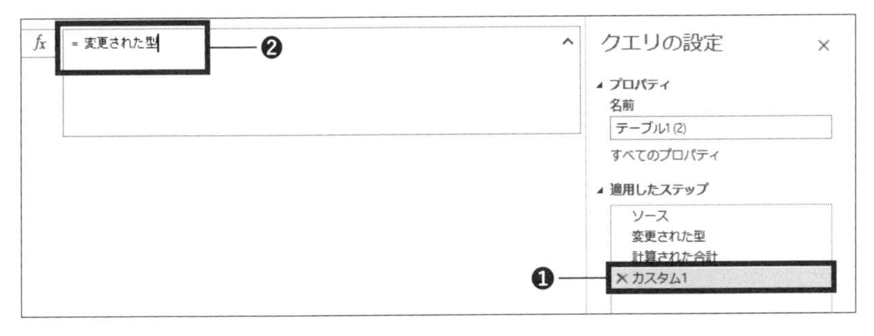

❶新しい「ステップ」が追加される

❷「= 変更された型」に修正する

これで、ひとまず元のテーブルが表示されるようになりました。

図5-3-8　実行結果

= 変更された型

	日付	商品名	売上金額
1	2023/04/01 0:00:00	A	100
2	2023/04/01 0:00:00	B	80
3	2023/04/01 0:00:00	C	90
4	2023/04/02 0:00:00	A	120
5	2023/04/02 0:00:00	B	90
6	2023/04/02 0:00:00	C	70

❶元のテーブルが表示された

このテーブルに先ほど求めた「合計金額」を、「カスタム列」を使用して結合します。「列の追加」タブから「カスタム列」をクリックすると「カスタム列」ダイアログボックス表示されるので、「新しい列名」を「合計金額」に、「カスタム列の式」を「= 計算された合計」にします（図5-3-9）。

このように、カスタム列では「ステップ名」を記述することで、別のステップで求めた計算結果を参照して新しい列として追加することができるのです。

図5-3-9 「合計金額」の結合

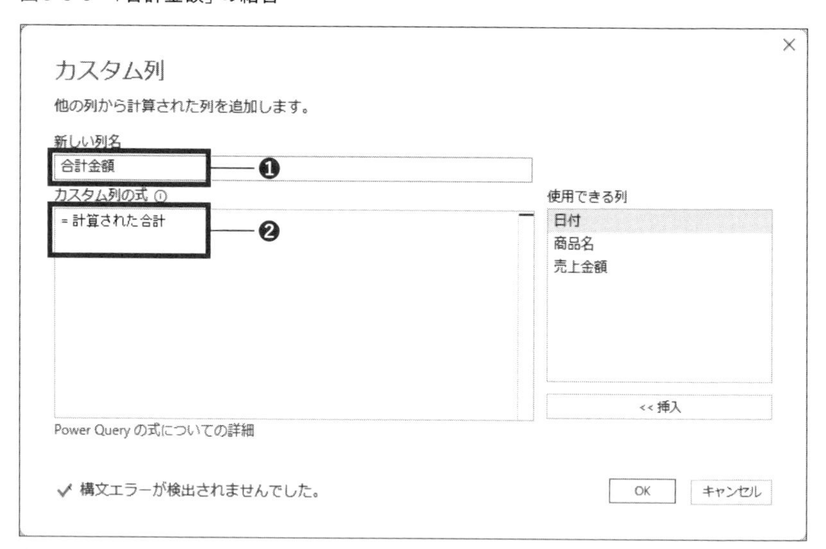

❶「新しい列名」を「合計金額」にする

❷「カスタム列の式」を「= 計算された合計」と入力する

これで「合計金額」が元のテーブルに結合されました（図5-3-10）。ここで、すべての行に対して「合計金額」が入力されている点に注意してください。Excelならこのような表の作り方はしませんが、パワークエリだと列全体の合計値などを使用したい場合は、一旦このような形にします。

図5-3-10 実行結果

		商品名	売上金額	合計金額
1	2023/04/01 0:00:00	A	100	550
2	2023/04/01 0:00:00	B	80	550
3	2023/04/01 0:00:00	C	90	550
4	2023/04/02 0:00:00	A	120	550
5	2023/04/02 0:00:00	B	90	550
6	2023/04/02 0:00:00	C	70	550

❶「合計金額」が結合され、新たな列が追加された

さて、これで「売上比率」を求める準備ができました。再度「カスタム列」を使用して、「売上比率」を求めましょう。「列の追加」タブの「カスタム列」をクリックし、「カスタム列」ダイアログボックスに図5-3-11のように入力してください。

図5-3-11 「売上比率」の計算

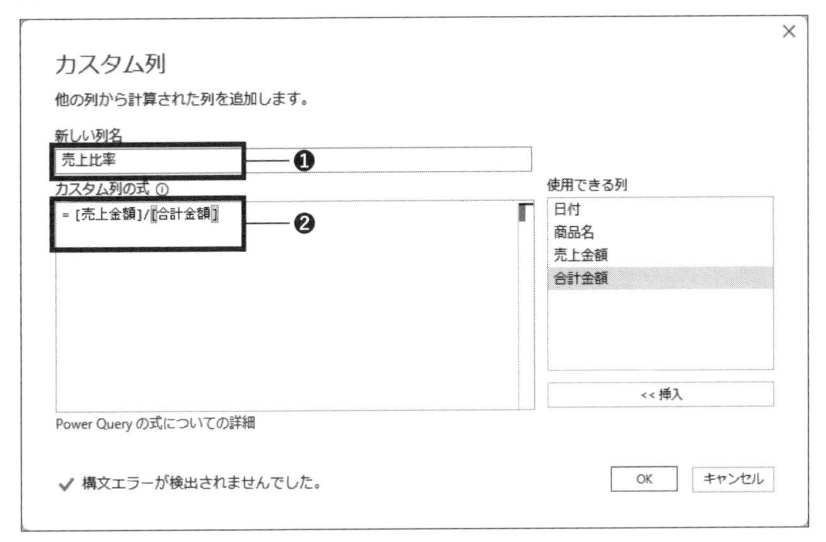

❶「新しい列名」に「売上比率」と入力する

❷「カスタム列の式」に「= [売上金額]/[合計金額]」と入力し「OK」をクリックする

これで完了です。図5-3-12のように「売上比率」を求めることができました。あとは必要に応じて「合計金額」の列を削除したり、「売上金額」の表示形式を「パーセンテージ」に変更したりしてください。

図5-3-12 実行結果

	名	売上金額	合計金額	売上比率
1		100	550	0.181818182
2		80	550	0.145454545
3		90	550	0.163636364
4		120	550	0.218181818
5		90	550	0.163636364
6		70	550	0.127272727

❶「売上比率」が計算された

ところで、「合計金額」が表内に表示されなくても良いのであれば、直接売上比率を求めることもできます。その場合は、図5-3-10の処理は飛ばして、図5-3-11の処理で「カスタムの式」に「= [売上金額] / 計算された合計」と入力してください。

グループ単位での集計

数値計算では、例えば担当者ごとや支店ごとといった「グループ」単位で集計したいことがあります。このような集計を行うことは、むしろ業務分析では当たり前でしょう。そんなときは、「グループ化」の機能を使用してください。

実際のデータで確認してみましょう。ここでは「売上一覧3.xlsx」ファイルのデータを元に「日付」ごと、「担当者」ごとの「売上件数」と「売上金額」を集計します。図5-3-13は、「売上一覧3.xlsx」ファイルの「テーブル1」を新規ブックのパワークエリに読み込んだところです。

図5-3-13 「売上一覧3.xlsx」を読み込んだところ

= Table.TransformColumnTypes(ソース,{{"日付", type datetime}, {"商品名", type text},

	日付	商品名	担当者名	売上金額
1	2023/04/01 0:00:00	A	田中	100
2	2023/04/01 0:00:00	B	中村	80
3	2023/04/01 0:00:00	C	田中	90
4	2023/04/02 0:00:00	A	中村	120
5	2023/04/02 0:00:00	B	中村	90

❶「日付」ごと、「担当者」ごとの「売上件数」と「売上金額」を集計する

このデータを元に「日付」ごと、「担当者」ごとの集計を行います。「日付」列と「担当者名」列を選択し、「変換」タブの「グループ化」をクリックします（複数列を選択する場合は、「Ctrl」キーを押しながら対象の列をクリックします）。

図5-3-14 「グループ化」を行う

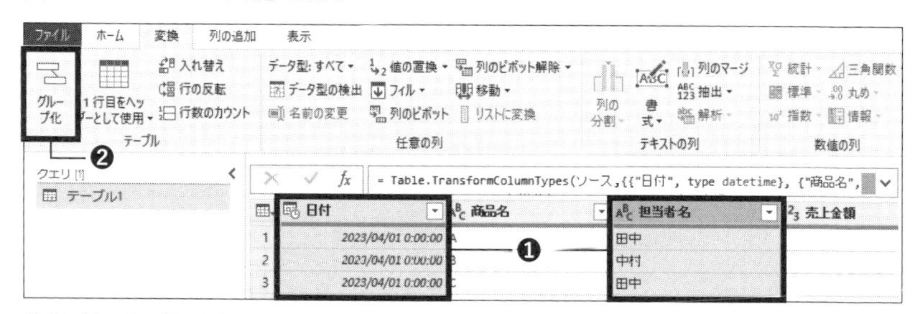

❶「日付」列と「担当者名」列を選択する

❷「変換」タブの「グループ化」をクリックする

「グループ化」ダイアログボックスが表示されるので、図5-3-15のように設定してください。なお、「新しい列名」は「グループ化」ダイアログボックスが表示された時点では1つしかありません。「集計の追加」ボタンをクリックして、集計項目を追加してください。これで完了です(図5-3-16)。

図5-3-15 「グループ化」ダイアログボックス

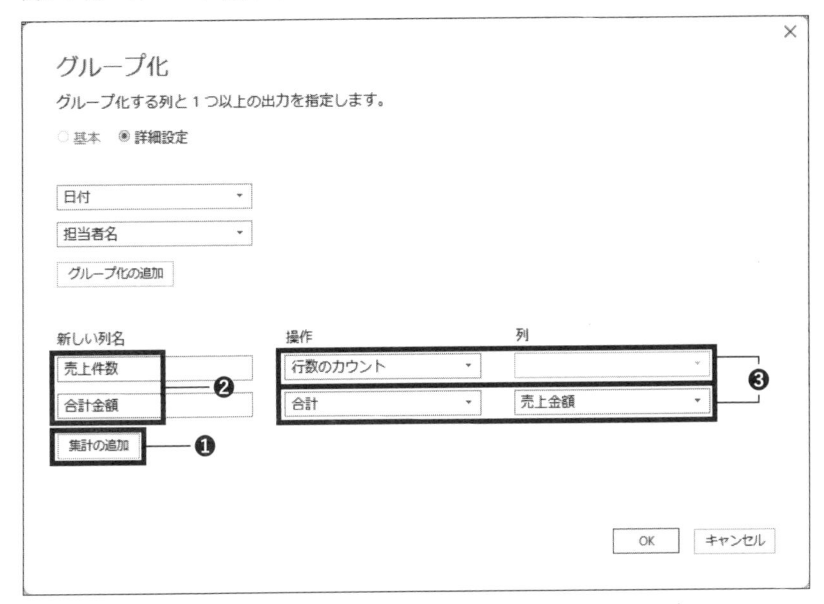

❶「集計の追加」をクリック

❷「新しい列名」に「売上件数」と「売上金額」を入力する

❸「売上件数」の「操作」を「行数のカウント」にする。また「売上金額」の「操作」を「合計」にし、「列」を「売上金額」にして、「OK」をクリックする

図5-3-16 実行結果

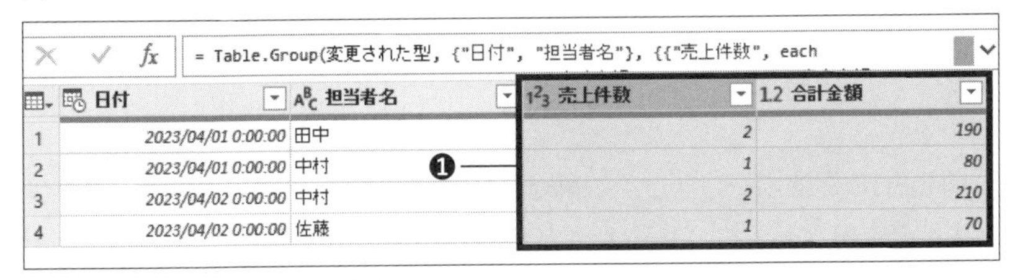

	日付	担当者名	売上件数	合計金額
1	2023/04/01 0:00:00	田中	2	190
2	2023/04/01 0:00:00	中村	1	80
3	2023/04/02 0:00:00	中村	2	210
4	2023/04/02 0:00:00	佐藤	1	70

❶「売上件数」と「合計金額」が集計された

Memo

グループ化の対象列を1列しか選択しないと、「グループ化」ダイアログボックスは図5-3-17のように、対象の列が1列しか指定できなくなります。複数の列をグループ化し、さらに先ほどのように複数列を集計したい場合は「詳細設定」をクリックしてください。

図5-3-17　1列しか選択していない場合の「グループ化」ダイアログボックス

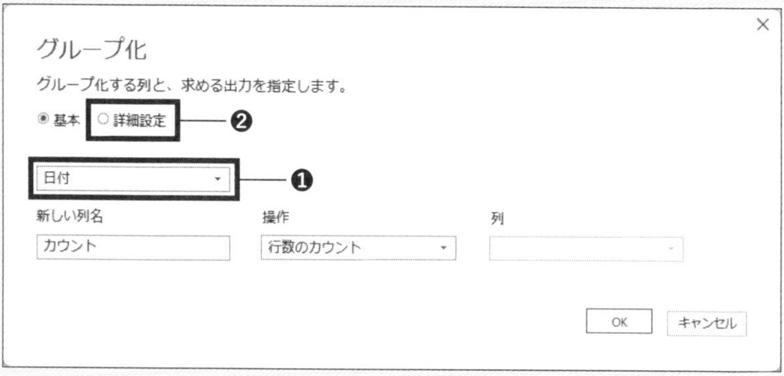

❶グループ化の対象列が1列しか指定できない

❷「詳細設定」をクリックすることで、複数列のグループ化や、複数列の集計ができるようになる

M言語を使用した計算処理

最後に、M関数を使用した計算処理を解説します。ここではよく行われる集計として、「四捨五入」の処理を行います。ただし、パワークエリの「四捨五入」機能は通常の「四捨五入」とは異なるため、通常の「四捨五入」を行うにはM関数の知識が必要です。そこでまずは、パワークエリの「四捨五入」機能がどのような処理なのかを説明し、その後にM関数を使用して正しい「四捨五入」をできるようにします。

図5-3-18を見てください。これは「Sample2.xlsx」ファイルの「テーブル1」を新規ブックのパワークエリに読み込んだところです。この「元の値」を「四捨五入」します。

このとき、「元の値」の小数点以下がすべて「5」になっている点に注意してください。

図5-3-18 「Sample2.xlsx」を読み込んだところ

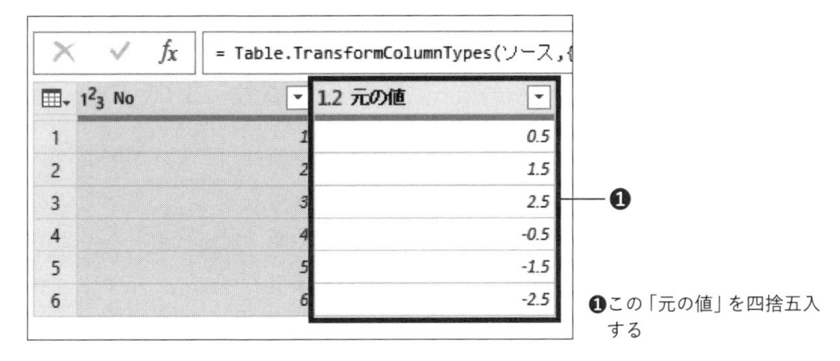

❶この「元の値」を四捨五入する

では、パワークエリの「丸め」機能を使用して「四捨五入」を行いましょう。「元の値」列を選択し、「列の追加」タブの「数値から」→「丸め」→「四捨五入」を選択します。

図5-3-19 「四捨五入」を行う

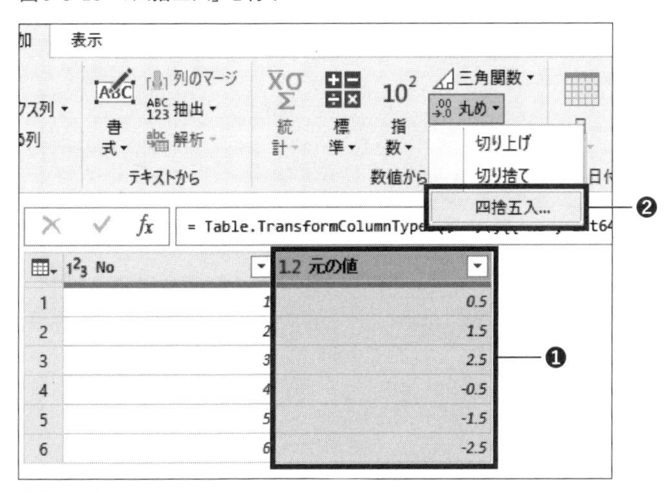

❶「元の値」列を選択する

❷「列の追加」タブの「数式から」→「丸め」→「四捨五入」をクリックする

「四捨五入」ダイアログボックスが表示されるので、「小数点以下の桁数」を「0」にして「OK」をクリックします。

図5-3-20 「四捨五入」の設定

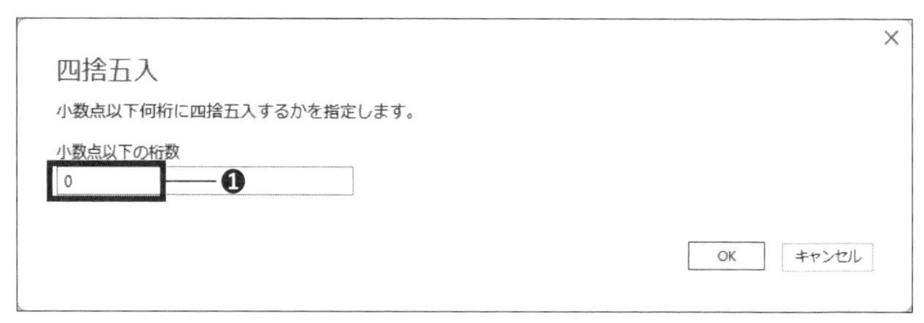

❶「小数点以下の桁数」に「0」を入力する

これで「四捨五入」の処理が完了し、四捨五入された結果が新しい列として追加されました（図5-3-21）。しかし、処理結果を見ると我々が普段使用している「四捨五入」とは結果が異なる点に気づくと思います。

図5-3-21 実行結果

= Table.AddColumn(変更された型, "四捨五入", each Number.Round([

	1^2_3 No	1.2 元の値	1.2 四捨五入
1	1	0.5	0
2	2	1.5	2
3	3	2.5	2
4	4	-0.5	0
5	5	-1.5	-2
6	6	-2.5	-2

❶「四捨五入」の処理が行われた。ただし、通常とは少し異なる結果になっている

例えば、「元の値」が「2.5」の処理結果が、「3」ではなく「2」になっています。実は、パワークエリの「丸め」機能の「四捨五入」は通常の四捨五入とは異なり、いわゆる「銀行型の丸め処理」を行うのです。「銀行型の丸め処理」とは、次のような処理を指します。

・対象の桁の値が「5」の場合、処理結果は「偶数」になる

つまり、「2.5」が対象の場合、処理結果が偶数の「2」になるのです。

Memo
「銀行型の丸め処理」は、「偶数丸め」とも呼ばれます。このような処理になっているのは、端数処理を行った際の誤差が通常の四捨五入よりも少ないためです。なお、ExcelのROUND関数はいわゆる「四捨五入」を行い、VBAのRound関数は「銀行型の丸め処理」になります。

これでは困るケースもあるでしょう。そこでM関数のNumber.Round関数を使用して、いわゆる「四捨五入」を行うのです。まずはこの関数の構文を見てみましょう。

▼Number.Round関数の構文

```
Number.Round(対象の数値, 対象の桁, 処理モード)
```

この引数「処理モード」に「RoundingMode.AwayFromZero」を指定することで、通常の「四捨五入」を行うことができます。
なお、引数「処理モード」に指定できる値は次のようになります。

▼引数「処理モード」に指定するRoundingMode.Typeの定数

名前	値	説明	1.5の場合の処理	2.5の場合の処理
RoundingMode.Up	0	切り上げ。	2	3
RoundingMode.Down	1	切り下げ。	1	2
RoundingMode.AwayFromZero	2	0とは逆の方向に切り上げ。	2	3
RoundingMode.TowardZero	3	0の方向に切り下げ。	1	2
RoundingMode.ToEven	4	最も近い偶数に四捨五入。	2	2

では、実際に操作してみましょう。先ほど、「丸め」→「四捨五入」の処理を行った際に自動生成されるM言語は、次のようになります。

▼「四捨五入」処理のＭ言語

```
= Table.AddColumn(変更された型, "四捨五入", each Number.
Round([元の値], 0), type number)
```

ここで、Number.Round関数が使用されていることがわかりますが、3番目の引数「処理モード」が省略されています。そこで、Number.Round関数の3番目の引数に「RoundingMode.AwayFromZero」と入力してみましょう。2番目の引数「0」との間に「,（カンマ）」を入れることを忘れないようにしてください。

これで四捨五入の処理ができました。

図5-3-22　実行結果

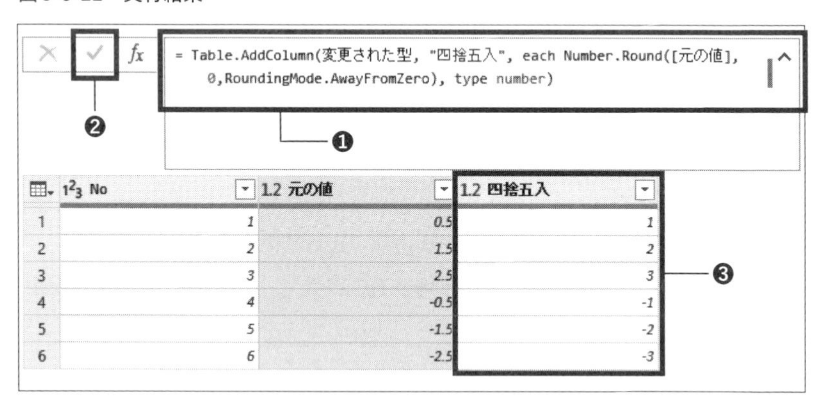

	No	元の値	四捨五入
1	1	0.5	1
2	2	1.5	2
3	3	2.5	3
4	4	-0.5	-1
5	5	-1.5	-2
6	6	-2.5	-3

❶Numbe.Round関数の3番目の引数に「RoundingMode.AwayFromZero」を入力する
❷クリックして計算処理を実行する
❸「四捨五入」の処理が行われた

このように、パワークエリのリボンにある機能ではできないことが、Ｍ関数を使用することで可能になります。ですから、実務ではＭ関数の利用が必須だということになるのです。

5-4 日付・時刻に関する処理

CheckPoint! □日付・時刻計算を行う際の注意点
□データ型が重要な理由

サンプルファイル名 Sample3.xlsx、Sample4.xlsx

日付・時刻処理の基本

日付や時刻の処理でまず押さえておくべきなのは、日付・時刻が「シリアル値」という値だという点です。シリアル値は「1900/1/0」を起点として、1日を「1」で表します。ですから、1時間は「1/24」、1分は「1/24/60」になります。また、1日が「1」であるため、日付の計算で、例えば明日の日付を求めるためには「今日の日付+1」という計算が可能になります。

もう1つ大切なのがデータ型です。日付・時刻のデータ型は以下の5つになります。当然ながら、「date」型で時刻情報を扱ったり、「time」型で日付情報を扱うことはできません。

▼日付・時刻のデータ型

データ型	説明
datetime	日付/時刻
date	日付
time	時刻
datetimezone	日付/時刻/タイムゾーン
duration	期間

では、日付・時刻の具体的な処理を見て行きましょう。なお、本節では基本的に「日付」データを対象にしていますが、「時刻」データでも考え方・処理は同じです。

日付の処理

ここでは、「売上日」データから「年」や「月」、「四半期」などの情報を取得する方法を紹介します。

「売上日」などの日付データは、集計時に「年」や「月」という単位でグループ化して処理することがよくあります。ただし、前節で解説した「グループ化」の機能は列単位での処理になるため、「日付」列を「月」単位でグループ化することができません。そこで、グループ化の準備として、グループ化したい単位で「日付」データからデータを作成します。

実際に操作してみましょう。図5-4-1は「Sample3.xlsx」の「テーブル1」を新規ブックのパワークエリに読み込んだところです。

図5-4-1 「Sample3.xlsx」のデータ

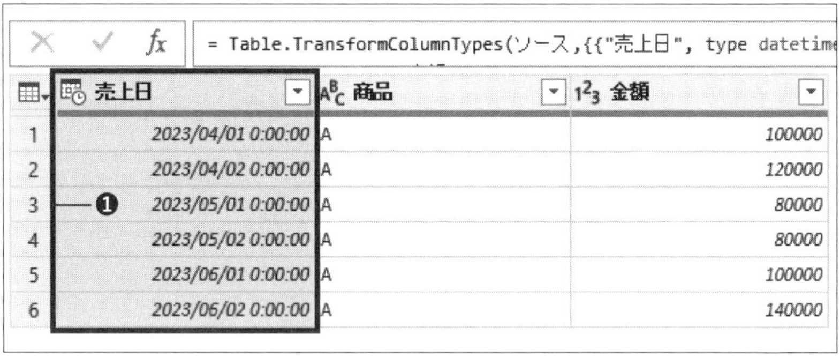

= Table.TransformColumnTypes(ソース,{{"売上日", type datetim

	売上日	商品	金額
1	2023/04/01 0:00:00	A	100000
2	2023/04/02 0:00:00	A	120000
3	2023/05/01 0:00:00	A	80000
4	2023/05/02 0:00:00	A	80000
5	2023/06/01 0:00:00	A	100000
6	2023/06/02 0:00:00	A	140000

❶「売上日」を元に「月」の列を作成する

新たに列を追加するので、「売上日」列を選択し、「列の追加」タブの「日付」から「月」→「月」をクリックします（図5-4-2）。すると、「月」の列が追加されます（図5-4-3）。

図5-4-2 「月」の列を追加する

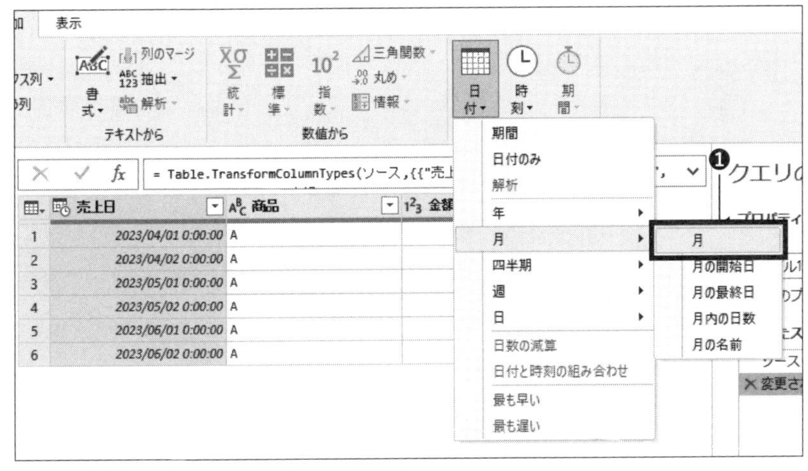

❶「列の追加」タブの「日付」から「月」→「月」をクリックする

図5-4-3 実行結果

```
= Table.AddColumn(変更された型, "月", each Date.Month([売上日]),
```

	日	商品	金額	月
1	2023/04/01 0:00:00	A	100000	4
2	2023/04/02 0:00:00	A	120000	4
3	2023/05/01 0:00:00	A	80000	5
4	2023/05/02 0:00:00	A	80000	5
5	2023/06/01 0:00:00	A	100000	6
6	2023/06/02 0:00:00	A	140000	6

❶「月」の列が追加された

これで「月」単位でのグループ化と集計ができるようになりました。

パワークエリでは、このようにデータ分析のために必要な「列」を追加することがよくあります。従って、繰り返しになりますが、大切なのは「最終的にどのようなデータ分析を行いたいか」ということを明らかにしておくことです。そうしないと、データ分析を始めようとした時点で、必要な項目が無いということになりかねません。

期間の処理とその問題点

実務では、例えば「契約日」から「契約年数」を求めたり、「誕生日」から「年齢」を求めるということがよくあります。このような「期間」を求める処理は、パワークエリの「期間」機能で行います。実は、この機能には少し問題があるのですが、ひとまずこの機能を確認してみましょう。

図5-4-4は「Sample4.xlsx」ファイルの「テーブル1」をパワークエリに読み込んだところです。この「基準日」列を元に、本日までの期間を算出します。

図5-4-4 「Sample4.xlsx」を読み込んだところ

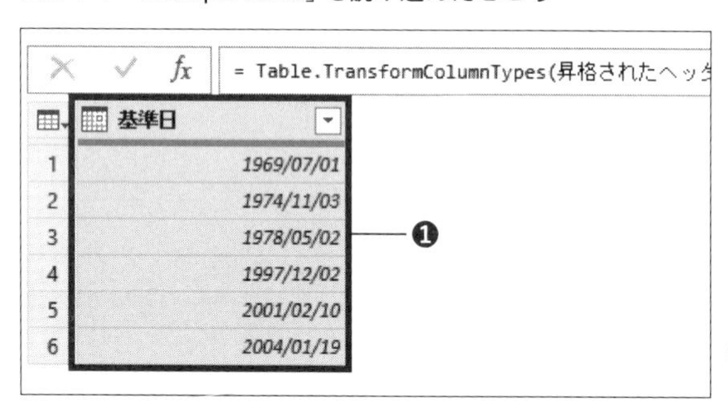

❶この日付を元に、本日までの「期間」を求める

まずは、「列の追加」タブの「日付と時刻から」→「日付」→「期間」をクリックします。

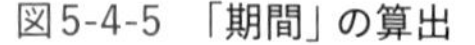

図5-4-5 「期間」の算出

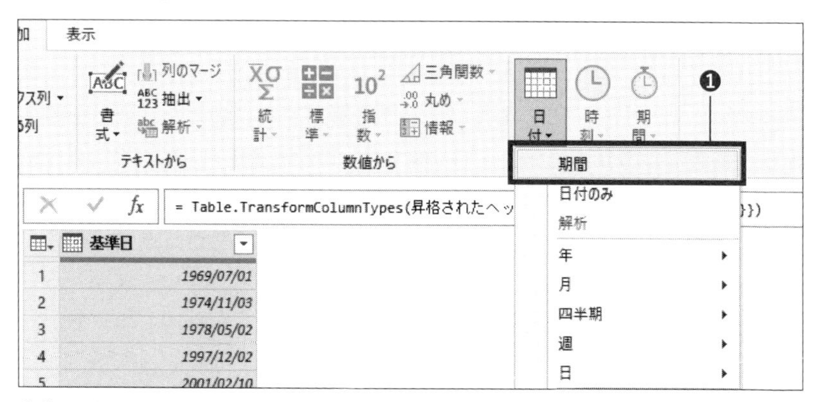

❶「列の追加」タブの「日付と時刻から」→「日付」→「期間」をクリックする

すると、本日までの日数が計算され、新たに列が追加されました。

図5-4-6　実行結果

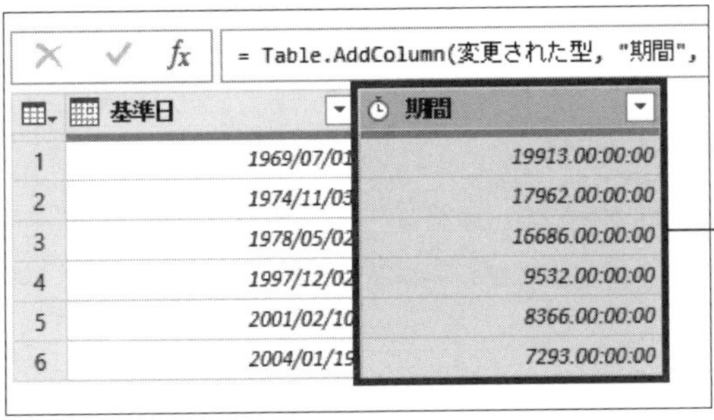

```
= Table.AddColumn(変更された型, "期間",
```

	基準日	期間
1	1969/07/01	19913.00:00:00
2	1974/11/03	17962.00:00:00
3	1978/05/02	16686.00:00:00
4	1997/12/02	9532.00:00:00
5	2001/02/10	8366.00:00:00
6	2004/01/19	7293.00:00:00

❶本日までの「期間」が算出された

さて、図5-4-6をよく見てください。「期間」が「日数」になっていることがわかるでしょうか？　パワークエリの「期間」の算出は、このように日数を返す処理なのです。となると、「年齢」や「契約年数」といった「年」単位の期間を求めるには、どうすれば良いのでしょうか？

とあるネット記事に、「この日数を365で除算すれば良い」とありました。「期間」で求められるのが「日数」ですから、確かに「年単位」にするには365で除算すれば良いように思えます。しかし、実はそうではありません。それでは「うるう年」が考慮されていないことになり、結果正しい値は計算できないからです。

前節で解説した「四捨五入」と同様、パワークエリの「期間」は日数を返すため、「期間」として年数を取得したい場合には向きません。

では、どうすれば良いのでしょうか？

やはりM関数を利用することになります。

M関数を利用した「期間」の算出

例えば、「年齢」を算出する方法を考えてみましょう。Excelの関数であればDATEDIF関数が利用できますが、パワークエリにそのような関数はありません。

そこで、「年齢」などの期間を算出する計算式を、M関数を使用して自作することになります。

Memo
「年齢」の計算のポイントは、「日付」が重要である点です。単純に、例えば2000年から2020年までの「差」を計算するのであれば減算をすれば良いのですが、「年齢」の場合、誕生日が来ているかどうかが問題になります。ここをどう処理するかがポイントになるのです。

「年齢」の計算方法は色々あると思いますが、ここでは計算式自体は比較的シンプルな次の式を使用します。

▼年齢を求める計算式

```
切り捨て処理（現在の日付（YYYYMMDD）- 誕生日（YYYYMMDD））/10000)
```

ポイントは、現在の日付と誕生日の日付をいずれも「YYYYMMDD」の8桁の数値で処理する点です。例えば、2000年1月10日生まれの人が、2020年1月1日で何歳なのかをこの式に当てはめて考えます。まずは日付の減算からです。

```
20200101 – 2000110 = 199991
```

これを「10000」で除算すると、次のようになります。

```
199991 / 10000 = 19.9991
```

そして、この結果の小数点以下を切り捨てると「19」になり、正しく年齢を求めることができます。

では、この式をパワークエリのM関数を使用して再現してみましょう。

まず押さえておきたいのは「データ型」です。パワークエリでは、データ型が異なると基本的に計算処理ができません。

つまり、例えばテキストの「1」と数値の「2」を加算しようとした場合、テキストの「1」を数値に変換してからでないと加算できないということになります。

実際に「年齢」を求めるM関数を使用した式を見てみましょう。次のようになります。

▼「年齢」を求めるM関数の例

```
=Number.RoundDown((Number.FromText(Date.ToText(Date.
From(DateTime.LocalNow()) ,"YYYYMMDD"))-Number.
FromText(Date.ToText([基準日],"YYYYMMDD")) )/10000,0)
```

これはさすがに長いですね。一つ一つ見て行きましょう。

まずは「DateTime.LocalNow()」です。これは現在の日付・時刻を求める関数です。ポイントは、日付だけでなく時刻も返す点です。今回は日付データを「YYYYMMDD」の形にしたいので、このデータを日付型（時刻を含まない）に変換します。その処理が「Date.From(DateTime.LocalNow())」になります。これで現在の日付を取得することができます。

次に、日付を「YYYYMMDD」に変換します。日付を「YYYYMMDD」の形式に変換するには、Date.ToText関数を使用します。この関数は書式（ここでは「YYYYMMDD」）を指定して、日付データをテキストデータに変換します。これで、現在の日付が「YYYYMMDD」の形に変換されました。

しかし、このままでは「基準日」との減算処理ができません（データ型がテキストのため）。そこで、今度はこの値を、Number.FromText関数を使用して数値型に変換します。同様にして、「基準日」列の値も「YYYYMMDD」の形、そして数値に変換します。

これでやっと減算処理ができる状態になったわけです。

Memo

　このように、パワークエリは「データ型」が非常に重要です。データ型をきちんと意識しないと、正しい計算式を組み立てることができません。慣れないと難しい面もありますが、M関数を使用するには必須の考え方なので、しっかりと理解しておいてください。

　あとは、この減算結果を「10000」で除算し、さらに「Number.RoundDown()関数で端数処理をすれば完了です。

　図5-4-7のように数式を「カスタム列」ダイアログボックスに入力すれば、図5-4-8のように正しい年齢が計算されます。

図5-4-7　「カスタム列」ダイアログボックス

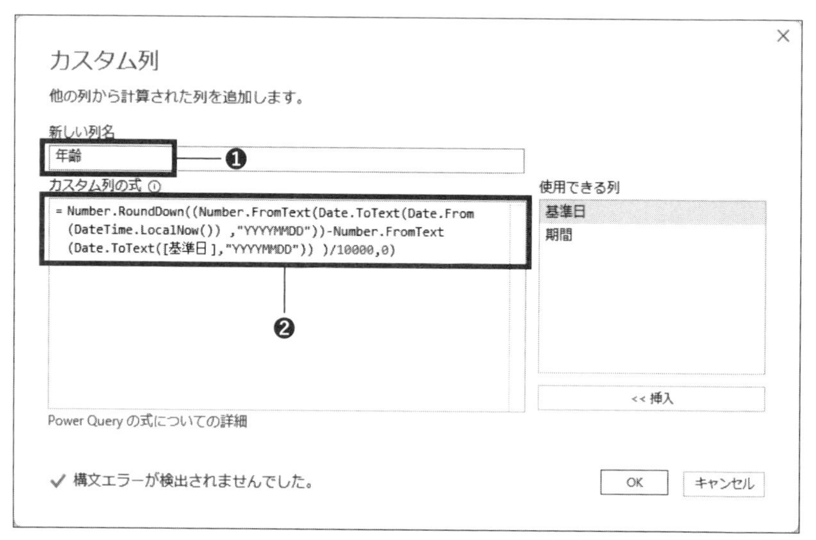

❶「新しい列名」に「年齢」を入力する

❷「カスタム列の式」に計算式を入力し、「OK」をクリックする

図5-4-8　実行結果

	基準日	期間	年齢
1	1969/07/01	19913.00:00:00	54
2	1974/11/03	17962.00:00:00	49
3	1978/05/02	16686.00:00:00	45
4	1997/12/02	9532.00:00:00	26
5	2001/02/10	8366.00:00:00	22
6	2004/01/19	7293.00:00:00	19

❶年齢が正しく計算された

このように、パワークエリではM関数を使用しないとできない処理がある点に注意してください。

第5章のまとめ

- 分析対象のデータは必ずしも「きれい」な状態ではないことがあり、そのため「データクレンジング」の処理や分析用の列の追加が必要になる。パワークエリには、そのためのデータ加工・計算の機能がある。

- テキストの加工では、テキストを連結したり余分なデータを削除することができる。また、M関数を利用することでデータの欠落を補完することもできる。

- 数値処理では、四則演算などの単純な計算処理等ができる。ただし、すべてのデータの合計値に対する処理では、パワークエリ独自の処理が必要になる。またM関数を使用することで、パワークエリのリボンにある機能ではできない処理も可能になる。

- 日付・時刻の処理では、データ分析に必要な情報を日付・時刻データから取得し、新たな列を作ることができる。また期間の算出も可能だが、「年齢」計算の場合はM関数を使用する必要がある。

第6章

エラーの対応と修正しやすい設定

業務でパワークエリを利用していれば、エラーを避けて通ることはできません。ですから、エラーへの対処方法を知ることは重要事項です。しかしそれ以上に大切なのは、エラーが発生したときに、早く適切に修正できるかどうか。そのためには、パワークエリで作成する「ステップ」を、変化があってもエラーが起きない、もしくは柔軟に対応できるようにすることが重要なのです。

そこで本章では、パワークエリのエラーにはどのようなものがあるのか、それらの特徴と修正方法について、さらに、エラーが起きにくい設定や、変化に柔軟に対応できる設定方法についても解説します。

6-1 パワークエリで発生するエラーについて

CheckPoint! □エラーの種類
□エラーに対処するための考え方

サンプルファイル名　なし

エラーの種類

まずは、パワークエリで発生するエラーの種類について解説します。パワークエリのエラーは、大きく「ステップレベルエラー」と「セルレベルエラー」の2つに分類できます。「ステップレベルエラー」は、その名の通り処理ステップでのエラーのため、パワークエリの処理そのものがストップしてしまいます。それに対して「セルレベルエラー」はデータそのもののエラーなので、全体の処理が止まるということはありません。

それぞれの特徴と具体例を整理すると、次のようになります。これらのエラーは、いずれもパワークエリ上でその内容を確認することができます。

▼エラーの種類

エラー	説明	例
ステップレベルエラー	パワークエリの処理が止まってしまうエラー	元データのパスが変わってしまったり、元データの列名が変更（削除）された場合に発生するエラー。
セルレベルエラー	処理が止まることはないが、Excelに取得したときに正しく読み込めないことが多いエラー	セルのデータに問題がある場合のエラー。エラーによっては正しいデータ集計・分析ができなくなる。

Memo

元データの列名の変更（もしくは削除）は、本来考えにくいものでしょう。そもそも業務では運用ルールがあるはず。パワークエリで使用するデータであれば、ファイル名やその列名などはきちんと決まっているべきです。しかし現実的には、こういった変更は発生してしまいます。ですから、パワークエリユーザーは変更にも柔軟に対応できるようにしておく必要があるのです。

エラー内容の確認方法（ステップレベル）

ステップレベルのエラーでは、エラーが発生すると図6-1-1のように表示されます。

図6-1-1　エラー発生時のパワークエリ

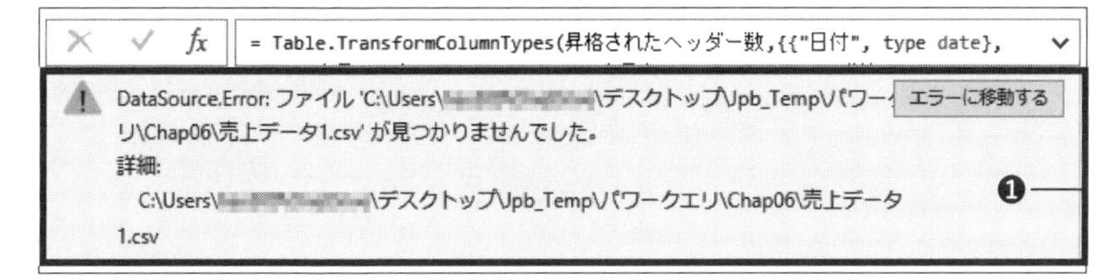

❶エラー発生時にはエラーの情報が表示される

この表記は次の表のように、3つのセクションで構成されています。また、図6-1-1の右上にある「エラーに移動する」をクリックすることで、エラーが発生したステップ（もしくはエラーの次のステップ）に移動することができます。

▼エラー表記の読み方

セクション	説明	例
エラーの理由	コロンの前	図6-1-1では、DataSource.Errorが表示されている。これは元ファイルのパスが異なっているために読み込めないときに発生するエラー。

エラーメッセージ	理由の直後	図6-1-1では、「ファイル'C:¥Users¥xxxxxx¥売上データ1.csv'が見つかりませんでした。」となっている。
エラーの詳細	[詳細:]という文字の後	図6-1-1では、[C:¥Users¥xxxxxx¥売上データ1.csv]が表示されている。

図6-1-1のエラーは、元ファイルのパスが変更になったために発生したエラーです。元ファイルの指定は通常「ステップ」の「ソース」で行われるので、そこを見てみましょう。なお、このエラーの場合、図6-1-2の画面でエラーの修正も可能です。

図6-1-2 「ステップ」の「ソース」

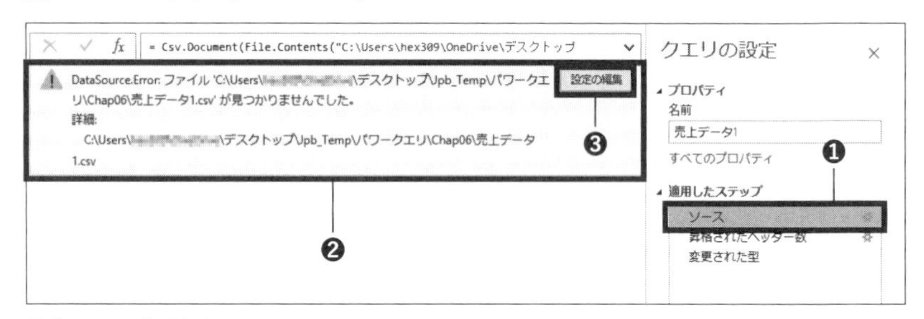

❶「ソース」を選択する

❷エラーメッセージが表示される

❸「設定の編集」をクリックすると、対象ファイルを選択する画面が表示され設定を変更できる

このように、パワークエリでは「ステップ」を見ることでエラーの発生個所を確認し、エラーによっては修正することができます。

エラー内容の確認方法(セルレベル)

セルレベルのエラーでは、図6-1-3のようにパワークエリのセルに「Error」と表示されます。繰り返しになりますが、あくまで「Error」が表示されるだけで、ステップそのものは処理されています。そのため、パワークエリ全体の処理が止まるということもありません。

図6-1-3　パワークエリでの表示

	日付	商品コード	商品名
1	2023/02/01	LA001	革靴A
2	2023/02/01	LA001	革靴A
3	Error	LA001	革靴A
4	2023/02/03	LA001	革靴A
5	2023/02/04	LA001	革靴A
6	Error	LA001	革靴A
7	2023/02/06	LA001	革靴A

❶「Error」と表示される

このエラーは図6-1-4のように、「日付」列に文字が入力されているために発生したものです。

なお、図6-1-3で「Error」をなっているセルをクリックすると、図6-1-5のようにエラーの内容が表示されます（エラー内容の読み方は「ステップレベル」のケースと同じです）。

図6-1-4　元データ

	A	B	C	D	E
1	日付	商品コー	商品名	単価	数量
2	2023/2/1	LA001	革靴A	¥12,000	4
3	2023/2/1	LA001	革靴A	¥12,000	1
4	未入力	LA001	革靴A	¥12,000	1
5	2023/2/3	LA001	革靴A	¥12,000	7
6	2023/2/4	LA001	革靴A	¥12,000	2
7	未入力	LA001	革靴A	¥12,000	1
8	2023/2/6	LA001	革靴A	¥12,000	3
9	2023/2/6	LA001	革靴A	¥12,000	7
10	2023/2/8	LA001	革靴A	¥12,000	10
11	2023/2/9	LA001	革靴A	¥12,000	10

❶元データで「日付」列に文字が入力されているセルがある

図6-1-5　エラー内容の表示

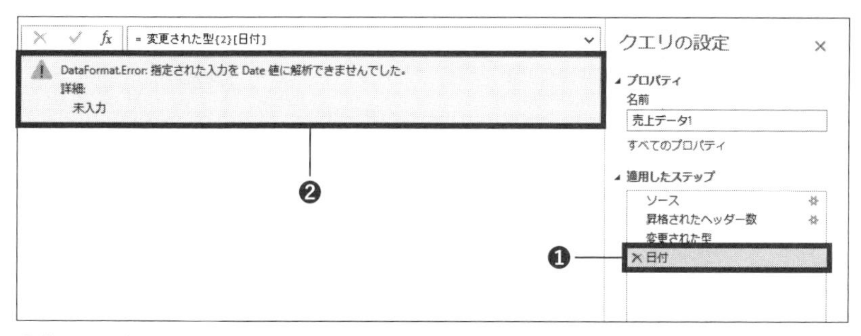

❶「ステップ」が追加され

❷エラーの内容が表示された

エラー内容を見ると、「日付」に変換できないデータがあるとなっています。確かに元データに文字があるので、当然と言えば当然でしょう。セルレベルのエラーで多いのが、この「データ型の変換」に関するものなのです。

そこで思い出していただきたいのが、第2章で解説したパワークエリの「データ型」です。パワークエリでは列ごとに、「日付」や「文字列」「整数」といった「データ型」があります。対象の列に入力されている値が、この「データ型」と合っていないとエラーになるのです。

Memo

本来「日付」が入力されているべき列に「文字」が入力されるということは、データベースではまず無いことです。しかし、ExcelやCSVファイルはユーザーが「入力できてしまう」ため、このようなことが起きやすいのです。これはいくら運用ルールで徹底しようとしても限界があるため、本書で紹介するような対応策が必要になります。

この場合、元のデータを修正できなければ、エラーを「削除」または「置換」することになります（この違いについては次節で解説します）。

Excelに慣れている方は、なかなかこの「データ型」という考え方になじめないかもしれません。しかし、パワークエリでエラーを回避し正しいデータを取得するためには必須の知識ですので、ぜひ身につけてください。

さて、パワークエリのエラーの種類と実際のエラーを確認したところで、次節からは具体的なエラーとその解決方法について解説します。また、エラー時に修正しやすいパワークエリの設定方法についても、具体的に見て行きましょう。

6-2　よくあるエラーと対処方法

CheckPoint!　□代表的なエラーとその修正方法
□エラー対応の判断基準とは？

サンプルファイル名　売上データ1.csv

代表的なエラー

パワークエリには「ステップレベル」と「セルレベル」のエラーがあることを説明しましたが、それぞれに代表的なエラーがあるので、対応方法も含めて順に解説して行きます。ここで紹介する対応方法を知っておけば、実務でエラーが発生しても慌てるということはないでしょう。

本節で紹介するエラーは以下の通りです。

▼本節で紹介するエラー

エラーの種類	内容
ステップレベル	元データのファイル名や保存先が変更になったことによるエラー。
ステップレベル	元データの列が変更になったことによるエラー。
セルレベル	元データのデータ型の不一致によるエラー。

ステップレベルエラーの例と対処方法

まずは、元データのファイル名や保存先が変更になったケースです。

6-1でも紹介しましたが、ステップの「ソース」から改めて設定する方法が簡単です。あるいは、M言語を直接編集しても良いでしょう。

例えば、CSVファイルをパワークエリに読み込んだ際のステップ「ソース」は、次のようになっています。

▼ステップ「ソース」の例

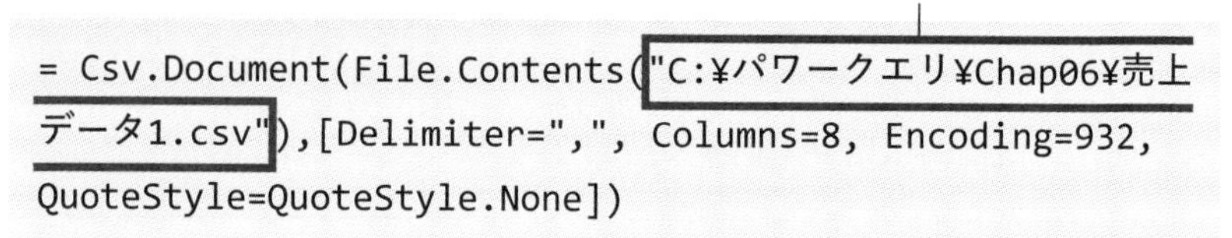

```
= Csv.Document(File.Contents("C:¥パワークエリ¥Chap06¥売上データ1.csv"),[Delimiter=",", Columns=8, Encoding=932, QuoteStyle=QuoteStyle.None])
```

❶この部分で元ファイルのパスが指定されている

このように、パワークエリでは元ファイルのパスが直接指定されていることがわかります。この部分を編集することで、正しくデータを読み取ることができるようになるのです。

> Memo
>
> 「C」などのドライブ名から始まる文字列を、ファイルの「フルパス」もしくは省略して「パス」と言います。フルパスを指定する場合、対象のファイルから取得するのが楽です。ファイルのフルパスは、対象のファイルを、「Shift」キーを押しながら右クリック→「パスのコピー」でコピーすることができます。

次によくあるのが、列名の変更・削除です。

この場合、図6-2-1のようなエラーメッセージが表示されます（これは元々「商品コード」という列名だったものを、「商品Code」にしてしまった場合のエラーです）。

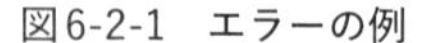

図6-2-1　エラーの例

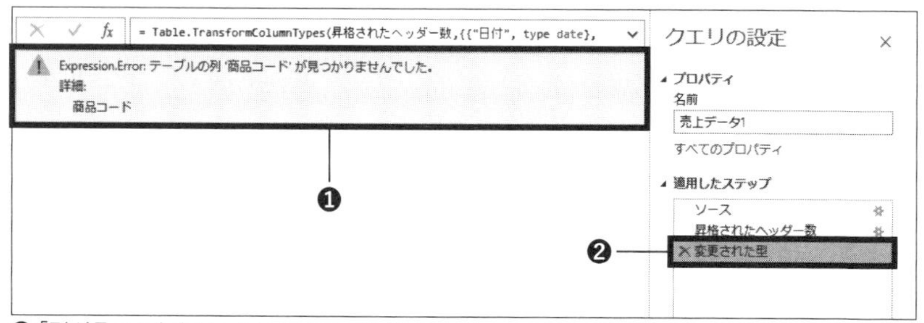

❶「列が見つからない」というエラーになっている

❷ここではデータ型を変換する処理で、対象の列が無いためエラーになっている

なお、このエラーが発生するのは対象の列を参照しているステップです。図6-2-1では、データ型を変換する「変換された型」のステップで「対象となる列が無い」というエラーになっています。

このようなケースでは、元データの列名を修正するか、パワークエリ上でM言語を修正することになります

▼コード　列参照している個所のM言語のコード

```
= Table.TransformColumnTypes(昇格されたヘッダー数,{{"日付", type date}, {"商品コード", type text}, {"商品名", type text}, {"単価", Currency.Type}, {"数量", Int64.Type}, {"金額", Currency.Type}, {"担当者コード", type text}, {"担当者名", type text}})
```

❶この「商品コード」の部分を「商品Code」に修正することで、エラーを回避することができる

ただし、いずれの場合もエラーが発生する度に修正が必要という点では変わりません。これを回避するにはM言語を活用することになるのですが、それについては本章の後半および第9章で詳しく解説します。

なお、M言語を使用しなくても、ちょっとした工夫でエラーを回避できることもあります。具体的には、第2章で解説したように、列を削除する処理があるのであれば「列の削除」ではなく「他の列を削除」するというものです。こうすることで、仮に削除対象の列が変更・削除されてもエラーを発生させずに済みます（なお、この処理はデータを読み込んですぐのステップに入れることが重要です）。

セルレベルエラーの例と対処方法

セルレベルのエラーの場合、以下の方法が考えられます。

- ・元データを修正する
- ・エラーを削除する
- ・エラーを置換する

「元データの修正」は、当然ながら元データを修正すれば正しく読み取ることができるので問題ありません。ポイントは残りの2つです。

まずは「エラーを削除する」ですが、ここで注意してほしいのは、パワークエリでは削除対象になるのが「行単位」だという点です。そのため、パワークエリで「エラーの削除」を行うと、エラーを含む行そのものが削除されてしまいます。

ですから、この処理を行う場合は、そもそもそのエラーが発生している行が削除しても良いものなのかという判断をする必要があります。

例えば、図6-1-3で紹介した日付欄に文字が入力されているようなケースを考えてみましょう。図6-2-2は、「売上データ1.csv」ファイルを新規ブックのパワークエリに取得し、「日付」列のデータ型を「日付」に変換したところです。

図6-2-2 「日付」列にエラーがある例

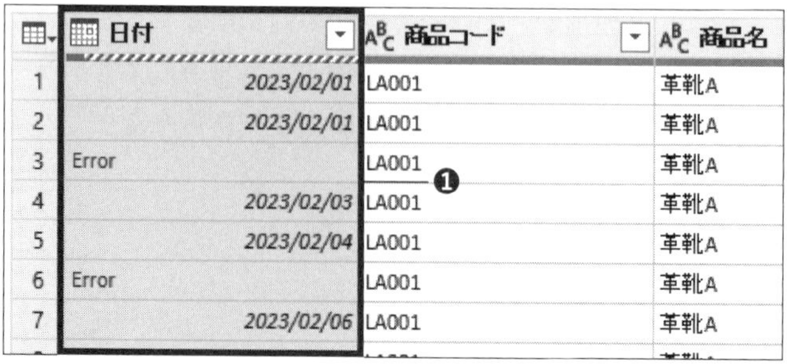

	日付	商品コード	商品名
1	2023/02/01	LA001	革靴A
2	2023/02/01	LA001	革靴A
3	Error	LA001 ❶	革靴A
4	2023/02/03	LA001	革靴A
5	2023/02/04	LA001	革靴A
6	Error	LA001	革靴A
7	2023/02/06	LA001	革靴A

❶この行を削除しても良いかがポイント

この場合、確かにエラーがありますが、この行を削除してしまうと売上金額の正しい集計ができなくなってしまいます。「日付」列にエラーがあってまずいのは、日付ごとの集計を行う場合でしょう。しかし、全体の金額が正しく集計できない方がもっとまずいはずです。

ですので、このようなケースでは「エラーの削除」は使わない方が良いということになります。

このようなケースで使用するのは、もう1つの対応方法である「エラーの置換」です。

「エラーの置換」は変換タブから行います。図6-2-3のように対象の列を選択後、「変換」タブから「値の置換」→「エラーの置換」を選択します。

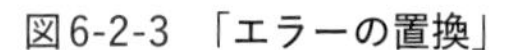
図6-2-3 「エラーの置換」

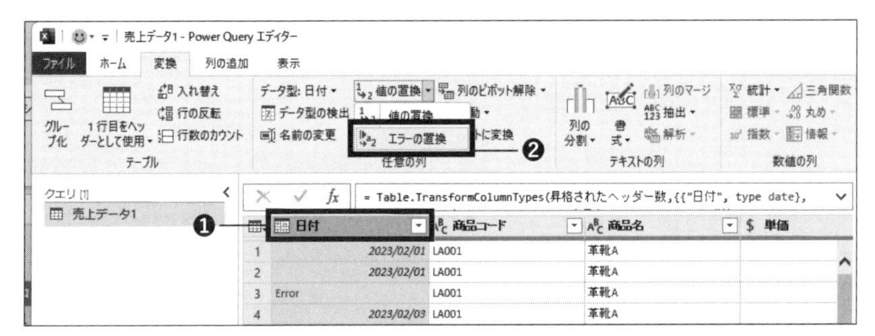

❶エラーを置換したい列を選択する

❷「変換」タブの「値の置換」から「エラーの置換」をクリックする

図6-2-4のように「エラーの置換」ダイアログボックスが表示されるので、置換する値を入力すればOKです。

図6-2-4 「エラーの置換」ダイアログボックス

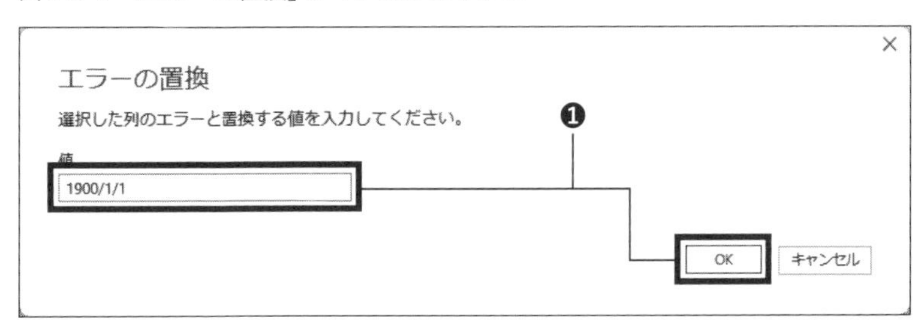

❶置換する値を入力し「OK」をクリックする。ここでは「1900/1/1」に置換している

Memo

置換後の値は、対象の列のデータ型に合った値しか指定できません。値の置換は、本来は元データを確認して正しいデータを指定すべきところを、集計等に影響の無い範囲で置換してエラーを回避してしまおうというものです。あくまでもエラーを無視して良い（例えば、金額計算で数値をひとまず「0」にしてしまっても良い等）ケースに使用すると考えてください。

今回は「日付」を「1900/1/1」にしてしまい、イレギュラーのデータであることがわかるようにしました。日付がこのような「ありえない日付」であれば、データ分析時にその点を考慮することができるでしょう。

エラーの対応には判断がともなう

このように、パワークエリではその後のデータ集計・分析のことを考慮してエラーに対応する必要があります。この点をおろそかにしてしまうと、正しいデータ集計・分析ができなくなる可能性が大きくなるので注意してください。

最後に、エラー対応の判断基準について整理しておきましょう。

- 対象の行のデータが全体の集計に与える影響が大きいか少ないか
- 少ない場合は「削除」することができるが、大きい場合は「削除」ではなく「置換」を使用する
- 「エラーの置換」では、そのデータがイレギュラーであることがわかるような値に置換すべきである

6-3　変更に強い設定

CheckPoint!　□セルに入力されたデータの活用方法
□M言語でExcelの「行」と「列」を指定する方法

サンプルファイル名　Sample1.xlsx、Sample2.xlsx、売上データ1.csv

変更はあるものとしてパワークエリを設定する

ここまでエラーの種類と対処方法について解説してきましたが、それは基本的に元データまたはパワークエリ上の設定を修正するものでした。ですので、もし元データが修正できない場合は、パワークエリの設定を変更しなくてはなりません。そうなるとパワークエリの設定変更は誰でもできるというわけではないので、業務上不都合も出てくるでしょう。

そこで大切なのが、あらかじめ変更になることを想定して、パワークエリのステップを構成するというものです。例えば、元ファイルのファイル名や保存先の変更に対応するのであれば、対象ファイルのパスをExcelのシート上に記述して、それをパワークエリ側で参照するようにする方法があります。

図6-3-1　元ファイルのパスをExcel上に記述する

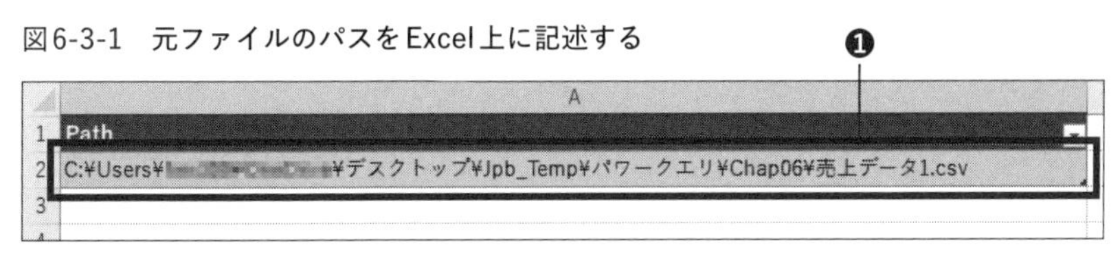

❶このパスを参照してファイルを読み込むようにする

こうすれば、仮にファイルのパスが変更になってもセルに正しいパスを入力すれば良いのですから、パワークエリを知らない人でも対応可能でしょう。

設定情報はExcelのセルを参照する

では、実際の手順を解説します。

このようなケースでは、Excelの「名前」機能を使用します。

Memo

Excelではセルに「名前」を付けることができます。セルの「名前」は、「テーブル」を作成するか、Excelの「数式」タブから「名前の管理」で作成・編集が可能です。

先ほどの図6-3-1では、ExcelファイルのセルA1からA2に「テーブル」の設定がしてあり、「FilePath」という「名前」を付けてあります。これをパワークエリから参照します（「Sample1.xlsx」ファイル使用）。

ここではM言語を使用します。そこでまずは、M言語でセルを参照する命令を確認しましょう。次のコードは、「名前」が「FilePath」というセルの「1行目」の「Path」という列の値を参照します。

▼コード　Excelのセルを参照するM言語のコード

```
Excel.CurrentWorkbook(){[Name="FilePath"]}[Content]{0}
[Path]
```

1つずつの命令を整理すると、次のようになります。

▼セルを参照するコードの意味

命令	意味
Excel.CurrentWorkbook()	データを読み込んでいるExcelブック。
Name="FilePath"	対象のExcelの「名前」。
Content	対象の「名前」のすべての範囲を表す。
{0}	1行目を表す。パワークエリでは、行は「0」から始まる。
[Path]	列名。

この命令を、実際に処理を行うパワークエリのステップに指定します。なお、パワークエリにはすべてのステップの処理をまとめて見ることができる「詳細エディター」機能があります。M言語を編集するケースで、編集箇所が複数個所にわたる場合はこの機能が便利です。そこで、ここではこの「詳細エディター」機能を使ってM言語の編集を行います。

図6-3-2のように、パワークエリの「表示」タブから「詳細エディター」をクリックします。すると、各ステップで記録されているM言語のすべてが表示・編集できるようになります（図6-3-3）。

図6-3-2 「詳細エディター」の表示

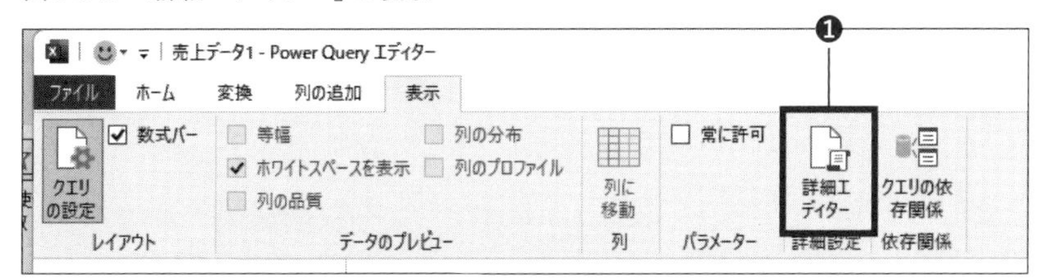

❶「表示」タブの「詳細エディター」をクリックする

図6-3-3 「詳細エディター」ダイアログボックス

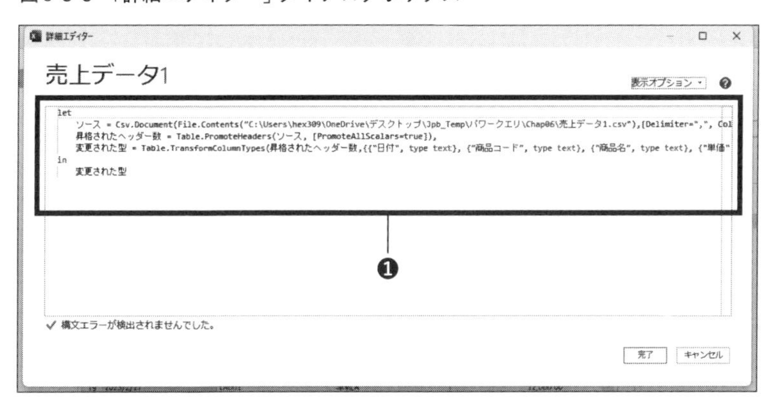

❶この画面で、自動生成されたM言語を編集することができる

この画面が表示されたら、letの次の行に以下のコードを追加します。

▼コード　追記するコード

```
ファイルパス = Excel.CurrentWorkbook()
{[Name="FilePath"]}[Content]{0}[Path],
```

「ファイルパス =」の「ファイルパス」ですが、これはパワークエリのステップ名になります。そして「=」の後に記述するのが、実際のそのステップでの処理になります。

ここではExcelのセルを参照した値が処理結果になるため、この後の処理でこのステップ名を参照することで、セルの値を使用することができるようになります。

続けて、「ソース」から始まる行を次のように修正します。先ほど追加したコードの結果を使用します。

▼コード　修正するコード

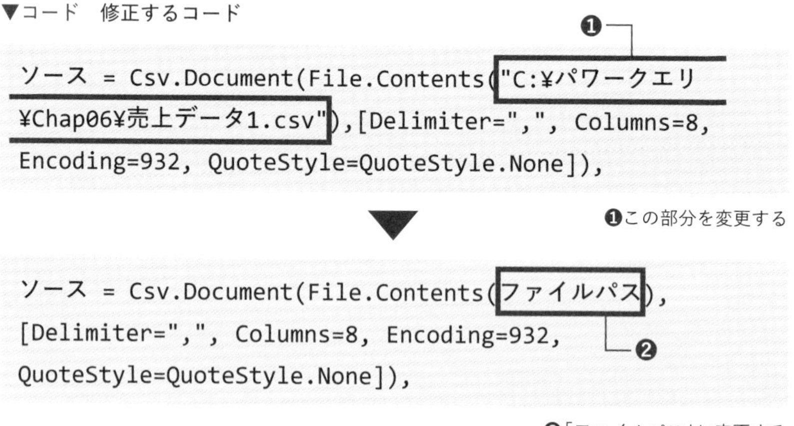

❷「ファイルパス」に変更する

Memo

最初のコードの追加ですが、最後に「,（カンマ）」がある点に注意してください。M言語はステップの区切りを「,」で表します。このカンマが無いと、エラーになってしまうので注意してください。

また、ここでは「ファイルパス」の文字を「""（ダブルクォーテーション）」で囲まないようにしてください。「ファイルパス」は、先に追加したセルを参照した結果を表す「ステップ名」です。

これで、Excelのセルを参照してファイルを読み込むことができるようになりました。

図6-3-4　実行結果

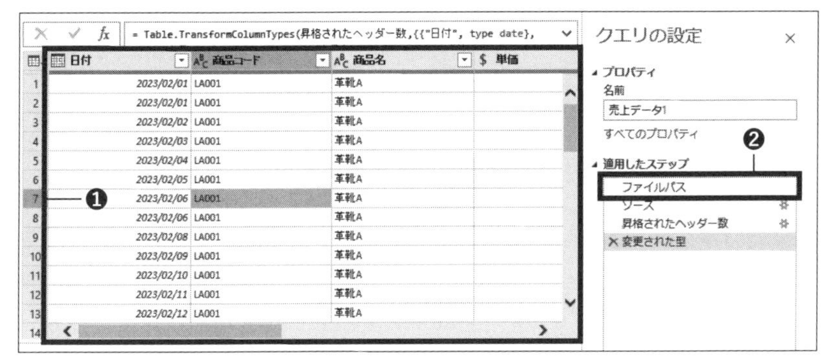

❶ファイルが読み込まれた

❷追記したコードがステップ「ファイルパス」として加わっている

StepUp!

なお、ここではセルにファイルのフルパスを指定しました。このとき、以下の条件であれば、Excel関数を使用してファイルのパスを取得することで、メンテナンスフリーにすることもできます。

- 変更になるのは保存先のみ（ファイル名は変わらない）
- 保存先は変更になっても、データを読み込むExcelブックと同じか、その下の階層に保存される

Excelブックのパスは、次の数式で取得することができます。そこで、先ほどの「FilePath」と名前が付けられたセルに、この数式に続けて対象のファイル名を指定します。こうすることで、Excelファイルのパスが変わっても何もする必要がなくなります。

```
=LEFT(CELL("filename",$A$1),FIND("[",CELL("filename",
$A$1),1)-1) & ファイル名
```

このようにExcelのセルをパワークエリから参照することで、設定等の変更があった際に、パワークエリを知らない人でも対応できるようにすることができるのです。

この仕組みがわかれば、ファイルのパスだけではなく他への応用も可能です。その応用例として、セルの値をフィルタの条件として使用する方法について解説します。

フィルタの値にセルの値を利用する

この方法を利用すれば、フィルタに設定する値をワークシートで設定することも可能です。ただ、全く同じ方法を紹介してもつまらないので、今回はパワークエリの「ドリルダウン」という機能を使用する方法を紹介します（「Sample2.xlsx」ファイル使用）。

ここでは、右の図6-3-5のデータから、指定した都道府県のデータを抽出する処理を行うことを想定します。

なお、ここでは図6-3-6のように、フィルタをかけるための条件を入力するセルを、結果が表示されるワークシートと同じワークシートに用意しています。抽出条件となるテーブルには「Param」と、あらかじめ名前が付いています。

図6-3-5　元となるデータ

	A	B	C
1	ID	都道府県	
2	1	東京都	
3	2	神奈川県	
4	3	京都府	
5	4	神奈川県	
6	5	埼玉県	
7	6	東京都	
8	7	千葉県	
9	8	神奈川県	
10	9	神奈川県	
11	10	埼玉県	

このデータに対してフィルタをかける

図6-3-6　抽出条件のセルと結果の表

	A	B	C	D	E	F
1	ID	都道府県			都道府県	
2	1	東京都			東京都	
3	6	東京都				
4						

❶「Param」と名前の付いたテーブル。この値でデータを抽出する

❷ここに結果が表示される

では、設定方法を見て行きましょう。
まずは「Param」と名前の付いた範囲をパワークエリに取り込みます。

図6-3-7　パワークエリに取り込む

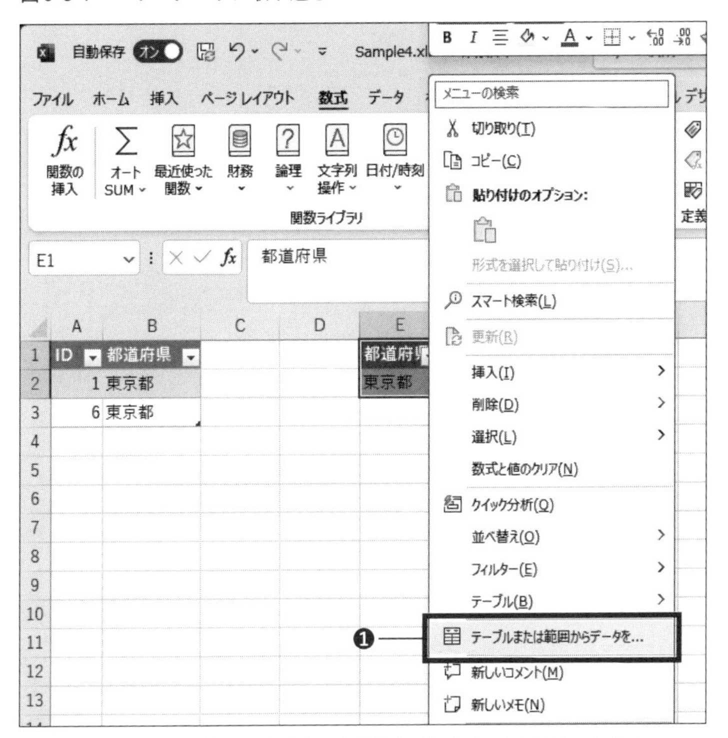

❶表を右クリックして「テーブルまたは範囲からデータを...」をクリックする

パワークエリにデータが取得できたら、次は図6-3-8のようにデータ部分を右クリックして、「ドリルダウン」をクリックします。

Memo

フィルタの条件が都度変わるような処理の場合、この方法を使うことでパワークエリの設定を修正する必要がなくなります。このように設定値をExcelで管理する方法は、フィルタだけではなく、例えば値引き率などよく変更される値を使用する処理では有効です。

図6-3-8　ドリルダウンの設定

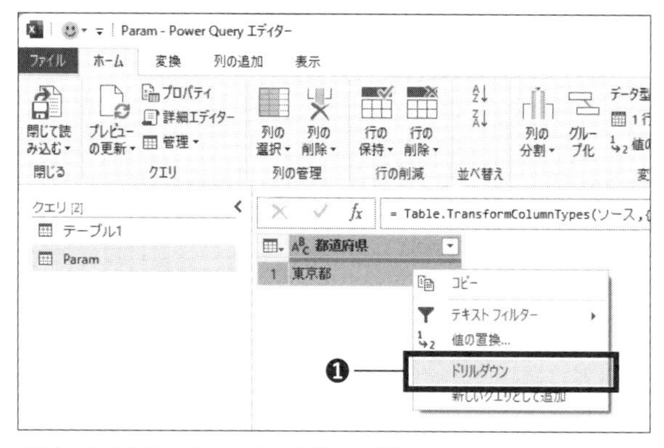

❶データ部分を右クリック→「ドリルダウン」をクリックする

これで、図6-3-9のように現在セルに入力されている値が表示・取得されます。

図6-3-9　実行結果

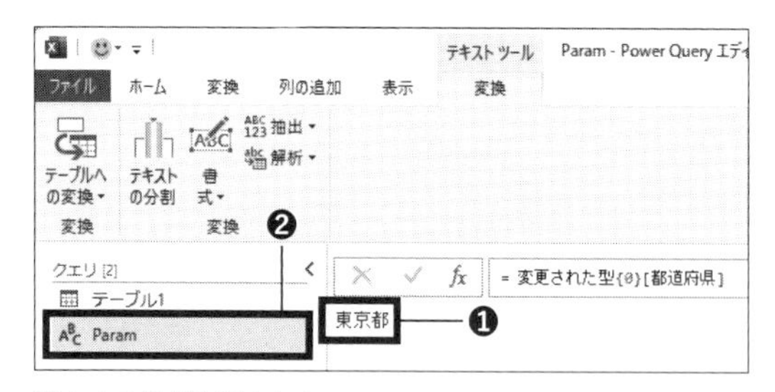

❶セルの値が取得された

❷クエリ「Param」の結果として利用できる

これで準備完了です。なお、この「東京都」というセルの値は、クエリ「Param」の結果として他のクエリから利用することができます。

では、仕上げに抽出処理対象のクエリにこの値を組み込みましょう。

図6-3-10のように「テーブル1」クエリを選択し、「表示」タブの「詳細エディター」をクリックします。

図6-3-10 詳細エディター

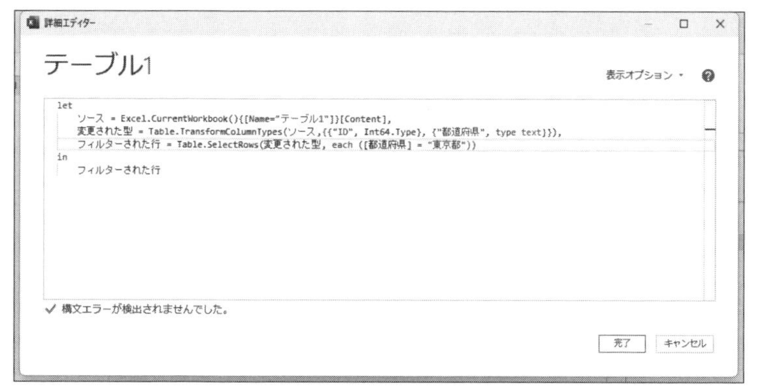

このコードを修正する

修正箇所は次の1か所です。抽出条件になっている「"東京都"」を「Param」に変更します。なお、このとき「Param」は「""（ダブルクォーテーション)」で囲まないようにしてください。

▼コード　修正するコード

```
フィルターされた行 = Table.SelectRows(変更された型, each
([都道府県] = "東京都"))
▼
フィルターされた行 = Table.SelectRows(変更された型, each
([都道府県] = Param))
```

❶「"東京都"」の部分を「Param」に修正する

これで完了です。実際に動作を確認してみましょう。抽出条件（セルE2）を「神奈川県」に変更し、「データ」タブの「すべて更新」をクリックします。

図6-3-11 実行結果

	A	B	C	D	E
1	ID	都道府県			都道府県
2	2	神奈川県			神奈川県
3	4	神奈川県			
4	8	神奈川県			
5	9	神奈川県			

❶抽出条件を「神奈川県」にする

❷セルの値に応じてフィルタが実行された

これでフィルタの条件をExcelで管理できるようになりました。このように設定しておけば、条件が変更になってもすぐに、そしてパワークエリを知らない人でも対応できます。

変更される可能性がある「設定値」を「パラメータ」と呼びますが、この「パラメータ」を使いこなすことこそが、パワークエリのスキルを上げる第一歩となるのです。ぜひ、積極的に利用してみてください。

第6章のまとめ

●パワークエリのエラーには大きく分けて、「ステップレベルのエラー」と「セルレベルのエラー」がある。「ステップレベルのエラー」はクエリの処理自体が止まってしまうが、「セルレベルのエラー」はデータ自体のエラーのため処理が止まることはない。

●エラーの多くは元データに問題があるケースなので、根本的な対策は難しい。しかし、パワークエリの設定を工夫することで、エラー時の処理を最小限にすることはできる。

●Excelのセルに入力した値は、パワークエリの設定に使用することができる。それにはM言語を記述する必要があるが、エラーの度にパワークエリの設定を変更することが無くなるというメリットがある。

第2部

パワークエリを さらに深く 極めるために

第7章

対象データの設計

パワークエリでデータを取得・加工する目的は、データ分析です。ですから、パワークエリでデータを加工する際には、目的に沿った形に加工しなくてはなりません。そのためには、パワークエリで実際にデータを取得・加工する前に、どのようなデータを用いてどのような分析を行うのか、その際に必要な項目は何なのかということをきちんと整理する必要があります。そして、その結果を元にパワークエリを使って、データの取得・加工を行うのです。

そこで本章では、データ分析のためのデータを準備する方法について、その考え方から実際にパワークエリでデータを加工して分析用データを準備する方法までを解説して行きます。

7-1 データを準備する考え方と手順

CheckPoint! □分析用のデータを準備する際の手順
□データ分析における「設計」の大切さ

サンプルファイル名　なし

目的から考える

パワークエリでデータの取得・加工を行う目的は、元となるデータを分析してビジネスに役立てることです。第1章で解説したように、分析に適したデータを準備するためにパワークエリを使用するのですから、まず考えなくてはならないのが「どのようなデータ分析を行いたいのか」という点、つまり目的を明確にすることなのです。

その際に大切なのは、単に「売上データを分析したい」といった粒度ではなく、例えば売上データの分析であれば以下のように、より具体的な分析の「軸」を考えること。

・商品ごとの売上・数量の分析
・担当者ごとの売上・数量の分析
・販売店ごとの売上・数量の分析
・期間（日付）ごとの売上・数量の分析
など

この部分が明確でないと、そもそもどんなデータが必要かわかりませんし、パワークエリでどのような加工を行えば良いのかもわからないはずです。これらが明確でない状態で「とりあえず」処理してみるというスタンスだと、結果的に多くの手戻りが発生してしまいますし、「役に立たない」データになってしまいます。

Memo

実務では、最終的に可視化されたデータを元に多くの関係者が分析を行います。そのため、どのような視点でデータ分析を行うかを関係者にきちんと確認してから作業すべきです。担当者1人の考えだけで行うと、出来上がってから「この視点も入れてくれ」という話が色々と出てきてしまうことになりかねません。

とはいえ、事前にヒアリングをかけてもなかなか意見が出てこないケースもあります。そのような場合には、先にアウトプットのプロトタイプを作り、それをベースにヒアリングするという方法を推奨します。

対象のデータの有無を確認する

分析対象が明確になったら、次は手元に対象のデータがそろっているかを確認します。データがそろっていることは当たり前のように感じるかもしれませんが、意外とこの作業で手間取ることが多いのです。

例えば、「商品別の売上を集計したいのに、全商品を網羅した商品マスタが存在しない」というケース、もしくは「売上データと顧客データを紐づけて顧客毎の売上データを集計したいのに、2つのデータを紐づける「顧客コード」が無い（顧客名はあるけれど、同じ名前の顧客があるので集計がそもそもできない)」といったケースもあるでしょう。あるいは、元のデータに、エラー値など集計に不要なデータが含まれているケースも珍しくありません。

そういったことを総合的に考えて、どのようなデータをパワークエリで取得し、どのような加工を行うかを考えるのです。

Memo

データの確認は実際のデータで行うべきです。項目名だけ用意して（データはダミー）確認するというケースもありますが、実際のデータを見ないとわからないことがあるからです（例えば、顧客コードに空欄がいくつもあるとか、「え、なんで？」ということが実際のデータだと色々あるものです)。これは、データがExcelで管理されている場合によく見られます。元データがExcelの場合は、特に注意してデータを確認するようにしましょう。

ファクトテーブル・ディメンションテーブルを考える

データの確認ができたら、実際にどのようなファクトテーブルとディメンションテーブルを作るかを考えます（スタースキーマを作るためです）。

ファクトテーブルとディメンションテーブルについては第1章で解説しましたが、念のため簡単におさらいしておきましょう。

▼ファクトテーブルとディメンションテーブル

種類	説明
ファクトテーブル	売上データなど、分析対象のデータ。いわゆるトランザクションデータ。
ディメンションテーブル	商品マスタなど、分析の「軸」となるデータ。いわゆるマスタデータ。

ここで押さえておいていただきたいのが、最終的に分析したい「軸」になるものがディメンションテーブルになるという点です。ですから、実際にディメンションテーブルを作る際には、基本的には分析対象の数だけディメンションテーブルが存在することになります。

対象データを取得するまでの手順

パワークエリでどのようなデータを取得するかは、次の手順で考えます。

①分析対象（目的）を明確にする
②必要なデータがあるかを確認する
③現在のデータから、ファクトテーブルとディメンションテーブルを作成する

この手順をおろそかにすると、手戻りが発生したり期待するデータが取得できないということになりかねません。

なお、このような手順はパワークエリを扱う際の「設計」というステップになるのですが、この「設計」が実際には非常に大切なのです。パワークエリの多くの機能や、次節以降で解説するM言語などの処理は、この「設計」した内容を実現するための機能だと言えます。

Memo

データ分析のための「設計」を実現するためのツールが、パワークエリでありパワーピボットです。しかし、そもそもの「設計」がパワークエリやパワーピボットで実現不可能なものでは困ります。だから良い設計をするためにも、パワークエリやパワーピボットで「何ができるのか」「何ができないのか」を知ることはとても重要なのです。

次節では、実際にファクトテーブルとディメンションテーブルをどのように作るのかを見てみましょう。

7-2 ファクトテーブルとディメンションテーブルの設計

CheckPoint! □ディメンションテーブルの各項目について
□ファクトテーブルとディメンションテーブルの分け方

サンプルファイル名　売上データ1.csv

設計の手順

前節で解説したように、どのデータを取得して、ファクトテーブルとディメンションテーブルにどの項目を入れるか決めることを「設計」と言います。そして、ファクトテーブルとディメンションテーブルを作るための大きな流れは次のようになります。

①分析するために必要な項目を整理する
②キーとなる項目を見つける
③キーとなる項目を元に、関連項目を切り出してディメンションテーブルを作る
④この作業を分析項目の数だけ繰り返す
⑤最終的に残った項目とキー項目でファクトテーブルを作成する
⑥ディメンションテーブルとファクトテールを「キー」項目で関連付ける

Memo

例えば売上データであれば、図7-2-1のように「売上データ」テーブルと「商品マスタ」テーブルを、「商品コード」をキー項目として関連付けます。この関連付けを「リレーションシップ」と呼びます。また、このリレーションシップの処理はパワークエリではなく、パワーピボットで行います。ですから、パワーピボットでリレーションを設定することを想定して、パワークエリでデータを取得・加工するのです。

図7-2-1 「商品コード」による関連付け

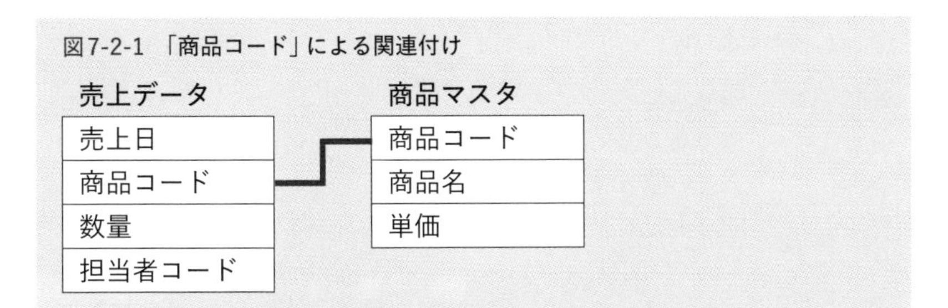

このとき、「売上データ」側の「商品コード」を「外部キー（Foreign Key）」、「商品マスタ」側の「商品コード」を「主キー（Primary Key）」と呼びます。「主キー」は、そのテーブル内では一意（ユニーク）である必要があります。

なお、データベースの世界では複数の列を組み合わせて主キーにすることもできますが、パワーピボットではできません。

分析に必要なカラムの整理

手順を確認したので、まずは必要なデータを整理します。ここでは図7-2-2の売上データを元にするのですが、「売上データ1.csv」ファイルを使用して確認してみましょう。

図7-2-2　元になるデータ

❶

	A	B	C	D	E	F	G	H	I
1	日付	商品コー	商品名	単価	数量	金額	担当者コー	担当者名	営業課
2	2023/2/1	LA001	革靴A	¥12,000	4	¥48,000	99-001	中村俊之	新宿
3	2023/2/1	LA001	革靴A	¥12,000	1	¥12,000	01-003	新田祥子	新宿
4	2023/2/2	LA001	革靴A	¥12,000	1	¥12,000	01-003	新田祥子	新宿
5	2023/2/3	LA001	革靴A	¥12,000	7	¥84,000	01-001	前川勝利	銀座
6	2023/2/4	LA001	革靴A	¥12,000	2	¥24,000	99-002	森田祐子	銀座
7	2023/2/5	LA001	革靴A	¥12,000	1	¥12,000	01-001	前川勝利	銀座

❶このデータを元に分析を行う

次に、現在の表にある項目を書き出すのですが、この中からディメンションテーブルとして分割すべき項目を考えます。このときに大切なのが、先ほど説明した「分析対象をどうするか」です。今回分析したい内容は、図7-2-3の通りです。

図7-2-3　分析対象項目

対象項目	分析内容
売上日	売上数量と売上金額
商品	売上数量と売上金額
担当者	売上数量と売上金額

分析対象となる項目が3つなので、3つのディメンションテーブルが必要ということがわかります。また、元データに集計対象の項目があるかも確認してください。今回は売上数量と売上金額の分析が目的です。そのための項目が含まれていない場合は、元データの選定からやり直しとなります。

では、元データの項目を書き出し、分析対象とキー項目となるものを確認しましょう。

図7-2-4　元データの項目

項目名	備考
日付	キー項目、分析項目
商品コード	キー項目
商品名	
単価	
数量	分析項目
金額	分析項目
担当者コード	キー項目
担当者名	
営業所	

図7-2-4で「日付」も「キー項目」としている点に注意してください。パワークエリ・パワーピボットを使ったデータ分析では、日付もディメンションテーブルとして持つことが一般的です。

では、これを元にディメンションテーブルを決めて行きましょう。本節の最初に紹介した手順のうち、ディメンションテーブルを作る個所は次のようになっていました。

・キーとなる項目を見つける
・キーとなる項目を元に関連項目を切り出して、ディメンションテーブルを作る

例えば、先ほどのデータだと「担当者コード」はキー項目です。そして「担当者コード」に関連する項目は、「担当者名」と「営業所」です。そのため、元のテーブルからこの3項目を取り出して別テーブルとします。

図7-2-5 「担当者」ディメンションテーブル

項目名	備考
担当者コード	キー項目
担当者名	
営業所	

そして逆に、元の表からはキー項目（担当者コード）以外を取り除きます。

図7-2-6 「担当者」関連の項目を取り除いたテーブル

項目名	備考
日付	キー項目、分析項目
商品コード	キー項目
商品名	
単価	
数量	分析項目
金額	分析項目
担当者コード	キー項目

同様にして、「日付」「商品コード」も処理しましょう。最終的に残った項目とキー項目がファクトテーブルとなります。結果、3つのディメンションテーブルと1つのファクトテーブルの、計4つのテーブルができることになります。なお「日付」については、実際に分析するときに「年」や「月」「四半期」といった単位で分析することが多いため、このタイミングで分析する期間もテーブルに持たせるのが一般的です。

図7-2-7　完成したディメンションテーブル

「担当者」テーブル

項目名	備考
担当者コード	キー項目
担当者名	
営業所	

「商品」テーブル

項目名	備考
商品コード	キー項目
商品名	
単価	

「日付」テーブル

項目名	備考
日付	キー項目
年	
月	
四半期	

図7-2-8　ファクトテーブル

「売上」テーブル

項目名	備考
日付	キー項目、分析項目
商品コード	キー項目
数量	分析項目
金額	分析項目
担当者コード	キー項目

Memo

今回の元データには「金額」欄がありましたが、データによっては「金額」欄が無いケースもあります。その場合は、パワークエリまたはパワーピボットで計算することになります。ただ、いずれにせよ項目としては必要です。

これでひとまず、ファクトテーブルとディメンションテーブルの構成が決まりました。

なお、ディメンションテーブルのキー項目は「主キー」になるため、重複の無い一意のデータでなくてはなりません。それに対して、ファクトテーブルのキー項目は「外部キー」ですので、一意である必要はありません。また、このときにディメンションテーブルとファクトテーブルは「1対多」の関係になっていることも知っておいてください。「1対多」の関係とは、例えば「商品」テーブルであれば「商品コード」は一意で、これに紐づく「売上」テーブルの方は、同じ「商品コード」が複数存在する状態です。

図7-2-9　1対多の関係の例

「商品」テーブル

商品コード	商品名	単価
A001	A4ノート	100
A002	A5ノート	90
A003	B5ノート	90
A004	B6ノート	70

❶「商品コード」は一意である（重複が無い）

「商品」テーブル

日付	商品コート	数量
4/1	A001	5
4/1	A002	6
4/2	A001	4
4/3	A001	3

❷「商品コード」は複数ある（重複がある）

このようなテーブル同士の「n対n」の関係を、「カーディナリティ」と呼びます。この考え方は、どのようなテーブルを用意するかを考える際に大切です。

カーディナリティの種類

カーディナリティには次の種類があります。

- 1対多（多対1）
- 1対1
- 多対多

キー項目がそのテーブル内で一意の場合は「1」、そうでない場合は「多」で表しています。それぞれの具体例を順に見て行きましょう。

まずは、先ほども紹介した「1対多（多対1）」の例であり、図7-2-10のようなケースです。ここでは、「商品マスタ」テーブルの「商品コード」は「1」で、「売上データ」テーブルの「商品コード」は「多」になります。

図7-2-10　1対多（多対1）の例

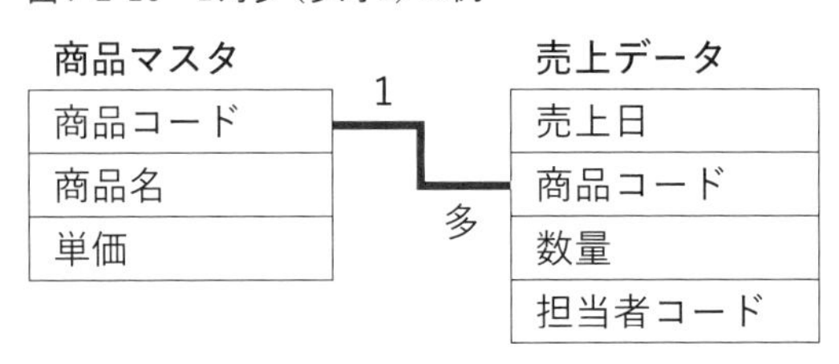

「商品マスタ」側の「商品コード」は一意（ユニーク）なので、1対多の関係になる

Memo

1対多と多対1は、基本的に同じと考えてください。2つのテーブルの位置関係で、左側にマスタテーブルがあれば1対多、逆であれば多対1となります。これは外部結合（第2章）の考え方と同じです。

次は「1対1」の例です（図7-2-11）。これは、例えば顧客情報を扱うテーブルが何らかの理由で2つに分かれているケースです。1対1のテーブルは、基本的には1つのテーブルにマージして使用します。

図7-2-11　1対1の例

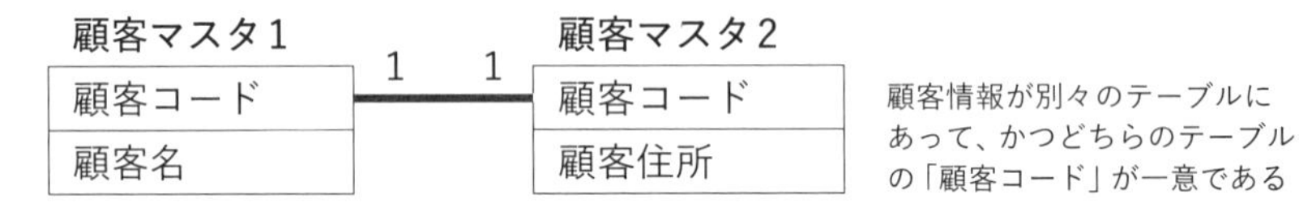

顧客情報が別々のテーブルにあって、かつどちらのテーブルの「顧客コード」が一意である

StepUp!

1対1のテーブルをあえて使用するケースもあります。主な理由はパフォーマンスです。パワークエリ含めExcelやデータベースソフトの多くは、列が多くなればなるほどパフォーマンスに影響を与えます。そこで、あえて1つのテーブルの列数を減らす目的でテーブルを分け、1対1の構造を作ることがあります。また、Accessのように1テーブルの列数は255と決められているものもあります。非常に属性情報が

> 多いケースだと255列を超えてしまうケースもあるため、その場合も1対1のテーブルを使用することになります。

最後に、多対多の例です。これは少し特殊なケースなのですが、例えば図7-2-12のような生徒が授業を履修するケースを考えてみましょう。授業の履修では、1つの科目を複数の学生が受講することができます。また、1人の学生が複数の科目を受講することもできます。そのため、「科目」テーブルに紐づく「学生」が複数あり、同時に「学生」テーブルに紐づく「科目」も複数ある状況です。

図7-2-12　多対多の例

「科目」テーブル

科目コード	科目名
Z001	現代文
Z002	地理
Z003	数学
Z004	英語
Z005	哲学

「学生」テーブル

学生コード	学生名
1	田中
2	佐藤
3	川崎
4	中村
5	高村

このようなケースでは、もう1つテーブルを用意して多対多の関係を解消します（図7-2-13）。このように「多対多」の関係を解消するためのテーブルを、「中間テーブル」と呼びます。

図7-2-13　中間テーブルを用いた例

「科目」テーブル

科目コード	科目名
Z001	現代文
Z002	地理
Z003	数学
Z004	英語
Z005	哲学

「履修」テーブル

科目番号	学生番号
Z001	1
Z001	2
Z002	2
Z003	1
Z002	1

「学生」テーブル

学生コード	学生名
1	田中
2	佐藤
3	川崎
4	中村
5	高村

以上がカーディナリティに関する解説ですが、基本は「1対多（多対1）」であることをしっかりと覚えておいてください。

StepUp!

テーブルをどのように構成するかについて、さらに詳しく知りたい方は「正規化」について調べてみてください。「正規化」はデータベースを設計する際に必要な知識ですが、パワークエリを使ったデータ分析の際にも役に立ちます。

7-3 パワークエリでのテーブル作成のポイント

CheckPoint! □ディメンションテーブルを作成する手順
□ファクトテーブルを作るポイント

サンプルファイル名　売上データ1.csv

パワークエリによるテーブル作成

最後に、実際にパワークエリを使用して、1つの表からファクトテーブルとディメンションテーブルを作成する手順について解説します。

普通に考えれば、対象となる元データをそれぞれ用意してパワークエリに取り込めば良いのですが、実際にはここで紹介する方法を採用せざるを得ない状況があるのも事実です。そこで、ここでは次の状況を想定して、パワークエリでの処理方法を解説します。

- 各種マスタ（ディメンションテーブルの元）データが無い
- 元となるファイルは1つのテーブル

使用するデータは、7-1で紹介した「売上データ1.csv」ファイルのデータです。

図7-3-1　使用するデータ

	A	B	C	D	E	F	G	H	I
1	日付	商品コート	商品名	単価	数量	金額	担当者コー	担当者名	営業課
2	2023/2/1	LA001	革靴A	¥12,000	4	¥48,000	99-001	中村俊之	新宿
3	2023/2/1	LA001	革靴A	¥12,000	1	¥12,000	01-003	新田祥子	新宿
4	2023/2/2	LA001	革靴A	¥12,000	1	¥12,000	01-003	新田祥子	新宿
5	2023/2/3	LA001	革靴A	¥12,000	7	¥84,000	01-001	前川勝利	銀座
6	2023/2/4	LA001	革靴A	¥12,000	2	¥24,000	99-002	森田祐子	銀座
7	2023/2/5	LA001	革靴A	¥12,000	1	¥12,000	01-001	前川勝利	銀座
8	2023/2/6	LA001	革靴A	¥12,000	3	¥36,000	00-001	田中博行	大手町
9	2023/2/6	LA001	革靴A	¥12,000	7	¥84,000	99-001	中村俊之	新宿
10	2023/2/8	LA001	革靴A	¥12,000	10	¥120,000	99-001	中村俊之	新宿

このデータを元に、ファクトテーブル/ディメンションテーブルを作成する

Memo

　このような状況は、実際に筆者も何度か経験してきています。例えば商品マスタが無いケースですが、これは基幹システム内にはマスタテーブルがあるけど、CSVファイルやExcel形式のファイルとして出力することができない（ここで「出力できない」と言っているのは、ユーザー側が好きなタイミングで出力できないことを指します）ということも含みます。ですので、決してレアなケースではありません。

　きちんと管理されたマスタテーブルが無いということも、意外とよくある話です。特に、データをExcel管理している場合によく起こります。

　図7-3-1のテーブルを元に、7-2で解説したファクトテーブルとディメンションテーブルを作成します。どのようなテーブルを設計したかを、図7-3-2,7-3-3として再掲しておきましょう。

図7-3-2　ディメンションテーブル

「担当者」テーブル

項目名	備考
担当者コード	キー項目
担当者名	
営業所	

「日付」テーブル

項目名	備考
日付	キー項目
年	
月	
四半期	

「商品」テーブル

項目名	備考
商品コード	キー項目
商品名	
単価	

図7-3-3　ファクトテーブル

「売上」テーブル

項目名	備考
日付	キー項目、分析項目
商品コード	キー項目
数量	分析項目
金額	分析項目
担当者コード	キー項目

「商品」テーブルの作成

これらのうち、まずは「商品」テーブルを作成します。図7-3-4は、「売上データ1.csv」ファイルを新規ブックのパワークエリに読み込んだところです。

図7-3-4 「売上データ1.csv」ファイル

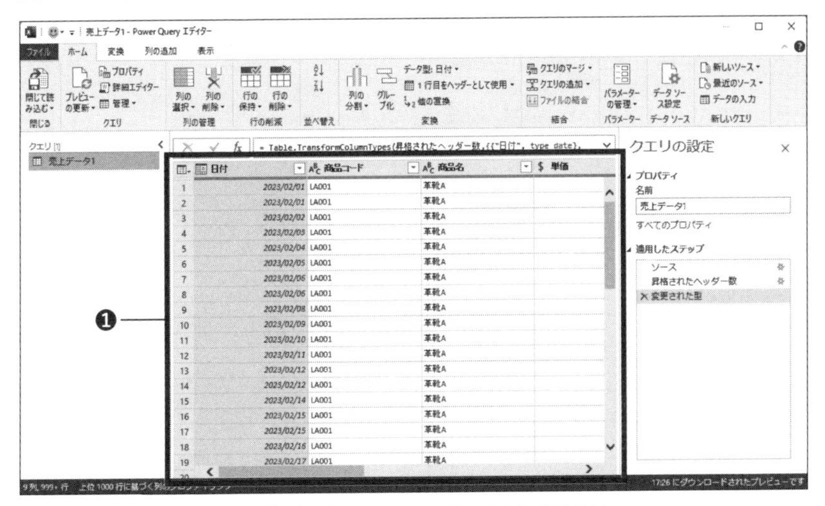

❶このデータをファクトテーブルとディメンションテーブルに分割する

まずは読み込んだデータをコピーします。「クエリ」の「売上データ1」を右クリックし、「複製」をクリックします。

図7-3-5 クエリの複製

❶「売上データ1」を右クリックし
❷「複製」をクリックする

この「複製」したクエリを「商品」テーブルにします。複製された「売上データ1(2)」を選択し、「商品コード」「商品名」「単価」列を選択して、「ホーム」タブの「列の削除」→「他の列の削除」をクリックします。

図7-3-6 「商品」テーブルの作成

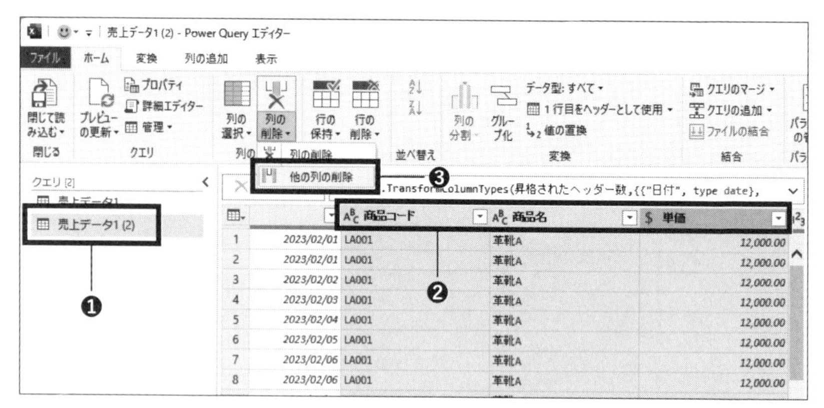

❶「売上データ1(2)」を選択する

❷残す列だけ選択する

❸「列の削除」→「他の列の削除」をクリックする

次に、データの重複を削除します。元のテーブルは売上データなので、商品コードも重複しているからです。「ホーム」タブの「行の削除」→「重複の削除」をクリックします。

図7-3-7 重複の削除

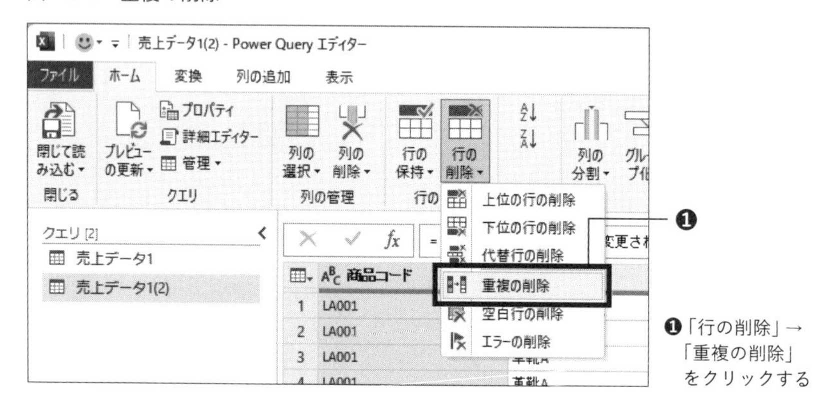

❶「行の削除」→「重複の削除」をクリックする

これで「商品」テーブルが完成です。

図7-3-8 実行結果

	商品コード	商品名	単価
1	LA001	革靴A	12,000.00
2	LA002	革靴B	15,000.00
3	LA003	革靴C	25,000.00
4	SA001	スニーカーA	7,000.00
5	SA002	スニーカーB	12,000.00
6	SA003	スニーカーC	20,000.00
7	SS001	スポーツシューズA	9,000.00
8	SS002	スポーツシューズB	13,000.00
9	SS003	スポーツシューズC	17,000.00
10	OS001	サンダルA	5,000.00
11	OS002	サンダルB	9,000.00
12	PA001	パンプスA	9,000.00
13	PA002	パンプスB	13,000.00
14	PA003	パンプスC	25,000.00

❶重複が削除され、「商品コード」が一意のテーブルが作成された

「商品」テーブルに必要な項目のみになったので、最後にクエリ名をダブルクリックして編集モードにし、「商品マスタ」に変更してひとまず完了です。

図7-3-9 クエリ名の修正

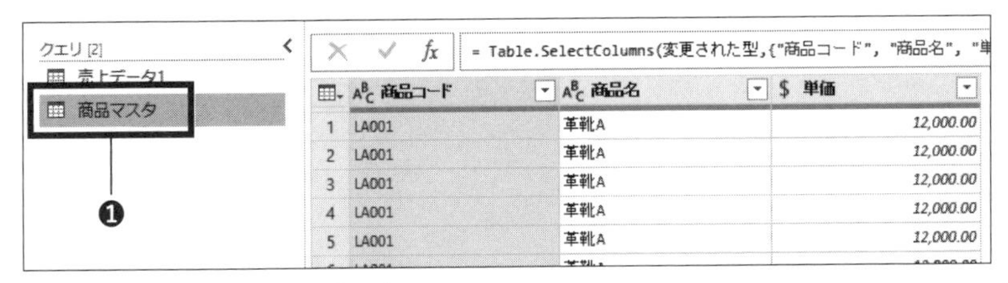

❶クエリ名を「商品マスタ」に修正する

同様にして、「日付」テーブル、「担当者」テーブルも作成してください。なお、クエリ名はそれぞれ「日付マスタ」「担当者マスタ」とします。

ただし、「日付」テーブルについては、7-2で次のような説明をしました。

> 「年」や「月」「四半期」という項目も、このタイミングで作るのが一般的

そこで、パワークエリの機能を使用して「年」「月」「四半期」の各項目を追加しましょう。「日付マスタ」を選択し、「列の追加」から「日付」→「年」→「年」をクリックします。

図7-3-10　列を追加する

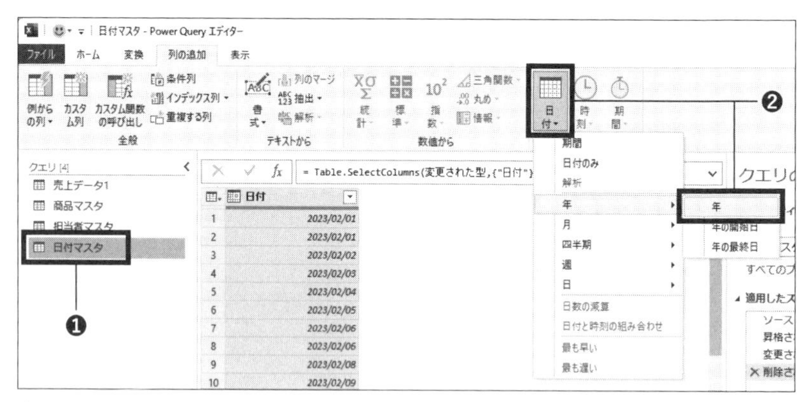

❶「日付マスタ」を選択する

❷「列の追加」タブの「日付」から「年」を追加する

同様にして、「月」と「四半期」(「年の四半期」) も追加しましょう。これでディメンションテーブルは完成です。

図7-3-11　「日付マスタ」の完成

	日付	年	月	四半期
1	2023/02/01	2023	2	
2	2023/02/01	2023	2	
3	2023/02/02	2023	2	
4	2023/02/03	2023	2	
5	2023/02/04	2023	2	
6	2023/02/05	2023	2	
7	2023/02/06	2023	2	
8	2023/02/06	2023	2	
9	2023/02/08	2023	2	
10	2023/02/09	2023	2	
11	2023/02/10	2023	2	
12	2023/02/11	2023	2	
13	2023/02/12	2023	2	
14	2023/02/12	2023	2	
15	2023/02/14	2023	2	
16	2023/02/15	2023	2	
17	2023/02/15	2023	2	
18	2023/02/16	2023	2	
19	2023/02/17	2023	2	

プロファイリング

「日付マスタ」が完成した

Memo

「四半期」は、パワークエリでは「1月」が期初となっています。4月が期初の場合は、M言語の式を次のように修正します。

▼四半期の開始月を「4月」にするコード

```
修正前
= Table.AddColumn(挿入された月, "四半期", each Date.
QuarterOfYear([日付]), Int64.Type)
↓
修正後
= Table.AddColumn(挿入された月, "四半期", each Date.
QuarterOfYear(Date.AddMonths([日付],-3)), Int64.
Type)
```

なお、AddMonths関数は指定した数値だけ「月」を加算するので、4月を第1四半期にするために「-3」しています。もう少し汎用的に考えるのであれば、「-3」の部分を以下のようにします。

▼より汎用的なコード

```
(「会計年度開始月」-1) * -1
```

このコードだと、例えば期初が9月の場合に次のような計算となり、「9月」を「1月」(第1四半期)として処理することができます。

▼9月の場合の例

```
(9 - 1) * -1
8 * -1 = -8
9 - 8 = 1
```

これで、任意の月を会計年度の開始月にすることができます。

最後に、元の「売上データ1」クエリをファクトテーブルにします。テーブルにある項目を、必要な項目を除いて削除しましょう。これで完成です。

図7-3-12　完成図

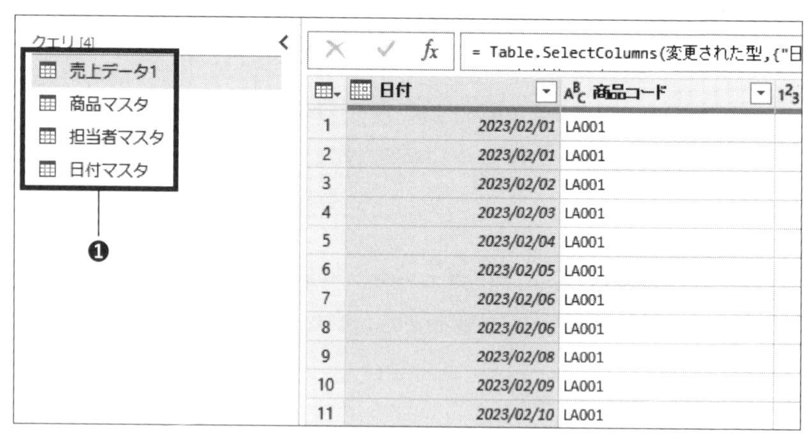

❶3つのディメンションテーブルと、1つのファクトテーブルが作成された

このように元のテーブルが1つであっても、ファクトテーブルとディメンションテーブルを作成することができます。

StepUp!

この方法には1つ注意点があります。

それぞれのディメンションテーブルは、実際の売上データから作成しています。ですから、売り上げが無い商品（例えば新商品）は、商品マスタには現れません（その意味では、厳密には商品マスタとは言えません）。そのため、売り上げが立っていない商品も含めてデータ分析を行うことができません。その場合は、やはりきちんと商品マスタを作成すべきということになります。

なお、今回の方法で作成した「日付マスタ」は、元データによってはディメンションテーブルにふさわしくないケースがあります。データによっては日付が欠落する（売上が無い日がある）からです。日付テーブルについての詳細は、第9章と第11章で解説します。

第7章のまとめ

●パワークエリで実際にデータを取得・加工する際には、事前にどのような分析を行いたいかを決めることが重要。そうしないと手戻りが発生したり、期待した分析ができないという事態になる。

●ファクトテーブルとディメンションテーブルは、分析対象の項目をキー項目として考えて設計する。基本的には、分析対象の項目の数だけディメンションテーブルを作成する。また「日付」に関しても、ディメンションテーブルを用意するのが一般的である。

●マスタとなるデータが無い場合、例えば売上データのような実績のデータから、パワークエリの機能を使用してマスタを作ることも可能。ただし、実績ベースになるため、実績の無い商品は含まれないといった注意点がある。

第8章

M言語の基本的な構文を知る

　これまで見てきたように、パワークエリで行った操作は自動的にM言語として記録されています。そして、このM言語の式を修正することで、元データの変更に対応することができるのです。しかし、パワークエリでより柔軟にデータ加工を行うためには、自動作成されたM言語を編集するだけではなく、1からM言語を記述することも必要です。

　そこで本章では、M言語の基本的な構文に加えて、M言語の関数についても解説して行きます。

8-1 M言語の基礎

CheckPoint! □M言語で扱うデータの種類
□「リスト」「レコード」「テーブル」の違い

サンプルファイル名　なし

M言語で扱うデータについて

これまで、パワークエリを利用したデータの取得・加工方法についての解説の中で「テーブル（表）」や「データ」という言葉を使用してきましたが、パワークエリではデータそのものを「値」として表現し、さらに次のように分類します。

▼パワークエリでのデータの種類

種類	説明
プリミティブ値	数値や文字、日付といった値そのもの。
リスト	列単位の値の集まり。
レコード	行単位の値の集まり。
テーブル	行と列の集まり。リストとレコードから作成される。

ポイントは「リスト」や「レコード」「テーブル」といった単体の値ではなく、値が集まったものもパワークエリでは「値」としている点です。そのため、等号・不等号による比較が可能です。

では、それぞれのポイントと、M言語で実際に表す方法について順に見て行きましょう。

Memo

Microsoft社のサイトでは、正式には「Power Query M式言語」と表記されていますが、本書では一般的な表記である「M言語」を使用しています。

「プリミティブ値」に関するポイント

プリミティブ値に関する注意点は、これまでの章で都度解説してきましたが、簡単に整理すると次のようになります。

- データ型がある（第2章参照）
- 「null」という特殊な値（「不定」という意味で「空白」とは異なる）がある（第3章参照）
- データ型を変換するM言語の関数がある（第5章参照）

Memo

通常の感覚だと「プリミティブ値」が「値」で、「リスト」や「レコード」「テーブル」は「データ」でしょうか。パワークエリではリスト等も「値」としているため、いわゆる「値」にわざわざ「プリミティブ値」という名前を付けていると考えて理解してください。

なお、本書では「プリミティブ値」を「リスト」などと比較する場合には「プリミティブ値」、それ以外は単に「値」と呼びます。

これらは、M言語であっても考え方は同じです。

なお、M言語では特定の値のみのクエリを作成することができます。第6章で「パラメータ」の解説をしましたが、パワークエリ内の値をパラメータとして使用したい場合は、この方法を使用することになります。

では、具体的な方法を見て行きましょう。M言語で特定の値のみのクエリを作成するには、「空のクエリ」の機能を使用します。

「空のクエリ」の利用

図8-1-1は、新規ブックでパワークエリエディタを開いたところです。

図8-1-1　パワークエリエディタ

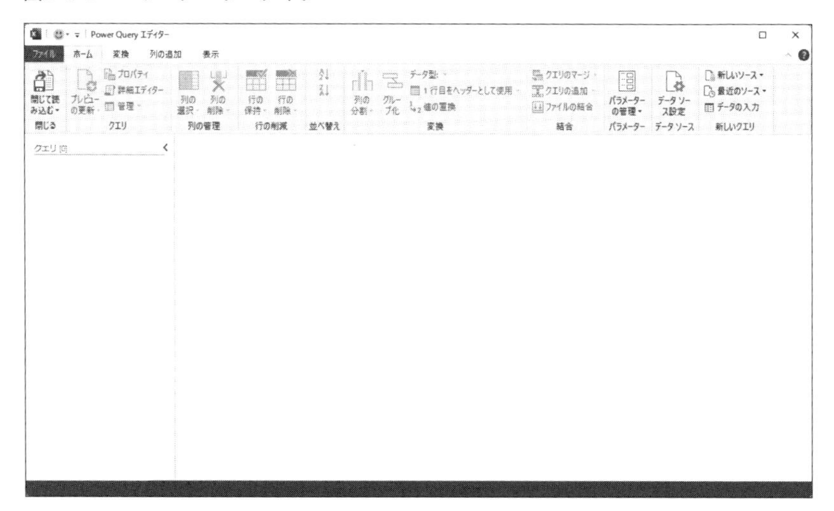

Memo

パワークエリエディタは、「Alt」キー+「F12」キーを押すことで表示できます。

VBAを使っている方なら、VBE（Visual Basic Editor）を開くショートカットキーと似ている（VBEは「Alt」キー+「F11」キーになります）ので覚えやすいでしょう（ただし、VBEのショートカットキーがVBEの画面からExcelの画面への切り替えもできるのに対して、「Alt」キー+「F12」キーでパワークエリエディタからExcelの画面への切り替えはできません）。

この画面で「空のクエリ」を作成します。パワークエリエディタの画面左側にある「クエリ」の個所で右クリックし、「新しいクエリ」→「その他のソース」→「空のクエリ」をクリックします。

図8-1-2 「空のクエリ」の作成

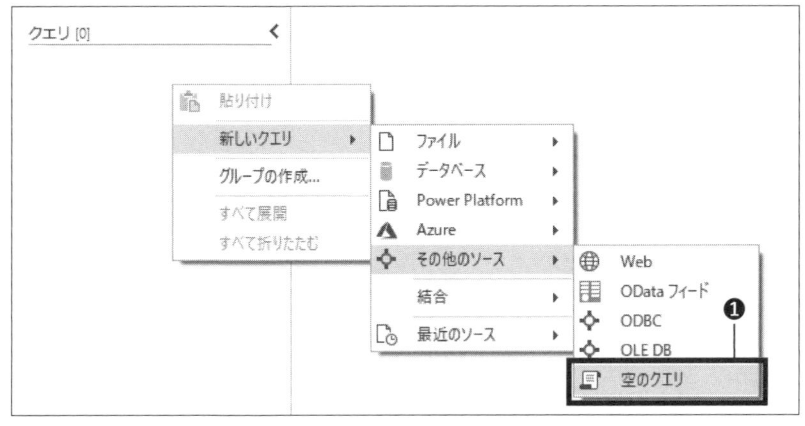

❶「新しいクエリ」→「その他のソース」→「空のクエリ」をクリックする

空のクエリを作成すると自動的に「クエリ1」が作成され、「ソース」というステップも作成されます。数式バーに「0.1」と入力し、「Enter」キーを押すと「0.1」という値をもったクエリが作成されました。

図8-1-3 値の入力

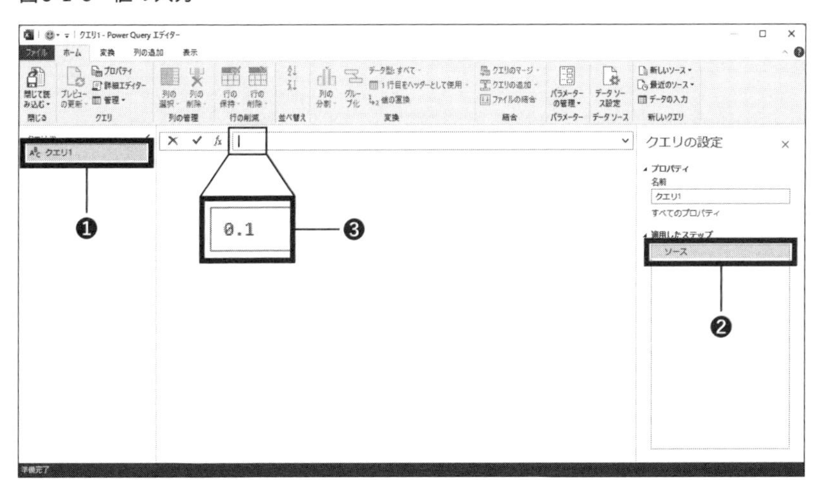

❶「クエリ1」が作成される
❷「ソース」というステップが作成される
❸「0.1」 と入力し「Enter」キーを押す

では、この値をパラメータとして使用してみましょう。ここでは単純に、値に「50」をかけてみます。新たに「空のクエリ」を作成し、数式バーに「= クエリ1 * 50」(「1」は半角) と入力して、「Enter」キーを押してください (図8-1-4)。先に作成した「クエリ1」クエリを参照して計算が行われます。

図8-1-4　パラメータとしての利用

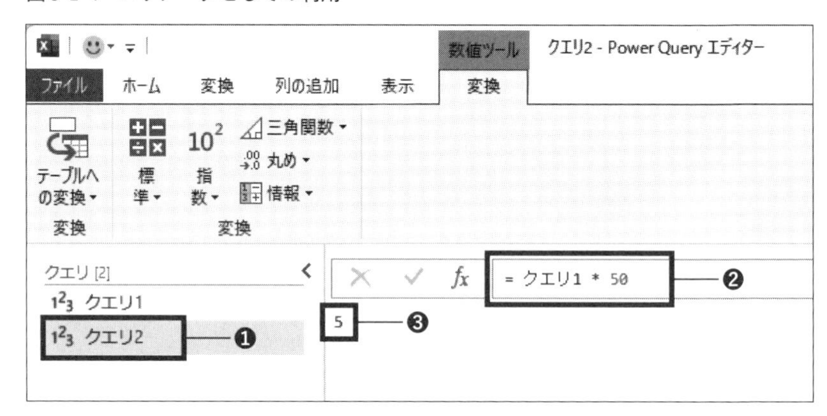

❶新たに「空のクエリ」を作成する

❷「= クエリ1 * 50」と入力して「Enter」キーを押す

❸「5」と処理結果が表示される

このように、「空のクエリ」を使用することで、特定の値を他のクエリから使用することができます。なお、今回は「クエリ1」というそのままの名前で使用しましたが、クエリ名はわかりやすい名前に変更して使用しましょう。クエリ名は対象のクエリ名を選択し、「F2」キーを押す (またはダブルクリックする) ことで編集できます。

Memo

繰り返しになりますが、パワークエリの値にはデータ型があります。ここでは数式バーに「0.1」を入力しましたが、これを「"0.1"」のようにダブルクォーテーションで囲むと、この値は文字列になってその後の計算の処理でエラーになります。

図8-1-5　「0.1」を文字列として指定する

図8-1-6　エラーになったクエリ

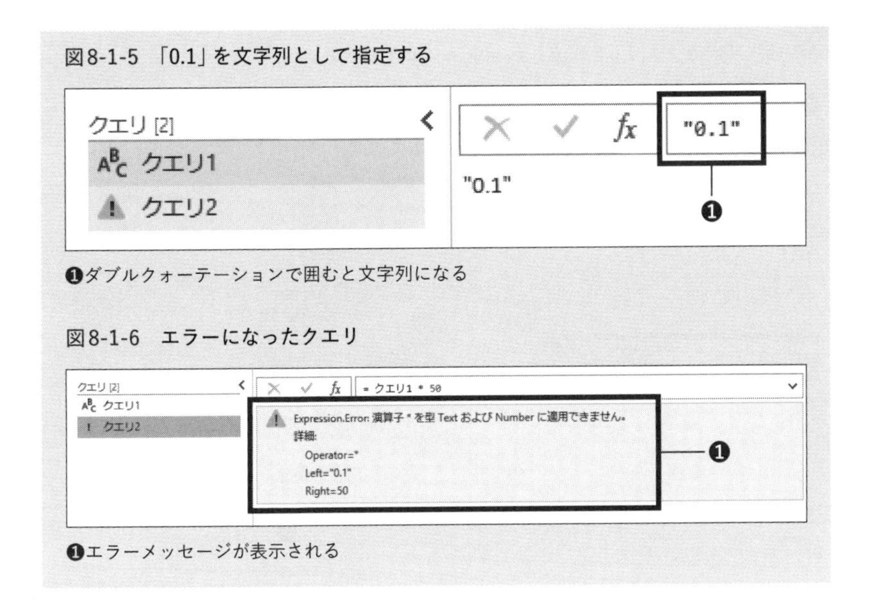

❶ダブルクォーテーションで囲むと文字列になる

❶エラーメッセージが表示される

「リスト」の作成方法

「リスト」は列のデータになります。ただし、パワークエリで取り込んだ列とは若干異なり、パワークエリで「リスト」と表現した場合は列方向のデータの集まりで、データ型の指定等はありません。M言語でリストを作成するには、「=」に続けて、「{}」（中括弧）の中に値をカンマ区切りで値を入力します。

▼「リスト」の構文

```
= {値1, 値2, 値3・・・}
```

では、実際にM言語を使用して「リスト」を作成してみましょう。先ほどと同様に「空のクエリ」を使用します。図8-1-7は、新規ブックに「空のクエリ」を作成したところです。

図8-1-7 「空のクエリ」を作成したパワークエリエディタ

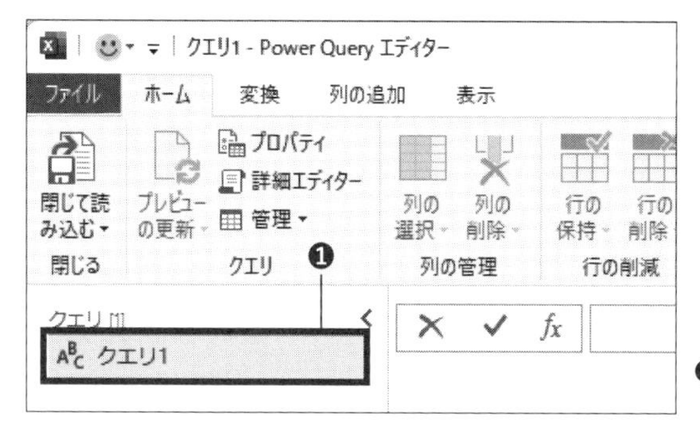

❶「空のクエリ」が作成されている

続けて、数式バーに「= {"OK"}」と入力（記号はすべて半角）して、「Enter」キーを押してください。図8-1-8のように、「リスト」と見出しが付いたデータが作成されます。

このとき、パワークエリでデータを読み込んだときのように見出しの左側にデータ型を示す記号が無い点と、リボンに「リストツール」が表示されている点にも注意してください。

図8-1-8 リストの作成

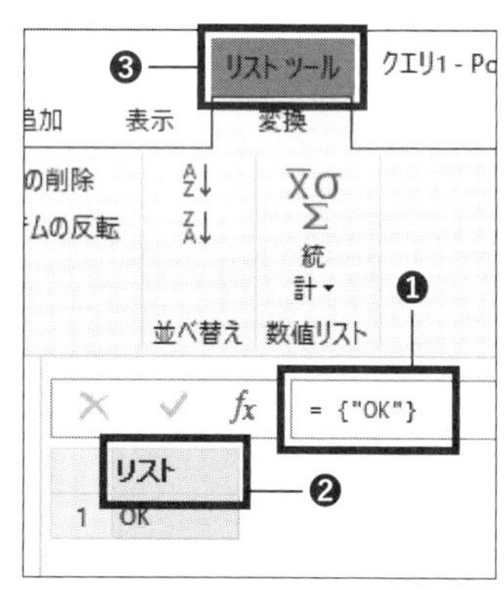

❶新たに「空のクエリ」を作成する

❷「= {"OK"}」と入力して「Enter」キーを押す

❸「OK」が入力されているリストが表示される

Memo

リストはリボンの「リストツール」から「テーブルへの変換」をクリックすることで、テーブルに変換することができます。リストをデータとしてExcelに取得する場合や、作成したリストをさらに加工する場合などは、この「テーブルに変換」機能を使用します。

なお、複数の値を指定する場合は次のように指定します。

▼複数の値からなるリストを作成する指定方法

構文	例	説明	実行結果
{値1, 値2・・・}	{1,2,3}	値をカンマで区切って指定する。 例では1,2,3の3つの値のリストが作成される。	リスト 1 1 2 2 3 3
{値1..値2}	{1..10}	1つ目の値と2つ目の値を「..」(ピリオド2つ)でつないで指定する。 例では、1から10までの連続する値のリストが作成される。	リスト 1 1 2 2 3 3 4 4 5 5 6 6 7 7 8 8 9 9 10 10
{値1, 値2..値3, 値4}	{1,2,5..8,10}	上記2つの組み合わせ。 例では、1,2,5〜8,10の値のリストが成される。	リスト 1 1 2 2 3 5 4 6 5 7 6 8 7 10

StepUp!

ここではリストを作成するときに値を指定しましたが、リストの中にリストを指定することも可能です。図8-1-9は、1つのリストの中に2つのリストがある状態です。

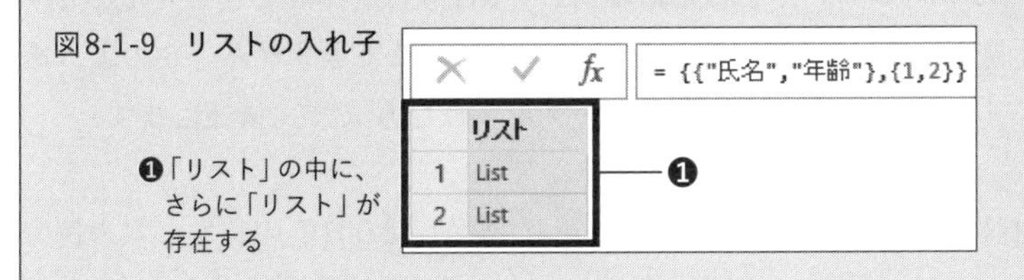

図8-1-9 リストの入れ子

このようなリストを作成するには、「= {{"氏名","年齢"},{1,2}}」のように中括弧内に、さらに中括弧の組み合わせを指定します。

なお、この内部のリストは内容を展開することができます。対象のリストを右クリック→「ドリルダウン」をクリックすることで、新たにステップが追加されデータが展開されます。

図8-1-10　リストの展開

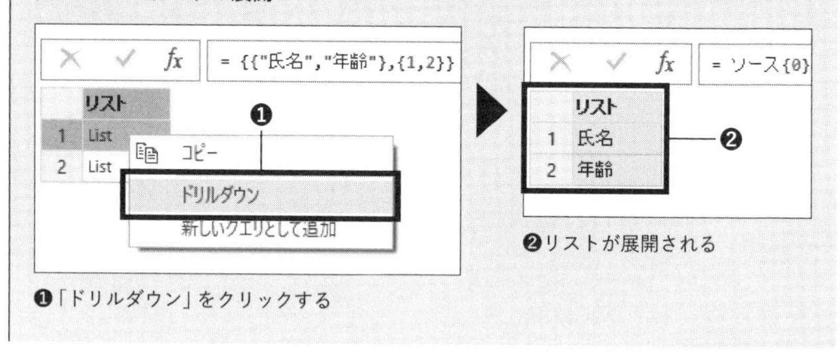

「レコード」の作成方法

「レコード」は「行」のデータになります。M言語では「[]」(角括弧)を使用して表し、レコードでは値と一緒に見出しを指定します。

具体例を見てみましょう。レコードを表すM言語の構文は、次のようになります。

▼「レコード」の構文

```
=[見出し1=値1, 見出し2=値2]
```

なお、この「レコード」は1レコード（1行）しか作成できません。ですので、「見出し1」の2つ目の値を指定することはできません。このような構造は、「レコード」ではなく「テーブル」となります（後述します）。

図8-1-11は、見出しが「商品コード」、値が「A001」のレコードの例です。レコードは数式バーに「 [商品コード = "A001"]」と入力し、「Enter」

キーを押すことで作成されます。なお、リボンに「レコードツール」が表示されることも併せて確認してください。

図8-1-11　レコードの例

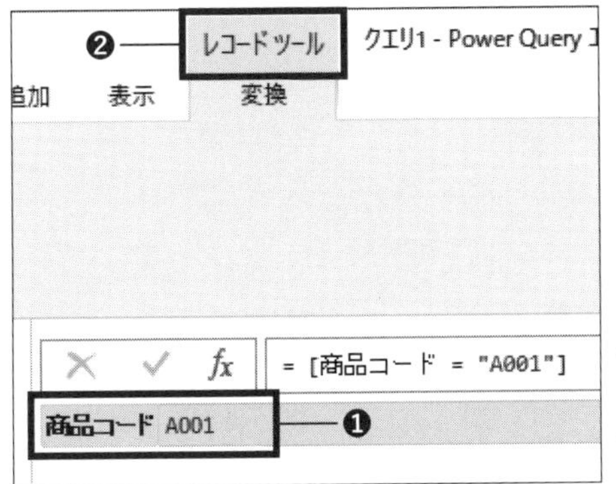

❶見出しが「商品コード」、値が「A001」の1件のレコードが作成された

❷リボンに「レコードツール」が表示される

Memo

なお、レコードもリスト同様に、「テーブルに変換」機能を使用してテーブルに変換することができます。Excelにデータを取得したい場合や、続けてデータを加工したい場合などに利用してください。ただし、レコードをテーブルに変換すると、例えば先ほどの図8-1-11を変換した場合、図8-1-12のようになります。

図8-1-12　レコードをテーブルに変換した例

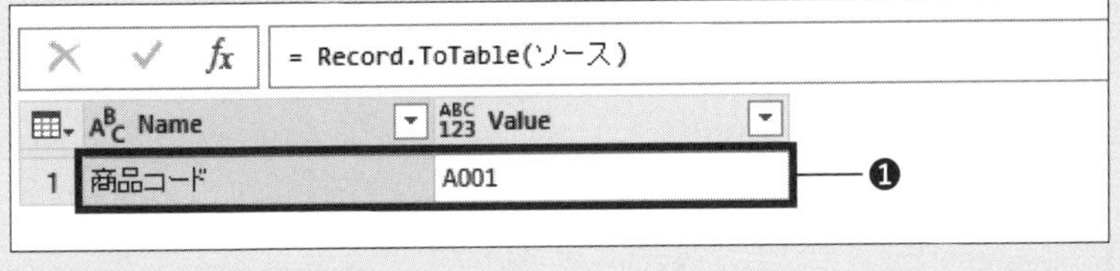

❶見出しがテーブルの見出しになっていない

そこで、正しく指定した値（ここでは「商品コード」）が見出しになるようにデータを加工します。まずは「変換」タブの「入れ替え」をクリックして、図8-1-13のように行列を入れ替えます。

図8-1-13　行列を入れ替えたところ

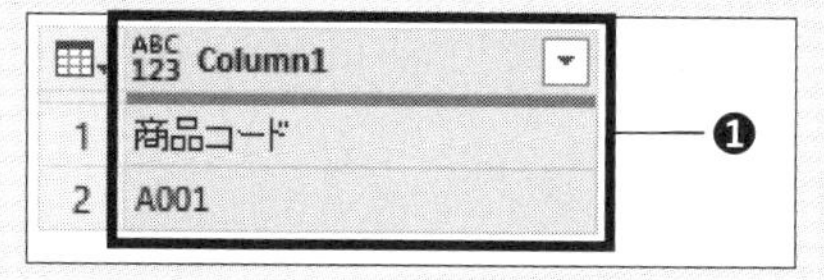

❶行列を入れ替えて
　テーブルの形を変更する

そして、「変換」タブの「1行目をヘッダーとして利用」をクリックして完了です。

図8-1-14　実行結果

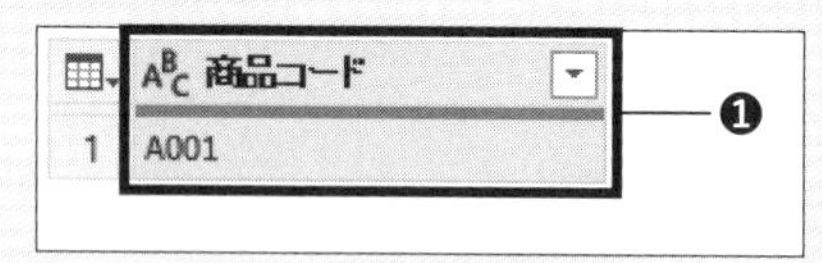

❶「商品コード」が見出しに設定された

このように、レコードをテーブルに変換した際には追加の処理が必要になるので注意してください。

StepUp!

レコードもリストと同様、入れ子（レコードの中にレコードがある状態）にすることができます。その場合は、図8-1-15のように記述します。

▼レコードを入れ子にする際の構文

```
= [見出し1 = [見出し2 = 値2]]
```

図8-1-15　実行結果

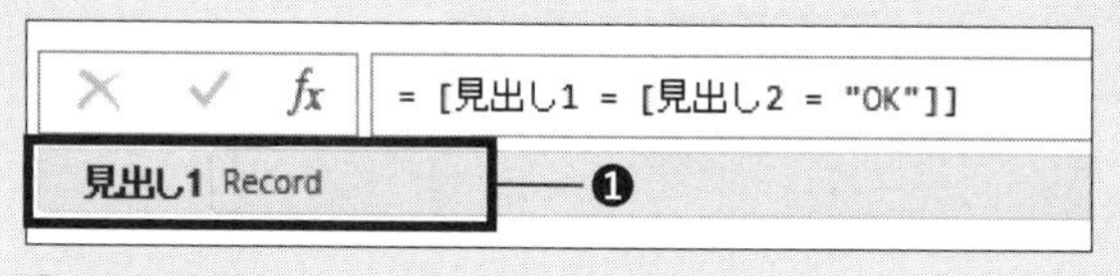

❶レコードの中にレコードを入れることができる

なお、リストと同様、対処のレコードを右クリック→「ドリルダウン」でデータを展開することができます。

「テーブル」の作成方法

「テーブル」は、これまで見てきたExcelファイルやCSVファイルなどを取り込んだ結果と同じです。そして、これをM言語で作成することができます。

テーブルを作成するには、次の構文を使用します。まずは、列名を「{}」(中括弧)で囲んで指定します。次に、それぞれの値をやはり「{}」で囲んで指定します。このとき、行ごとにさらに「{}」で囲む点に注意してください。

▼テーブルの構文

```
=#table({列名1, 列名2},{{列名1の値1, 列名2の値1},{列名1の値2,列名2の値2}})
```

❶列名の指定
❷1行目のデータ
❸2行目のデータ

図8-1-16は、実際に「空のクエリ」を使用して作成したテーブルの例です。数式バーには「= #table({"商品名", "単価"},{{"ボールペンA",1000},{"ボールペンB",1500},{"ボールペンC",2000}})」と入力されています。

図8-1-16　テーブルの例

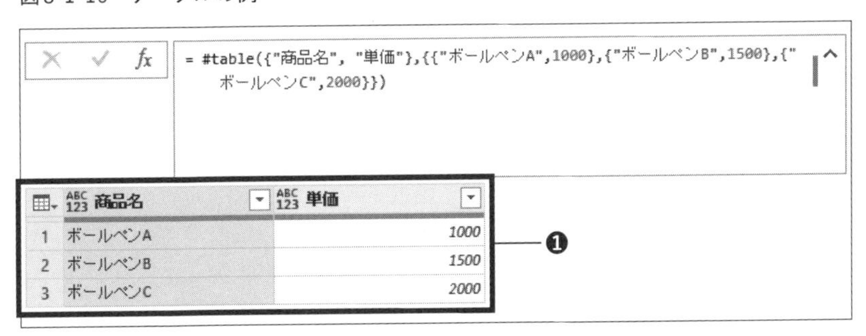

❶テーブルが作成された

なお、テーブルの特定の行・列の値を取り出すことも可能です。テーブルでは行を「{}」（中括弧）で、列を「[]」（角括弧）で表します。ですので、例えば図8-1-16のテーブルから「商品名」列の「1」行目の値（ボールペンA）を取得するには、次のように記述します。

▼入力する値

```
= #table({"商品名", "単価"},{{"ボールペンA",1000},{"ボール
ペンB",1500},{"ボールペンC",2000}}){0}[商品名]
```

これで「ボールペンA」のデータが取得されます。

図8-1-17　実行結果

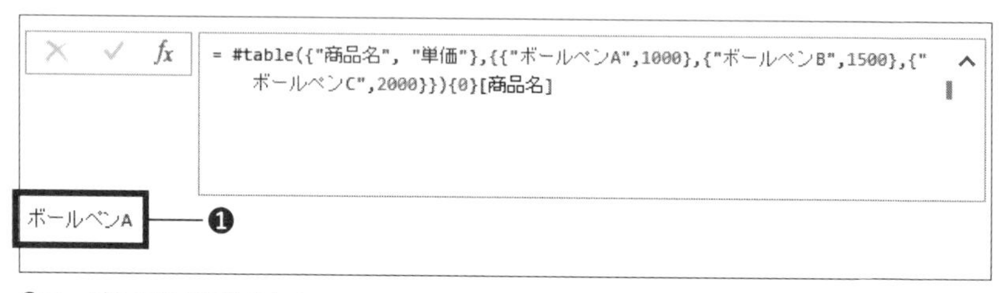

❶テーブルの値が取得された

ここでのポイントは「行の指定」です。パワークエリでは、行番号は「0」から始まるためこのような指定になっています。なお、ここでは「{0}[商品名]」のように「行・列」の順で指定しましたが、逆に「[商品名] {0}」のようにしても結果は同じです。

8-2 M言語の基本的な構文

CheckPoint! □M言語で押さえておくべき構文
□let式のポイントは？

サンプルファイル名　売上データ.csv

押さえておくべきM言語の基本構文

M言語を活用するには、その構文を知っておく必要があります。本節では、その中でも押さえておくべき基本的な構文について解説します。ここで習得した知識が、実際の業務で使用するときの基礎となるでしょう。

本節で解説する基本的な構文は次の通りです。

- 演算子
- コメント
- let式
- if
- カスタム関数

では、順に見て行きましょう。

演算子とは

M言語の演算子には次のようなものがあります。ポイントは、リストやレコードにも演算子を適用できる点です。

▼プラス演算子（+）

例	説明
1 + 2	数値を加算する。結果：3
#time(12,23,0) + #duration(0,0,2,0)	時間を計算する。結果：#time(12,25,0)

▼複合演算子 (&)

関数（例）	説明
"A" & "BC"	テキストを連結する。結果："ABC"
{1}& {2, 3}	リストを連結する。結果：{1,2,3}
[a = 1] & [b = 2]	レコードをマージする。結果：[a = 1, b = 2]

▼よく使われる演算子

演算子	説明
>	より大きい
>=	以上
<	より小さい
<=	以下
=	等しい
<>	等しくない

これらの演算子は、null 値、論理値、数値、時刻、日付、datetime、datetimezone、期間、テキスト、バイナリに適用されます。

▼論理演算子

演算子	説明
or	論理条件 OR
and	論理条件 AND
not	論理 NOT

▼数値演算子

演算子	説明
+	加算
-	減算
*	乗算
/	商

▼リスト、レコード、テーブル演算子

演算子	説明
=	等しい
<>	等しくない
&	連結

▼レコードの検索演算子、リストのインデクサー演算子

前節で紹介したテーブルの値を取得するための記号です。パワークエリでは、これらも「演算子」として分類されています。

演算子	説明
[]	名前でレコードのフィールドにアクセスする。
{}	0から始まる数値インデックスによって、リスト内の項目にアクセスする。

▼型の互換性とアサーション演算子

演算子	説明
is	式 x is y は、x の型が y と互換性がある場合は true を、x の型が y と互換性が無い場合は false を返す。
as	式 x as y は is 演算子のように、値 x が y と互換性があることをアサートする。

▼日付演算子/期間演算子

「duration」は期間を表す関数です。「#duration(日数, 時間, 分, 秒)」のように指定します。また「time」は日付や時刻を表します。

演算子	左辺のデータ	右辺のデータ	意味
x + y	time/duration	duration/time	指定した期間の加算。
x - y	time	duration	指定した期間の減算。
x - y	time	time	日付（時刻）から日付（時刻）までの期間。
x & y	date	time	日付と時刻をマージする。
x - y	duration	duration	期間の差。
x * y	duration	number	期間のN倍。
x * y	number	duration	期間のN倍。
x / y	duration	number	期間の割合。

コメント

M言語にはコメントを付けることができます。コメントには、次の2種類があります。

コメント	説明	例
//	単一行コメント	M言語の処理　//コメント
/* で始まり */ で終わる	複数行コメント	/*これはコメントです 複数行の説明を入れることができます*/ M言語の処理

コメントを適切に入れることは、コードを読みやすくするだけではなく、後からメンテナンスする際に非常に有用です。ただし、実は難しいのがコメントです。「適切に付ける」のが大切なのですが、この「適切に」というのが難しいのです。

例えば、次のようなコードとコメントがあるとします。

▼コード

```
tax = price * 0.1    //priceに0.1をかける
```

これだと、コードを見ればわかることなので全く意味がありません。コメントすべきなのは、例えばこの「0.1」が消費税率であるのなら、次のような内容なのです。

▼コード

```
tax = price * 0.1    //priceに消費税率をかける
```

コメントの基本は「コードを読むための補助になる」ということです。コードに書かれている以上の付加情報が無い場合はコメント不要なのです。

特にコメントで表すべきなのは、ビジネスロジックです。例えば、フィルタをかける処理があるときは「どうしてその条件でフィルタをかけるのか」といったことをコメントにしてください（コードからは、「なぜ、そのような条件か」までは読み取れないことが多いため）。

Memo

その他にも、例えばコードとの不一致（コードを修正したけど、コメントは修正していない）等が発生するケースなど、コメントには考慮すべき点が多くあります。興味のある方は、言語は何でも良いので「プログラム言語のコメントの付け方」について調べてみてください。

let式

let式は、複数の処理をまとめる命令です。letからinの間に複数の処理を記述することができ、inの後に最終的な処理結果を指定します。

let式の構文は次のようになります。

▼let式の構文

```
let
    処理結果1 = 処理1,
    処理結果2 = 処理2,
    .
    .
    .
in
    最終的な処理または処理結果
```

なお、パワークエリで作成される複数のステップは、let式でまとめられています。図8-2-1は、第6章で作成したパワークエリの処理を詳細エディターで表示した画面です。

図8-2-1　「詳細エディター」ダイアログボックス

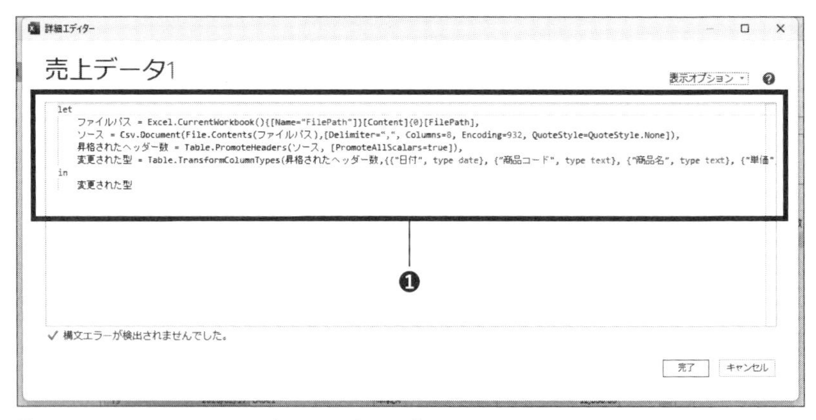

❶このように、パワークエリの各ステップはlet式でまとめられている

なお、let式では次のような処理も可能です。新規ブックで「空のクエリ」を作成し、「=」（イコール）に続けて次の式を入力してください。

▼コード

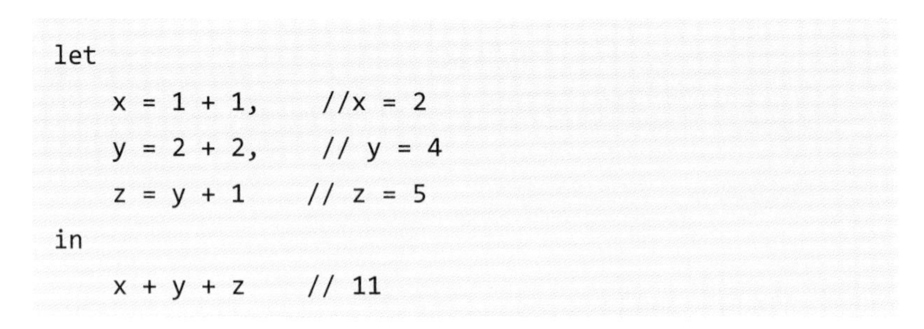

```
let
    x = 1 + 1,      //x = 2
    y = 2 + 2,      // y = 4
    z = y + 1     // z = 5
in
    x + y + z     // 11
```

図8-2-2　実行結果

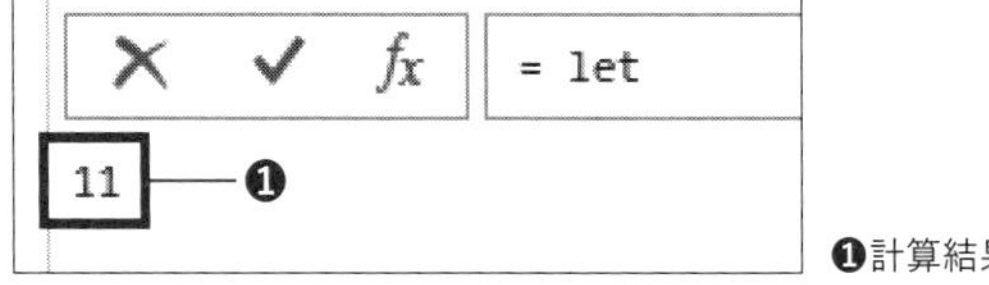

❶計算結果が表示された

このように、let式を使用すれば複数の処理を行うことができます。

なお、let式では処理内の順序は関係ありません。先ほどの式を、次のように記述しても正しく計算されます。

▼コード

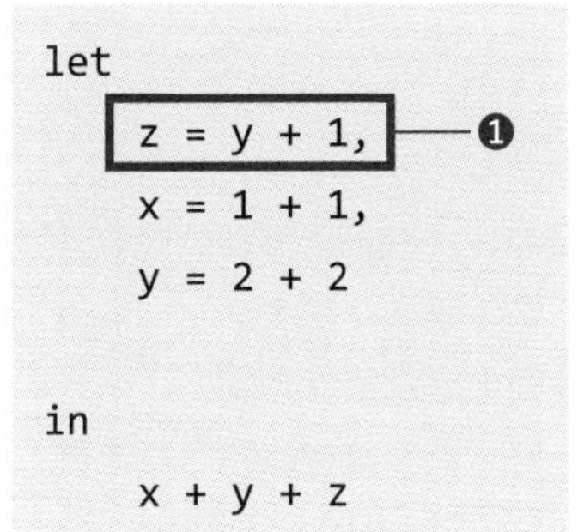

```
let
    z = y + 1,
    x = 1 + 1,
    y = 2 + 2

in
    x + y + z
```

❶後の行で値が入力される「y」が先に出てきている

Memo
　ただし、このような記述方法は後からコードを読むときに理解しづらいという大きなデメリットがあります。理解しづらいということは、メンテナンス時に余計な時間がかかったり、場合によっては修正ミスが出る可能性が高まるということです。
　やはり正しい順序で記述すべきでしょう。M言語の仕様としてこのような記述できるからといって、それを実際に使うかどうかは別の話なのです。

ifの使用方法

「if」は条件を表します。ちょうどExcelのIF関数と同じような処理が可能です。M言語のifの構文は、次のようになります。なお、M言語は大文字・小文字を区別し、命令はすべて半角で入力します。

▼ifの構文

```
if 条件式 then 条件がTrueの場合の処理 else 条件がFalseの場合の処理
```

▼ifの利用例

```
if 2 > 1 then 2 else 1            // 2
if 1 = 1 then "yes" else "no"    // "yes"
```

Memo

ifは、パワークエリの「条件式」の機能で作成されるものと同じです（第2章参照）。何度か説明しているように、パワークエリの機能はM言語で記述されます。そのため、パワークエリの「リボン」にある機能を使うか、M言語を直接記述するかはその人次第です。

複雑なものでない限り、慣れてしまえばM言語を直接記述した方が早いケースが多くあるので、皆さんのM言語の習得具合に応じて上手に使い分けてください。

なお、ExcelのIF関数では「Falseの場合の処理」（else以降）は省略できますが、M言語では省略できません。注意してください。

カスタム関数

M言語を使用すると、オリジナルの関数を作成することができます。オリジナルの関数を作成するには「=>」を使用します。カスタム関数の基本的な構文は次のようになります。

なお、この構文の「引数」とは、ちょうどExcelの関数のように計算で使用する値です（例えば、SUM関数であればセル範囲を指定しますが、それと同じだと考えてください）。

▼カスタム関数の構文

```
= (引数1, 引数2・・・) => 処理
```

また、引数や関数の処理結果である戻り値は、データ型を指定することもできます。

▼カスタム関数の構文

```
= (引数1 as データ型, 引数2 as データ型・・・) as 戻り値の型
=> 処理
```

さらに、複数の処理をまとめて1つの関数にするには、let式を使用します。

▼カスタム関数の構文

```
= (引数1, 引数2・・・) =>
let
    処理1,
    処理2,
    ・
    ・
    ・
in
    処理結果
```

では、具体例を見てみましょう。ここでは商品の金額（price）を引数として受け取り、税込み金額を計算する関数を作成します。

図8-2-3は「空のクエリ」を作成し、数式バーに次の式を入力したものです。ここでは、処理自体は1つなので「= (price) => price * 1.1」のように1行で記述することもできますが、let式にも触れていただきたいため、あえてこのような記述にしています。

なお、パワークエリの数式バーでは、「改行」は「Shift」キー+「Enter」キーになります（ちなみに、Excelの数式バーでは「Alt」キー+「Enter」キーです）。

▼入力する値

```
= (price) =>
let
    result = price * 1.1
in
    result
```

図8-2-3　カスタム関数の例

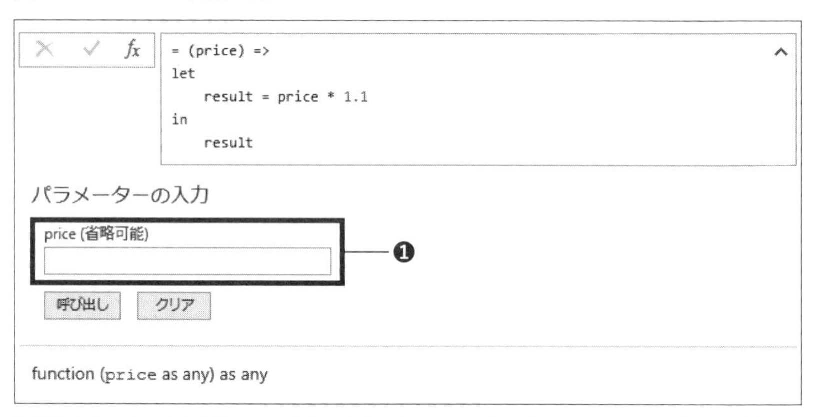

❶引数を持つカスタム関数では、式を入力すると、このように「パラメータ」の入力画面が表示される

このように、引数を持つカスタム関数では式を入力すると「パラメータの入力」が表示されます。ここで、例えば「500」と入力し「呼び出し」ボタンをクリックすると、図8-2-4のように新しいクエリが作成され結果が表示されます。

図8-2-4　実行結果

❶新しくクエリが作成される
❷計算結果が表示された

なお、カスタム関数は他のクエリなどでも使用することができます。図8-2-5は、先ほどカスタム関数を作成したブックに「売上データ.csv」を読み込み、「カスタム列」の作成を行うところです。作成するカスタム列は「列名」を「税込金額」にし、式は「= クエリ1([金額])」とします。

図8-2-5　カスタム関数の利用

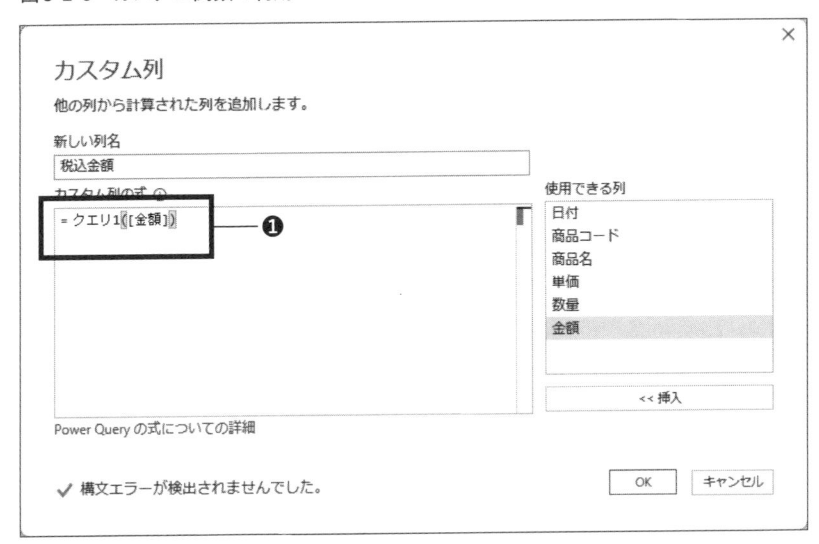

❶作成した「クエリ1」カスタム関数を参照。ここでは「金額」列の値を引数に指定している

図8-2-6　実行結果

		1²3 数量	1²3 金額	ABC 123 税込金額
1	12000	11	132000	145200
2	17000	10	170000	187000
3	9000	5	45000	49500
4	25000	12	300000	330000
5	9000	10	90000	99000
6	20000	4	80000	88000

❶カスタム関数を使用した「税込金額」の列が作成された

このように、カスタム関数を使用すると独自の関数を作成することができます。実務では様々な計算処理を行いますが、カスタム関数を使用することで、より効率的に作業を行うことができるようになります。

8-3 関数の基礎

CheckPoint! □M言語の関数の特徴
□効率的な関数の調べ方とは?

サンプルファイル名　売上データ.csv

M言語の関数の特徴

M言語の関数（M関数）には、次のような特徴があります。

・大文字・小文字が区別される
そのため、大文字・小文字を間違って入力するとエラーになります。これはExcel関数には無い仕様です。

・命令はすべて半角で入力する
全角で入力するとエラーになります。

・通常、「関数の分類.関数名」のように記述する
例えば、日付関数に分類されるAddDays関数（指定した日付を加える関数）は、「Date.AddDays」のように記述します。「.（ピリオド）」でつなぐところに注意してください（このピリオドも半角になります）。

・データ型に注意する
関数の場合、引数に値を指定しますが、このとき指定する値の「データ型」に注意してください。Excelのように、自動的にデータ型を変換するといった機能はありません。そのため、データ型を変換する処理が必要になるケースがあります。

関数の調べ方

すべてのM関数を覚えるというのはナンセンスな話でしょう。そこで大切なのが、M関数で大体どのようなことができるのかの概要を知ることと、いざ関数を使用したいとなった場合に迅速に調べられるかどうかという点です。そこで、ここでは関数の調べ方について解説します。

繰り返しになりますが、パワークエリの処理は基本的にM言語で表すことができます。ですから、パワークエリの「リボン」の機能を使用してM関数を調べることができます。

例えば、図8-3-1は「売上データ.csv」ファイルを新規ブックに読み込み、「日付」列から「年」を取り出す処理を行っているところです。

図8-3-1 「年」を取り出す処理

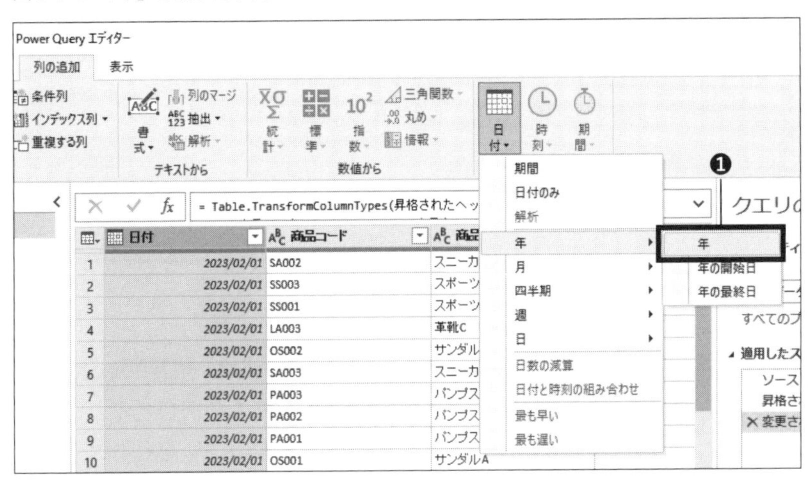

❶「列の追加」タブから「年」を追加する

この作業を行うと、図8-3-2のような式が作成されます。

図8-3-2 作成されたステップ

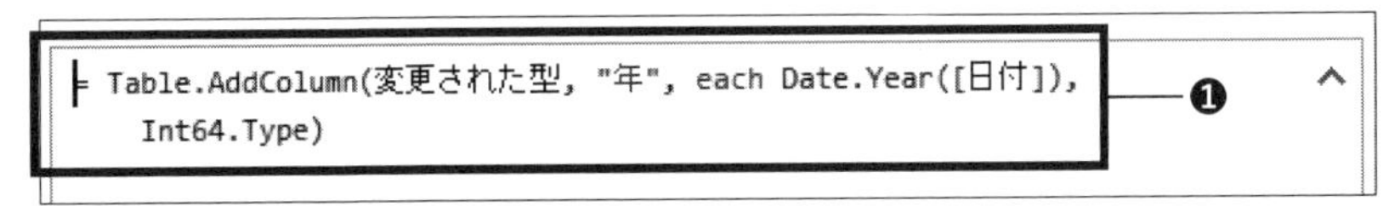

```
= Table.AddColumn(変更された型, "年", each Date.Year([日付]),
    Int64.Type)
```

❶作成されたM言語の式

この式のうち「=Table.AddColumn」だけを残して「Enter」キーを押すと、図8-3-3のように関数の説明が表示されます。

図8-3-3　表示される関数の説明

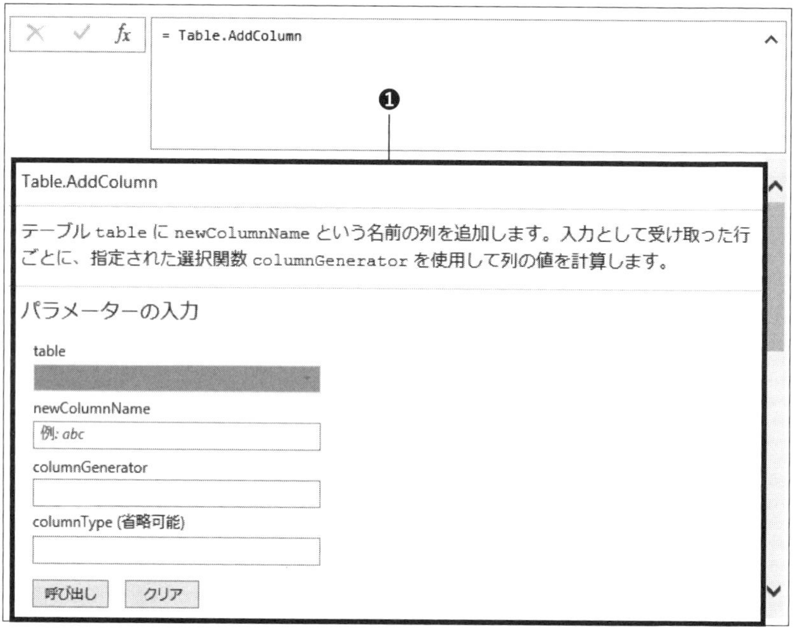

= Table.AddColumn

❶

Table.AddColumn

テーブル table に newColumnName という名前の列を追加します。入力として受け取った行ごとに、指定された選択関数 columnGenerator を使用して列の値を計算します。

パラメーターの入力

table

newColumnName

例: abc

columnGenerator

columnType (省略可能)

呼び出し　クリア

❶関数の詳しい説明が表示される

このように、パワークエリの機能で自動作成されたM言語を元に、対象の関数について調べることができます。特に使用したい関数名がわからない場合は、この方法を利用することで関数名や使用方法を調べることができます。

StepUp!

なお、この方法は「関数名がわかっているけど動作を確認したい」というケースにも利用できます。例えば、対象の日付に指定した日数を加える「Date.AddDays」関数の動作を確認するには、次のようにします。

まずは「空のクエリ」を作成します。

図8-3-4 「空のクエリ」の作成

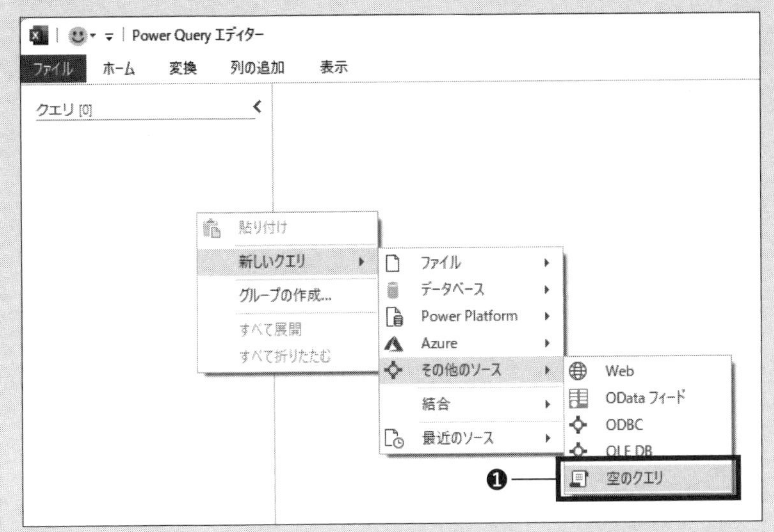

❶「クエリ」で右クリックし、「新しいクエリ」→「その他のクエリ」→「空のクエリ」でクエリを作成する

次に、数式バーに「=」に続けて確認したい関数を入力します。この時、図8-3-5のように自動的に入力候補（インテリセンス）が表示されます。ここからカーソルキーやマウスで対象の関数を選択し、「Enter」キーまたは「Tab」キーを押すことで、入力を確定することができます。

図8-3-5 「数式バー」への関数の入力

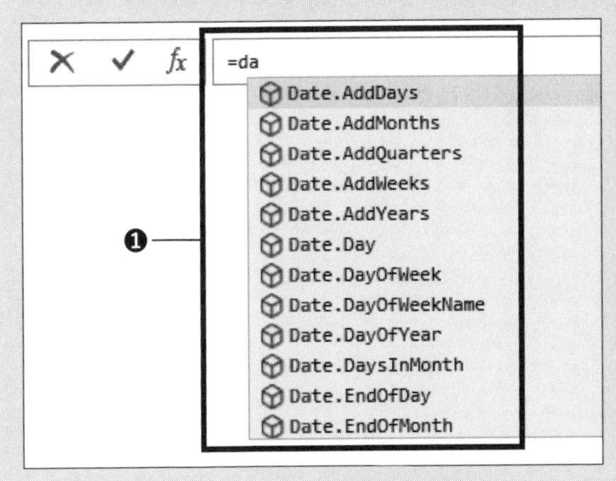

❶入力候補が表示される

ここでは「Date.AddDays」を選択し、「Enter」キーを押します。続けて、再度「Enter」キーを押すことで関数の説明が表示されます。

図8-3-6 「Date.AddDays」関数の入力結果

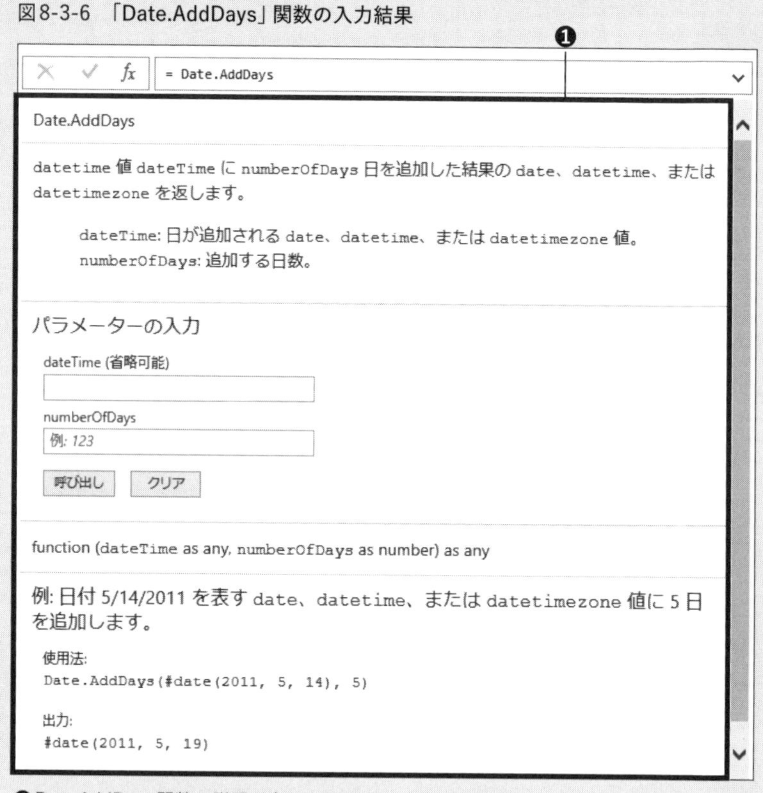

❶ Date.AddDays関数の説明が表示された

次に、この関数の動作を確認します。「パラメータの入力」に、図8-3-7のように入力してください。

図8-3-7　パラメータの入力

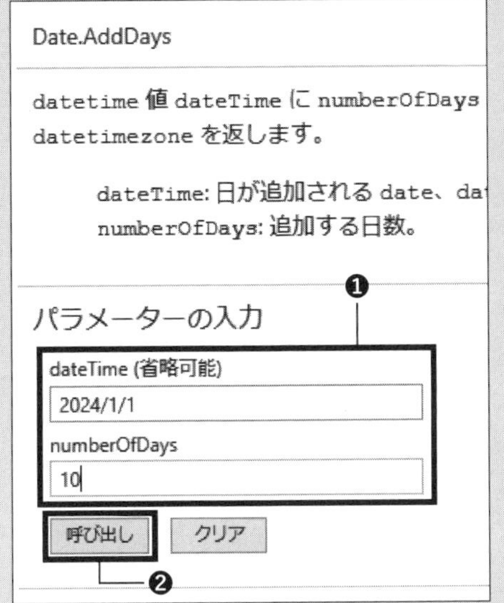

❶引数「dateTime」に「2024/1/1」を、引数「numberOfDays」に「10」を入力する

❷「呼び出し」をクリックする

これで、処理結果が新しいクエリとして表示されました。

図8-3-8　実行結果

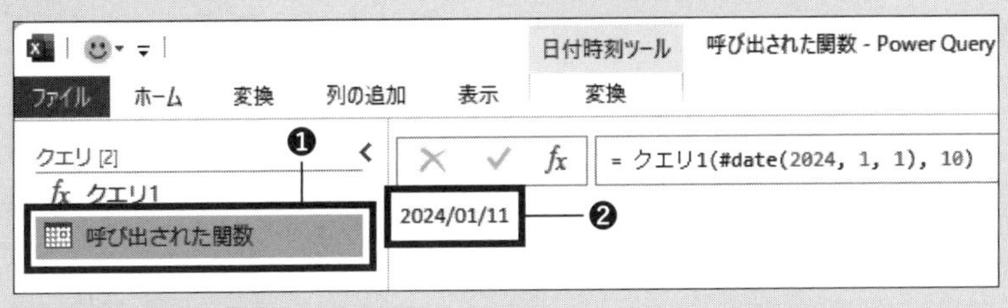

❶新しいクエリとして

❷処理結果が表示された

このようにして、関数の動作を確認することができます。なお、処理結果は新しいクエリとして作成されるので、必要無い場合は都度削除するようにしてください。クエリを削除するには、対象のクエリを右クリック→「削除」を選択します。

関数の種類について

ここからは、M関数の種類と代表的な関数について紹介します。すべての関数を知る必要はありませんが、一旦大まかに全体像を知ることはパワークエリの機能を理解するうえで大切です。

M言語には次のような関数があります。

▼M言語の関数の種類

関数の種類	説明
データ関数へのアクセス	データにアクセスし、テーブルの値を返す。
Binary関数	バイナリデータの作成と操作を行う。
コンバイナ関数	値をマージする。
比較関数	等価性をテストする。
データ関数	日付型の値の日付部分の作成と操作を行う。
DateTime関数	datetime値とdatetimezone値の作成と操作を行う。
DateTimeZone関数	datetimezone値の作成と操作を行う。
Duration関数	期間の値の作成と操作を行う。
エラー処理	エラーをトレース、または作成する。
式関数	Mコードの構築と評価を行う。
関数の値	他のM関数の作成と呼び出しを行う。
List関数	リスト値の作成と操作を行う。
Lines関数	テキストのリストと、バイナリおよび1つのテキスト値との間で変換を行う。
論理関数	論理値の作成と操作を行う。
Number関数	数値の作成と操作を行う。
レコード関数	レコード値の作成と操作を行う。
置換関数	特定の値を置き換える。
分割関数	テキストを分割する。
テーブル関数	テーブル値の作成と操作を行う。
テキスト関数	テキスト値の作成と操作を行う。
Time関数	時間値の作成と操作を行う。
Type関数	型の値の作成と操作を行う。
Uri関数	URIクエリ文字列の作成と操作を行う。
Value関数	値を評価したり、値に対して操作を実行する。

以降、それぞれの関数の種類の中で代表的なものを記載します。繰り返しになりますが、これらの関数に関して現時点で細かく見る必要はありません。しかし、M関数でどのような処理が可能なのか全体を俯瞰するうえで、ざっとで良いのでぜひ一度目を通しておいてください。

データへのアクセス関数

これらの関数は、データにアクセスしてテーブルの値を返します。

▼使用例

```
Excel.Workbook(File.Contents("C:¥Book1.xlsx"), null,
true){[Item="Sheet1"]}[Data]
```

■説明

「Book1.xlsx」の「Sheet1」ワークシートのデータを取得します。

▼データへのアクセス関数

名前	解説
Access.Database	MicrosoftAccessデータベースの構造的な値を返す。
Csv.Document	指定されたエンコードを使用して、CSVドキュメントの内容をテーブルとして返す。
Excel.CurrentWorkbook	現在のExcelブック内のテーブルを返す。
Excel.Workbook	指定されたExcelブック内のシートを表すテーブルを返す。
Exchange.Contents	MicrosoftExchangeアカウントからコンテンツのテーブルを返す。
Folder.Contents	指定されたフォルダ内にあるファイルおよびフォルダのプロパティとコンテンツを含むテーブルを返す。
Folder.Files	フォルダパスとサブフォルダで見つかったファイルごとの行を含むテーブルを返す。各行には、フォルダまたはファイルのプロパティと、そのコンテンツへのリンクが含まれる。

GoogleAnalytics.Accounts	現在の資格情報のGoogleアナリティクスアカウントを返す。
Html.Table	指定したHTMLに対して指定したCSSセレクターを実行した結果が含まれるテーブルを返す。
Json.Document	JSONドキュメントの内容を返す。テキストとして関数に直接渡すことも、File.Contentsのように関数によって返されるバイナリ値にすることもできる。
MySQL.Database	指定されたMySQLデータベース内のテーブルに関連するデータを含むテーブルを返す。
Pdf.Tables	PDFファイル内で見つかったテーブルを返す。
SharePoint.Contents	SharePointサイトのurlで見つかった各フォルダとドキュメントの行を含むテーブルを返す。各行には、フォルダまたはファイルのプロパティと、そのコンテンツへのリンクがある。
Sql.Database	SQL Serverインスタンスデータベースにあるテーブルを返す。
Web.BrowserContents	指定したURLに関してHTMLを返す。
Web.Page	Webページの内容をテーブルとして返す。
Xml.Document	階層テーブル(レコードのリスト)としてXMLドキュメントの内容を返す。

コンバイナ関数

値をマージします。

▼使用例

```
Combiner.CombineTextByDelimiter(":")({"a", "b", "c"})
```

■解説

「:」で区切って、「a」「b」「c」の値をマージします。処理結果は「a:b:c」になります。

▼コンバイナ関数

名前	説明
Combiner.CombineTextByDelimiter	指定した区切り記号を使って、テキストのリストを1つのテキストに結合する。
Combiner.CombineTextByLengths	指定された長さを使用して、テキストのリストを1つのテキストに結合する。
Combiner.CombineTextByPositions	指定された位置を使用して、テキストのリストを1つのテキストに結合する。

Date関数

日付型の値の日付部分の作成と操作を行います。

▼使用例

```
Date.AddDays(#date(2024, 5, 14), 5)
```

■解説

「2024/5/14」の5日後の日付を返します。結果は「2024/5/19」になります。

▼Date関数

名前	説明
Date.AddDays	指定された日数を加算したDate/DateTime/DateTimeZone値を返す。
Date.AddMonths	指定した月を加算したDateTime値を返す。
Date.AddQuarters	指定された四半期を加算したDate/DateTime/DateTimeZone値を返す。各四半期は、3か月の期間として定義される。
Date.AddWeeks	指定された週数を加算したDate/DateTime/DateTimeZone値を返す。
Date.AddYears	指定した年を加算したDateTime値を返す。
Date.Day	DateTime値の日付を返す。
Date.DayOfWeek	指定された値の曜日を示す数値(0から6)を返す。

Date.DayOfWeekName	曜日名を返す。
Date.DayOfYear	DateTime値から年の通算日を表す数値を返す。
Date.DaysInMonth	DateTime値から月の日数を返す。
Date.From	値から日付値を返す。
Date.IsLeapYear	DateTime値の年の部分がうるう年かどうかを示す論理値を返す。
Date.Month	DateTime値から月を返す。
Date.MonthName	月部分の名前を返す。
Date.QuarterOfYear	DateTime値から年の四半期を表す1から4までの数値を返す。
Date.ToRecord	Date値の部分を含むレコードを返す。
Date.ToText	Date値からテキスト値を返す。
Date.WeekOfMonth	現在の月の週数を表す数値を返す。
Date.WeekOfYear	現在の年の週数を表す数値を返す。
Date.Year	DateTime値から年を返す。
#date	年、月、日から日付値を作成する。

Duration関数

期間の値の作成と操作を行います。

▼使用例

```
Duration.Days(#date(2024, 3, 4) - #date(2024, 1, 25))
```

■説明

指定した2つの日付間の日数を返します。使用例の結果は「39」になります。

▼Duration関数

名前	説明
Duration.Days	期間の日数の部分を返す。
Duration.From	値から期間の値を返す。
Duration.FromText	テキスト値からDuration値を返す。
Duration.Hours	期間の時間の部分を返す。

Duration.Minutes	期間の分の部分を返す。
Duration.Seconds	期間の秒の部分を返す。
#duration	日、時、分、秒から期間値を作成する。

List関数

リスト値の作成と操作を行います。

▼使用例

```
List.Count({1, 2, 3})
```

■説明

リスト内の項目の数を返します。使用例の結果は「3」になります。

▼使用例

```
List.Combine({{1, 2}, {3, 4}})
```

■説明

リストをマージします。使用例の結果は「1,2,3,4」になります。

▼情報に関する関数

名前	説明
List.Count	リスト内の項目の数を返す。
List.NonNullCount	リスト内の項目の数を返す。ただし、null値は除外される。
List.IsEmpty	リストが空かどうかを返す。

▼「選択」に関する関数

名前	説明
List.Distinct	重複が削除する。対象のリストが空の場合、結果は空のリストになる。
List.FindText	レコードフィールドを含む、値のリスト内でテキスト値を検索する。

List.First	リスト内の最初の項目を返す。リストが空の場合は既定値（省略可能）を返す。リストが空で、既定値が指定されていない場合、関数はnullを返す。
List.FirstN	返す項目の数、またはcountOrConditionに条件が指定されると、リスト内の最初の項目セットを返す。
List.IsDistinct	リストが一意であるかどうかを返す。
List.Last	返す項目の数、またはcountOrConditionに条件が指定されると、リスト内の最後の項目セットを返す。
List.LastN	返す項目の数または条件が指定されると、リスト内の最後の項目セットを返す。
List.MatchesAll	リスト内のすべての項目が条件を満たしている場合にtrueを返す。
List.MatchesAny	リスト内のいずれかの項目が条件を満たしている場合にtrueを返す。
List.Positions	入力リストに対して位置のリストを返す。
List.Range	オフセットの位置から始まる、指定した数の項目を返す。
List.Select	条件に一致する項目を選択する。
List.Single	リスト内の単一項目を返す。リストに複数の項目がある場合は、Expression.Errorをスローする。
List.SingleOrDefault	リストから単一項目を返す。
List.Skip	リストの最初の項目をスキップする。空のリストが指定されると、空のリストを返す。この関数では、省略可能なパラメーターcountOrConditionを受け取り、複数の値のスキップをサポートする。

▼変換に関する関数

名前	説明
List.Combine	リストのリストを1つのリストにマージする。
List.RemoveRange	オフセットの位置から指定した数の項目を削除したリストを返す。既定のカウントは1。
List.RemoveFirstN	リストの最初の要素から、指定された数の要素を削除したリストを返す。
List.RemoveItems	list1から、list2に存在する項目を削除して新しいリストを返す。

List.RemoveLastN	リストの最後の要素から、指定された数の要素を削除したリストを返す。削除される要素の数は、省略可能なパラメーターcountOrConditionによって決まる。
List.Repeat	入力リストの内容を指定した回数分繰り返すリストを返す。
List.ReplaceRange	リストのインデックスの位置から、指定した数の値をreplaceWithリストに置き換えたリストを返す。
List.RemoveMatchingItems	リスト内で、指定された値が出現するすべての箇所を削除する。
List.RemoveNulls	リストからnull値を削除する。
List.ReplaceValue	値のリスト内で値を検索し、出現した値をそれぞれ置換値に置き換える。

▼メンバーシップに関する関数

すべての値が等しいかどうかをテストできるため、異種のリストを操作できる関数です。

名前	説明
List.Contains	値がリスト内で見つかった場合にtrueを返す。
List.ContainsAll	値のすべての項目がリスト内で見つかった場合にtrueを返す。
List.ContainsAny	値のいずれかの項目がリスト内で見つかった場合にtrueを返す。
List.PositionOf	リスト内で値が最初に出現する場所を検索し、その位置を返す。
List.PositionOfAny	値リスト内でいずれかの値が最初に出現する場所を検索し、その位置を返す。

▼順序に関する関数

名前	説明
List.Max	リスト内の最大の項目を返す。リストが空の場合は、省略可能な既定値を返す。
List.MaxN	リスト内の最大値を返す。返す値の数またはフィルター条件を指定する必要がある。

List.Median	リストから中央値の項目を返す。
List.Min	リスト内の最小の項目を返す。リストが空の場合は、省略可能な既定値を返す。
List.MinN	リスト内の最小値を返す。返す値の数、またはフィルター条件を指定できる。
List.Sort	比較条件を使用して並べ替えられたリストを返す。
List.Percentile	指定された確率に対応する1つ、または複数のサンプルのパーセンタイルを返す。

▼平均値に関する関数

Numbers、DateTimesおよびDurationsの同種のリストを操作する関数です。

名前	説明
List.Average	リストから、そのリスト内に指定されたデータ型の値の平均値を返す。
List.Mode	リスト内で最も多く出現する項目を1つ返す。
List.Modes	最も多く出現する項目をすべて返す。
List.StandardDeviation	値のリストから標準偏差を返す。List.StandardDeviationは、サンプルベースの推定を実行する。Numbersの結果は数値、DateTimesとDurationsの結果は期間になる。

▼加算に関する関数

Numbers または Durations の同種のリストを操作する関数です。

名前	説明
List.Sum	リストから合計を返す。

Number関数

数値の作成と操作を行います。

▼使用例

```
Number.IsEven(321)
```

■説明

指定した値が偶数の場合にtrueを返します。使用例の結果は「false」になります。

▼変換および書式設定に関する関数

名前	説明
Byte.From	指定した値から8ビットの整数値を返す。
Currency.From	指定された値から通貨の値を返す。
Decimal.From	指定された値から小数値を返す。
Double.From	指定された値から倍精度浮動小数点数値を返す。
Number.From	値から数値を返す。
Number.FromText	テキスト値から数値が返される。
Number.ToText	指定した数値をテキストに変換する。
Percentage.From	指定された値からパーセント値を返す。

▼操作に関する関数

名前	説明
Number.Abs	数値の絶対値を返す。
Number.Combinations	省略可能な組み合わせのサイズで、指定された項目数の組み合わせの数を返す。
Number.Exp	累乗されたeを表す数値を返す。
Number.Factorial	数値の階乗を返す。
Number.IntegerDivide	2つの数値を除算し、結果として得られた数値の整数部分を返す。
Number.Mod	2つの数値を除算し、結果として得られた数値の剰余を返す。
Number.Power	累乗された数値を返す。
Number.Sign	正の数値の場合は1、負の数値の場合は-1、0の場合は0を返す
Number.Sqrt	数値の平方根を返す。

▼ランダム値に関する関数

名前	説明
Number.Random	0と1の間の小数の乱数を返す。
Number.RandomBetween	指定された2つの数値の間の乱数を返す。

レコード関数

レコード値の作成と操作を行います。

▼使用例

```
Record.FieldCount([No = 1, Name = "田中"])
```

■説明

レコード内のフィールドの数を返します。使用例の結果は「2」になります。

▼情報関数

名前	説明
Record.FieldCount	レコード内のフィールドの数を返す。
Record.HasFields	フィールド名がレコード内に存在する場合にtrueを返す。

▼変換関数

名前	説明
GeometryPoint.From	X座標、Y座標などの構成パーツからの幾何学的ポイントを表すレコードを作成する。
Record.AddField	フィールド名と値からフィールドを追加する。
Record.Combine	リスト内のレコードを結合する。
Record.RemoveFields	入力レコードからリストで指定されたすべてのフィールドを削除したレコードを返す。
Record.RenameFields	指定されたフィールドの名前を変更した新しいレコードを返す。結果のフィールドには元の順序が保持される。
Record.ReorderFields	フィールドを互いに相対的に並べ替えた新しいレコードを返す。
Record.TransformFields	transformOperationsを適用してフィールドを変換する。

▼選択関数

名前	説明
Record.Field	指定されたフィールドの型を返す。

Record.FieldNames	レコードのフィールドの順にフィールド名のリストを返す。
Record.FieldOrDefault	レコードのフィールドの値を返す。フィールドが存在しない場合は、既定値が返される。
Record.FieldValues	レコードのフィールドの順にフィールド値のリストを返す。
Record.SelectFields	入力レコードから選択されたフィールドを含む新しいレコードを返す。フィールドの元の順序は維持される。

置換関数

特定の値を置き換えます。

▼使用例

```
Replacer.ReplaceText("こんにちわ","にち","ばん")
```

■説明

1つ目の引数にした文字列を対象に、2番目の引数の文字列を検索して、3番目に指定した文字列に置換します。使用例の結果は「こんばんは」になります。

▼置換関数

名前	説明
Replacer.ReplaceText	元のテキストを新しいテキストに置き換える。この置換関数は、List.ReplaceValueとTable.ReplaceValueで使用できる。
Replacer.ReplaceValue	リストの値およびテーブル値をそれぞれ置換する。この置換関数は、List.ReplaceValueまたはTable.ReplaceValueに渡される。
Record.ToList	入力レコードのフィールド値を含む値のリストを返す。

分割関数

テキストを分割します。

▼使用例

```
Splitter.SplitTextByDelimiter(",", QuoteStyle.Csv)
("1,""2,3"",4")
```

■説明

指定した区切り記号（使用例では「,」）でテキストを分割します。ただし、「""」で囲まれた文字列内の区切り記号は無視します。使用例の結果は、「1」「2,3」「4」になります。

▼分割関数

名前	説明
Splitter.SplitByNothing	引数を分割せず、引数を1つの要素リストとして返す。
Splitter.SplitTextByCharacterTransition	文字を別の種類の文字に切り替えるとき、文字列を文字列のリストに分割する。
Splitter.SplitTextByAnyDelimiter	サポートされている任意の区切り記号でテキストを分割する。
Splitter.SplitTextByDelimiter	1つの区切り記号でテキストを分割する。
Splitter.SplitTextByEachDelimiter	各区切り記号でテキストを交互に分割する。
Splitter.SplitTextByLengths	指定した長さでテキストを分割する。
Splitter.SplitTextByPositions	指定した位置でテキストを分割する。
Splitter.SplitTextByRanges	指定した範囲でテキストを分割する。
Splitter.SplitTextByRepeatedLengths	指定した長さでテキストを繰り返し、一連のテキストに分割する。
Splitter.SplitTextByWhitespace	空白でテキストを分割する。

テーブル関数

テーブル値の作成と操作を行います。

▼使用例

```
= Table.FromRecords({
    [ID = 1, Name = "田中", Zip = "123-4567"],
    [ID = 2, Name = "中村", Zip = "987-6543"],
    [ID = 3, Name = "小林", Zip = "543-7890"]
})
```

■説明

レコードのリストからテーブルを返します。使用例の結果は、図8-3-9のようになります。

図8-3-9 実行結果

	ID	Name	Zip
1	1	田中	123-4567
2	2	中村	987-6543
3	3	小林	543-7890

▼テーブル構築関数

名前	説明
Table.FromColumns	列の名前と値を持つ入れ子になったリストを含むリストからテーブルを返す。
Table.FromList	指定された分割関数をリストの各項目に適用して、リストをテーブルに変換する。
Table.FromRecords	レコードのリストからテーブルを返す。
Table.FromRows	リストからテーブルが作成される。リストの各要素は、1つの行の列値を含むリスト。
Table.FromValue	指定された値または値のリストが含まれる列を含むテーブルを返す。

Table.FuzzyGroup	テーブルの、指定された列の値があいまい一致する行をグループ化する。
Table.FuzzyJoin	指定されたキーに基づいて、2つのテーブルのあいまい一致する行を結合する。
Table.FuzzyNestedJoin	指定された列についてテーブル間のあいまい結合を実行し、結合の結果を新しい列に生成する。
Table.Split	指定されたテーブルを、指定されたページサイズを使用してテーブルのリストに分割する。

▼情報関数

名前	説明
Table.ApproximateRowCount	テーブル内の行の概数を返す。
Table.ColumnCount	テーブル内の列の数を返す。
Table.IsEmpty	テーブルに行が含まれていない場合、trueを返す。
Table.Profile	テーブルの列のプロファイルを返す。
Table.RowCount	テーブルの行数を返す。
Table.Schema	指定したテーブルの列の説明(つまりスキーマ)を含むテーブルを返す。
Tables.GetRelationships	テーブルのセット間のリレーションシップを返す。

▼行の操作に関する関数

名前	説明
Table.AlternateRows	初期オフセットを保持し、それ以降の行を交互に保持またはスキップする。
Table.Combine	テーブルのリストをマージしたテーブルを返す。テーブルの行の型の構造は、すべて同じである必要がある。
Table.FindText	指定されたテキストがセルのいずれか、またはその一部に含まれる行のみを含むテーブルを返す。
Table.First	テーブルから最初の行を返す。
Table.FirstN	countOrConditionパラメーターに応じて、テーブルの最初の行(1行または複数行)を返す。

Table.FirstValue	テーブルの先頭行の先頭列、または指定された既定値を返す。
Table.Last	テーブルの最後の行を返す。
Table.LastN	countOrConditionパラメーターに応じて、テーブルの最後の行(1行または複数行)を返す。
Table.MatchesAllRows	テーブル内のすべての行が条件を満たしている場合、trueを返す。
Table.MatchesAnyRows	テーブル内のいずれかの行が条件を満たしている場合、trueを返す。
Table.Range	オフセットを開始位置として、指定された数の行をテーブルから返す。
Table.RemoveFirstN	最初の行を開始位置として、テーブルから指定された数の行が削除される。
Table.RemoveLastN	最後の行を開始位置として、テーブルから指定された数の行が削除される。
Table.RemoveRows	指定した位置を開始位置としてテーブルから、指定された数の行が削除される。
Table.RemoveRowsWithErrors	テーブルから少なくとも行の1つのセルにエラーがあるすべての行が削除される。
Table.Repeat	テーブルの行がカウントの数だけ繰り返されたテーブルを返す。
Table.ReplaceRows	オフセットから始まる行がカウントの数だけ指定された行で置き換えられたテーブルを返す。
Table.ReverseRows	行を逆順にしたテーブルを返す。
Table.SelectRows	条件に一致する行のみを含むテーブルを返す。
Table.SelectRowsWithErrors	テーブル内の少なくとも行の1つのセルにエラーがある行のみが含まれたテーブルを返す。
Table.SingleRow	テーブルから1つの行を返す。
Table.Skip	テーブルの最初の行(1行または複数行)を含まないテーブルを返す。
Table.SplitAt	最初の行(指定された数の行)と残りの行を含むリストを返す。

▼列の操作に関する関数

名前	説明
Table.Column	テーブル内の列の値を返す。
Table.ColumnNames	テーブル内の列の名前を返す。
Table.ColumnsOfType	指定の型と一致する列の名前リストを返す。
Table.DemoteHeaders	ヘッダー行をテーブルの最初の行に降格させる。
Table.DuplicateColumn	指定された名前の列を複製する。値と型は、ソース列からコピーされる。
Table.HasColumns	指定された列がテーブルに含まれているかどうかを示す。
Table.PrefixColumns	すべての列にプレフィックスとしてテキスト値が付いているテーブルを返す。
Table.PromoteHeaders	テーブルの最初の行をヘッダーまたは列名に昇格させる。
Table.RemoveColumns	指定された列を含まないテーブルを返す。
Table.ReorderColumns	特定の列が互いに関連した順序で含まれるテーブルを返す。
Table.RenameColumns	指定されたとおりに名前が変更された列を含むテーブルを返す。
Table.SelectColumns	特定の列のみを含むテーブルを返す。
Table.TransformColumnNames	指定された関数を使用して、列の名前を変換する。
Table.Unpivot	テーブル列のリストを指定すると、それらの列が属性と値のペアに変換される。
Table.UnpivotOtherColumns	指定されたセット以外のすべての列が属性と値のペアに変換される。その際、各行の残りの値と結合する。

▼変換関数

名前	説明
Table.AddColumn	指定した名前の列をテーブルに追加する。
Table.AddIndexColumn	特定の名前を持つ新しい列を含むテーブルを返す。このテーブルには、行ごとにテーブル内の行のインデックスが含まれる。

Table.CombineColumnsToRecord	指定された列を新しいレコード値列に結合する。各レコードには、結合された列の名前と値に対応するフィールドの名前と値が含まれる。
Table.ExpandListColumn	テーブル内のリスト列を指定すると、そのリスト内の値ごとに1行のコピーが作成される。
Table.ExpandRecordColumn	レコード列を値ごとに列に展開する。
Table.ExpandTableColumn	レコード列またはテーブル列を、親テーブルの複数の列に展開する。
Table.FillDown	テーブルの指定された列のnull値を、列内の最新のnull以外の値に置き換える。
Table.FillUp	指定されたテーブルからテーブルを返す。ここでは、次のセルの値が、指定された列の上のnull値セルに反映される。
Table.TransformColumns	1つ以上の列の値を変換する。
Table.TransformColumnTypes	型を使用して、テーブルの列の型を変換する。
Table.TransformRows	変換関数を使用して、テーブルの行を変換する。
Table.Transpose	入力テーブルの列を行に、行を列に変換したテーブルを返す。

▼メンバーシップ関数

名前	説明
Table.Contains	レコードがテーブルに行として含まれるかどうかを示す。
Table.ContainsAll	指定されたすべてのレコードが、テーブルに行として含まれるかどうかを示す。
Table.ContainsAny	指定されたレコードのいずれかが、テーブルに行として含まれるかどうかを示す。
Table.Distinct	テーブルから重複する行を削除し、残りのすべての行が一意にする。
Table.IsDistinct	テーブルに一意の行のみが含まれるかどうかを示す。
Table.PositionOf	テーブル内の行の位置を示す。

Table.PositionOfAny	テーブル内の指定されたいずれかの行の位置を示す。
Table.RemoveMatchingRows	テーブルからすべての行を削除する。
Table.ReplaceMatchingRows	テーブルの特定の行を新しい行に置き換える。

▼順序に関する関数

名前	説明
Table.Max	テーブルから最大の行を返す。
Table.MaxN	テーブルから最大のN行を返す。行が並べ替えられた後、結果をさらにフィルター処理するには、countOrConditionパラメーターを指定する必要がある。
Table.Min	テーブルから最小の行を返す。
Table.MinN	指定されたテーブル内の最小のN行を返す。行が並べ替えられた後、結果をさらにフィルター処理するには、countOrConditionパラメーターを指定する必要がある。
Table.AddRankColumn	1つ以上の他の列のランキングが入った列を追加する。
Table.Sort	comparisonCriteriaまたは（指定されていない場合）既定の順序を使用して、テーブル内の行を並べ替える。

テキスト関数

テキスト値の作成と操作を行います。

▼使用例

```
Text.Length("Hello World")
```

■説明

指定した文字列の文字数を返します。使用例の結果は「11」になります。

▼情報関数

名前	説明
Text.InferNumberType	テキストでエンコードされた数値の粒度の数値型を推測する(Int64.Type、Double.Typeなど)。
Text.Length	テキスト値の文字数を返す。

▼テキストの比較に関する関数

名前	説明
Character.FromNumber	数値をその文字値に変換して返す。
Character.ToNumber	文字をその数値に変換して返す。
Json.FromValue	指定された値のJSONフォーマットを生成する。
Text.From	数値、日付、時刻、datetime、datetimezone、論理、期間、またはバイナリ値のをテキストに変換して返す。値がnull値の場合、Text.Fromはnull値を返す。
Text.FromBinary	エンコードを使用して、バイナリ値のデータをテキスト値にデコードする。
Text.ToBinary	エンコーディングを使用して、テキスト値をバイナリ値にエンコードする。
Text.ToList	テキスト値から文字の一覧を返す。
Value.FromText	テキスト形式の表記(value)から値をデコードし、適切な型の値として解釈する。Value.FromTextはテキスト値を受け取り、数、論理値、NULL値、DateTime値、期間値、またはテキスト値を返す。空のテキスト値はNULL値として解釈される。

▼抽出関数

名前	説明
Text.At	0から始まるオフセットで始まる文字を返す。
Text.Middle	指定の長さまでのサブ文字列を返す。
Text.Range	文字数の個数について、0から始まるオフセットで始まるテキスト値の文字数を返す。
Text.Start	テキスト値の先頭から文字数を返す。
Text.End	テキスト値の末尾から文字数を返す。

▼変更に関する関数

名前	説明
Text.Insert	指定した値を、0から始まるオフセットで始まるテキスト値に挿入してテキスト値を返す。
Text.Remove	テキスト値から、文字または文字の一覧をすべて削除する。
Text.RemoveRange	テキスト値から、0から始まるオフセットの文字数を削除する。
Text.Replace	新しいテキスト値で出現するサブ文字列をすべて置き換える。
Text.ReplaceRange	0から始まるオフセットで始まるテキスト値の文字の長さを、新しいテキスト値に置き換える。
Text.Select	入力テキスト値に出現する指定された文字、または一連の文字をすべて選択する。

▼メンバーシップ関数

名前	説明
Text.Contains	指定したテキスト値がテキスト値の文字列内で見つかった場合はtrue、それ以外の場合はfalseを返す。
Text.EndsWith	文字列の末尾に指定したテキスト値が見つかったかどうかを示す論理値を返す。
Text.PositionOf	文字列内で最初に見つかったテキスト値を返し、startOffsetで始まる位置を返す。
Text.PositionOfAny	リスト内で最初に見つかったテキスト値を返し、startOffsetで始まる位置を返す。
Text.StartsWith	文字列の先頭にテキスト値substringが見つかったかどうかを示す論理値を返す。

▼変換関数

名前	説明
Text.AfterDelimiter	指定された区切り記号の後のテキストの一部を返す。
Text.BeforeDelimiter	指定された区切り記号の前のテキストの一部を返す。
Text.BetweenDelimiters	指定されたstartDelimiterとendDelimiterの間のテキストの一部を返す。
Text.Clean	印刷不可能な文字を削除した元のテキスト値を返す。

Text.Combine	区切り記号で区切られた個々の値を含む、すべてのテキスト値を結合した結果のテキスト値を返す。
Text.Lower	テキスト値の小文字を返す。
Text.PadEnd	長さが最小文字数以上になるように、末尾に埋め込まれたテキスト値を返す。
Text.PadStart	長さが最小文字数以上になるように、先頭に埋め込まれたテキスト値を返す。埋め込みが指定されていない場合、空白文字が埋め込みとして使用される。
Text.Proper	すべての単語の最初の文字を大文字に変換したテキスト値を返す。
Text.Repeat	回数繰り返された入力テキストで構成されるテキスト値を返す。
Text.Reverse	指定されたテキストを反転する。
Text.Split	区切り記号テキスト値で区切られたテキスト値の一部を含むリストを返す。
Text.SplitAny	任意の区切り記号テキスト値で区切られたテキスト値の一部を含むリストを返す。
Text.Trim	trimCharsで見つかった文字をテキストから削除する。
Text.TrimEnd	元のテキスト値の末尾から、trimChars内で指定された任意の文字を削除する。
Text.TrimStart	元のテキスト値の先頭から、trimChars内の任意の文字を削除する。
Text.Upper	テキスト値の大文字を返す。

第8章のまとめ

●M言語には数値や文字、日付・時刻などのデータの種類がある。「1」や「A」といった値だけではなく、リストやレコードなども「値」として扱う。また「空のクエリ」を使用することで、ゼロからM言語を使用してリストやレコードを作成することができる。

●M言語を使用して作成した単独の値（プリミティブ値）は、パラメータとして他のクエリから参照することができる。

●M言語の基本的な構文としては、「演算子」「コメント」「let式」「if」「カスタム関数」がある。いずれも、M言語を使用する際の基本となる。特に、let式は複数の処理をまとめることができるため、必須の知識となる。また、独自の関数（カスタム関数）を作成することもできる。

●M言語には関数がある。関数はパワークエリの機能を元に調べることができるため、仮に関数名がわからなくても調べられる。

第 9 章

M言語の活用

本章では、M言語のより実戦的な活用方法について解説します。そのために、まずは第8章で解説したM言語の構文について補足し、そのうえで実務の場面でよく遭遇する事象（元データの変更等）に対応するためのテクニックについて考えて行きます。

ここで解説するテクニックは、これまでのように自動生成されたM言語を「編集」するということではなく、自動生成されない命令も使用します。その結果、これまでのような「エラーが発生したときにM言語を編集する」といったレベルだけでなく、「M言語を使用することで、そもそもエラーにならないようにする」のような対応も可能になります。

9-1 M言語の文法を さらに深く理解する

CheckPoint! □eachと「_」(アンダースコア)の意味
□M言語のエラー処理

サンプルファイル名　売上データ1.xlsx

M言語の理解をより深めるために知っておくべきこと

M言語をもっと踏み込んで使いこなすために、最低限知っておいてほしいのは次の4点です。この4つを知ることが、パワークエリを実務で活用するための第一歩となります。

- 「詳細エディター」の基本構文
- eachと「_」(アンダースコア)
- エラー処理
- より複雑なカスタム関数

「詳細エディター」の基本構文

第6章で解説したように、「詳細エディター」はパワークエリで作成した「クエリ」(M言語)の内容を確認・編集できる画面です。この画面でM言語を編集できると、作業効率が上がるだけではなく、パワークエリのリボンからの操作だけではできないような処理も可能になります。そこで、まずは「詳細エディター」に記述されている内容についての基本から解説して行きます。

図9-1-1は、「売上データ1.xlsx」の「Sheet1」を新規ブックのパワークエリに取り込んだところです。

図9-1-1 「売上データ1.xlsx」のデータ

= Table.TransformColumnTypes(昇格されたヘッダー数,{{"日付", type any}, {"

❶

	日付	商品コード	商品名	単価
1	2023/02/01	LA002	革靴B	
2	2023/02/01	SA001	スニーカーA	
3	2023/02/01	SA002	スニーカーB	
4	2023/02/01	SA003	スニーカーC	
5	2023/02/01	SA003	スニーカーC	
6	2023/02/01	OS001	サンダルA	
7	2023/02/01	OS002	サンダルB	
8	2023/02/01	PA003	パンプスC	
9	2023/02/02	LA001	革靴A	
10	2023/02/02	SS003	スポーツシューズC	
11	2023/02/02	PA002	パンプスB	
12	2023/02/02	PA003	パンプスC	
13	2023/02/03	LA002	革靴B	
14	2023/02/03	SS003	スポーツシューズC	
15	2023/02/03	OS001	サンダルA	
16	2023/02/03	PA001	パンプスA	
17	2023/02/04	SS002	スポーツシューズB	
18	2023/02/04	OS001	サンダルA	
19	2023/02/05	SA001	スニーカーA	
20	2023/02/05	OS002	サンダルB	

❶このデータを利用して、M言語の構文を確認する

そして、この時点でのステップと「表示」→「詳細エディター」で表示した内容を比較したものが、図9-1-2です。一部異なる個所もありますが、基本的にパワークエリのステップと詳細エディターの各行は一致します。

図9-1-2 「ステップ」と「詳細エディター」の内容の比較

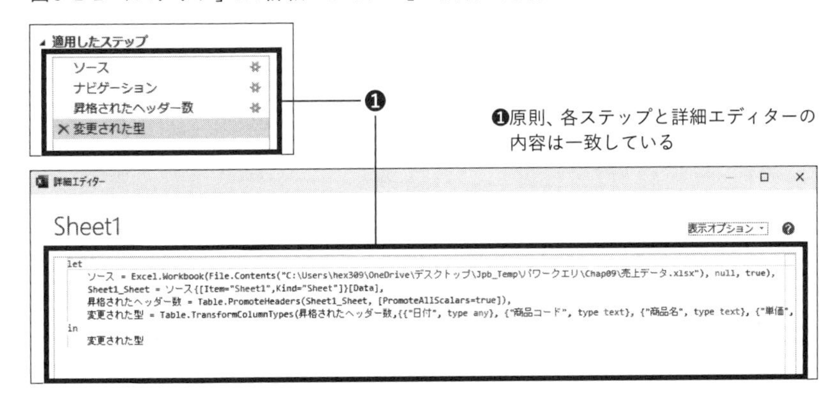

この「詳細エディター」の内容ですが、まず「let」で始まり、「in ○○」という形で終わっている点に注意してください。そして、letからinの間に、各ステップに該当する処理を「,」で区切って記述します（この「,」を忘れると正しく動作しないので注意してください。ただし、letの前後、inの前後は不要です）。これが、「詳細エディター」内でのM言語の基本的な構文になります。

▼「詳細エディター」内のM言語の基本構文

```
let
  各ステップの処理,
   ・,
   ・
in
  処理結果を表す式またはステップ名
```

StepUp!

「let」は、Excel365のLET関数と同じ考え方になります。ExcelのLET関数も、複数の処理をまとめ、最終的な処理結果を返すことができる関数です。複雑な数式が読みやすくなるというメリットがあるので、興味のある方はぜひ使ってみてください。

これまで、M言語を直接編集するときは対象のステップを選択して数式バーで編集しました。しかし、複数のステップをまとめて編集する場合には、この「詳細エディター」を開いて編集した方が効率的です。

また、例えばカスタム関数のテストをしたい場合なども、「詳細エディター」を使用すると便利です。

「詳細エディター」の活用

第8章では、消費税込みの金額を求めるカスタム関数を作成しました。これを「詳細エディター」でテストしてみます。

新規ブックのパワークエリ画面で、図9-1-3を参考に「空のクエリ」を作成してください（「クエリ」部分で右クリック→「新しいクエリ」→「その他のソース」→「空のクエリ」で作成します）。

図9-1-3 「空のクエリ」の作成

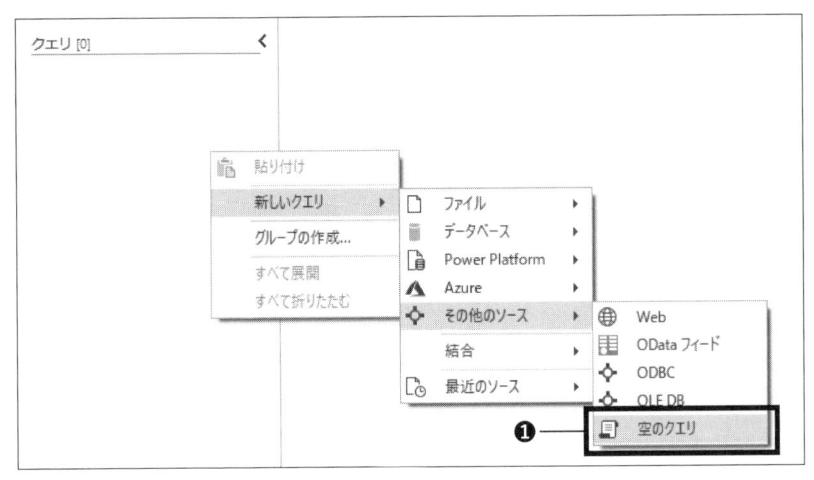

❶「空のクエリ」を作成する

「空のクエリ」ができたら（図9-1-4）、「表示」タブの「詳細エディター」をクリックして「詳細エディター」を表示します（図9-1-5）。

図9-1-4 「空のクエリ」の完成

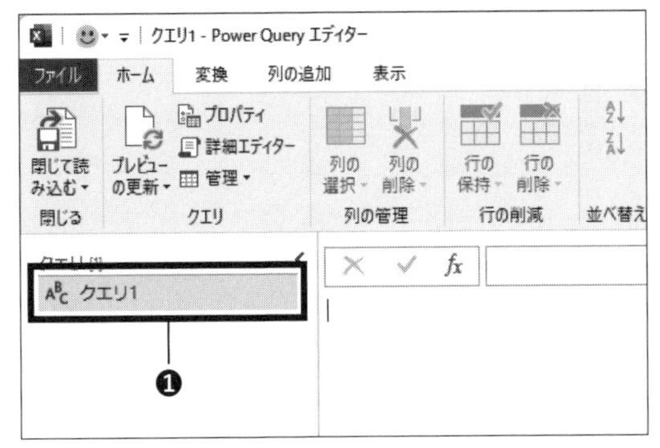

❶「空のクエリ」ができた

図9-1-5 「詳細エディター」画面

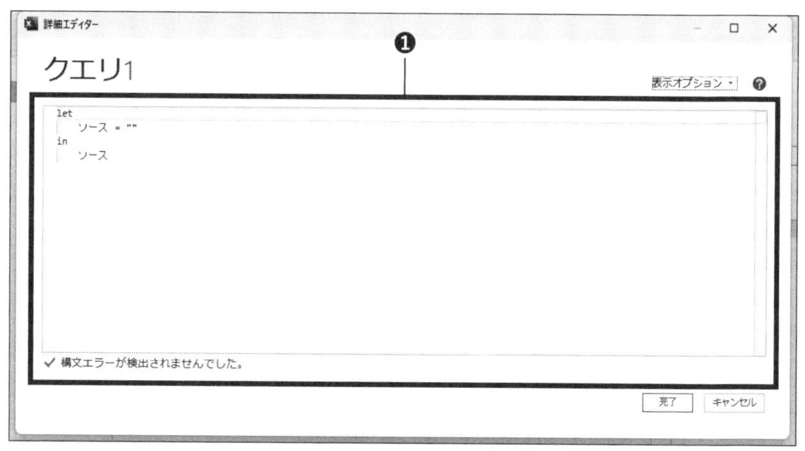

❶この画面で関数をテストする

次に、この画面に以下のM言語を入力してください。ここではTaxという消費税額を求める関数を作成し、実際に2つのテストケースの処理結果を表示します。

▼入力するM言語

```
let
  Tax = (price) => price * 0.1,     //消費税額の計算
  Results =
    [
      Result1 = Tax(100),
      Result2 = Tax(200)
    ]
in
  Results
```

入力したら「完了」をクリックしてください。図9-1-6のように、2つのステップが作成され処理結果が表示されます。

図9-1-6　実行結果

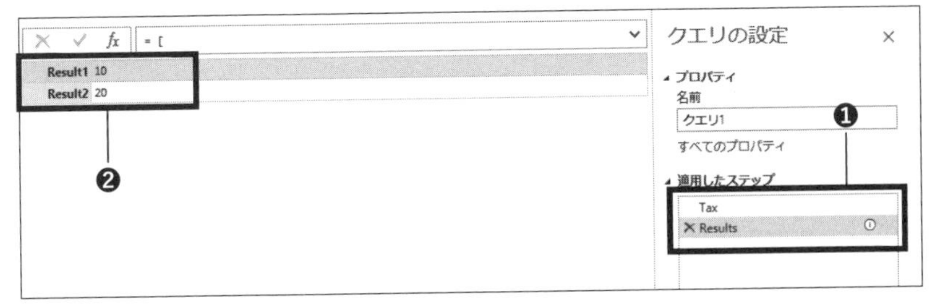

❶2つのステップが作成される

❷処理結果が表示された

先ほどのM言語について、もう少し説明しましょう。

ここではまず、Taxというカスタム関数を定義しています。ポイントは次です。Resultsに続けて、[]で2つのレコードを作成し（第8章参照）、この中で先に定義したTax関数を使用しています。このように「詳細エディター」を使用すると、サンプルデータをExcelなどで用意することなくテストをすることができるのです。

StepUp!

このようなテストはとても重要です。実務で使うデータだと、すべての条件を網羅したデータになっていないケースがあり、正確なテストができない場合があります。でも、テストデータも合わせて作成して関数のチェックをすれば、より正確な動作をする関数を効率的に作成することができるのです。

別の例でも確認してみましょう。次の処理は、まず「LastLessThan5」という関数を定義しています。この関数は対象のリストから「5より小さくて、最後に見つかった値」を返します。そして、「Results」で2つのリスト（{}で指定します。第8章参照）に対して処理を行い、その結果を表示します。

▼リスト内で「5より小さい値で最後に見つかった値」を返す処理

```
let
  LastLessThan5 = (list) =>
    let
      LastLessThan5 = List.Select(list, (n) => n < 5),
      Last = List.Last(LastLessThan5)
    in
      Last,
  Results =
  [
      Found    = LastLessThan5({1,3,7,9}),  // 結果：3
      NotFound = LastLessThan5({5,7,9})    // 結果；null
  ]
in
  Results
```

少し複雑なので、LastLessThan5関数についてさらに解説しておきます。

▼LastLessThan5の説明

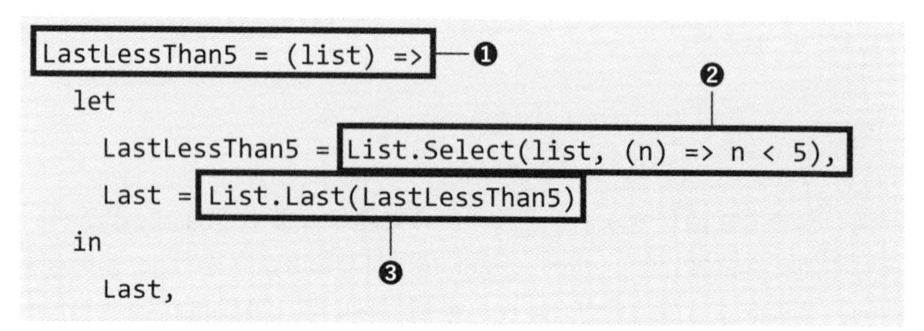

❶「LastLessThan5」関数は「list」を引数として使用する

❷List.Select関数を使用して、引数listを対象に5より小さい値を取得する

❸List.Last関数を使用して、先ほどの処理結果から最後に見つかった値を取得する

なお、List.Select関数の2番目の引数「(n) => n < 5」ですが、nは対象リストのレコードの値で、この条件に合ったものがList.Select関数で選択されます。コードを入力したら、「詳細エディター」の「完了」をクリックしてください。結果が出力されます。

図9-1-7　実行結果

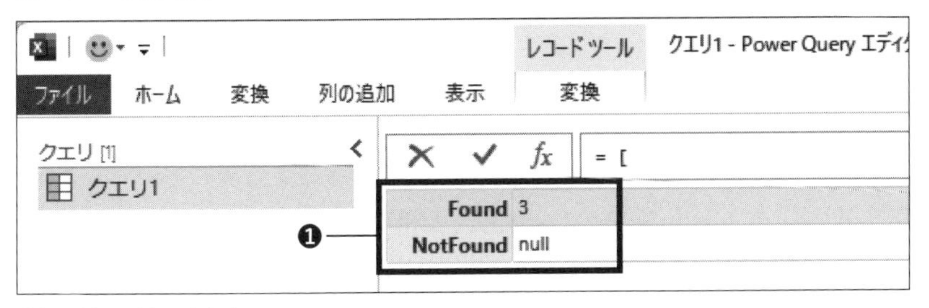

❶処理結果が表示された

StepUp!

List.Select関数の動作を確認するのであれば、詳細エディターに次のように入力してください。これで、List.Select関数が条件に合ったデータのリストを返すことが確認できます。

▼動作確認用のM言語

```
let
  LastLessThan5 = (list) => List.Select(list, (n)
=> n < 5),
  Results =
  [
   Found = LastLessThan5({1,3,7,9})
  ]
in
  Results
```

図9-1-8　実行結果

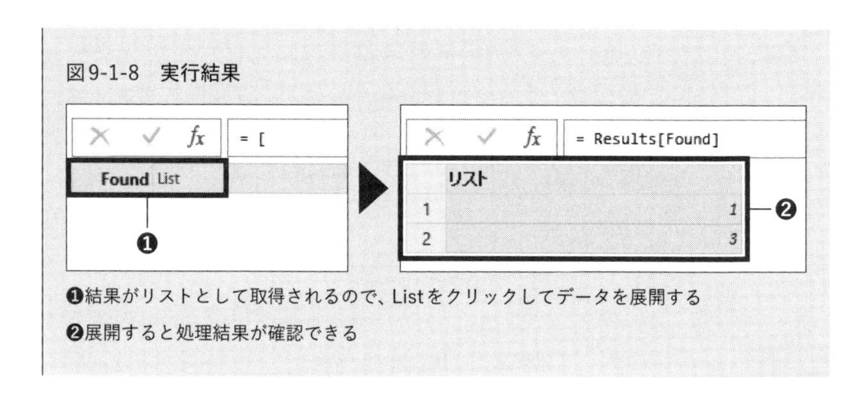

❶結果がリストとして取得されるので、Listをクリックしてデータを展開する
❷展開すると処理結果が確認できる

このようにM言語を使用すると、簡単にテストまで行うことができます。もちろん、テスト用のデータをきちんと用意してテストすることも大切ですが、簡易的にテストを行えるということは、作業効率の面でとても有効です。また、複雑な処理になればなるほど、個々の部分に分けたテストが必要になるケースもあります。そのような場合にも、この方法は有効なのです。

eachと「_」（アンダースコア）

「each」ですが、例えば「カスタム列の追加」を行うと自動的に作成されるM言語に記述されています。

図9-1-9　「カスタム列の追加」

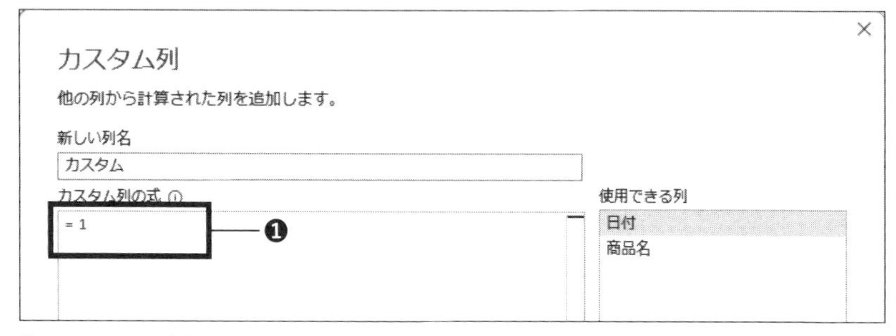

❶カスタム列の追加。ここでは単純に、1をすべての列に入力する

図9-1-10 「カスタム列の追加」後の「詳細エディター」

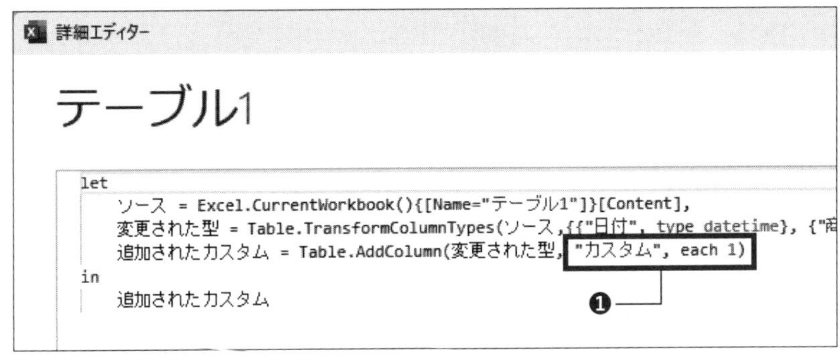

❶作成されたM言語。eachが利用されている

このことから、eachは「それぞれの」といったニュアンスであると思うかもしれません。確かにそれでも良いのですが、では先ほどのList.Select関数の例の、次の部分はどうだったでしょうか？

▼List.Select関数の例

```
List.Select(list, (n) => n < 5)
```

この部分も、対象のリストの「それぞれの」行に対して処理を行っていました。しかし、こちらではeachは使用していません。これはどういうことなのでしょうか？

実は、eachはここで使用している「(n) => n < 5」の部分を簡易的に表示するための記述方法なのです。ですので、この部分は「each _ < 5)」と記述しても同じ動作になります。そして、このときに使用される「_（アンダースコア）」は元の「n」、つまり引数を省略表示するための記号となります。

StepUp!

「_（アンダースコア）」は次のような記述もできます。次のコードは「対象テーブル」の「Age」列が12より大きい列を取得します。

▼M言語の例

```
Table.SelectRows( 対象テーブル, each [Age] > 12 )
Table.SelectRows( 対象テーブル, (_) => _[Age] > 12 )
```

このように複雑な構文を簡易的に表現できる記述方法を、プログラムの世界では「糖衣構文（syntax sugar)」と呼びます。

エラー処理

M言語のエラー（例外）処理はtry式を使用するのですが、その前にパワークエリでエラーが発生したときの状態を確認してみましょう。

新規ブックのパワークエリエディタを開き、「空のクエリ」を作成して、「詳細エディター」に次のコードを入力→「完了」をクリックしてください。すると、エラーが表示されます（図9-1-11)。これは文字列と数値の「1」を加算しようとしたためのエラーです（繰り返しになりますが、パワークエリはデータの「型」に厳密です)。

▼エラーが発生するM言語

```
let
  Result = "A" + 1
in
  Result
```

図9-1-11　実行結果

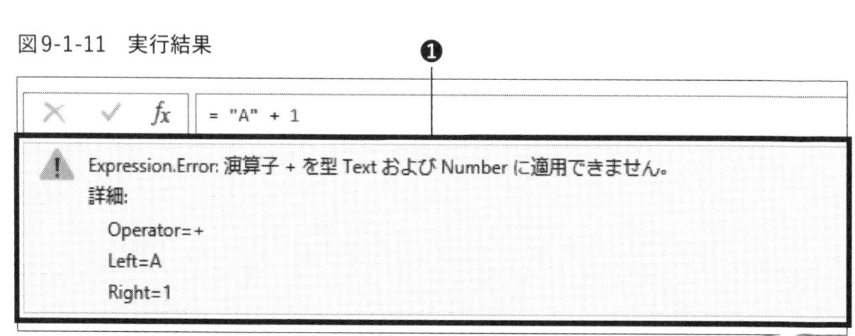

❶エラーが表示された

このようにエラーがあるとパワークエリの処理が止まってしまうわけですが、これを避けるために使用するのがtry式になります。先ほど入力したM言語を次のように変更してください。「完了」をクリックすると、図9-1-12のように、エラーで処理が止まるのではなくエラーの内容が出力されます。

▼修正したコード

```
let
  Result = try "A" + 1
in
  Result
```

図9-1-12　実行結果

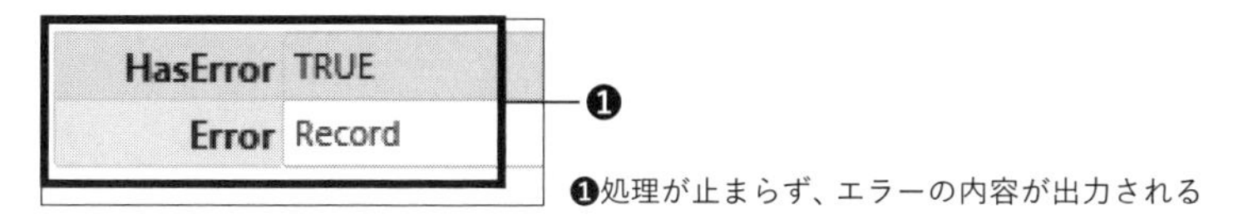

❶処理が止まらず、エラーの内容が出力される

ここでは、「HasError」の値が「TRUE」になっている点を確認してください。そして、「Error」は「Record」となっています。この「Record」をクリックすると、エラーの内容が表示されます。

図9-1-13　エラーの詳細

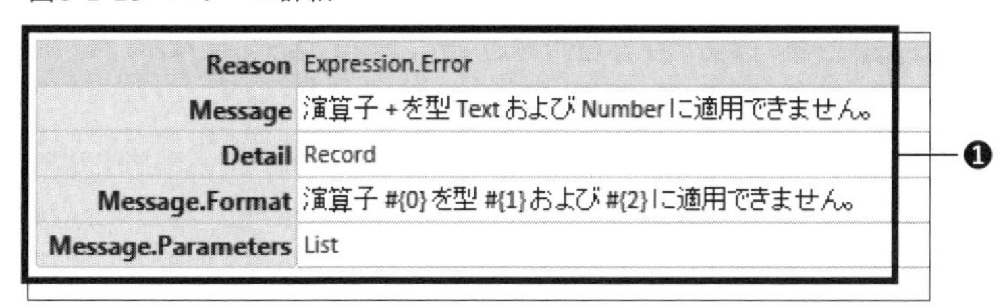

❶エラーの詳細が表示される

さらに「Detail」をクリックすると、図9-1-14のように具体的なエラーが表示されます。

図9-1-14　エラー内容の表示

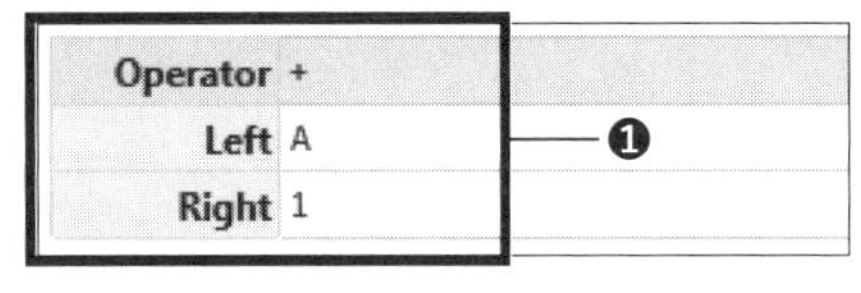

❶具体的なエラー内容が表示された

このことからわかるのは、M言語ではエラーが発生したときに、エラーに関する情報をデータとして持っているということです。そして、このデータは先ほどの図9-1-13のように「レコード」の形になっているため、このレコードを参照することで、エラーに応じた処理を行うことができるのです。そして、そのようなときに使用するのが「try ~ catch」式です。

try ~ catch式

早速ですが、次のコードを見てください。

▼try ~ catch式を使用した例

```
let
  Result = try "A" + 1 catch(e) => e[Reason] & " : " &
e[Message]
in
  Result
```

ここでは、catchの引数に「e」を指定しています。この引数は、エラーが発生したときのデータです。そこで、「e[Reason]」のように記述して、エラー時のデータのうち「Reason」と「Message」のデータの内容を出力します。

図9-1-15　エラー情報の表示

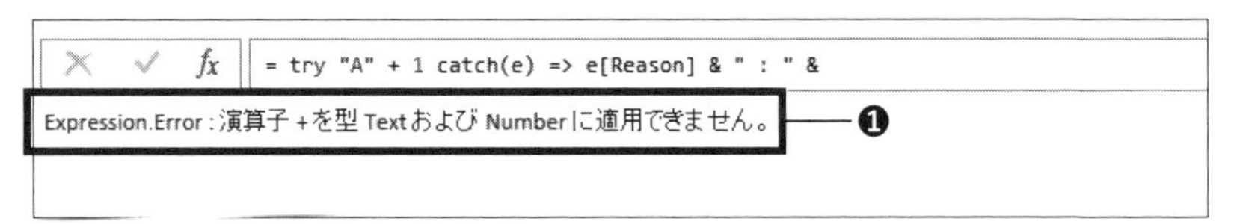

❶エラーに関するメッセージが出力される

このように、catch式を使用することでエラー時の情報を取得し、さらにその情報を元に処理を行うことができるのです。

StepUp!

先ほどの例では、エラー時にM言語が出力するエラーメッセージを表示しましたが、次のようにすることで独自のエラーメッセージを出力することもできます。このコードは、エラー時の「Reason」の値が「Expression.Error」の場合、「対象の値を確認」と出力します（図9-1-16）

▼独自のエラーメッセージを出力するコード

```
let
  Result = try "A" + 1 catch(e) => if e[Reason]
= "Expression.Error" then "対象の値を確認" else
e[Reason]
in
  Result
```

図9-1-16　実行結果

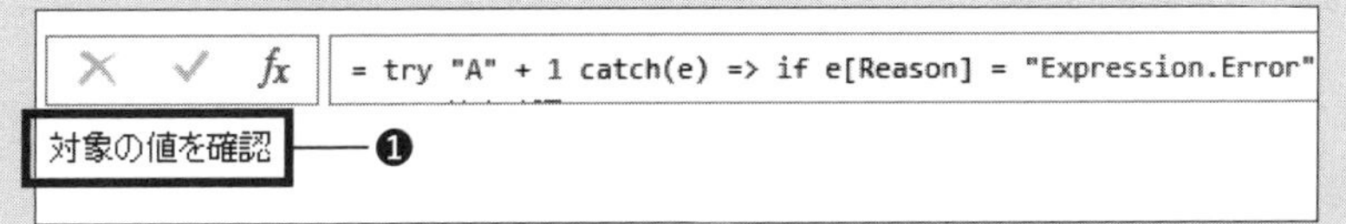

❶独自のメッセージが出力された

なお、try式は「otherwise」と組み合わせて、「try 通常の場合 otherwise エラーの場合」のように記述することもできます。例えば次のコードは、「Rate」列がエラーの場合に「Cost」列の値を返します。

▼try otherwiseの例

```
try [Rate] otherwise [Cost]
```

なお、このコードは次のように記述することも可能です。

▼try catchに書き換えた例

```
try [Rate] catch ()=> [Cost]
```

どちらの記述が正しいということではありませんが、後で細かなエラー処理を行う必要が出た場合はtry catch式の方がすぐに対応できるので、筆者はこちらを使用するようにしています。

より複雑なカスタム関数

最後に、第8章で解説したカスタム関数についていくつか補足しておきます。

まずは省略可能な引数です。次のサンプルは販売金額を求めるものですが、1番目の引数に「価格」を、2番目の引数には「割引率」を指定します。ただし、「割引率」が省略されている場合は価格をそのまま返し、「割引率」が指定されている場合は値引き後の価格を返します（図9-1-17）。

▼省略可能な引数の例

```
[
   SalesPrice = (price, optional discount) =>
            if (discount = null) then price else price
- price * discount,
   Result1 = SalesPrice (1000),
   Result2 = SalesPrice (1000, null),
   Result3 = SalesPrice (1000, 0.2)
]
```

図9-1-17　実行結果

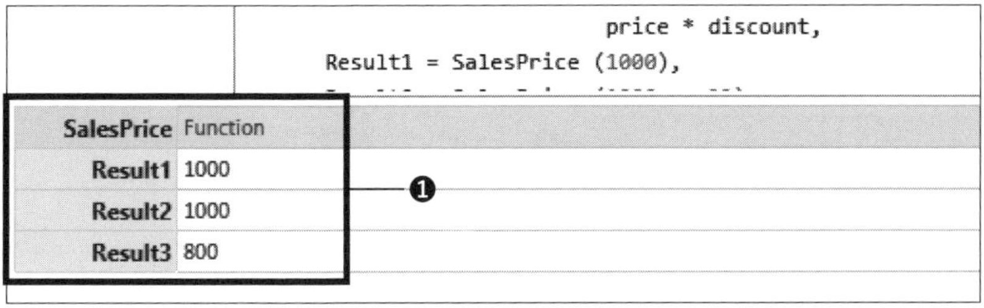

❶割引率の指定によって価格が計算される

このように省略可能な引数を使用すると、より様々な状況に対応した関数を作成することができるようになるのです。

次は「再帰」関数です。再帰関数とは、関数内で自分自身の関数を呼び出す処理です。例えば、1～10までの数値の合計を求めるような処理で使用します。

再帰関数では、再度呼び出す際には関数名の前に「@」を付けます。そして、重要なのが「終了条件」です。ここでは、SumTotal関数を再度呼び出す際に、「x – 1」と元の引数から「-1」しています。つまり、引数に「10」を渡すと「10 + 9 + ・・・」のように、10から順に処理することになります。そして今回の処理は「1からnまでの数値の合計」を求めるので、終了条件を引数が「1」のときとしています。

▼再帰関数の例

```
[
  SumTotal = (x) =>
        if x = 1 then 1 else x + @SumTotal(x - 1),
  Result = SumTotal(10)
]
```

「詳細エディター」にこのコードを入力して「完了」をクリックすると、処理結果が表示されます。

図9-1-18　実行結果

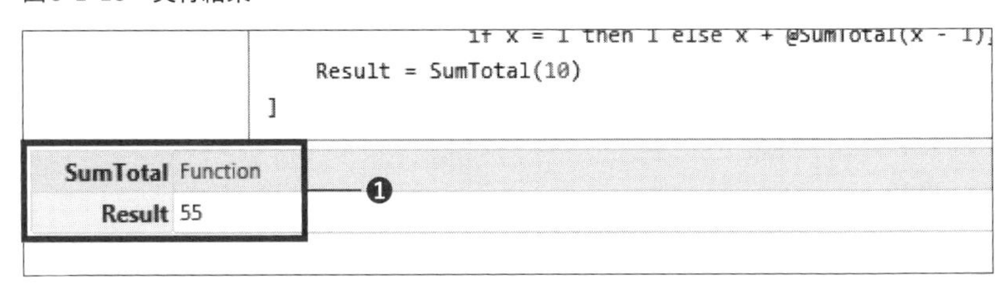

❶1~10までの合計が出力された

Memo

この終了条件が正しく指定されていないと、いつまでも計算処理が終わらなくなってしまい、図9-1-19のようなエラーになります。再帰関数を作成する際には、終了条件に十分配慮してください。

図9-1-19　終了条件が正しくない場合のエラー

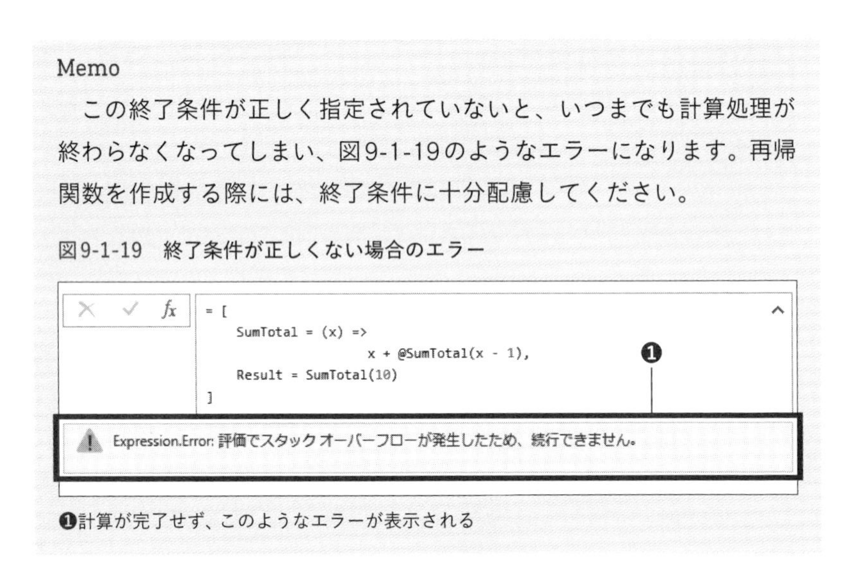

❶計算が完了せず、このようなエラーが表示される

カスタム関数に関する補足は以上となります。再帰関数はなかなか使う機会がないかもしれませんが、再帰関数ではないとできない処理は必ずあります（ですから、プログラム言語の学習をすると必ず再帰処理が出てきます）。1回で理解できなかったとしても、「このような処理ができるんだ」ということだけでも頭の片隅に置いておいてください。

9-2 データ取得に関するテクニック

CheckPoint! □対象シートをインデックスで指定する方法
□列名の変更にも対応する方法

サンプルファイル名　売上データ1.xlsx, 売上データ2.xlsx, 売上データ3.xlsx, 売上データ.csv

n番目のシートのデータを取得する

ここまで、ExcelブックやCSVファイルを取り込んでデータを加工する処理について解説してきました。しかし、実務では取得する元データのフォーマットが変わるということもあり得ます。そこで、ここからはExcelファイルからデータ取得する際に、より柔軟に対応するためのテクニックを解説して行きます。

図9-2-1を見てください。これは「売上データ1.xlsx」ファイルの「Sheet1」をパワークエリに取り込んだところです。

図9-2-1 「売上データ1.xlsx」のデータ

クエリ [1]
Sheet1
❶

= Table.TransformColumnTypes(昇格されたヘッダー数,{{"日付", type any}, {"

	日付	商品コード	商品名	単価
1	2023/02/01	LA002	革靴B	
2	2023/02/01	SA001	スニーカーA	
3	2023/02/01	SA002	スニーカーB	
4	2023/02/01	SA003	スニーカーC	
5	2023/02/01	SA003	スニーカーC	
6	2023/02/01	OS001	サンダルA	
7	2023/02/01	OS002	サンダルB	
8	2023/02/01	PA003	パンプスC	
9	2023/02/02	LA001	革靴A	
10	2023/02/02	SS003	スポーツシューズC	
11	2023/02/02	PA002	パンプスB	
12	2023/02/02	PA003	パンプスC	
13	2023/02/03	LA002	革靴B	
14	2023/02/03	SS003	スポーツシューズC	
15	2023/02/03	OS001	サンダルA	
16	2023/02/03	PA001	パンプスA	
17	2023/02/04	SS002	スポーツシューズB	
18	2023/02/04	OS001	サンダルA	
19	2023/02/05	SA001	スニーカーA	
20	2023/02/05	OS002	サンダルB	

❶取得対象のシートをインデックスで指定するように変更する

このクエリのステップで「ナビゲーション」を確認すると、次のようになっています。

▼ステップの「ナビゲーション」のコード

```
= ソース{[Item="Sheet1",Kind="Sheet"]}[Data]
```

このコードからもわかるように、元データは「Sheet1」となっています([Item="Sheet1"の部分])。そのため、もしシート名が変更になると当然、データが取得できずにエラーになります。

図9-2-2　シート名が異なる場合のエラー

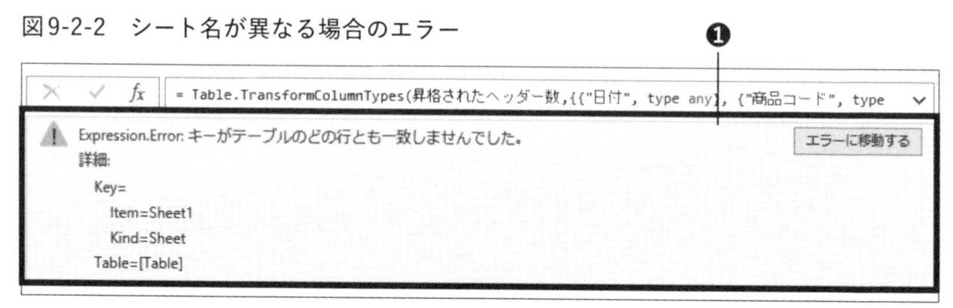

❶ステップ「ナビゲーション」でエラーになっている

ここで変更になったシート名を数式バーで変更していては、シート名が変わるたびに修正が必要になってしまいます。

そこで、このシート名を指定している個所を、「n番目」という番号で指定できるようにします。なおパワークエリでは、シートや行の番号(インデックス)は「0」から始まる点に注意してください。

図9-2-3　パワークエリのインデックス

14	2023/2/3	LA002	革靴B	¥15,000
15	2023/2/3	SS003	スポーツシューズC	¥17,000
16	2023/2/3	OS001	サンダルA	¥5,000

Sheet1　Sheet2　Sheet3　+
準備完了　アクセシビリティ: 問題ありません

❶インデックスは、左端から「0」「1」「2」…と振られる

シートをシート名ではなくインデックスで指定するには、M言語のコードを次のように修正します。

▼ステップ「ナビゲーション」で、対象シートをインデックスで指定したコード

```
= ソース{0}[Data]
```

第8章で解説したように、「{}」は行方向のデータを表します。ここでは「ソース」が1つ前のステップで、その最初の行のデータが対象としたいシートなので、このような指定になります。

図9-2-4　ステップ「ソース」

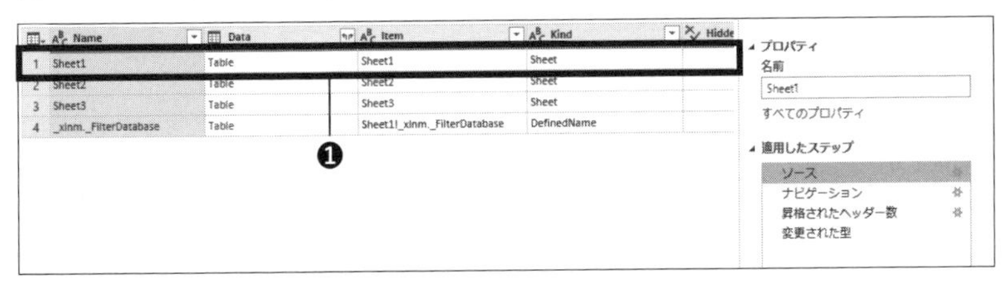

❶ステップ「ソース」では、対象の「Sheet1」が先頭（0番目）になっている

念のため、元になる「売上データ.xlsx」のシート名を変更してみましょう。ここではシート名を「売上」に変更します。

図9-2-5　シート名の変更

❶シート名を「Sheet1」から

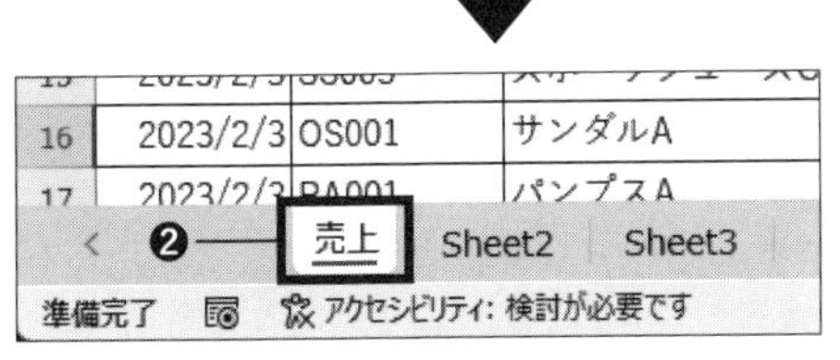

❷「売上」に変更する

Memo

元のファイルを編集する際には、パワークエリエディタは閉じておいてください。開いたままだと、元のファイルは「読み取り専用」で開かれ編集できません。同様に元のファイルを編集した後は、上書き保存をしてファイルを閉じておきましょう。そうしないと、パワークエリ側でデータの更新ができません。

シート名が変更されたら、改めて先ほどのファイルでクエリを更新します。エラーにならずにデータが取り込めていることがわかります。

図9-2-6　実行結果

	日付	商品コード	商品名	単価
1	2023/02/01	LA002	革靴B	
2	2023/02/01	SA001	スニーカーA	
3	2023/02/01	SA002	スニーカーB	
4	2023/02/01	SA003	スニーカーC	
5	2023/02/01	SA003	スニーカーC	
6	2023/02/01	OS001	サンダルA	
7	2023/02/01	OS002	サンダルB	
8	2023/02/01	PA003	パンプスC	
9	2023/02/02	LA001	革靴A	
10	2023/02/02	SS003	スポーツシューズC	
11	2023/02/02	PA002	パンプスB	
12	2023/02/02	PA003	パンプスC	
13	2023/02/03	LA002	革靴B	
14	2023/02/03	SS003	スポーツシューズC	
15	2023/02/03	OS001	サンダルA	
16	2023/02/03	PA001	パンプスA	
17	2023/02/04	SS002	スポーツシューズB	
18	2023/02/04	OS001	サンダルA	
19	2023/02/05	SA001	スニーカーA	
20	2023/02/05	OS002	サンダルB	
21	2023/02/06	LA001	革靴A	
22	2023/02/06	SA001	スニーカーA	
23	2023/02/06	SS001	スポーツシューズA	

❶シート名が変更されてもエラーにならない

これで、シート名が変更されても正しくデータを取得できるようになりました。

Memo
この方法ですが、シートの順番が変わってしまうと正しくデータが取得できなくなってしまいます。従って、シート名で指定するかインデックスで指定するかは、シート名が変更になる可能性とシートの順序が変更になる可能性を比較し、運用的にどちらがより可能性が低いかを判断して決めることになります。

最後のシートを対象にする

次に、応用として「最後」のシートを取得する方法を解説します。先ほどは対象が「先頭」のシートということで、インデックスに「0」を指定しました。対象のシートが「最後」であっても、基本的な考え方（インデックスを利用する）は変わりません。問題は、どうやって「最後」を指定するかです。

先頭のシートのインデックスが「0」であることは、シートの数がいくつになっても変わりません。しかし「最後」のシートとなると、シート数が変わる可能性があるため、単純にインデックスを指定するというわけにはいかないでしょう。

ここでは、次のような考え方で処理を行います。

- 取得するデータの対象を「Sheet」のみにする
- シート数をカウントする
- カウントしたシート数-1をインデックスとして指定する（インデックスが0から始まるため）

つまり、シート数がわかれば、インデックスは「シート数-1」で求めることができるというわけです。そこで、シート数を取得する方法を考えます。

図9-2-7は、「売上データ2.xlxs」にある「2月」シートを新規ブックのパワークエリに取り込んだところです。これを、最後のシート（今回は「4月」シート）を取得するようにします。

図9-2-7 「売上データ2.xlsx」を取得したところ

❶対象が「2月」シートになっている。これを「最後」のシートに修正する

ここで、先ほど「先頭」のシートを取得したときと同様に、「ステップ」の「ソース」を確認してみましょう（図9-2-8）。ここで「Kind」列を見てください。この「Kind」は対象がシート（Sheet）なのか、テーブル（Table）なのか、「名前付き範囲」（DefinedName）なのかを表しています。対象のファイルにテーブルや「名前付き範囲」がなければ良いのですが、そうではない場合（今回がそうです）、単純にこのテーブルの行数をカウントすれば良いというわけにはいきません。

図9-2-8 ステップ「ソース」

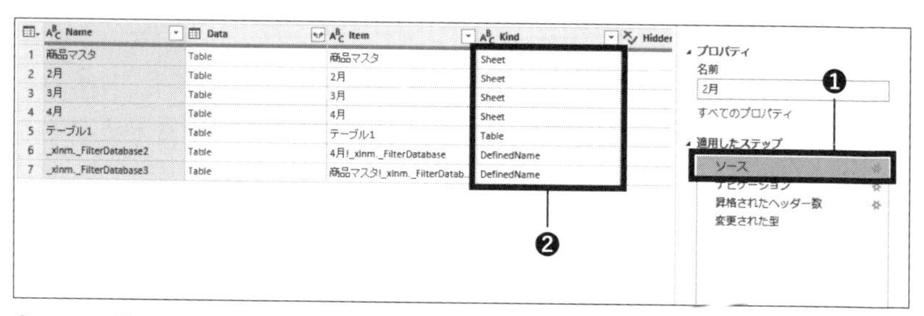

❶ステップ「ソース」を確認する

❷「Kind」列が「Sheet」以外のものもある

そこで一旦、「Kind」列に対してフィルタをかけて、対象をシートのみに絞り込みます。そのうえでテーブルの行数をカウントすれば、それが「シート数」ということになります。

フィルタをかける処理はパワークエリエディタで行っても良いのですが、ここでは「詳細エディター」を使って直接M言語を編集してみましょう。

まずは「詳細エディター」を開きます。現時点では、図9-2-9のように記述されています。

図9-2-9 「詳細エディター」のM言語

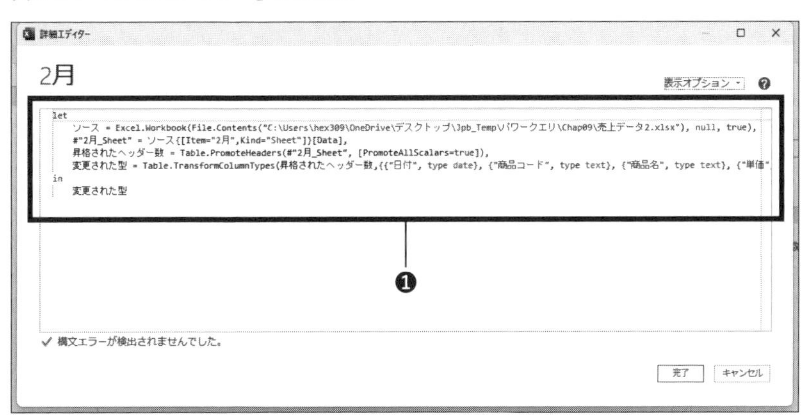

❶このコードを修正する

ここでは「ソース」の後にフィルタをかける処理を入れ、続けてテーブルの行数をカウントします。さらに「#"2月_Sheet"」の行を編集して、「最後」のシートを取得するようにします。

まずはフィルタをかける処理です。フィルタはTable.SelectRows関数を使用します。

次のコードを「ソース」の次の行に追加してください（末尾の「,」を忘れないように）。

▼対象をワークシートのみにするコード

```
対象 = Table.SelectRows(ソース, each ([Kind] = "Sheet")),
```

ここでは、ステップ「ソース」で「Kind」列が「Sheet」のものを抽出し、新しいステップ「対象」としています。

次に、「Sheet」のみになったテーブルの行数をカウントします。テーブルの行数をカウントするには、Table.RowCount関数を使用します。

次のコードを追加してください。このとき、Table.RowCount関数の引数には先ほど作成したステップ「対象」を指定します。

▼行数をカウントするコード

```
シート数 = Table.RowCount(対象),
```

次に、シートからデータを取得する部分を編集します。

以下のように修正してください。

▼データ取得するコード

```
修正前
#"2月_Sheet" = ソース{[Item="2月",Kind="Sheet"]}[Data],
↓
修正後
データ = 対象{シート数 - 1}[Data],
```

ここでは、データ取得対象が「ソース」から「対象」になっている点に注意してください。「ソース」のままだと、フィルタをかける前のテーブルから取得することになってしまいます。また、修正後のデータを「データ」に取得している点にも注意が必要です。そのままでも動作はするのですが、「最後」のシートを取得するため、元の名前「2月_Sheet」では違和感があるので修正します。なお、この修正の結果、処理結果を参照する直後のステップも修正が必要になります。

▼次のステップのコードの修正

```
修正前
昇格されたヘッダー数 = Table.PromoteHeaders(#"2月_Sheet",
[PromoteAllScalars=true]),
  ⬇
修正後
昇格されたヘッダー数 = Table.PromoteHeaders(データ,
[PromoteAllScalars=true]),
```

これで修正が完了しました。

図9-2-10　修正後のM言語

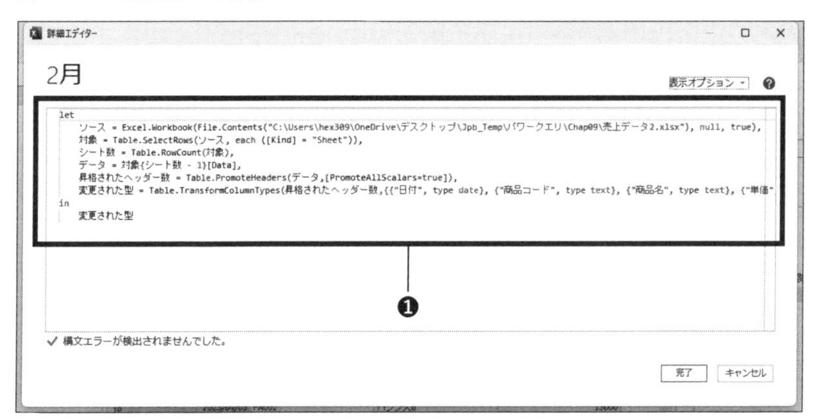

❶これで「最後」のシートを取得できるようになった

なお、この処理で取得するシートは「最後のシート」(ここでは「4月」シート)になりましたが、クエリ名が最初に取得した「2月」のままになっています。クエリ名は適宜、変更するようにしてください。

図9-2-11　実行結果

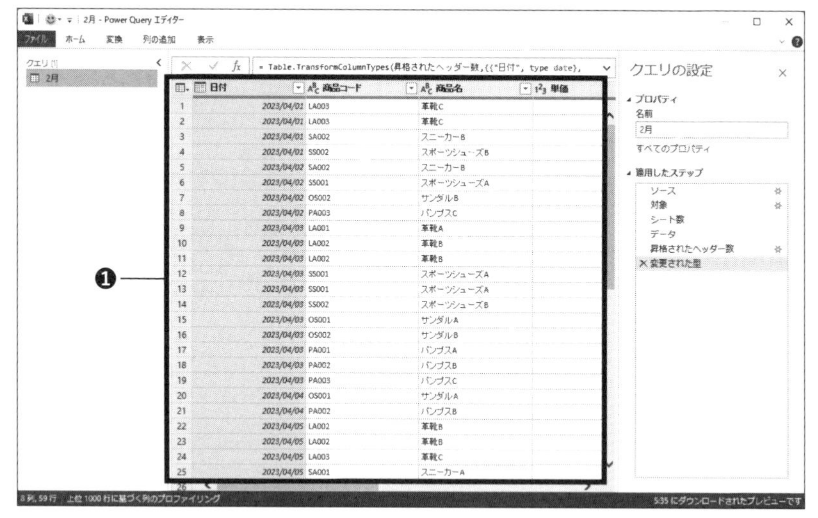

❶「最後」のシートのデータが取得された

> **Memo**
>
> 今回は対象を「シート」にしました。しかし、対象が仮にシートであっても、対象外のシートがあるケースもあるでしょう。例えば、「4月」「5月」…という各月の売上が入力されたシートがあり、さらに「顧客マスタ」が最後のシートになっているといったケースです。
>
> このような場合は、フィルタ対象を「Kind」ではなく「Name」にして、「月」で終わるシートを抽出条件にすると良いでしょう。
>
> このように、対象データの絞り込みにはフィルタをうまく利用してください。

CSVファイルの列数を不定にする

CSVファイルからデータを取得するケースについて考えてみましょう。取得するCSVファイルの列数が一定ではなく、増減があると仮定します。ここでは、そのようなデータを取得する際のテクニックを解説します。まずは、CSVファイルを取得する際のM言語のコードを確認してください。

▼CSVファイルを取得する際のコード

```
ソース = Csv.Document(File.Contents("C:¥売上データ1.
csv"),[Delimiter=",", Columns=6, Encoding=932,
QuoteStyle=QuoteStyle.None])
```

ここでのポイントは、「Columns=6」の部分です。ここで取得するCSVファイルの列数を指定しています。列数の増減に対応するには、この部分を「Columns=null」に変更します。

これで、列数が変わってもデータを取得することができます。

実際に動作を確認してみましょう。図9-2-12は「売上データ.csv」ファイルをパワークエリを使って新規ブックに取得したところです。現在は、F列までの6列のデータが取得されています。

図9-2-12 「売上データ.csv」を取得したところ

	A	B	C	D	E	F	G	H
1	日付	商品コード	商品名	単価	数量	金額		
2	2023/2/1	SA002	スニーカーB	12000	11	132000		
3	2023/2/1	SS003	スポーツシューズC	17000	10	170000		
4	2023/2/1	SS001	スポーツシューズA	9000	5	45000		
5	2023/2/1	LA003	革靴C	25000	12	300000		
6	2023/2/1	OS002	サンダルB	9000	10	90000		
7	2023/2/1	SA003	スニーカーC	20000	4	80000		
8	2023/2/1	PA003	パンプスC	25000	8	200000		
9	2023/2/1	PA002	パンプスB	13000	7	91000		
10	2023/2/1	PA001	パンプスA	9000	4	36000		
11	2023/2/1	OS001	サンダルA	5000	4	20000		
12	2023/2/1	LA002	革靴B	15000	10	150000		
13	2023/2/1	LA001	革靴A	12000	5	60000		
14	2023/2/1	SA001	スニーカーA	7000	11	77000		
15	2023/2/1	SS002	スポーツシューズB	13000	9	117000		
16	2023/2/2	LA002	革靴B	15000	8	120000		
17	2023/2/2	SS001	スポーツシューズA	9000	3	27000		

売上データ1　Sheet1　+

❶このデータの列数が変わっても、正しくデータを取得できるようにする

この元ファイルに、図9-2-13のように「備考」列を追加してみます。

図9-2-13　1列追加されたCSVファイル

	A	B	C	D	E	F	G	H	I
1	日付	商品コート	商品名	単価	数量	金額	備考		
2	2023/2/1	SA002	スニーカー	12000	11	13200			
3	2023/2/1	SS003	スポーツシ	17000	10	17000			
4	2023/2/1	SS001	スポーツシ	9000	5	4500			
5	2023/2/1	LA003	革靴C	25000	12	30000			
6	2023/2/1	OS002	サンダルB	9000	10	9000			
7	2023/2/1	SA003	スニーカー	20000	4	8000			
8	2023/2/1	PA003	パンプスC	25000	8	20000			
9	2023/2/1	PA002	パンプスB	13000	7	9100			
10	2023/2/1	PA001	パンプスA	9000	4	3600			
11	2023/2/1	OS001	サンダルA	5000	4	2000			
12	2023/2/1	LA002	革靴B	15000	10	15000			
13	2023/2/1	LA001	革靴A	12000	5	6000			
14	2023/2/1	SA001	スニーカー	7000	11	7700			

❶「備考」列を追加する

続けて、先ほどのExcelファイルに戻り、パワークエリの「詳細エディター」で次の部分を修正してください。

▼修正するコード

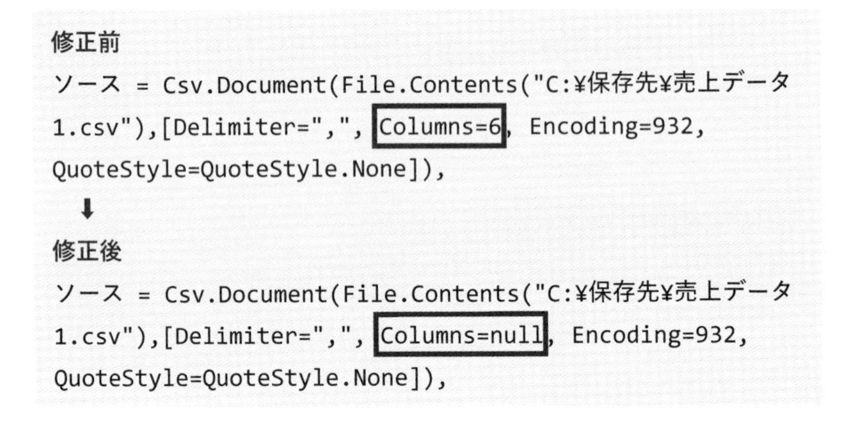

```
修正前
ソース = Csv.Document(File.Contents("C:¥保存先¥売上データ1.csv"),[Delimiter=",", Columns=6, Encoding=932, QuoteStyle=QuoteStyle.None]),
  ⬇
修正後
ソース = Csv.Document(File.Contents("C:¥保存先¥売上データ1.csv"),[Delimiter=",", Columns=null, Encoding=932, QuoteStyle=QuoteStyle.None]),
```

これで完了です。最後にパワークエリエディタを閉じて、Excelに戻ってデータを更新しましょう。Excelの「データ」タブの「すべて更新」をクリックしてください。

図9-2-14　実行結果

	A	B	C	D	E	F	G	H	I
1	日付	商品コード	商品名	単価	数量	金額	備考		
2	2023/2/1	SA002	スニーカーB	12000	11	13200			
3	2023/2/1	SS003	スポーツシューズC	17000	10	17000			
4	2023/2/1	SS001	スポーツシューズA	9000	5	4500			
5	2023/2/1	LA003	革靴C	25000	12	30000			
6	2023/2/1	OS002	サンダルB	9000	10	9000			
7	2023/2/1	SA003	スニーカーC	20000	4	8000			
8	2023/2/1	PA003	パンプスC	25000	8	20000			
9	2023/2/1	PA002	パンプスB	13000	7	9100			
10	2023/2/1	PA001	パンプスA	9000	4	3600			
11	2023/2/1	OS001	サンダルA	5000	4	2000			
12	2023/2/1	LA002	革靴B	15000	10	15000			
13	2023/2/1	LA001	革靴A	12000	5	6000			
14	2023/2/1	SA001	スニーカーA	7000	11	7700			
15	2023/2/1	SS002	スポーツシューズB	13000	9	11700			
16	2023/2/2	LA002	革靴B	15000	8	12000			
17	2023/2/2	SS001	スポーツシューズA	9000	3	2700			

売上データ1　Sheet1　+

❶「備考」列が追加された

列名の変更に柔軟に対応する

続けて、列名が変更になってもエラーにならないようにする方法を解説します。

元データが手作業で作成されているファイルの場合は、列名が微妙に変わってしまうということはよくあります。例えば、「商品コード」が「商品Code」になっていたり、「担当者コード」が「担当者ID」だったりといったケースです。このような変更は、パワークエリで処理する場合に問題になります。というのも、列名はパワークエリでデータ加工する場合に頻繁に使用されるからです。

そこで、ここでは元データの列名が変更になってもエラーにならないように、データ取得時に列名を統一する方法を解説します。

まずは、列名を変更するM言語を確認しましょう。列名を変更するには、Table.RenameColumns関数を使用します。

次のコードは、「商品コード」列の列名を「商品Code」に変更します。

▼列名を変更するコード

```
Table.RenameColumns(変更された型,{{"商品コード", "商品
Code"}})
```

このように列名を変更するコードでは、元の列名を指定する必要があります。そのため、変更前の列名を知る必要があるのですが、それではここで行おうとしている列名の変更に柔軟に対応することはできません。

そこで、インデックスを使用して対象列の列名をいったん取得し、その列名を使って列名を変更するようにします。列名を取得するには、Table.ColumnNames関数を使用します。この関数は対象テーブルで、インデックスで指定した列の列名を取得します。

次のコードは、1列目の列名を取得します（「行」同様、インデックスは「0」から始まります）。

▼列名を取得するコード

```
Table.ColumnNames(昇格されたヘッダー数){0}
```

これを使用して、「詳細エディター」でコードを修正します。「昇格されたヘッダー数」の後に、次のコードを追加してください。

▼M言語の修正箇所

```
昇格されたヘッダー数 = Table.PromoteHeaders(ソース,
[PromoteAllScalars=true]),
対象列名 = Table.ColumnNames(昇格されたヘッダー数){1},
//「商品コード」はB列
変更後ヘッダー = Table.RenameColumns(昇格されたヘッダー数,
{{対象列名, "商品コード"}}),
```

また、この処理によってステップが追加されているので、続く次のコードも修正します。

▼修正するコード

```
修正前
変更された型 = Table.TransformColumnTypes(昇格されたヘッダ
ー数,{{"日付", type date}, {"商品コード", type text},
{"商品名", type text}, {"単価", Int64.Type}, {"数量",
Int64.Type}, {"金額", Int64.Type}}),
  ⬇
修正後
変更された型 = Table.TransformColumnTypes(変更後ヘッダー,
{{"日付", type date}, {"商品コード", type text}, {"商品
名", type text}, {"単価", Int64.Type}, {"数量", Int64.
Type}, {"金額", Int64.Type}}),
```

では、実際に動作を確認してみましょう。まずは、M言語を修正したExcelファイルを上書き保存します。次に、元のCSVファイルを開いて、見出しを「商品コード」から「商品Code」に変更して、上書き保存して閉じます。

図9-2-15　CSVファイルの編集

	A	B	C	D	E	F	G	H
1	日付	商品Code	商品名	単価	数量	金額	備考	
2	2023/2/1	SA002	スニーカー	12000	11	132000		
3	2023/2/1	SS003	スポーツシ	17000	10	170000		
4	2023/2/1	SS001	スポーツシ	9000	5	45000		
5	2023/2/1	LA003	革靴C	25000	12	300000		
6	2023/2/1	OS002	サンダルB	9000	10	90000		
7	2023/2/1	SA003	スニーカー	20000	4	80000		
8	2023/2/1	PA003	パンプスC	25000	8	200000		
9	2023/2/1	PA002	パンプスB	13000	7	91000		

❶「商品コード」を「商品Code」に変更する

続けて、再度Excelに戻りデータを更新します。問題なくデータが取得できていることが確認できます。

図9-2-16　実行結果

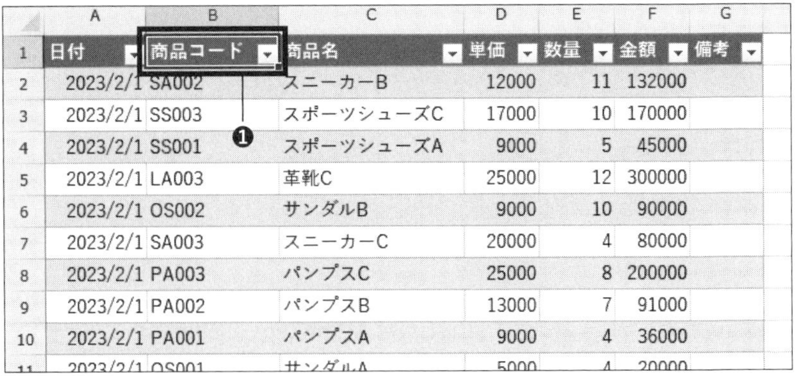

	A	B	C	D	E	F	G
1	日付	商品コード	商品名	単価	数量	金額	備考
2	2023/2/1	SA002	スニーカーB	12000	11	132000	
3	2023/2/1	SS003	スポーツシューズC	17000	10	170000	
4	2023/2/1	SS001	スポーツシューズA	9000	5	45000	
5	2023/2/1	LA003	革靴C	25000	12	300000	
6	2023/2/1	OS002	サンダルB	9000	10	90000	
7	2023/2/1	SA003	スニーカーC	20000	4	80000	
8	2023/2/1	PA003	パンプスC	25000	8	200000	
9	2023/2/1	PA002	パンプスB	13000	7	91000	
10	2023/2/1	PA001	パンプスA	9000	4	36000	
11	2023/2/1	OS001	サンダルA	5000	4	20000	

❶「商品コード」としてデータが取得できている

このように列のインデックスから対象の列名を取得し、そのうえで列名変更をかけることで、常に「商品コード」列は「商品コード」列として扱うことができるようになります。

なお、元の列名が変更になっていなくても、この処理は実行されてしまいます。ですから便利とはいえ、たくさんの列にこの処理を入れてしまうと、その分処理速度に影響が出ます。やはり本筋なのは、「勝手に列名を変更しない」というルールを徹底することなのです。

データの開始行が不定のケースに対応する

ここでは、元ファイルの表が必ずしも1行目から始まっていない場合の対処方法について解説します（図9-2-17）。このようなケースは、元データを人の手で作成している場合によく発生します。

Excelは良くも悪くも自由度が高いソフトです。そのため、データのレイアウトが簡単に変更できてしまいます。そこで、ここでは元データの開始行が変更になっても正しくデータを取得する方法を解説して行きます。

図9-2-17　対象データが1行目から始まっていない例

	A	B	C
1	2月度売上データ		
2			
3	日付	商品コード	商品名
4	2023/2/1	LA002	革靴B
5	2023/2/1	SA001	スニーカーA
6	2023/2/1	SA002	スニーカーB

	A	B	C	D
1	3月度売上データ			
2	※3月20日現在			
3				
4	日付	商品コード	商品名	単価
5	2023/3/1	PA003	パンプスC	¥25,000
6	2023/3/2	LA002	革靴B	¥15,000

❶このように取得するデータの開始行がバラバラなケースがある

Memo

元データがテーブルになっている場合、このように開始位置がずれてもテーブル名が変わらなければデータを取得可能です。テーブル機能は例えば、データが追加になっても自動的に対象範囲を拡張するなど便利な機能が多くあります。積極的に使用しましょう。

開始行が一定ではないデータを取得する場合、次の2つのステップを考えます。

- 開始行を検索し、何行目から始まっているか調べる
- 開始行の上部にある不要な行を削除する

まずは「開始行」の検索です。M言語でデータを検索するには、List.PositionOf関数を使用します。List.PositionOf関数は、対象のリスト（今回はワークシート）から指定した文字列を検索する関数です。

また、「不要な行」を削除するには、Table.RemoveFirstN関数を使用します。Table.RemoveFirstN関数は、テーブルの先頭から指定した行数分削除します。

この2つの命令を順に処理することで、開始行が不定のファイルからでもデータを取得できるようになります。

では、動作を確認してみましょう。図9-2-18は「売上データ3.xlsx」の「Sheet1」を新規ブックのパワークエリに取得したところです。

図9-2-18 「売上データ3.xlsx」のデータを取得したところ

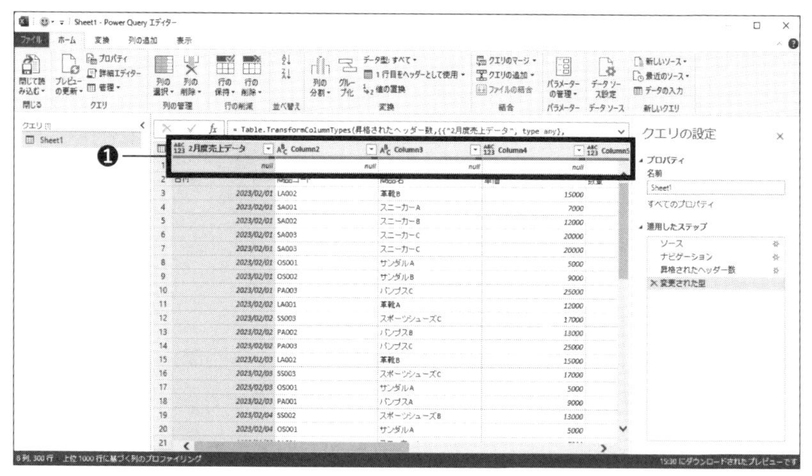

❶取得する表以外の余分な行がある

次に「詳細エディター」を開き、「Sheet1_Sheet」の次の行に以下のコードを追加します。

▼追加するコード

```
開始行 = List.PositionOf(Sheet1_Sheet[Column1],"日付"),
対象データ = Table.RemoveFirstN(Sheet1_Sheet,開始行),
```

ここでは、List.PositionOf関数を使用して、「Sheet1_Sheet」リストの「Column1」列で「日付」の文字を検索します。ここで対象が「Column1」になっているのは、データの取得時点では「1行目を見出しにする」処理が実行されていないためです。

図9-2-19　データ取得時の状態

	Column1	Column2	Column3	Column4
1	2月度売上データ	null	null	
2	null	null	null	
3	日付	商品コード	商品名	単価
4	2023/02/01	LA002	革靴B	
5	2023/02/01	SA001	スニーカーA	
6	2023/02/01	SA002	スニーカーB	
7	2023/02/01	SA003	スニーカーC	
8	2023/02/01	SA003	スニーカーC	
9	2023/02/01	OS001	サンダルA	
10	2023/02/01	OS002	サンダルB	
11	2023/02/01	PA003	パンプスC	

プロパティ
名前
Sheet1
すべてのプロパティ
適用したステップ
ソース
ナビゲーション
開始行
対象データ
昇格されたヘッダー数
変更された型

❶データ取得時点では、列名が「Column1」「Column2」…となっている

そして、データを取得した「Sheet1_Sheet」から「開始行」分の行数を削除しています。なお、パワークエリでは行番号は「0」から始まります。仮に、List.PositionOf関数で検索する値が3行目にある場合、List.PositionOf関数の結果は「2」になります。ただし、実際に削除したい行数はこの数値と一致するので、単純に「開始行」の値をTable.RemoveFirstN関数に指定します。

最後に、1行目を見出しにする個所を修正しましょう。次のようにコードを修正してください。なお、実際にはこの後、「変更されたヘッダー数」の後の処理を修正する必要があります。これは実際に皆さんの方でトライしてみてください。

▼修正するコード

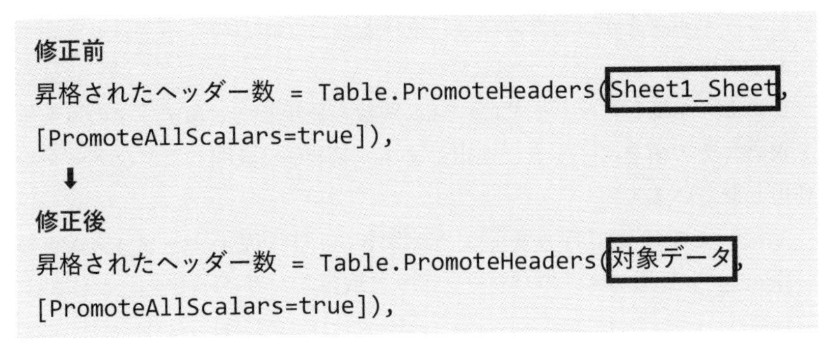

```
修正前
昇格されたヘッダー数 = Table.PromoteHeaders(Sheet1_Sheet,
[PromoteAllScalars=true]),
  ⬇
修正後
昇格されたヘッダー数 = Table.PromoteHeaders(対象データ,
[PromoteAllScalars=true]),
```

データ取得の際のテクニックは以上となります。このようにM言語を活用することで、元データに変更があっても柔軟に対応することができます。

9-3 データに関するテクニック

CheckPoint! □動的なフィルタ条件の設定方法
□テーブルの特定の行・列の値を取得する方法

サンプルファイル名　売上データ4.xlsx、売上データ5.xlsx、売上データ6.xlsx、Sample.xlsx

取得したデータを活用するテクニック

本節では、M言語を使用してパワークエリに取得したデータを活用するためのテクニックを解説します。実務ではデータに合わせた処理、例えば現在のデータから抽出条件となる値を取得し、それを条件にデータ抽出を行う等が必要になるケースが多くあります。ここでは、そのようなケースに対応する方法を見て行きましょう。

特に、現在のデータから抽出条件を取得し処理する方法は、実務でもよく利用されます。このような処理は「動的な処理」とも呼ばれ、パワークエリでも重要なテクニックです。しっかりと理解しておいてください。

売上が最大のデータを抽出する

ここでは、売上が最大のデータをフィルタで抽出する方法を解説します。売上データは日や月で変わります。そのため、一番多くの売上金額を条件にしてフィルタをかけるためには、条件となる金額そのものを求める必要があるのです。

このような場合には、まずList.Max関数を使用して対象データの最大値を求め、その値をフィルタに使用します（第8章で説明したパラメータの利用と似ています）。

では、実際に見て行きましょう。図9-3-1は「売上データ4.xlsx」の「Sheet1」を新規ブックのパワークエリに取得したところです。

図9-3-1 「売上データ4.xlsx」を取得したところ

	担当者コード	担当者名	売上金額
1	99-002	森田祐子	659000
2	00-002	山中美晴	397000
3	02-001	渡部和彦	777000
4	01-001	前川勝利	280000
5	00-001	田中博行	958000
6	99-001	中村俊之	1199000
7	01-003	新田祥子	713000
8	02-005	岡崎松陽	767000
9	01-002	上田恭子	555000
10	02-003	遠藤美紀	594000

❶この「売上金額」が最大のデータを抽出する

「詳細エディター」を開いて、コードを追加・修正します。まずは「売上金額」の最大値を求める処理です。次のコードを、「変更された型」の次に追加してください。なお、inの前の行は末尾に「,（カンマ）」がありません。新たに処理を追加するため、「変更された型」の行の末尾に「,」を入れることを忘れないでください。

▼追加するコード

```
最大値 = List.Max(変更された型[売上金額]),
```

これで「売上金額」の最大値が「最大値」に取得されます。続けて、この値を使用してフィルタをかけます。フィルタをかけるには、Table.SelectRows関数を使用します。次のコードを、先ほどのコードの次に追加してください（この行で処理自体は終わりなため、末尾に「,」が無いことに注意してください）。

▼追加するコード

```
フィルタ = Table.SelectRows(変更された型, each [売上金額]
= 最大値)
```

このとき、「each」がある点に注意してください。これですべての行に対して「売上金額」が「最大値」と等しいかをチェックして、等しいレコードが取得されます。

また、Table.SelectRows関数の対象が直前の「最大値」ではなく、「変更された型」になっている点にも注意してください。このようにパワークエリのステップは、実は1ステップずつ順番に指定しなくても良いのです。

図9-3-2 「詳細エディター」

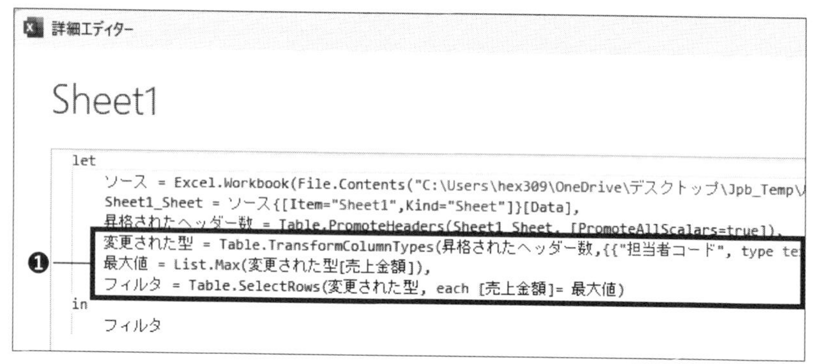

❶「フィルタ」の行では、直前の「最大値」ではなく、その前の「変更された型」を処理対象にしている

最後に、「in」の後の「変更された型」を、新たに最後のステップになった「フィルタ」に変更して完了です。「詳細エディター」の「完了」をクリックすると、処理結果が表示されます。

図9-3-3 実行結果

	担当者コード	担当者名	売上金額
1	99-001	中村俊之	1199000

❶「売上金額」の「最大値」でフィルタが実行された

このようにステップの途中で、その後の処理で使うためのデータを取得することも可能なのです。

データを元に日付テーブルを作成する

ここでは、売上日のような日付データを元に、データ分析用の「日付テーブル」を作成する方法を解説します。データ分析用に「日付テーブル」を使用する理由については、第2章で説明しました。ここで問題になるのは、「日付テーブル」の期間です。

多くの場合、売上データに限らずデータ分析の対象期間は、1年とか固定の限られた期間ではありません。そこで、ここでは分析対象の元データから「開始日」（最小の日付）と「終了日」（最大の日付）を取得し、この「開始日」と「終了日」の期間内の日付を持つ「日付テーブル」を作成します。対象が元データであるため、少なくとも元データに含まれる日付は必ず「日付テーブル」に存在することになります。

> Memo
>
> あらかじめ「日付テーブル」の期間を、余裕をもって10年分など作成しておく方法もあります。しかし、いずれにしても10年後には「日付テーブル」内の日付を更新する必要が生じます。そのような手間を省くためには、この方法がとても有効です。

では、実際に見て行きましょう。図9-3-4は「売上データ5.xlsx」を新規ブックのパワークエリに取得したところです。このうち「日付」列を使用します。ここでは最小の日付が「2021/2/1」、最大の日付が「2024/12/5」になっています。この値を取得して、「日付テーブル」を作成します。

図9-3-4 「売上データ5.xlsx」のデータ

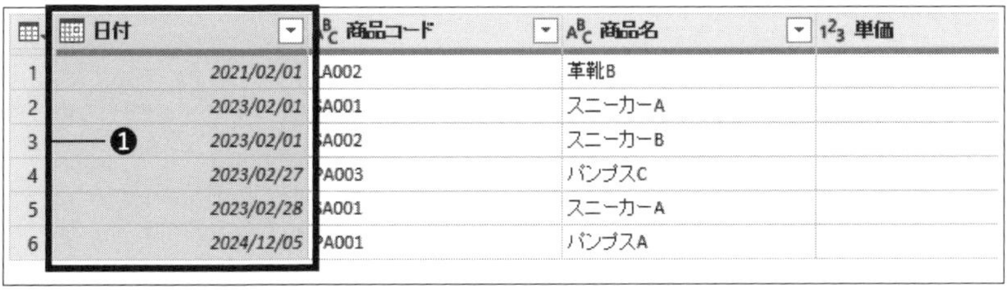

	日付	商品コード	商品名	単価
1	2021/02/01	LA002	革靴B	
2	2023/02/01	SA001	スニーカーA	
3	2023/02/01	SA002	スニーカーB	
4	2023/02/27	PA003	パンプスC	
5	2023/02/28	SA001	スニーカーA	
6	2024/12/05	PA001	パンプスA	

❶この「日付」データから「日付テーブル」を作成する

このデータを元に作業を進めましょう。今回は、次の手順で「日付テーブル」を作成します。ここでは第8章で解説したパラメータの考え方を利用します。

①読み込んだデータから「開始日」を取得する
②読み込んだデータから「終了日」を取得する
③「開始日」と「終了日」をパラメータとして使用し、「日付テーブル」を作成する

まずは「開始日」の取得です。「空のクエリ」を作成し、クエリ名を「開始日」にしましょう（クエリ名をダブルクリックして編集します）。続けて、「詳細エディター」を開いてください。図9-3-5のようになっているはずです。この「ソース」部分を、先ほど読み込んである「Sheet1」にします。このとき、「Sheet1」は「""（ダブルクォーテーション）で囲まないでください。

図9-3-5 「詳細エディター」

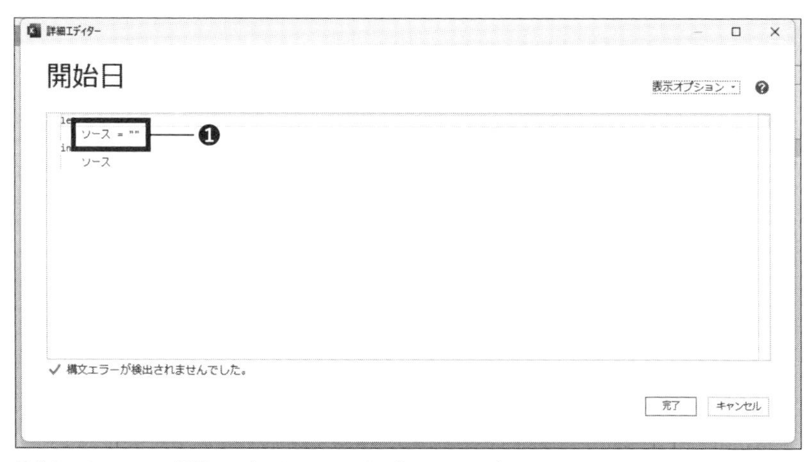

❶「空のクエリ」の「詳細エディター」。まずは「ソース」を変更する

▼変更するコード

```
変更前
ソース = ""
  ⬇
変更後
ソース = Sheet1
```

これで、このクエリは先ほど読み込んだ「Sheet1」クエリを参照することになります。

続けて、「詳細エディター」でコードを次のように追加・修正してください。このとき、最初の「ソース」の末尾に「,（カンマ）」を入力することを忘れないでください。

▼入力するコード

```
let
  ソース = Sheet1,
  開始日 = List.Min(ソース[日付])
in
  開始日
```

これで開始日を求めることができました。

図9-3-6　実行結果

同様に「終了日」も取得しましょう。「空のクエリ」を作成し、クエリ名を「終了日」に修正します。その後、「詳細エディター」で次のコードに追加・修正してください。

▼修正するコード

```
let
  ソース = Sheet1,
  終了日 = List.Max(ソース[日付])
in
  終了日
```

ここまで作業したら、一旦クエリを「接続のみ」でExcelに読み込んでおきましょう。

続けて、「日付テーブル」を作成します。ここでは第8章で紹介したリストを使用します。

「空のクエリ」を作成し、クエリ名を「日付テーブル」に変更してください。そして「詳細エディター」を開き、次のコードに追加・編集します。

▼追加·編集するコード

```
let
  日付テーブル = {Number.From(開始日)..Number.From(終了
日)},
  テーブルに変換 = Table.FromList(日付テーブル
  , Splitter.SplitByNothing(), null, null, ExtraValues.
Error),
  列名変更 = Table.RenameColumns(テーブルに変換,
{{"Column1", "日付"}}),
  変更された型 = Table.TransformColumnTypes(列名変更,
{{"日付", type date}})
in
  変更された型
```

ここでは、次の処理を行っています。

・連番によるリスト作成
・作成したリストをテーブルに変換
・列名の変更
・データ型の変更

まずは「連番によるリスト作成」ですが、これは「{}」を使用したリストの作成方法を使用しています。ただしこの場合、指定する値は数値でなくてはなりません。そこで、「開始日」と「終了日」をNumber.From関数で数値に変換しています。

StepUp!

パワークエリはExcel同様、「日付」や「時刻」を数値（シリアル値）として扱います。そのため、Number.From関数で数値に変換することができるのです。なお、この方法では連続する時刻を作ることはできません。「{}」を使用した連続する数値リストの作成では、対象が整数のみで、時刻はシリアル値では小数点以下の数値で表されるためです。

次に、作成したリストをテーブルに変換しています。テーブルに変換するには、Table.FromList関数を使用します。今回は元データを分割等しないので、このような指定になっています。そして、Table.RenameColumns関数でカラム名を「日付」に変更し、さらにデータ型をTable.TransformColumnTypes関数で日付（date）型に変更しています。

これで完了です（図9-3-7）。最後に作成した「日付テーブル」をExcelに読み込んで、パワークエリエディタを閉じておいてください（この後の操作で使用するため）。

図9-3-7　実行結果

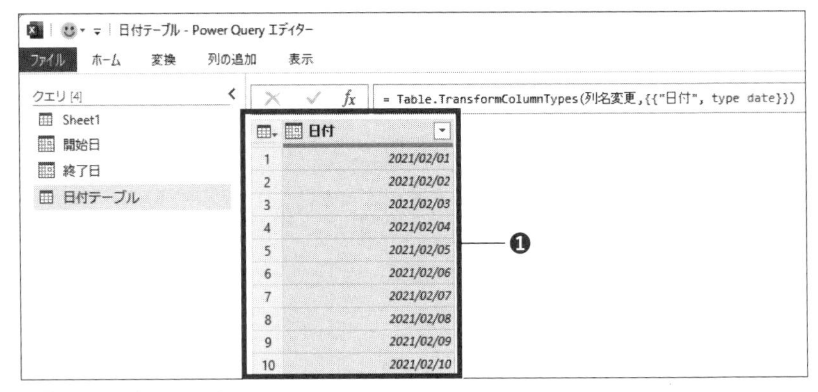

❶「日付テーブル」が作成された

最後に、元データを変更して「日付テーブル」の期間が自動的に変更されるか確認しましょう。図9-3-8のように元データの「売上データ5.xlsx」を開き、最初のデータの「日付」を「2021/1/1」に変更してください。

図9-3-8　元データの編集

	A	B	C	D
1	日付	商品コード	商品名	単価
2	2021/1/1	LA002 ❶	革靴B	¥15,0
3	2023/2/1	SA001	スニーカーA	¥7,0
4	2023/2/1	SA002	スニーカーB	¥12,0
5	2023/2/27	PA003	パンプスC	¥25,0
6	2023/2/28	SA001	スニーカーA	¥7,0

❶「日付」を「2021/1/1」に変更する

次に、Excelに戻りデータを更新します。Excelで先ほどのファイルを開き、「クエリ」タブの「更新」をクリックしてください。

図9-3-9　実行結果

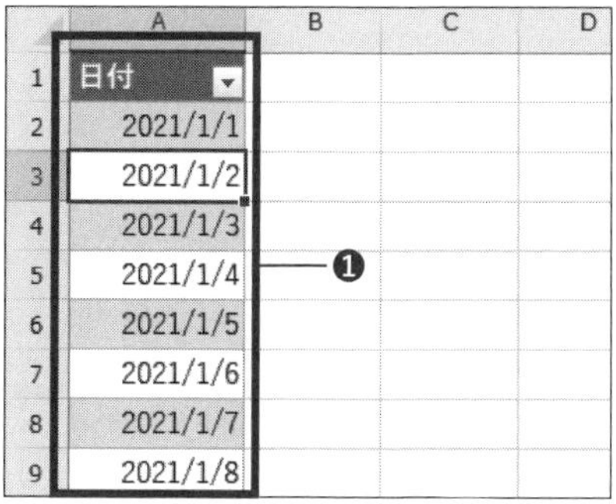

	A	B	C	D
1	日付			
2	2021/1/1			
3	2021/1/2			
4	2021/1/3			
5	2021/1/4			
6	2021/1/5			
7	2021/1/6			
8	2021/1/7			
9	2021/1/8			

❶「日付」が「2021/1/1」からに更新された

> Memo
>
> 元のファイルを修正し上書き保存した後、ファイルは必ず閉じてください。元ファイルが開かれていると、パワークエリのデータ更新ができません。逆にパワークエリエディタが開いていると、元データを開くと「読み取り専用」になり編集することができません（読み込んだExcelファイルは開いておいても問題ありません）。

前行との差分を求める

ここでは、前日の売上と当日の売上を比較し差分を求める方法を解説します。図9-3-10は、「売上データ6.xlsx」を新規ブックのパワークエリに取得したところです。元のデータはこのように「日付」順に並んでいて、日々の「売上金額」が入力されています。このデータを元に、日々の差分を求めます。

パワークエリの処理は、基本的に行単位・列単位です。しかし、M言語を使用することで特定の行・列の値を取得することができます。またこの方法を使用することで、n行ごとの処理等が可能になります。

図9-3-10 「売上データ6.xlsx」のデータ

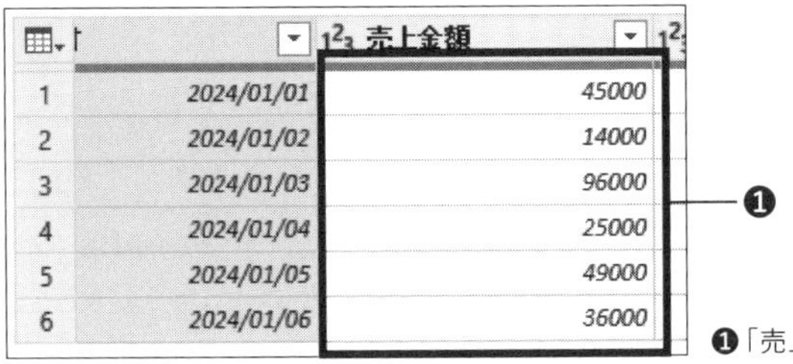

		売上金額
1	2024/01/01	45000
2	2024/01/02	14000
3	2024/01/03	96000
4	2024/01/04	25000
5	2024/01/05	49000
6	2024/01/06	36000

❶「売上金額」の差分を求める

ここでは準備としてインデックス列を追加し、その後で「差分」を求めます。

では、「詳細エディター」を開き処理を追加しましょう。まずは「インデックス列の追加」です。ここでは、追加するインデックスを「0」から始めます（理由はこの後に解説します)。「変更された型」の次の行に、以下のコードを追加してください（1つ手前の行の「変更された型」の最後に「,（カンマ)」を追加することを忘れないでください)。

▼追加するコード

```
連番 = Table.AddIndexColumn(変更された型, "インデックス",
0, 1, Int64.Type),
```

Memo

この処理は、パワークエリの「列の追加」タブの「インデックス列」で、「0から」を指定したものと同じです。ですので、パワークエリエディタで操作しても良いのですが、「詳細エディター」でまとめて編集してしまった方が効率的です。

次に差分を求める処理ですが、処理を細かく分解すると次のようになります。

- インデックス列の値を元にして、1行前の「売上金額」データを取得する
- 差分を計算する
- 先頭行のエラーを回避する

順にM言語のコードを見て行きましょう。

まず、インデックス列の値を元に「売上金額」のデータを取得するには、次のコードを使用します。

▼インデックス列の値を元に、1行前の「売上金額」を取得するコード

```
連番[売上金額]{[インデックス] - 1}
```

「連番」は直前のステップになります。ここで取得したテーブルに対して、「[]」で列を、「{}」で行を指定します（インデックスを「0」から開始したのは、パワークエリの行番号が「0」から始まるためです）。そして、「1行前」なので「インデックス－1」としています。

次は「差分の計算」です。コードは次のようになります。

▼「差分」を求めるコード

```
[売上金額] - 連番[売上金額]{[インデックス] - 1}
```

ここでは単純に、1行前の値を「売上金額」の値から引いています。これで、ひとまず数式自体はできました。ただし、先頭行（インデックスが「0」）の場合、「1行前」が存在しないためエラーになります。そこで、ifを使用してエラーを回避します。

▼エラーを回避するコード

```
if [インデックス] = 0 then null else [売上金額] - 連番[売
上金額]{[インデックス] - 1}
```

ここでは、「インデックス」が「0」の場合は「null」を表示するようにしています。これでコードが完成しました。このコードを利用して最終的に列を追加するコードは、次のようになります。列を追加するには、Table.AddColumn関数を使用します。

▼「差額」列を追加するコード

```
差分 = Table.AddColumn(連番, "差額", each if [インデック
ス] = 0 then null else [売上金額] - 連番[売上金額]{[インデ
ックス] - 1})
```

このコードを、先ほどの「連番」の次の行に入力してください。最後に、「in」の後を「差分」に変更すれば完了です。

図9-3-11　実行結果

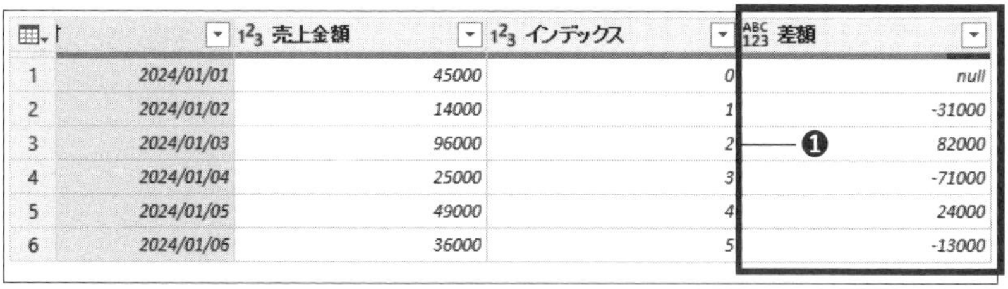

		売上金額	インデックス	差額
1	2024/01/01	45000	0	null
2	2024/01/02	14000	1	-31000
3	2024/01/03	96000	2	82000
4	2024/01/04	25000	3	-71000
5	2024/01/05	49000	4	24000
6	2024/01/06	36000	5	-13000

❶前日（1行前）との差分が計算された

これで行単位の処理ができました。

このように、パワークエリでもM言語を使用することで、特定の行・列の値を取得して処理することができるのです。このテクニックを使えるようになると、Excelの任意のセルの値を取得するといったことも可能になります。

最後に、「帳票形式のExcelファイルの値をテーブルにする方法」を解説して行きましょう。

帳票形式のデータをテーブルにする

ここでは、図9-3-12のようなExcelデータをテーブル形式にします（「Sample1.xlsx」ファイルを使用）。

図9-3-12　元となるExcelデータ

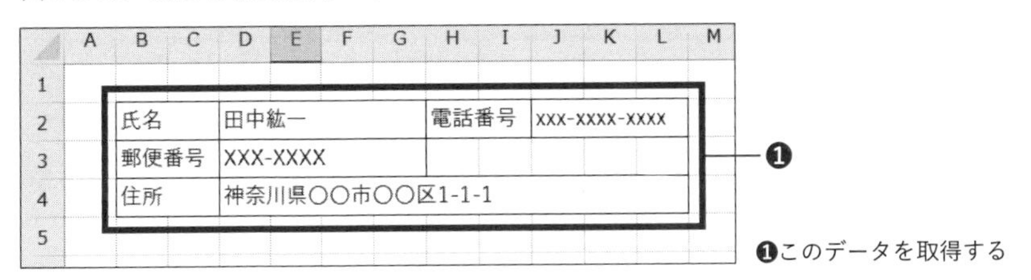

❶このデータを取得する

図9-3-13はパワークエリにデータを取得したところです。

図9-3-13　パワークエリにデータを取得したところ

= Table.TransformColumnTypes(昇格されたヘッダー数,{{"氏名", type text},

	氏名	Column2	田中紘一	Column4
1	郵便番号	null	XXX-XXXX	
2	住所	null	神奈川県〇〇市〇〇区1-1-1	

❶「見出し」が設定されている

このテーブルから、取得したいデータが「n行名」「n列目」にあるかを指定して、データを取得します。

ただ、このままでは取得できないデータがあるので（例えば、「氏名」は見出しになってしまっています）、見出しの設定を解除するために「昇格されたヘッダー数」のステップ以降を削除します（図9-3-14）。後で使用するので、このときに1行目、1列目の値が「氏名」になっていることを確認しておいてください。

図9-3-14　「ステップ」の削除

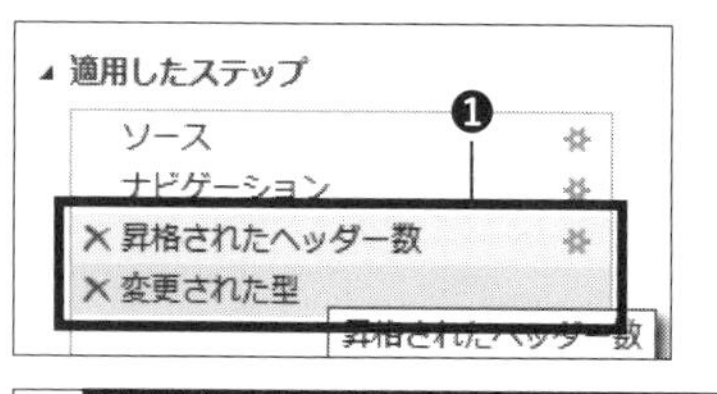

❶この2つの「ステップ」を削除する

❷見出しが「Column1」「Column2」・・・に変更された

❸1行目、1列目の値が「氏名」になっている

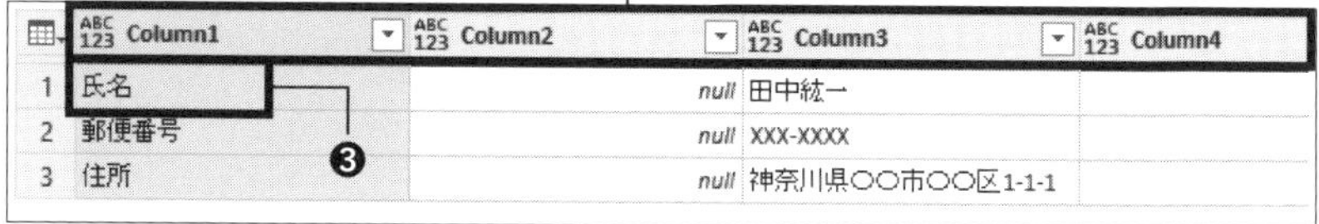

	Column1	Column2	Column3	Column4
1	氏名	null	田中紘一	
2	郵便番号	null	XXX-XXXX	
3	住所	null	神奈川県○○市○○区1-1-1	

これで元データの準備は完了です。

次に、このデータ（テーブル）から任意のセルの値を取得します。ここでは関数を用意します。「空のクエリ」を作成し、クエリ名を「fxGetTableData」にして、次の数式を入力してください（図9-3-15）。

▼入力する数式

```
= (対象テーブル as table,Row as number, Column as number)
=> Table.Column(対象テーブル, Table.ColumnNames(対象テーブ
ル){Column-1}){Row-1}
```

図9-3-15　関数の作成

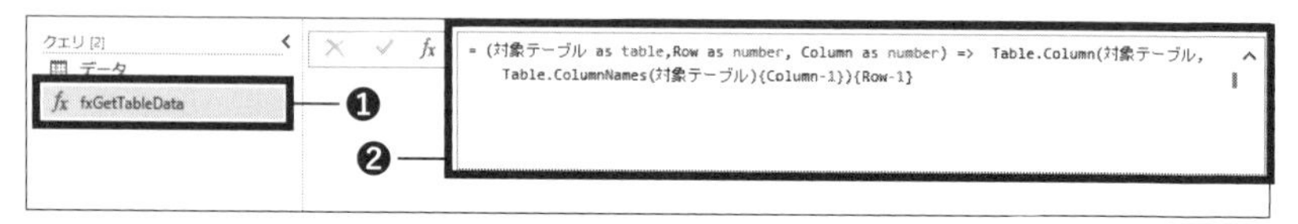

❶作成したクエリ名を「fxGetTableData」に変更する

❷指定した式を入力する

この式の説明は後でしますので、ひとまず動作を確認しましょう。関数の「パラメータの入力」で「対象テーブル」に「データ」を選択、「Row」に「1」を、「Column」に「1」を入力して「呼び出し」をクリックしてください。

図9-3-16　関数のテスト

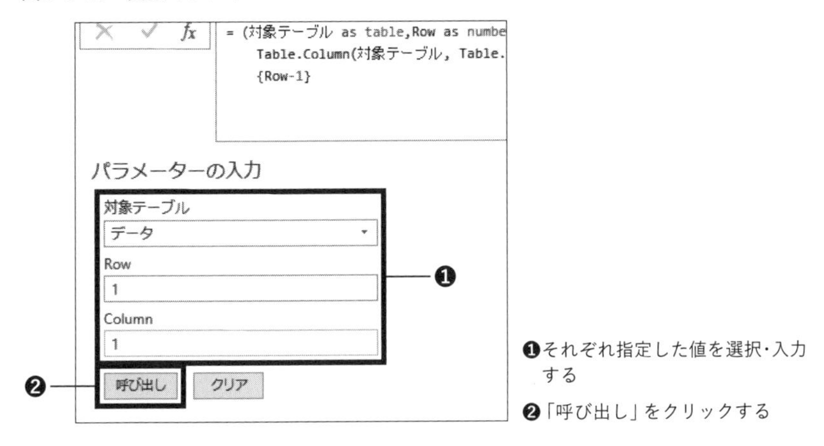

すると処理結果が表示され、先ほど確認したように「氏名」を取り出すことができます。

これで作成した関数の動作が確認できました。

図9-3-17　実行結果

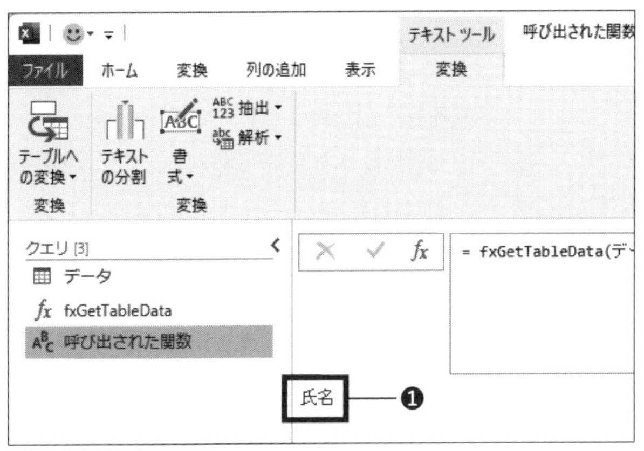

では、先ほどの関数について説明しましょう。入力した関数は次のようになります。

▼作成した関数

```
= (対象テーブル as table,Row as number, Column as number)
=> Table.Column(対象テーブル, Table.ColumnNames(対象テーブ
ル){Column-1}){Row-1}
```

まずは、関数の引数から確認します。「対象テーブル」「Row」「Column」の、3つの引数を指定しています。それぞれ、「データ取得対象のテーブル」「対象行番号」「対象列番号」の意味になります。

次に、Table.Column関数です。これは引数に指定したテーブルから「列名」を指定して、その列のリストを返す関数です。ここでポイントが1つあります。それは、この関数が「列名」を指定するという点です。今回の処理では、引数で指定したように「列名」ではなく「列番号」を指定します。そこで、Table.ColumnNames関数を使用して、対象テーブルで指定した列番号の「列名」を取得しています。このときに「Columns-1」としているのは、パワークエリの列番号が「0」から始まるためです。

これで、引数「対象テーブル」から引数「Column」で指定した列のリストを取得することができます。最後に、「Row-1」でそのリストから指定した行のデータを取得して完了です（こちらも行番号は「0」から始まるため、「-1」しています）。

以上で、指定した「行」「列」の値を取得できる関数が完成しました。最後に、この関数を使用してテーブルを作成します。新たに「空のクエリ」を作成して、次の式を入力してください。なお、ここでは取得する値の「行」と「列」を、それぞれ数値で指定しています。あらかじめ、読み取ったデータから取得すべきデータの「行」「列」を確認しておいてください。

▼入力する式

```
= #table({fxGetTableData(データ,1,1),fxGetTableData(データ,1,7),fxGetTableData(データ,2,1),fxGetTableData(データ,3,1)},{{fxGetTableData(データ,1,3),fxGetTableData(データ,1,9),fxGetTableData(データ,2,3),fxGetTableData(データ,3,3)}})
```

テーブルは「#table」関数で作成します（第8章参照）。ここでは見出しと、そしてそれに対する値をすべてfxGetTableData関数で取得しています。こうすることで、元のデータから見出しと値のすべてを指定することができます。

図9-3-18　完成図

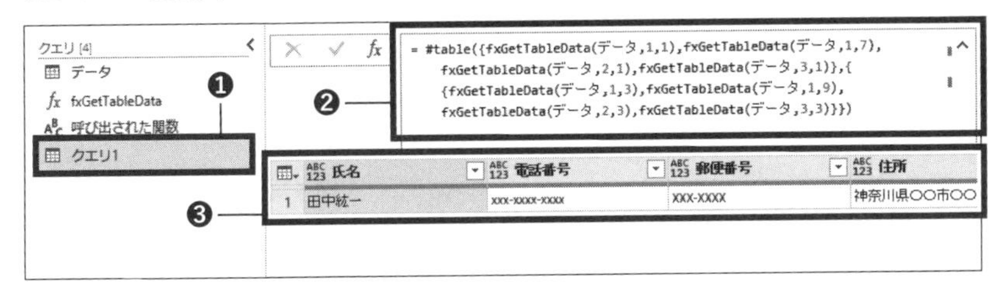

❶「空のクエリ」を作成する
❷指定した式を入力する
❸テーブルが作成された

これで、帳票形式のExcelファイルからデータをテーブル形式で取得することができました。なお、今回のサンプルはいわゆる「Excel方眼紙」と呼ばれるものです。そのようなフォーマットでも、M言語を利用すればデータ取得が可能になるのです。ぜひ活用してください。

第9章のまとめ

- 「詳細エディター」を利用することで、複数ステップを対象としたコードの編集が楽になるだけではなく、作成したカスタム関数のテストなども可能になる。

- M言語に用意された関数を利用することで、パワークエリエディタではできない処理（例えば、列を追加せずに最大値を求めて次の処理で使用する）といった処理が可能になる。

- パラメータを使用することで、動的なデータ取得、およびそのデータの利用ができるようになる。こうすることで、元データの変更にも柔軟に対応することができるようになる

- カスタム関数を使用することで、帳票形式のExcelデータから任意のセルの値を取得し、新たなテーブルを作成することが可能になる。こうすることで、帳票形式のデータを分析用のデータにすることができる。

第10章

DAXの基本的な構文を知る

DAXはパワーピボットで使用するものです。そして本書はパワークエリの書籍ですが、パワークエリを使用する最終的な目的が「データ分析」である以上、DAXを使用してどのような計算ができるのかを知っておくことは避けられません。そこで本章では、DAX（Data Analysis Expressions）の基本について解説します。DAXを知るにあたっては、パワーピボットの基本的な考え方から始め、実際にDAXを使用してデータ集計を行ってみることで、DAXの基本を知っていただきます。

繰り返しになりますが、パワークエリを使用するなら、最終的にはここで紹介する機能を使うことになります。その点を意識して読み進めるようにしてください。

10-1　パワーピボットの基本とDAXの利用

CheckPoint!　□パワーピボットの「データモデル」とは?
□「メジャー」と「計算列」の違い

サンプルファイル名　Sample1.xlsx、Sample2.xlsx、売上データ.xlsx、担当者マスタ.xlsx

パワーピボットについて

まずは、DAXの利用対象であるパワーピボットについて簡単に解説します。ただし、本書はあくまでパワークエリの書籍ですので、パワークエリの視点からパワーピボットを解説することになります。

まず初めに知っておいて欲しいのが「データモデル」です。「データモデル」とは、分析対象にかかわるデータすべてを表します。「データモデル」にはテーブルなどのデータだけではなく、後ほど解説する「メジャー」や「計算列」なども含みます。

パワーピボットではこの「データモデル」を元に、データ分析のためのピボットテーブルやピボットグラフなどを使用してダッシュボードを作成します。なお、本書で言う「ダッシュボード」とは、ピボットテーブルやピボットグラフなどで構成された、データ分析用にレイアウトされたワークシートを指します。

Memo

パワーピボットはExcelのアドインです。初めて利用する方はアドインを有効にしてください。アドインを有効にするには、次の手順で行います。

1. 「ファイル」メニューから「オプション」→「アドイン」の順にクリック
2. 「管理」ボックスで「COMアドイン」を選択して、「設定」をクリック

3. 「Microsoft PowerPivot for Excel」をチェックして、「OK」をクリック（図10-1-1）
4. これでリボンに「Power Pivot」タブが表示され、パワーピボットが利用できるようになる（図10-1-2）

図10-1-1 「Microsoft PowerPivot for Excel」の選択

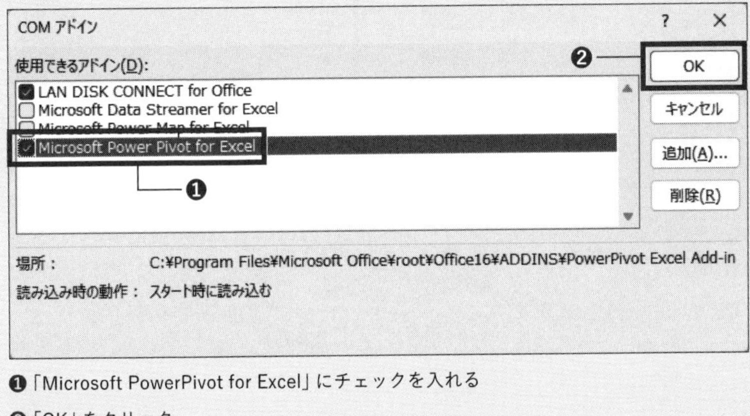

❶「Microsoft PowerPivot for Excel」にチェックを入れる
❷「OK」をクリック

図10-1-2 実行結果

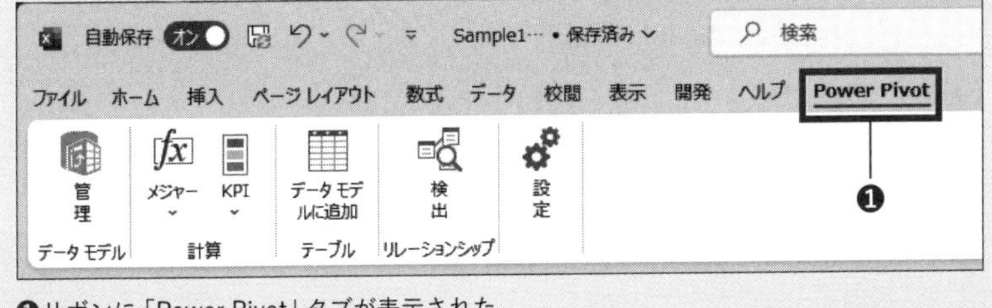

❶リボンに「Power Pivot」タブが表示された

「データモデル」の追加

では、この「データモデル」の処理を実際に見てみましょう。図10-1-3は、Excel上の「担当者マスタ」になります（Sample1.xlsxファイル参照）。

図10-1-3 「担当者マスタ」

	A	B	C
1	担当者コード	担当者名	地域
2	A001	田中紘一	東北
3	A002	橋本健太	東北
4	A003	小林洋一	関東
5	A004	太田肇	関東
6	A005	村田恵子	関東
7	A006	淀川香織	関東
8	A007	橋爪一平太	関東
9	A008	橋上加奈子	中部
10	A009	神田幸吉	中部

❶このデータをパワーピボットの「データモデル」に追加する。なお、この表には「テーブル」の設定は行われていない

まずは、対象の表内にカーソルがあることを確認してください。そのうえで、「Power Pivot」タブの「データモデルに追加」ボタンをクリックします。

図10-1-4 「データモデル」へ追加する

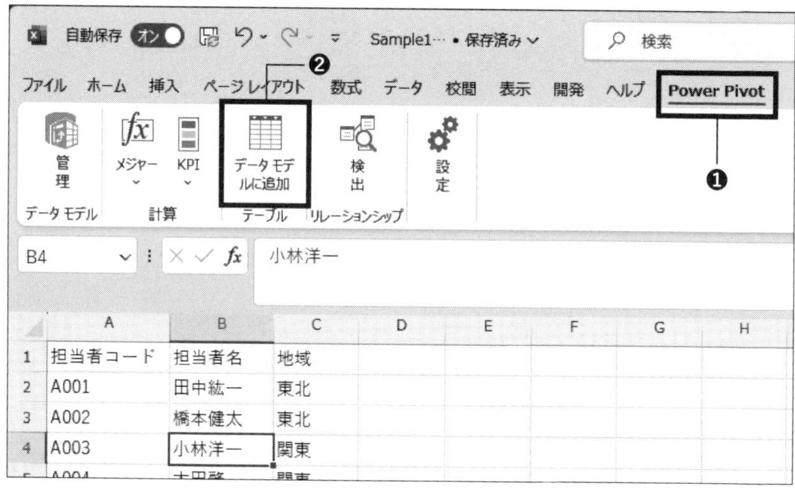

❶「Power Pivot」タブを選択する

❷「データモデルに追加」ボタンをクリックする

「データモデルに追加」をクリックすると、図10-1-5のように、対象の表を「テーブル」に変換するかどうかを確認するダイアログボックスが表示されます。「先頭行を見出しとして使用する」にチェックを入れて、「OK」をクリックしてください。

図10-1-5 「テーブルの作成」ダイアログボックス

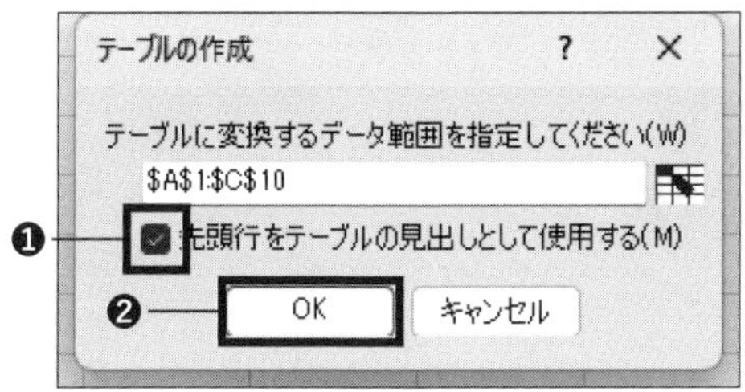

❶チェックを入れる
❷「OK」ボタンをクリックする

すると、自動的にパワーピボットウィンドウが開きます。

図10-1-6 パワーピボットウィンドウ

❶この画面でパワーピボットの操作を行う
❷「データモデル」に追加したテーブル名が、シート見出しのように表示されている

これで対象のデータが「データモデル」に追加され、パワーピボットによる集計処理や、ピボットテーブル・ピボットグラフを作成する準備ができたことになります。まずは、この対象のデータを「データモデル」に追加することが基本です。

では、これを踏まえてパワークエリでデータを取得してから、そのデータをパワーピボットの「データモデル」に追加してピボットテーブルを作成するという、データ分析における全体の流れを確認してみましょう。

パワークエリ→パワーピボット→ピボットテーブルの流れを確認する

パワークエリでデータを取得後、パワーピボットで分析用のデータを追加して、最終的にピボットテーブルを作成するまでの一連の流れについて説明します。ここでは、売上データを分析する想定で次の処理を実際に行ってみましょう（カッコ内は実際にその処理を行うツールです）。

①売上データ.xlsxファイルを取得する（パワークエリ）
②担当者マスタ.xlsxファイルを取得する（パワークエリ）
③取得したデータを「データモデル」として追加する（パワークエリ）
④追加した「データモデル」を分析用に加工する（パワーピボット）
⑤「データモデル」を使用してピボットテーブルを作成する（Excel）

①と②はすでにその操作方法を解説済みですので、ここでは③から解説します。図10-1-7は、「売上データ.xlsx」と「担当者マスタ.xlsx」をパワークエリに取得したところです。なお、ここでは元データがどちらも「Sheet1」にあるため、データ取得後にクエリ名をそれぞれ「売上データ」と「担当者マスタ」に変更しています。なお、ここではパワークエリエディタからデータを取得しています。パワークエリエディタからデータを取得するには、「ホーム」タブから「新しいデータソース」→「ファイル」→「Excelブック」で取得します。

図10-1-7　データを取得した時点でのパワークエリ

❶2つのデータを取得した状態のパワークエリエディタ

❷クエリ名をそれぞれ「売上データ」「担当者マスタ」に変更してある

通常であれば、ここで何らかの加工処理をパワークエリで行うのですが、ここでは特に行わずにこの2つのテーブルをパワーピボットの「データモデル」に追加します。

続けて「データモデル」に追加するには、パワークエリエディタの「ホーム」タブから「閉じて読み込む」→「閉じて次に読み込む」をクリックします。

図10-1-8　データの読み込み

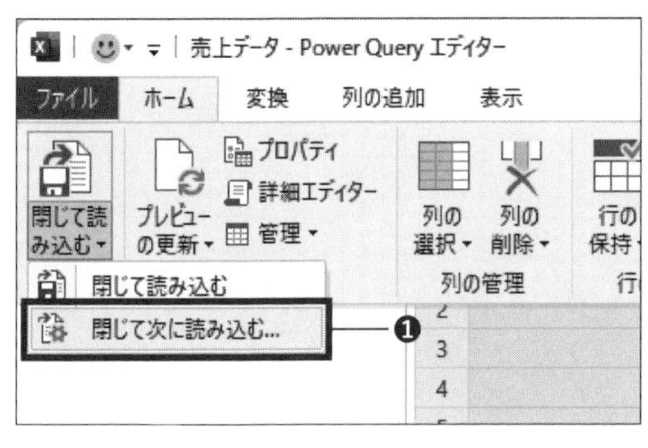

❶「ホーム」タブの「閉じて読み込む」から「閉じて次に読み込む」をクリックする

すると「データのインポート」ダイアログボックスが表示されるので、ここでは「接続の作成のみ」を選択し、「このデータをデータモデルに追加する」にチェックを入れて「OK」ボタンをクリックします。

図10-1-9 「データモデル」への追加

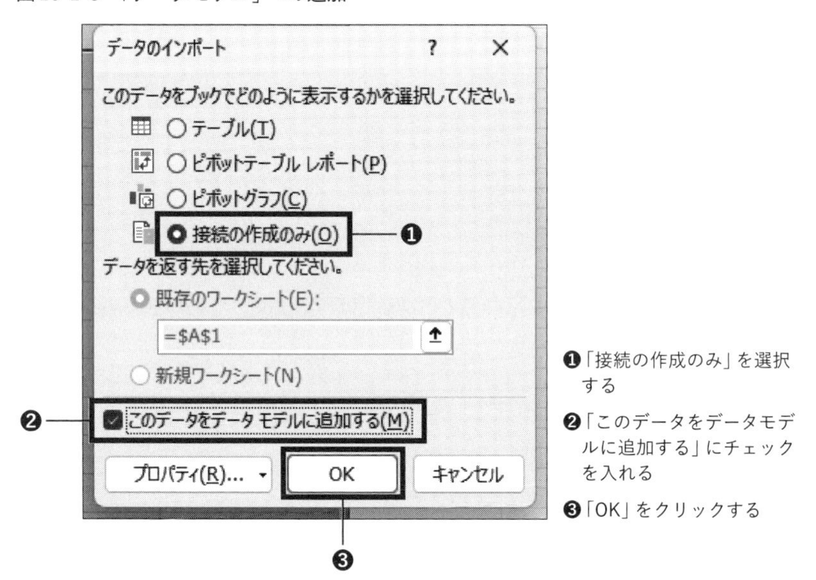

Memo

ここでは「接続の作成のみ」を行いました。この後、実際にデータ分析用のピボットテーブルを作成するのですが、その際に元データがExcel上に表示されている必要が無いと判断したためです。元データもExcel上にあった方が良い場合は、テーブルとして取得するようにしてください。

これで2つのデータが「データモデル」に追加されたので、確認してみましょう。図10-1-10は、データインポート後のExcelの画面です。2つのクエリが作成されていることがわかります。

図10-1-10　2つのクエリが作成されたExcel画面

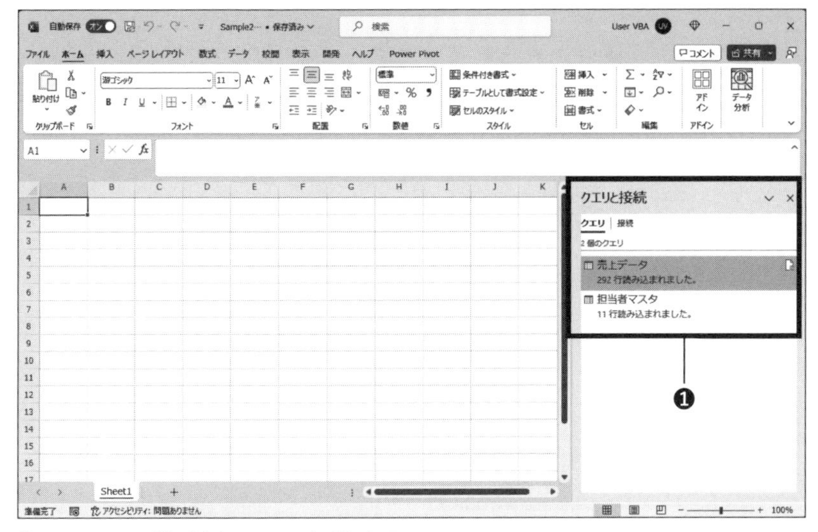

❶2つのクエリが作成されていることがわかる

次に、リボンの「Power Pivot」タブから「管理」をクリックします。

図10-1-11　データモデルの確認

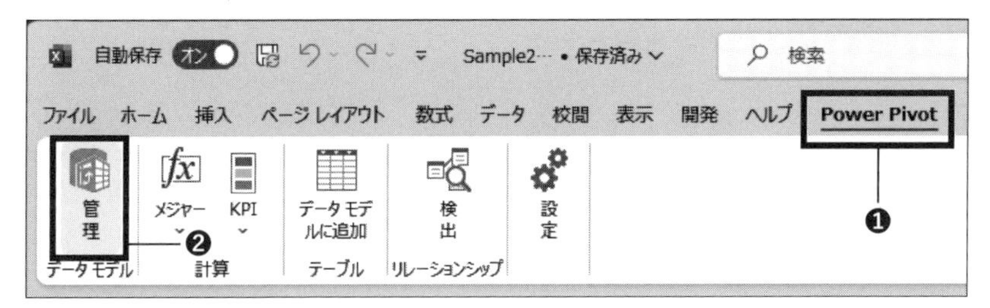

❶「Power Pivot」タブから

❷「管理」をクリックする

するとパワーピボットウィンドウが開き、2つのデータがデータモデルとして追加されていることがわかります。

図10-1-12　パワーピボットウィンドウ

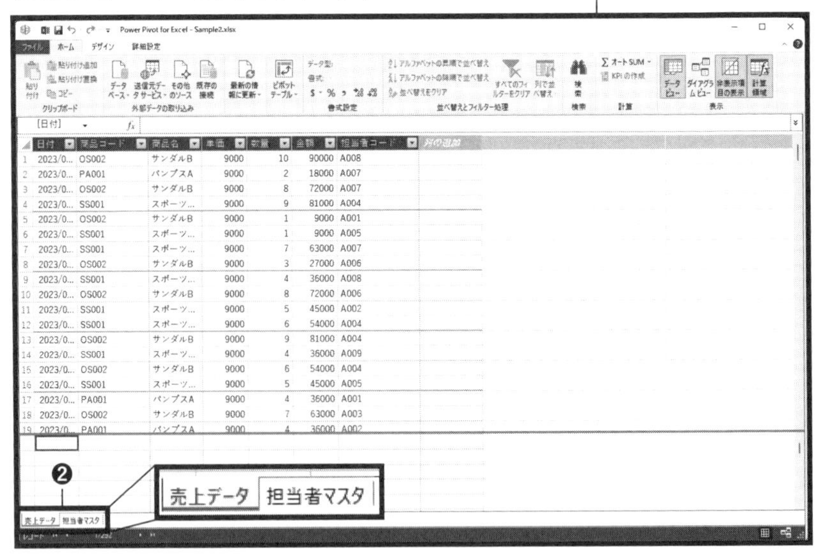

❶パワーピボットウィンドウが開いた

❷2つのデータが「データモデル」として追加されている

本来であれば、ここで分析用に加工処理を行うのですが、ひとまずピボットテーブルを作ってみましょう。ここでは、商品別の売上金額の合計を集計してみます。

ピボットテーブルの作成

では、ピボットテーブルを作成します。パワーピボットウィンドウで売上データが選択された状態で、「ホーム」タブの「ピボットテーブル」をクリックします。

図10-1-13　ピボットテーブルの作成

❶「ホーム」タブの「ピボットテーブル」をクリックする

すると「ピボットテーブルの作成」ダイアログボックスが表示されるので、「OK」をクリックします。

図10-1-14
「ピボットテーブルの作成」ダイアログボックス

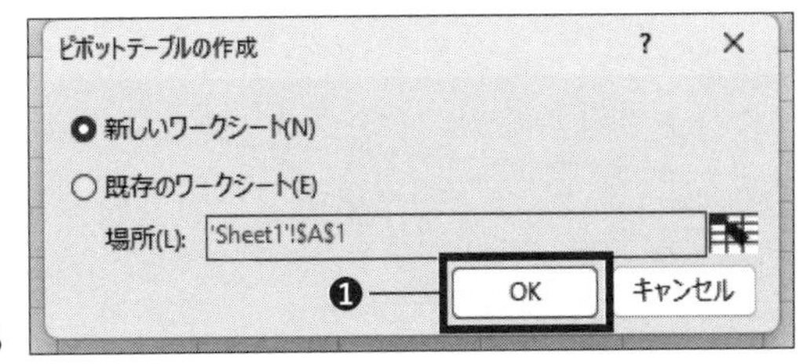

❶「OK」をクリックする

Excelに画面が切り替わったら、「行」に「商品名」を、「列」に「金額」をドラッグ＆ドロップします。

図10-1-15　ピボットテーブルの作成

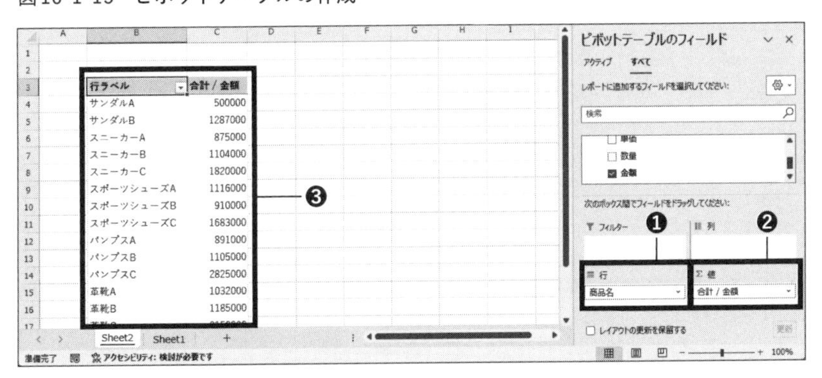

❶「行」に「商品名」を
❷「列」に「金額」をドラッグ＆ドロップする
❸ピボットテーブルができた

「メジャー」の確認

いきなりですが、ここで「メジャー」を確認します。「メジャー」はパワーピボットでのテーブルに対する集計処理を表します（第1章参照）。

図10-1-15で作成したピボットテーブルは、商品ごとの「金額」の「合計」を表示していました。実は、この「合計」も「メジャー」なのです。そこでまずは、この「合計」がメジャーであることを確認しましょう（正確には「暗黙のメジャー」と呼びますが、後ほど詳しく説明します）。

Excelの「Power Pivot」タブから「管理」をクリックして、パワーピボットウィンドウを開きます。そして、まずはパワーピボットウィンドウでメジャーが表示される「計算領域」を表示します。「計算領域」は、「ホーム」タブの「計算領域」をクリックして表示することができます。

図10-1-16 「計算領域」の表示

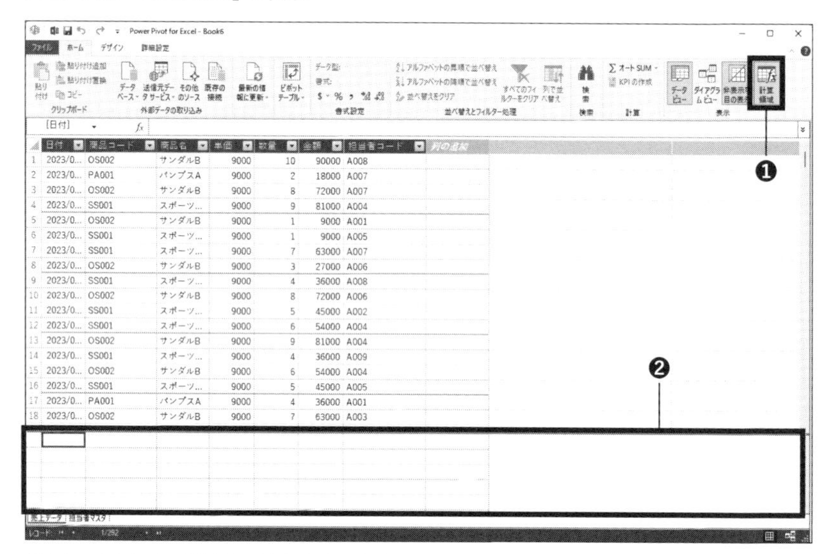

❶「ホーム」タブの「計算領域」をクリックする

❷「計算領域」が表示される

次に、「詳細設定」タブから「暗黙のメジャーの表示」をクリックします。

図10-1-17 「暗黙のメジャーの表示」

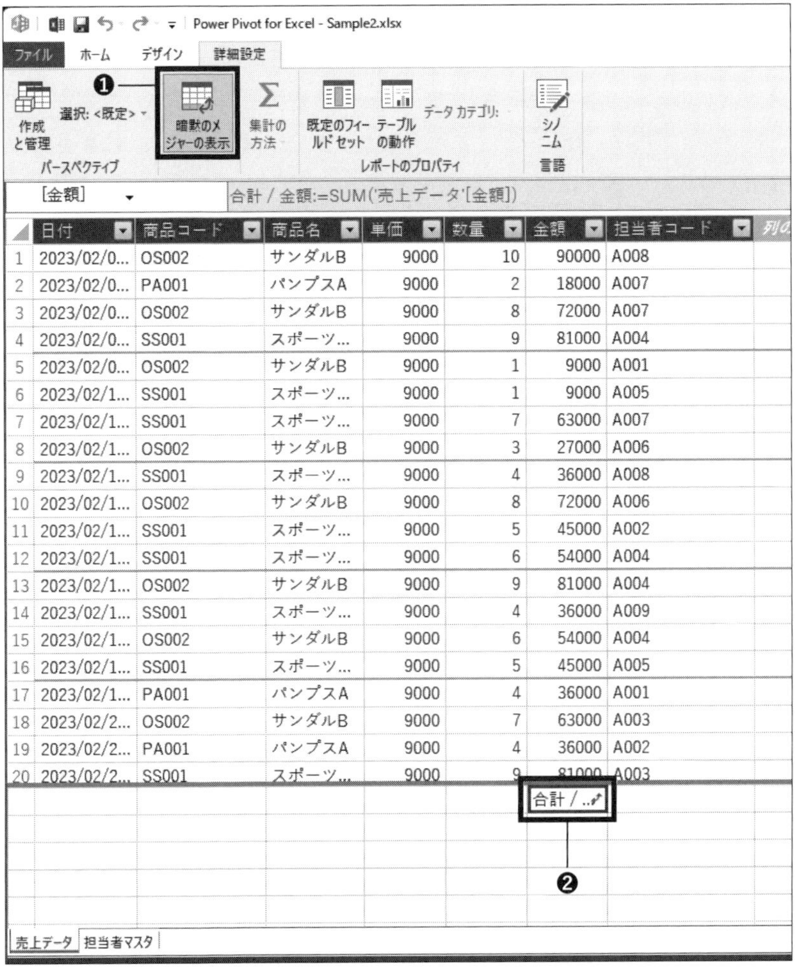
Power Pivot for Excel - Sample2.xlsx
ファイル
ホーム
デザイン
詳細設定
作成と管理
選択: <既定>
パースペクティブ
暗黙のメジャーの表示
集計の方法
既定のフィールドセット
テーブルの動作
データ カテゴリ:
レポートのプロパティ
シノニム
言語
[金額]
合計 / 金額:=SUM('売上データ'[金額])
日付 商品コード 商品名 単価 数量 金額 担当者コード
1 2023/02/0... OS002 サンダルB 9000 10 90000 A008
2 2023/02/0... PA001 パンプスA 9000 2 18000 A007
3 2023/02/0... OS002 サンダルB 9000 8 72000 A007
4 2023/02/0... SS001 スポーツ... 9000 9 81000 A004
5 2023/02/0... OS002 サンダルB 9000 1 9000 A001
6 2023/02/1... SS001 スポーツ... 9000 1 9000 A005
7 2023/02/1... SS001 スポーツ... 9000 7 63000 A007
8 2023/02/1... OS002 サンダルB 9000 3 27000 A006
9 2023/02/1... SS001 スポーツ... 9000 4 36000 A008
10 2023/02/1... OS002 サンダルB 9000 8 72000 A006
11 2023/02/1... SS001 スポーツ... 9000 5 45000 A002
12 2023/02/1... SS001 スポーツ... 9000 6 54000 A004
13 2023/02/1... OS002 サンダルB 9000 9 81000 A004
14 2023/02/1... SS001 スポーツ... 9000 4 36000 A009
15 2023/02/1... OS002 サンダルB 9000 6 54000 A004
16 2023/02/1... SS001 スポーツ... 9000 5 45000 A005
17 2023/02/1... PA001 パンプスA 9000 4 36000 A001
18 2023/02/2... OS002 サンダルB 9000 7 63000 A003
19 2023/02/2... PA001 パンプスA 9000 4 36000 A002
20 2023/02/2... SS001 スポーツ... 9000 9 81000 A003
合計 / ...
売上データ
担当者マスタ
❶
❷

❶「暗黙のクエリ表示」をクリックする

❷「金額」列に「合計」と表示される

「暗黙のメジャーの表示」で、先ほどの「金額」の「合計」が表示されました。このことから、ピボットテーブルで設定した「合計」がメジャーであることがわかります。なお、「暗黙の」となっているのは、ピボットテーブルの集計機能（合計や平均など）で指定できるものは、ピボットテーブルの編集画面で指定した結果、自動的にメジャーが生成されるためです。

メジャー内容の確認

では、この画面で作成されたメジャーの内容を確認してみましょう。「計算領域」の「合計」と表示されているセルを選択し、数式バーを確認してください（図10-1-18）。ここで入力されている計算式がDAXになります（DAXの詳しい構文は後ほど解説します）。

図10-1-18　DAXの確認

[金額]　合計 / 金額:=SUM('売上データ'[金額]) ❷

	日付	商品コード	商品名	単価	数量	金額	担当者コード	列の追
3	2023/0...	OS002	サンダルB	9000	8	72000	A007	
4	2023/0...	SS001	スポーツ...	9000	9	81000	A004	
5	2023/0...	OS002	サンダルB	9000	1	9000	A001	
6	2023/0...	SS001	スポーツ...	9000	1	9000	A005	
7	2023/0...	SS001	スポーツ...	9000	7	63000	A007	
8	2023/0...	OS002	サンダルB	9000	3	27000	A006	
9	2023/0...	SS001	スポーツ...	9000	4	36000	A008	
10	2023/0...	OS002	サンダルB	9000	8	72000	A006	
11	2023/0...	SS001	スポーツ...	9000	5	45000	A002	
12	2023/0...	SS001	スポーツ...	9000	6	54000	A004	
13	2023/0...	OS002	サンダルB	9000	9	81000	A004	
14	2023/0...	SS001	スポーツ...	9000	4	36000	A009	
15	2023/0...	OS002	サンダルB	9000	6	54000	A004	
16	2023/0...	SS001	スポーツ...	9000	5	45000	A005	
17	2023/0...	PA001	パンプスA	9000	4	36000	A001	
18	2023/0...	OS002	サンダルB	9000	7	63000	A003	
19	2023/0...	PA001	パンプスA	9000	4	36000	A002	
20	2023/0...	SS001	スポーツ...	9000	9	81000	A003	
						合計 / ... ❶		

❶「合計」と表示されているセルを選択する

❷数式バーを確認する

このDAXですが、もちろん皆さんが作成することもできます。ここでは「金額」の合計をピボットテーブルで集計しましたが、同じ処理を実際にDAXで作成してみましょう。

DAXによる「合計」の作成

図10-1-19のように「計算領域」で「合計」の1つ下のセルを選択し、数式バーに次のように入力してください。ここでは合計を求めるので、DAXのSUM関数を使用します。なお、DAXでは大文字・小文字が区別されないため、「sum」を小文字で入力しています。

▼入力するDAXの式

```
合計金額:=sum('売上データ'[金額])
```

図10-1-19　DAXの入力

[金額] ▾ fx 合計金額:=sum('売上データ'[金額]) ──❷

	日付	商品コード	商品名	単価	数量	金額	担当者コード	列
1	2023/02/0...	OS002	サンダルB	9000	10	90000	A008	
2	2023/02/0...	PA001	パンプスA	9000	2	18000	A007	
3	2023/02/0...	OS002	サンダルB	9000	8	72000	A007	
4	2023/02/0...	SS001	スポーツ...	9000	9	81000	A004	
5	2023/02/0...	OS002	サンダルB	9000	1	9000	A001	
6	2023/02/1...	SS001	スポーツ...	9000	1	9000	A005	
7	2023/02/1...	SS001	スポーツ...	9000	7	63000	A007	
8	2023/02/1...	OS002	サンダルB	9000	3	27000	A006	
9	2023/02/1...	SS001	スポーツ...	9000	4	36000	A008	
10	2023/02/1...	OS002	サンダルB	9000	8	72000	A006	
11	2023/02/1...	SS001	スポーツ...	9000	5	45000	A002	
12	2023/02/1...	SS001	スポーツ...	9000	6	54000	A004	
13	2023/02/1...	OS002	サンダルB	9000	9	81000	A004	
14	2023/02/1...	SS001	スポーツ...	9000	4	36000	A009	
15	2023/02/1...	OS002	サンダルB	9000	6	54000	A004	
16	2023/02/1...	SS001	スポーツ...	9000	5	45000	A005	
17	2023/02/1...	PA001	パンプスA	9000	4	36000	A001	
18	2023/02/2...	OS002	サンダルB	9000	7	63000	A003	
19	2023/02/2...	PA001	パンプスA	9000	4	36000	A002	
20	2023/02/2...	SS001	スポーツ...	9000	9	81000	A003	
						合計 / ...		
						合計金... ──❶		

❶対象のセルを選択し

❷DAXの計算式を入力する

Memo

「合計金額:=sum(」まで入力すると、図10-1-20のようにインテリセンスが働き、入力候補が示されます。今回は「金額」を集計するので、「'売上データ'[金額]」を選択して「Enter」キーを押します。これで対象の列が指定できます。最後に「)」を入力し、再度「Enter」キーで確定して完了です。

図10-1-20　DAX入力時のインテリセンス

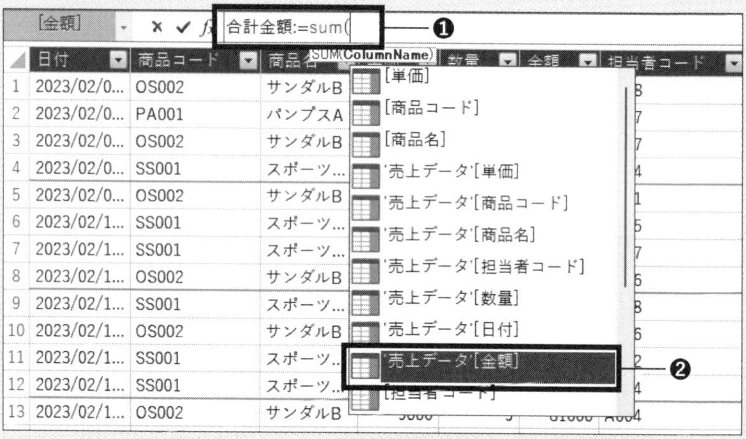

❶「合計金額:=sum(」まで入力すると、インテリセンスが働く

❷「'売上データ'[金額]」を選択し、「Enter」キーで確定する

これで完了です。Excelの画面に戻って、作成したメジャーを確認しましょう。「ピボットテーブルのフィールド」を見ると、新たに「合計金額」が追加されていることがわかります。なお、このとき「合計金額」の左側に「fx」のマークがありますが、これはこの項目がメジャーであることを示しています。

図10-1-21　ピボットテーブルの設定画面

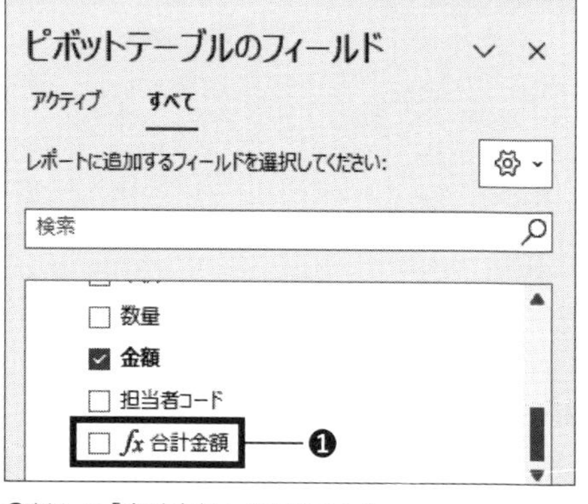

❶新たに「合計金額」が作成された

最後に、この項目をピボットテーブルの「値」に追加して動作を確認しましょう。

なお、元々ある「合計 / 金額」の処理結果とは同じになります。

図10-1-22　実行結果

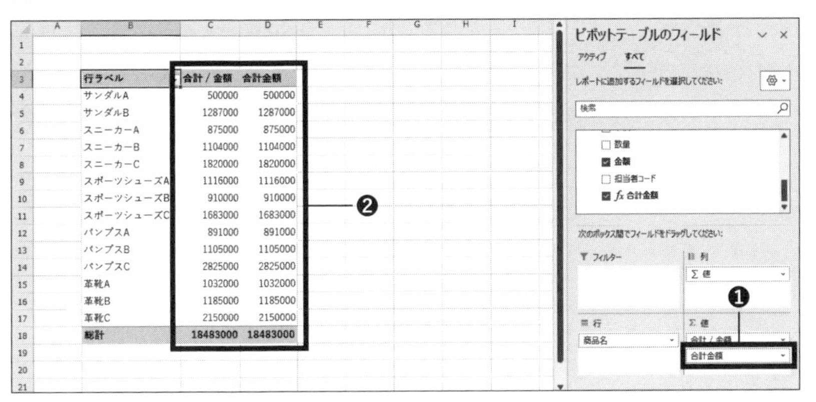

行ラベル	合計 / 金額	合計金額
サンダルA	500000	500000
サンダルB	1287000	1287000
スニーカーA	875000	875000
スニーカーB	1104000	1104000
スニーカーC	1820000	1820000
スポーツシューズA	1116000	1116000
スポーツシューズB	910000	910000
スポーツシューズC	1683000	1683000
パンプスA	891000	891000
パンプスB	1105000	1105000
パンプスC	2825000	2825000
革靴A	1032000	1032000
革靴B	1185000	1185000
革靴C	2150000	2150000
総計	18483000	18483000

❶「値」欄に「合計金額」を追加する

❷ピボットテーブルが更新され、「合計金額」欄が追加された

このようにDAXを利用してメジャーを作成すると、ピボットテーブルの項目として指定することができるようになります。通常のピボットテーブルでは用意された計算方法しか指定できませんが、DAXを使用することでより多くの、そして複雑な計算処理が可能になり、それをピボットテーブルの集計値として使用することができるのです。

このような使い方ができるのがDAXなのですが、そもそも必要なデータがきちんとそろってないと、こういった処理はできません。元となるデータを取得・加工するパワークエリがいかに重要なのか、併せてご理解いただけたかと思います。

リレーションシップとその利用

最後にもう1つ、パワーピボットの大切な機能を解説します。それは「リレーションシップ」です。第1章で「スタースキーマ」の解説をした際に、

「複数のテーブルを関連付ける」という話をしました。この「関連付け」の処理が「リレーションシップ」なのです。

「リレーションシップ」は、パワーピボットウィンドウで作成します。Excelの「Power Pivot」タブから「管理」をクリックして、パワーピボットウィンドウを表示します。次に、パワーピボットウィンドウの「ホーム」タブから「ダイアグラムビュー」をクリックします。すると、すでに取得されているテーブルが表示されます。「担当者マスタ」の見出しが正しく設定されていない場合は、パワークエリに戻って1行目を見出しにしてください。

図10-1-23 「ダイアグラムビュー」の表示

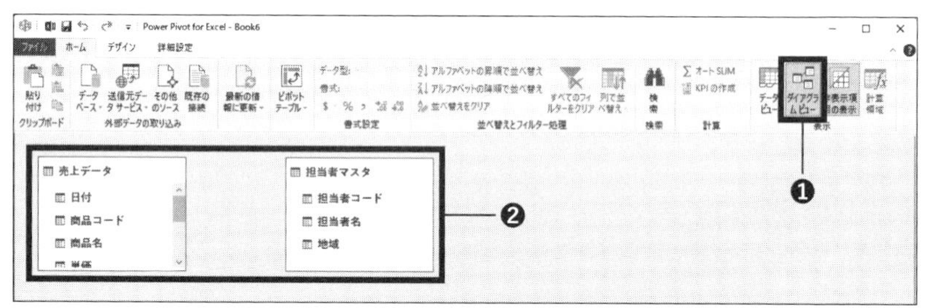

❶「ダイアグラムビュー」をクリックする　❷取得済のテーブルが表示される

ここでは、両方のテーブルにある「担当者コード」を関連付けて「リレーションシップ」を作成します。図10-1-24のように、片方のテーブルにある「担当者コード」をドラッグして、もう1つのテーブルの「担当者コード」の上でドロップしてください（どちらのテーブルから操作しても結果は同じです）。これで2つのテーブルが関連付けられ、例えば「担当者名ごとの売上金額の合計」といったピボットテーブルが作成できるようになります（後ほど実際に作成します）。

図10-1-24 「リレーションシップ」の作成

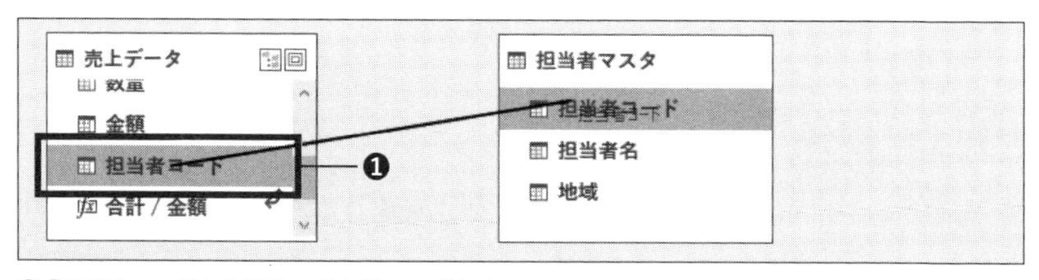

❶「担当者コード」をドラッグ&ドロップする

Memo

このように、パワーピボットウィンドウでは目的に応じて「ビュー」を切り替えて作業します。Excelで言えば、「標準」のビューや「ページレイアウトビュー」、「改ページプレビュー」といったところです。ただ、Excelに比べるとビューによってできることが大きく異なるため、「パワーピボットウィンドウでは、処理に応じてビューを切り替える必要がある」ということを忘れないでください。

これで2つのテーブルが線で結ばれ、「リレーションシップ」が作成されました。このとき、「売上データ」の方には「*」が、「担当者マスタ」の方には「1」が表示されていることを確認してください（図10-1-25）。これは「売上データ」と「担当者マスタ」の関係が「多対1」であることを表しています。確かに「担当者マスタ」はマスタデータですから、「担当者コード」の重複は無いはずです。それに対して「売上データ」は日々の売上データですから、当然「担当者コード」は複数入力されています。

図10-1-25 「多対1」を表す「リレーションシップ」

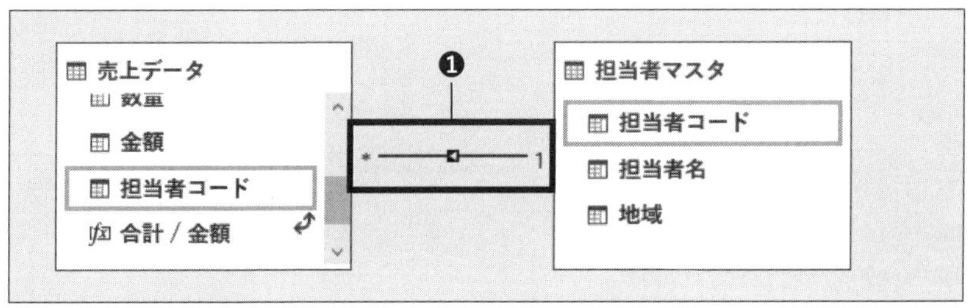

❶2つのテーブルが線で結ばれ、「売上データ」には「*」が、「担当者マスタ」には「1」が表示される

では、このリレーションシップを利用して、ピボットテーブルの集計を「商品別」ではなく「担当者別」にしましょう。まずは「ホーム」タブの「データビュー」をクリックして、パワーピボットウィンドウの表示を戻します。

図10-1-26　「データビュー」への切り替え

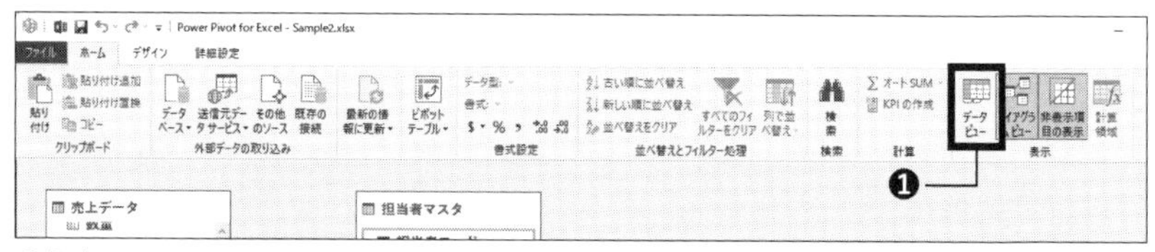

❶「データビュー」に切り替える

次に、図10-1-27のように「列」へ「担当者マスタ」の「担当者名」を設定します。

図10-1-27　「担当者名ごと」の集計

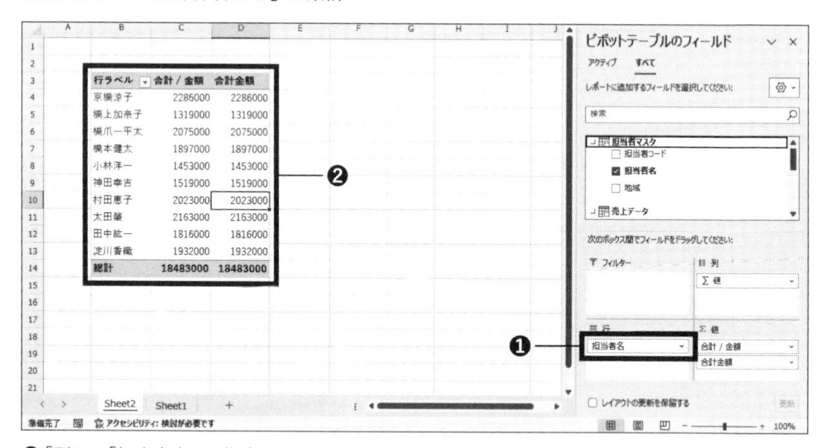

行ラベル	合計 / 金額	合計金額
京橋涼子	2286000	2286000
橋上加奈子	1319000	1319000
橋爪一平太	2075000	2075000
橋本健太	1897000	1897000
小林洋一	1453000	1453000
神田幸吉	1519000	1519000
村田恵子	2023000	2023000
太田肇	2163000	2163000
田中紘一	1816000	1816000
淀川香織	1932000	1932000
総計	18483000	18483000

❶「列」に「担当者名」を指定する

❷「担当者名」ごとの集計が行われる

このようにリレーションシップを利用すると、異なるテーブルを関連付けて1つのピボットテーブルを作成することができます。

では次に、第1章で「メジャー」とセットで解説した「計算列」を作ります。ここでは、消費税込みの売上金額を求めます。

実際に見て行きましょう。

「計算列」による「税込金額」の作成

パワーピボットウィンドウに切り替え、図10-1-28のように「列の追加」のセルを選択して、数式バーに次の式を入力します。

▼入力する式

```
= [金額] * 1.1
```

図10-1-28

=[金額]*1.1 ——❷

商品コード	商品名	単価	数量	金額	担当者コ...	列の追加
OS002	サンダルB	9000	10	90000	A008	
PA001	パンプスA	9000	2	18000	A007	
OS002	サンダルB	9000	8	72000	A007	
SS001	スポーツ...	9000	9	81000	A004	❶
OS002	サンダルB	9000	1	9000	A001	

❶「列の追加」のセルを選択して

❷指定した式を入力する

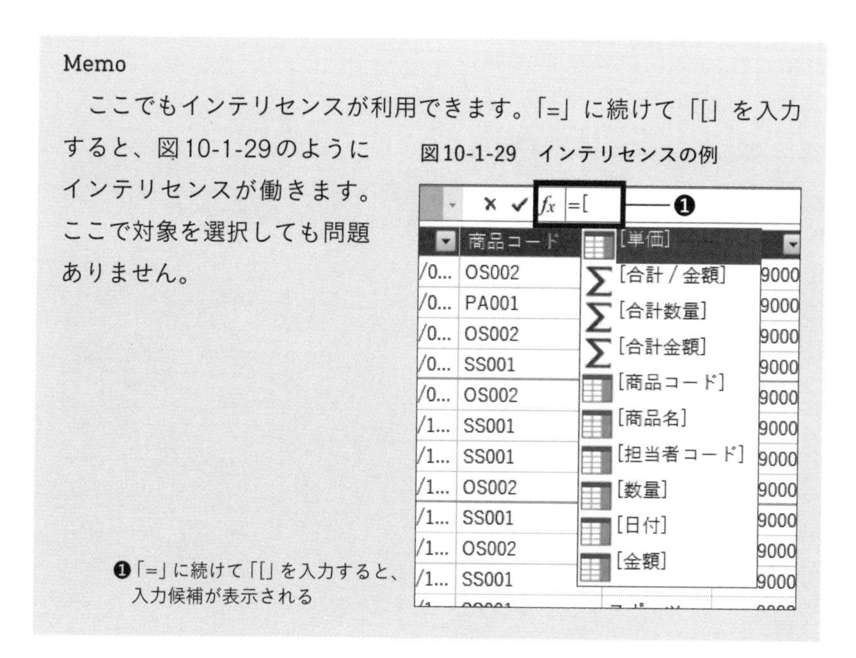
Memo

ここでもインテリセンスが利用できます。「=」に続けて「[」を入力すると、図10-1-29のようにインテリセンスが働きます。ここで対象を選択しても問題ありません。

図10-1-29 インテリセンスの例

❶「=」に続けて「[」を入力すると、入力候補が表示される

DAXを入力し「Enter」キーで確定すると、新たな列が作成されて計算結果が表示されます。なお、列名は自動的に付けられますが、ダブルクリックすれば編集可能です。ここでは図10-1-30のように、「金額（消費税込）」に変更しましょう。

図10-1-30　実行結果

fx =[金額]*1.1

ード	商品名	単価	数量	金額	担当者コ...		金額（消費税込）
	サンダルB	9000	10	90000	A008		99000
	パンプスA	9000	2	18000	A007		19800
	サンダルB	9000	8	72000	A007		79200
	スポーツ...	9000	9	81000	A004		89100
	サンダルB	9000	1	9000	A001		9900
	スポーツ...	9000	1	9000	A005		9900

❶ダブルクリックで編集モードにし、列名を「金額（消費税込）」にして完成

最後に、ピボットテーブルに戻ってこの項目を追加します。図10-1-31のように、ピボットテーブルの「値」に「金額（消費税込）」を加えてください。

図10-1-31　ピボットテーブルの更新

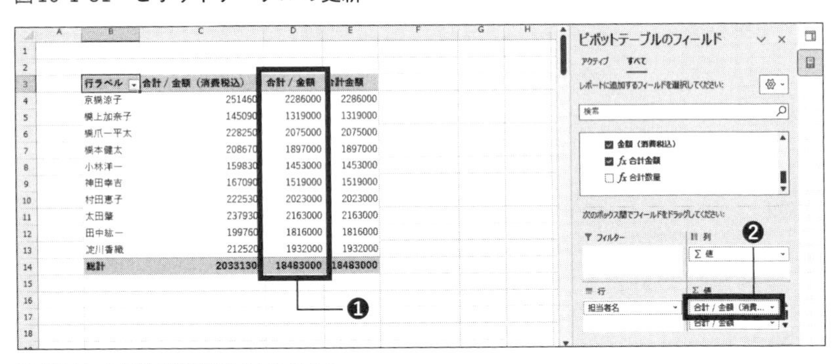

❶「値」に「金額（消費税込）」を加える

❷ピボットテーブルに「金額（消費税込）」が表示される

Memo

「メジャー」のときと異なり、「計算列」で作成した列名の前に「fx」の記号が無い点に注意してください。「計算列」はDAXを使用しますが、あくまで「列」として扱われます。そのため、他の列と同様にピボットテーブルでの処理が可能となります。

これで完了です。なお、計算列はピボットテーブルでは元データの項目と同じように使用することができます。そのため、「元データに無いけど分析に必要」な列を作成する際に使用されます。さらに言えば、このような計算を行うことも想定してデータを準備するのが、パワークエリの役目なのです。

次節では、DAXの基本的な用語や構文について解説します。

10-2 DAXの基本的な構文と用語

CheckPoint! □「メジャー」と「計算列」の構文について
□DAXを理解するうえで重要な「イテレータ」とは?

サンプルファイル名　なし

DAXの基本的な構文

先ほどは、実際に「メジャー」と「計算列」を作成しました。作成した式を再掲しておきましょう。

▼「メジャー」の例

```
合計数量:=SUM('売上データ'[数量])
```

▼「計算列」の例

```
= [金額] * 1.1
```

まずは「メジャー」からです。「メジャー」の構文は次のようになります。

▼「メジャー」の構文

```
メジャー名:=計算式
```

「メジャー名」に続けて、「:=」とするのがポイントです。単に「=」ではない点に注意してください。そして「:=」に続けて「計算式」を入力するのですが、ここで注意点があります。第1章でも説明したように、「メジャー」はテーブルに対して集計処理を行うものです。そのため、例えば次のような計算式はエラーになります。

▼エラーになるDAX

```
金額（消費税込）:=[金額] * 1.1
```

「メジャー」はテーブルに対して処理を行うため、行ごとの計算式は使用できないのです。したがって、先ほどの例のように、SUM関数などの関数と組み合わせて使用することになります。具体的な例は次章で紹介します。

ここで、先ほどのSUM関数のカッコ内（引数）を見てください。「'売上データ'[数量]」のようになっていますよね。このうち「売上データ」はテーブル名で、「数量」は列名です。また、すでにお気付きかとは思いますが、DAXではテーブル名は「''」で、列名は「[]」で囲みます（これは「計算式」でも同じです）。これが基本的な構文になります。

次は「計算列」です。こちらも「メジャー」同様、関数を使用することもできますが、基本は「=」から始めて、対象の列を「[]」で囲んで指定するということになります。

以上が「メジャー」と「計算列」の構文なのですが、ここでもう1つ押さえておきたいことがあります。それは「イテレータ」という考え方です。

「イテレータ」という考え方

先ほど、「メジャーはテーブルに対する処理で、1行ごとの処理はしない」という説明をしましたが、逆に「計算列」は、メジャーではできない「1行ごと」の処理を行います。

そして、この「1行ごと」の処理をする命令を「イテレータ」と呼びます。

DAXは「メジャー」と「計算列」で見たように、処理がテーブル全体なのか、行ごとなのかが重要です。ですので、実際に作成する処理がどちらなのかをきちんと明確にしたうえで、DAXの式を作る必要があります。

Memo

「イテレータ」は「反復」とか「繰り返し」という意味になります。「1行ごと」の処理と説明しましたが、もう少し丁寧に言えば「テーブルのすべての行に対して繰り返し処理を行う」という意味です。そのため、このような処理をする関数等を「イテレータ」と呼ぶのです。

押さえておきたい用語

その他の「押さえておきたい用語」は次のとおりです。DAXを学習するうえで必ず出てくる、最低限知っておいていただきたい用語なので、ぜひ覚えておいてください。

・コンテキスト
・タイムインテリジェンス
・演算子
・関数（次節で解説します）

では、各用語の意味を見て行きましょう。

コンテキスト

コンテキストには、主に「行コンテキスト」と「フィルターコンテキスト」の2種類があります。「行コンテキスト」は「現在の行」を表し、「イテレータ」や「計算列」の式を扱う際に使用されます。「フィルターコンテキスト」は、「メジャー」を利用する際に使用されます。その名の通り、データモデルにフィルターをかけたり、解除したりといった処理に関連します。

なお、実は「行コンテキスト」と「フィルターコンテキスト」は同じ「コンテキスト」として分類されていますが、直接的な関係はありません。それぞれ別の用語として理解してください。

タイムインテリジェンス

時間に関する計算に関連するものを、「タイムインテリジェンス」と呼びます。そして、年度累計（YDM）を求めるような関数は「タイムインテリジェンス関数」と呼びます。

図10-2-1は、DATEADDタイムインテリジェンス関数を使用して、「日付」列の「日付」に「10日」加えた日付を求めています。

図10-2-1 「タイムインテリジェンス関数」の例

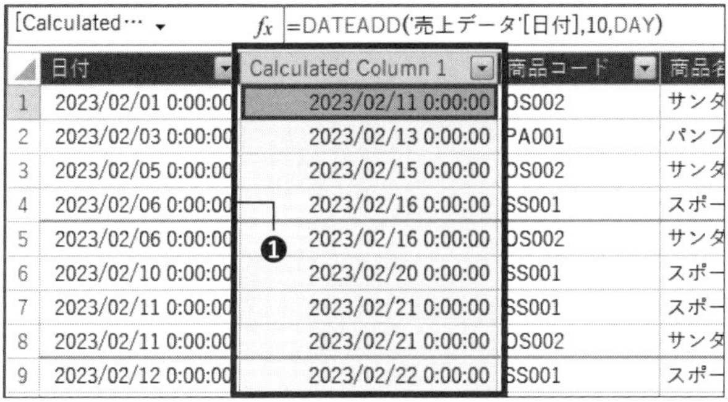

[Calculated… ▾ fx =DATEADD('売上データ'[日付],10,DAY)

	日付	Calculated Column 1	商品コード	商品名
1	2023/02/01 0:00:00	2023/02/11 0:00:00	DS002	サンタ
2	2023/02/03 0:00:00	2023/02/13 0:00:00	PA001	パンフ
3	2023/02/05 0:00:00	2023/02/15 0:00:00	DS002	サンタ
4	2023/02/06 0:00:00	2023/02/16 0:00:00	SS001	スポー
5	2023/02/06 0:00:00	2023/02/16 0:00:00	DS002	サンタ
6	2023/02/10 0:00:00	2023/02/20 0:00:00	SS001	スポー
7	2023/02/11 0:00:00	2023/02/21 0:00:00	SS001	スポー
8	2023/02/11 0:00:00	2023/02/21 0:00:00	DS002	サンタ
9	2023/02/12 0:00:00	2023/02/22 0:00:00	SS001	スポー

❶「10日後」の日付が取得された

演算子

DAXにもExcel同様に「演算子」があります。ここで、DAXの演算子を一通り紹介しておきましょう。すぐには使用しないものもあるかもしれませんが、ひとまずどのような演算子があるのかを眺めておくだけでも後々役に立つことがあるでしょう。ざっとで良いので、ぜひ目を通しておいてください。

▼算術演算子

加算、減算、乗算等の基本的な算術演算を実行したり、数値を結合したりすることができます。

算術演算子	説明	例	結果
+（プラス記号）	加算	3+3	6
–（マイナス記号）	減算または符号	3–1	2
*（アスタリスク）	乗算	3*3	9
/（スラッシュ）	除算	3/3	1
^（キャレット）	累乗	2^3	6

▼比較演算子

2つの値を次の演算子で比較します。結果は、論理値（TRUEまたはFALSE）になります。

比較演算子	説明	例	結果
=	等しい	[Region] = "JAPAN"	[Region]列の値が"JAPAN"であればTRUE、そうでなければFALSE。
==	厳密に等しい	[Region] == " JAPAN "	[Region]列の値が"JAPAN"であればTRUE、そうでなければFALSE。
>	より大きい	[Sales Date] > "Jan 2023"	[Sales Date]列の値が"Jan 2023年1月以降であればTRUE、そうでなければFALSE。
<	より小さい	[Sales Date] < "Jan 1 2023"	[Sales Date]列の値が"Jan 2023年1月1日以降であればTRUE、そうでなければFALSE。
>=	以上	[Amount] >= 20000	[Amount]列の値が20000以上であればTRUE、そうでなければFALSE。
<=	以下	[Amount] <= 100	[Amount]列の値が100以下であればTRUE、そうでなければFALSE。
<>	等しくない	[Region] <> " JAPAN "	[Region]列の値が"JAPAN"でなければTRUE、そうでなければFALSE。

なお、「==」を除くすべての比較演算子では、BLANKは数値の「0」、空の文字列""、DATE(1899,12,30)、またはFALSEに等しいものとして処理されます。

▼テキスト連結演算子

「&」を使用して、2つ以上のテキスト文字列を連結します。

テキスト演算子	説明	例	結果
&	2つの値を連結し、連続する1つのテキストを生成する。	[Region] & ", " & [City]	[Region] 列の値が「JAPAN」で[City]列の値が「TOKYO」の場合は、JAPAN,TOKYO。

▼論理演算子

「&&」と「\|\|」を使用して、条件式を表します。

論理演算子	説明	例	結果
&&	AND条件。両方の式でTRUEが返される場合、TRUEが返される。それ以外はFALSEを返す。	([Region] = "JAPAN") && ([BikeBuyer] = "yes"))	[Region]列の値が「JAPAN」で[BikeBuyer]列の値が「yes」の場合はTRUEを、そうでない場合FALSEを返す。
||	OR条件。いずれかの式でTRUEが返される場合、TRUEを返す。両方の式がFALSEのときにのみ、FALSEを返す。	(([Region] = " JAPAN ") || ([BikeBuyer] = "yes"))	[Region]列の値が「JAPAN」または[BikeBuyer]列の値が「yes」の場合はTRUEを、そうでない場合FALSEを返す。
IN	テーブルと比較される各行の間に、論理OR条件を作成する。	'Product'[Color] IN { "Red", "Blue", "Black" }	「Product」テーブルの[Color]列の値が「Red」「Bleu」「Black」のいずれかの場合はTRUEを、そうでない場合FALSEを返す。

演算子と優先順位

演算子には優先順位があります。そのため、1つの数式で複数の演算子を組み合わせる場合は注意が必要です（次の表を参照）。なお、演算子の優先順位値が同じ場合、左側が右側よりも優先順位が高くなります。

▼演算子の優先順位

演算子	説明
^	累乗。
–	符号(-1など)。
*と/	乗算と除算。
+と-	加算と減算。
&	2つのテキスト文字列を連結する。
=、==、<、>、<=、>=、<>、IN	比較。
NOT	NOT(単項演算子)。

10-3 DAX関数

CheckPoint! □DAX関数の種類
□主なDAX関数とその使用方法

サンプルファイル名　なし

集計関数

本章の締めということで、DAX関数の一覧を掲載します（一部の関数には簡単な使用例もあり）。M言語と同様、どういった関数があるのかを眺めておくだけでも有効です。時間のあるときで良いので、ぜひ一通り目を通してみてください。

まずは集計関数です。

集計関数では、列またはテーブル内のすべての行の数、合計、平均、最小値、最大値等の値が計算されます。

▼使用例

```
平均金額:=AVERAGE('売上データ'[金額])
```

■説明

「売上データ」テーブルの「金額」列の平均を返すメジャーです。

▼集計関数

関数	説明
APPROXIMATEDISTINCTCOUNT	列内の一意の値の推定カウントを返す。
AVERAGE	列のすべての数値の平均を返す。
AVERAGEA	列の値の平均を返す。
AVERAGEX	テーブルに対して評価される式のセットの平均を返す。

COUNT	指定した列内の空白以外の行数をカウントする。
COUNTA	指定した列内の空白以外の行数をカウントする。
COUNTAX	式の結果をテーブルに対して、空白以外の結果をカウントする。
COUNTBLANK	1列内の空のセル数をカウントする。
COUNTROWS	指定されたテーブル内の行の数をカウントする。
COUNTX	テーブルに対して、数値を含む行または数値に評価される式をカウントする。
DISTINCTCOUNT	列の個別の値の数をカウントする。
DISTINCTCOUNTNOBLANK	列の個別の空白を除く値の数をカウントする。
MAX	列内または2つの値で最大の数値を返す。
MAXA	列の最大値を返す。
MAXX	テーブルの行ごとに式を評価し、最大の数値を返す。
MIN	列内または2つの値で最小の数値を返す。
MINA	列の最小値を返す。論理値やテキストとして表される数値も含まれる。
MINX	テーブルの行ごとに式を評価して、最小の数値を返す。
PRODUCT	列内の数値の積を返す。
PRODUCTX	テーブルの行ごとに式を評価して積を返す。
SUM	列のすべての数値を加算する。
SUMX	テーブルの行ごとに評価した式の合計値を返す。

日付と時刻関数

日付や時刻に関する関数です。DAXの関数の多くは、Excelの日付と時刻関数に似ています。

▼使用例

```
=WEEKDAY('売上データ'[日付])
```

■説明

「売上データ」テーブルの「日付」列の値を元に、曜日を数値で返します。なお、デフォルトでは「0」が「日曜日」を表します。

図10-3-1　実行結果

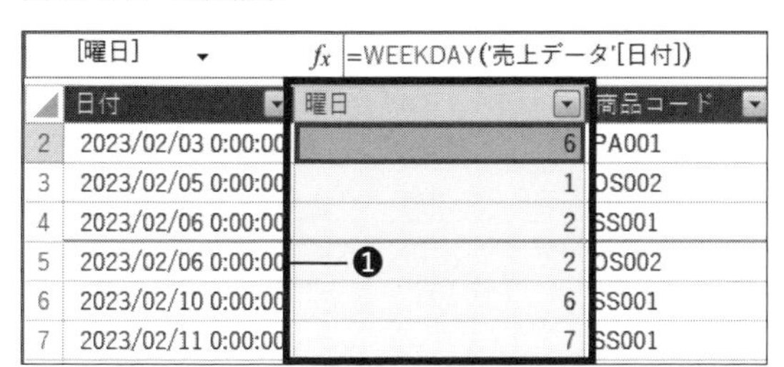

❶「日付」列の値を元に、曜日を表す数値が表示された

▼日付と時刻関数

関数	説明
CALENDAR	連続する日付が含まれる、"Date"という名前の単一の列があるテーブルを返す。
CALENDARAUTO	連続する日付が含まれる、"Date"という名前の単一の列があるテーブルを返す。
DATE	指定された日付をdatetime形式で返す。
DATEDIFF	2つの日付の間にある間隔を返す。
DATEVALUE	テキスト形式の日付をdatetime形式の日付に変換する。
DAY	月の日付を返す。
EDATE	開始日付から起算して、指定された月数だけ前または後の日付を返す。
EOMONTH	指定された月数だけ前、または後の月の最終日をdatetime形式で返す。
HOUR	時間を0から23の数値として返す。
MINUTE	日付と時刻の値が指定された場合、分を0から59の数値として返す。
MONTH	月を1から12までの数値として返す。
NETWORKDAYS	2つの日付の間の稼働日数を返す。

NOW	現在の日付と時刻をdatetime形式で返す。
QUARTER	四半期を1から4の数値として返す。
SECOND	時刻値の秒を0から59の数値として返す。
TIME	数値として指定された時間、分、および秒をdatetime形式の時刻に変換する。
TIMEVALUE	テキスト形式の時刻をdatetime形式の時刻に変換する。
TODAY	現在の日付を返す。
UTCNOW	UTCの現在日付と時刻を返す。
UTCTODAY	現在のUTCの日付を返す。
WEEKDAY	日付の曜日を示す、1から7（0から6）までの整数で返す。return_type値が1の場合は日曜日（1）始まり、2の場合は月曜日（1）始まり、3の場合は月曜日（0）始まりになる。
WEEKNUM	return_type値に従って、指定された日付と年の週番号を返す。既定では、1月1日が含まれる週を年の最初の週と見なす。
YEAR	1900から9999の範囲で、日付の年を4桁の整数として返す。
YEARFRAC	2つの日付の間の全日数で表される、年の端数を計算する。

フィルター関数

DAXのフィルター関数は、テーブルに対してフィルターをかけたり、逆にフィルターを無視することができる関数です。そのため、DAXを利用した複雑な集計が可能になります。

▼使用例

```
サンダルBの売上:=CALCULATE(SUM('売上データ'[金額]),'売上データ'[商品名]="サンダルB")
```

■説明

「売上データ」テーブルで、「商品名」が「サンダルB」の商品のみの「金額」を合計するメジャーです。

図10-3-2　実行結果

行ラベル	合計 / 金額	サンダルBの売上
京橋涼子	2286000	153000
橋上加奈子	1319000	135000
橋爪一平太	2075000	189000
橋本健太	1897000	
小林洋一	1453000	135000
神田幸吉	1519000	72000
村田恵子	2023000	126000
太田肇	2163000	252000
田中紘一	1816000	126000
淀川香織	1932000	99000
総計	**18483000**	**1287000**

❶「サンダルB」の「金額」のみ集計された

▼フィルター関数

関数	説明
ALL	テーブルのすべての行、または列のすべての値を返す。適用されている可能性があるフィルターはすべて無視する。
ALLCROSSFILTERED	テーブルに適用されているすべてのフィルターをクリアする。
ALLEXCEPT	指定した列に適用されているフィルターを除く、テーブル内のすべてのコンテキストフィルターを削除する。
ALLNOBLANKROW	リレーションシップの親テーブルから、空白行を除くすべての行、または空白行を除く列のすべての個別値を返し、存在する可能性のあるコンテキストフィルターをすべて無視する。
ALLSELECTED	他のすべてのコンテキストフィルターまたは明示的なフィルターを保持しながら、現在のクエリの列と行からコンテキストフィルターを削除する。
CALCULATE	変更されたフィルターコンテキストでテーブル式を評価する。
CALCULATETABLE	変更されたフィルターコンテキストでテーブル式を評価する。

EARLIER	指定された列の外側の評価パスにある、指定された列の現在の値を返す。
EARLIEST	指定された列の外側の評価パスにある、指定された列の現在の値を返す。
FILTER	別のテーブルまたは式のサブセットを表すテーブルを返す。
INDEX	指定されたパーティションを、指定された順序または指定された軸で並べ替え、引数positionで指定された絶対位置にある行を返す。
KEEPFILTERS	CALCULATE関数またはCALCULATETABLE関数の評価中に、フィルターを適用する方法を変更する。
LOOKUPVALUE	検索条件で指定した条件をすべて満たす行の値を返す。この関数は、1つ以上の検索条件に適用できる。
MATCHBY	WINDOW関数では、データの照合方法と"現在の行"の識別方法を決定するために使用する列を定義する。
OFFSET	同じテーブル内で、指定されたオフセットだけ"現在の行"より前、または後にある1行を返す。
ORDERBY	WINDOW関数の各パーティション内の並べ替え順序を決定する列を定義する。
PARTITIONBY	WINDOW関数の引数relationでパーティション分割するために使われる列を定義する。
RANK	指定された間隔内での行のランクを返す。
REMOVEFILTERS	指定されたテーブルまたは列からフィルターをクリアする。
ROWNUMBER	指定された間隔内での行の一意のランクを返す。
SELECTEDVALUE	列のコンテキストが1つの個別の値のみにフィルター処理されている場合、その値を返す。それ以外の場合は、alternateResultを返す。
WINDOW	指定された間隔内に配置されている複数の行を返す。

財務関数

DAXの財務関数は、Excelで使用される財務関数に似ています。なお、原稿執筆時点（2023年12月）では、Excelのパワーピボットでこれらの財務関数はサポートされていません。

情報関数

DAXの情報関数では、引数として指定されたセルまたは行をチェックします。

▼使用例

```
=ISBLANK('売上データ'[担当者コード])
```

■説明

「売上データ」テーブルの「担当者コード」列の値が空欄の場合、TRUEを返します。

図10-3-3　実行結果

fx =ISBLANK('売上データ'[担当者コード])

商品コード	商品名	単価	数量	金額	担当者コ...	Calculated Column 1
S002	サンダルB	9000	10	90000	A008	FALSE
A001	パンプスA	9000	2	18000	A007	FALSE
S002	サンダルB	9000	8	72000	A007	FALSE
S001	スポーツ...	9000	9	81000	A004	FALSE
S002	サンダルB	9000	1	9000	A001	FALSE
S001	スポーツ...	9000	1	9000	A005	FALSE

❶「担当者コード」列の値が空欄の場合TRUEを返す

▼情報関数

関数	説明
COLUMNSTATISTICS	モデル内のすべてのテーブルの、すべての列に関する統計のテーブルを返す。
CONTAINS	参照しているすべての列に値が存在するか、それらの列に含まれている場合はTRUEを返す。それ以外の場合はFALSEを返す。
CONTAINSROW	値の行が存在するかテーブルに含まれている場合はTRUEを返す。そうでない場合はFALSEを返す。

CONTAINSSTRING	TRUEまたはFALSEを返し、1つの文字列に別の文字列が含まれているかどうかを示す。大文字と小文字は区別しない。またワイルドカードが使用できる。
CONTAINSSTRINGEXACT	TRUEまたはFALSEを返し、1つの文字列に別の文字列が含まれているかどうかを示す。大文字と小文字を区別する。
CUSTOMDATA	接続文字列のCustomDataプロパティの内容を返す。設定されていない場合は空白を返す。
HASONEFILTER	対象で直接フィルター処理された値の数が1である場合はTRUEを返す。それ以外の場合はFALSEを返す。
HASONEVALUE	対象のコンテキストが1つの個別の値のみにフィルター処理されている場合、TRUEを返す。それ以外の場合はFALSEを返す。
ISAFTER	StartAt句の動作をエミュレートし、すべての条件パラメーターを満たす行に対してTRUEを返す。
ISBLANK	セルの内容が空白の場合はTRUEを、そうでない場合はFALSEを返す。
ISCROSSFILTERED	列または同じテーブルや関連テーブル内の別の列がフィルター処理されている場合、TRUEを返す。
ISEMPTY	テーブルが空かどうかをチェックし、空の場合はTRUEを、そうでない場合はFALSEを返す。
ISERROR	セルの内容がエラー値であるかどうかをチェックし、エラーの場合はTRUEを、そうでない場合はFALSEを返す。
ISEVEN	数値が偶数の場合はTRUEを返し、奇数の場合はFALSEを返す。

ISFILTERED	対象が直接フィルター処理されている場合はTRUEを返す。
ISINSCOPE	指定した列が、レベルの階層においてそのレベルである場合はTRUEを返す。
ISLOGICAL	セルの内容が論理値（TRUEまたはFALSE）の場合はTRUEを返す。
ISNONTEXT	値が文字列以外（空白セルは文字列ではない）であるかどうかを調べ、文字列以外の場合はTRUEを、そうでない場合はFALSEを返す。
ISNUMBER	値が数値かどうかをチェックし、数値の場合はTRUEを、そうでない場合はFALSEを返す。
ISODD	対象の値が奇数の場合はTRUEを返し、偶数の場合はFALSEを返す。
ISONORAFTER	StartAt句の動作をエミュレートし、すべての条件パラメーターを満たす行に対してTRUEを返す。
ISSELECTEDMEASURE	メジャーのリストに指定されているメジャーの1つであるコンテキスト内のメジャーを決定するために、計算アイテムの式によって使用される。
ISSUBTOTAL	SUMMARIZE式で別の列を作成する。この式は、引数として指定された列の小計値が行に含まれる場合はTRUEを返し、それ以外の場合はFALSEを返す。
ISTEXT	値が文字列であるかどうかをチェックし、文字列の場合はTRUEを、そうでない場合はFALSEを返す。
NONVISUAL	SUMMARIZECOLUMNS式の値フィルターを、非ビジュアルとしてマークする。
SELECTEDMEASURE	コンテキスト内のメジャーを参照するために、式で計算項目に使用される。

SELECTEDMEASUREFORMATSTRING	コンテキスト内のメジャーの書式文字列を取得するために、式で計算項目に使用される。
SELECTEDMEASURENAME	名前を指定してコンテキスト内のメジャーを調べるために、計算項目の式に使用される。
USERCULTURE	現在のユーザーのロケールを返す。
USERNAME	接続時にシステムに指定された資格情報から、ドメイン名とユーザー名を返す。
USEROBJECTID	現在のユーザーのオブジェクトIDまたはSIDを返す。
USERPRINCIPALNAME	ユーザープリンシパル名を返す。

論理関数

論理関数は、例えばIF関数を使用して式の結果を確認する場合などに利用します。

▼使用例

```
=AND('売上データ'[数量]>5,'売上データ'[数量]<10)
```

■説明

「売上データ」テーブルの「数量」列の値が、5より大きく10未満の場合にTRUEを返します。

図10-3-4　実行結果

fx =and('売上データ'[数量]>5,'売上データ'[数量]<10)

商品コード	商品名	単価	数量	金額	担当者コ...	列1
S002	サンダルB	9000	10	90000	A008	FALSE
A001	パンプスA	9000	2	18000	A007	FALSE
S002	サンダルB	9000	8	72000	A007	TRUE
S001	スポーツ...	9000	9	81000	A004	TRUE
S002	サンダルB	9000	1	9000	A001	FALSE
S001	スポーツ...	9000	1	9000	A005	FALSE

❶「単価」列の値が5より大きく、10未満の場合にTRUEを返す

▼論理関数

関数	説明
AND	両方の引数がTRUEかどうかをチェックし、両方の引数がTRUEの場合はTRUEを返す。
BITAND	2つの数値のビットごとの'AND'を返す。
BITLSHIFT	指定したビット数だけ左にシフトした数値を返す。
BITOR	2つの数値のビットごとの'OR'を返す。
BITRSHIFT	指定したビット数だけ右にシフトした数値を返す。
BITXOR	2つの数値のビットごとの'XOR'を返す。
COALESCE	空白として評価されない最初の式を返す。
FALSE	論理値FALSEを返す。
IF	条件をチェックし、TRUEの場合は1つめの値を返す。それ以外の場合は2つめの値を返す。
IF.EAGER	条件をチェックし、TRUEの場合は1つめの値を返す。それ以外の場合は2つめの値を返す。条件式に関係なく、常に分岐式を実行するeager実行プランが使用される。
IFERROR	式を評価し、式からエラーが返された場合は指定した値を返す。
NOT	FALSEをTRUEに、またはTRUEをFALSEに変更する。
OR	TRUEを返すために、いずれかの引数がTRUEであるかどうかを確認する。
SWITCH	値のリストに対して式を評価し、考えられる複数の結果式のいずれかを返す。
TRUE	論理値TRUEを返す。

数学関数と三角関数

DAXの数学関数は、Excelの数学関数と三角関数にとてもよく似ています。

▼使用例

```
=DIVIDE('売上データ'[金額],100,0)
```

■説明

「売上データ」テーブルの「金額」欄の値を、100で除算した結果を返します。なお、「0除算」の場合は「0」を返します。

図10-3-5　実行結果

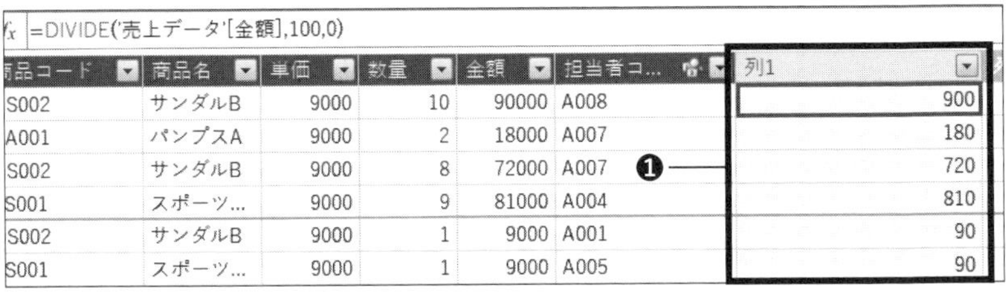

=DIVIDE('売上データ'[金額],100,0)

商品コード	商品名	単価	数量	金額	担当者コ...	列1
S002	サンダルB	9000	10	90000	A008	900
A001	パンプスA	9000	2	18000	A007	180
S002	サンダルB	9000	8	72000	A007	720
S001	スポーツ...	9000	9	81000	A004	810
S002	サンダルB	9000	1	9000	A001	90
S001	スポーツ...	9000	1	9000	A005	90

❶「金額」欄の値を100で除算した結果を返す

▼数学関数と三角関数

関数	説明
ABS	数値の絶対値を返す。
ACOS	数値のアークコサイン（逆余弦）を返す。
ACOSH	数値の双曲線逆余弦を返す。
ACOT	数値のアークコタンジェント（逆余接）を返す。
ACOTH	数値の逆双曲線余接を返す。
ASIN	数値のアークサイン（逆正弦）を返す。
ASINH	数値の双曲線逆正弦を返す。
ATAN	数値のアークタンジェント（逆正接）を返す。
ATANH	数値の逆双曲線正接を返す。
CEILING	最も近い整数、または最も近い基準値の倍数に数値を切り上げる。
CONVERT	あるデータ型の式を別のデータ型に変換する。
COS	指定した角度のコサインを返す。
COSH	数値の双曲線コサインを返す。
COT	ラジアン単位で指定された角度のコタンジェントを返す。
COTH	双曲角度の双曲線余接を返す。
CURRENCY	引数を評価し、結果を通貨データ型として返す。
DEGREES	ラジアンを度に変換する。
DIVIDE	除算を実行し、0による除算の別の結果、またはBLANK()を返す。

EVEN	最も近い偶数に切り上げた数値を返す。
EXP	指定された数値を指数とするeの累乗値を返す。
FACT	数値の階乗（1*2*3*...*指定された数値）を返す。
FLOOR	最も近い基準値の倍数に数値を切り捨てる。
GCD	2つ以上の整数の最大公約数を返す。
INT	最も近い整数に数値を切り捨てる。
ISO.CEILING	最も近い整数、または最も近い基準値の倍数に数値を切り上げる。
LCM	整数の最小公倍数を返す。
LN	数値の自然対数を返す。
LOG	指定された数を底とする数値の対数を返す。
LOG10	数値の10を底とする対数を返す。
MOD	数値を除数で除算した後の剰余を返す。結果の符号は常に除数と同じ。
MROUND	目的の倍数に丸められた数値を返す。
ODD	最も近い奇数に切り上げられた数値を返す。
PI	円周率π（3.14159265358979）の値を15桁の精度で返す。
POWER	数値を累乗した結果を返す。
QUOTIENT	除算を実行し、除算結果の整数部分のみを返す。
RADIANS	角度をラジアンに変換する。
RAND	0以上1未満の均等に分散された乱数を返す。
RANDBETWEEN	指定された2つの数値範囲内の乱数を返す。
ROUND	数値を指定した桁数に丸める。
ROUNDDOWN	数値を切り捨ててゼロにする。
ROUNDUP	数値を切り上げる。
SIGN	数値、計算結果、列の値の正負を返す。
SIN	指定された角度のサインの値を返す。
SINH	数値の双曲線サインを返す。
SQRT	数値の平方根を返す。
SQRTPI	(数値*pi）の平方根を返す。
TAN	指定された角度のタンジェントの値を返す。
TANH	数値の双曲タンジェントを返す。
TRUNC	数値の小数または小数部を切り捨てて、数値を整数に変換する。

リレーションシップ関数

テーブル間のリレーションシップの管理と利用に使用されます。

▼使用例

```
=RELATED('担当者マスタ'[担当者名])
```

■説明

「売上データ」テーブルとリレーションシップが設定されている「担当者マスタ」テーブルから、「担当者名」の値を参照します。

図10-3-6　実行結果

fx =RELATED('担当者マスタ'[担当者名])

商品コード	商品名	単価	数量	金額	担当者コ...	列1
S002	サンダルB	9000	10	90000	A008	橋上加奈子
A001	パンプスA	9000	2	18000	A007	橋爪一平太
S002	サンダルB	9000	8	72000	A007	橋爪一平太
S001	スポーツ...	9000	9	81000	A004	太田肇
S002	サンダルB	9000	1	9000	A001	田中紘一
S001	スポーツ...	9000	1	9000	A005	村田恵子

❶「売上テーブル」に「担当者マスタ」テーブルの「担当者名」列の値が参照された

▼リレーションシップ関数

関数	説明
CROSSFILTER	2つの列の間に存在するリレーションシップの計算で使用される、クロスフィルター処理の方向を指定する。
RELATED	別のテーブルから関連する値を返す。
RELATEDTABLE	指定されたフィルターによって変更されるコンテキストで、テーブル式を評価する。
USERELATIONSHIP	列1と列2の間に存在するリレーションシップとして、特定の計算で使用するリレーションシップを指定する。

文字列関数

DAXには、Excelの文字列関数と同じものがありますが、原則的にはデータモデルのテーブルと列で使用します。そのため、特定のセル同士の計算には使用できません。

▼使用例

```
=FIND("B",'売上データ'[商品名],1,BLANK())
```

■説明

「売上データ」テーブルの「商品名」列の値で文字「B」を検索し、見つかった位置を返します。見つからない場合は空欄を返します。

図10-3-7　実行結果

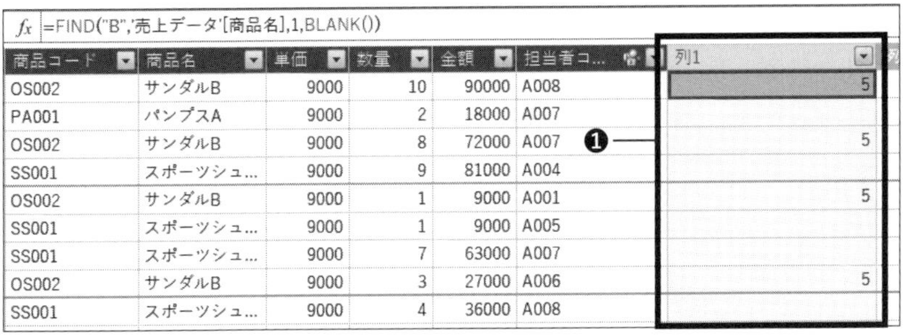

fx =FIND("B",'売上データ'[商品名],1,BLANK())

商品コード	商品名	単価	数量	金額	担当者コ...	列1
OS002	サンダルB	9000	10	90000	A008	5
PA001	パンプスA	9000	2	18000	A007	
OS002	サンダルB	9000	8	72000	A007	5
SS001	スポーツシュ...	9000	9	81000	A004	
OS002	サンダルB	9000	1	9000	A001	5
SS001	スポーツシュ...	9000	1	9000	A005	
SS001	スポーツシュ...	9000	7	63000	A007	
OS002	サンダルB	9000	3	27000	A006	5
SS001	スポーツシュ...	9000	4	36000	A008	

❶「B」の文字の位置が返された

▼文字列関数

関数	説明
COMBINEVALUES	2つ以上のテキスト文字列を結合して、1つのテキスト文字列を返す。
CONCATENATE	2つの文字列を結合して、1つの文字列を返す。
CONCATENATEX	テーブルの行ごとに評価される式の結果を連結する。
EXACT	2つのテキスト文字列を比較し、まったく同じである場合はTRUEを返し、そうでない場合はFALSEを返す。
FIND	文字列が他の文字列内で最初に現れる位置を返す。
FIXED	指定された小数点以下の桁数に数値を丸め、その結果をテキストとして返す。
FORMAT	指定した書式に従って、値をテキストに変換する。

LEFT	テキスト文字列の先頭から指定された数の文字を返す。
LEN	テキスト文字列の長さ（文字数）を返す。
LOWER	テキスト文字列に含まれる英字をすべて小文字に変換する。
MID	テキスト文字列の指定された位置から、指定された長さの文字列を取り出して返す。
REPLACE	指定した文字数に基づいて、テキスト文字列の一部を別のテキスト文字列に置き換える。
REPT	テキストを指定された回数繰り返す。
RIGHT	指定した文字数に基づいて、テキスト文字列内の最後の1文字、または複数文字を返す。
SEARCH	特定の文字、またはテキスト文字列が最初に見つかった文字の番号を返す（左から右へ読み取る）。
SUBSTITUTE	テキスト文字列内の既存のテキストを新しいテキストに置き換える。
TRIM	単語間の1つのスペースを除く、すべてのスペースをテキストから削除する。
UNICHAR	数値によって参照されているUnicode文字を返す。
UNICODE	テキスト文字列の最初の文字に対応する数値コードを返す。
UPPER	テキスト文字列をすべて大文字に変換する。
VALUE	数値を表すテキスト文字列を数値に変換する。

タイムインテリジェンス関数

タイムインテリジェンス関数は、期間（日、月、四半期、年など）を使用してデータを操作した後、その期間に対して計算を作成して比較することができます。

▼使用例

```
=NEXTDAY('売上データ'[日付])
```

■説明

「売上データ」テーブルの「日付」列の値の翌日を返します。

図10-3-8　実行結果

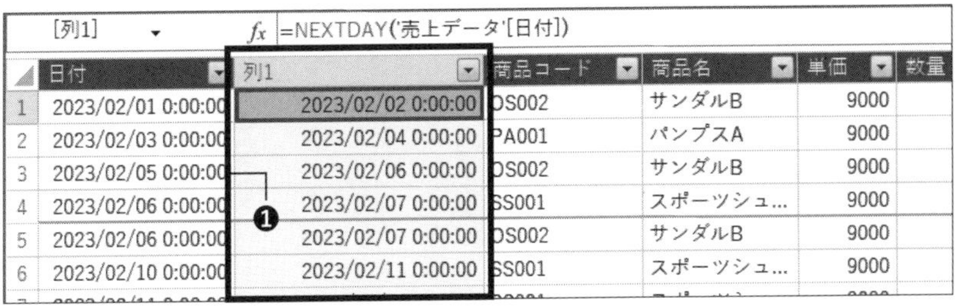

[列1]　fx =NEXTDAY('売上データ'[日付])

	日付	列1	商品コード	商品名	単価	数量
1	2023/02/01 0:00:00	2023/02/02 0:00:00	DS002	サンダルB	9000	
2	2023/02/03 0:00:00	2023/02/04 0:00:00	PA001	パンプスA	9000	
3	2023/02/05 0:00:00	2023/02/06 0:00:00	DS002	サンダルB	9000	
4	2023/02/06 0:00:00	2023/02/07 0:00:00	SS001	スポーツシュ...	9000	
5	2023/02/06 0:00:00	2023/02/07 0:00:00	DS002	サンダルB	9000	
6	2023/02/10 0:00:00	2023/02/11 0:00:00	SS001	スポーツシュ...	9000	

❶「日付」列の翌日の日付が返される

▼タイムインテリジェンス関数

関数	説明
CLOSINGBALANCEMONTH	現在のコンテキストにおける月の最後の日付で式を評価する。
CLOSINGBALANCEQUARTER	現在のコンテキストにおける四半期の最後の日付で式を評価する。
CLOSINGBALANCEYEAR	現在のコンテキストにおける年の最後の日付で式を評価する。
DATEADD	現在のコンテキストの日付から、指定された間隔数だけ時間を前後にシフトした日付の列を含むテーブルを返す。
DATESBETWEEN	指定された開始日から始まり、指定された終了日まで続く日付の列が含まれるテーブルを返す。
DATESINPERIOD	指定された開始日で始まり、指定された数と種類の日付間隔で継続する日付の列を含むテーブルを返す。
DATESMTD	現在のコンテキストにおける、月度累計の日付の列を含むテーブルを返す。
DATESQTD	現在のコンテキストで、現在までの四半期の日付の列を含むテーブルを返す。
DATESYTD	現在のコンテキストにおける、年度累計の日付の列を含むテーブルを返す。
ENDOFMONTH	指定された日付列について、現在のコンテキストにおける月の最後の日付を返す。
ENDOFQUARTER	指定された日付列について、現在のコンテキストにおける四半期の最後の日付を返す。

ENDOFYEAR	指定された日付列について、現在のコンテキストにおける年の最後の日付を返す。
FIRSTDATE	指定された日付列について、現在のコンテキストにおける最初の日付を返す。
FIRSTNONBLANK	式が空白ではない、現在のコンテキストでフィルター処理された列の最初の値を返す。
LASTDATE	指定された日付列の、現在のコンテキストにおける最終日付を返す。
LASTNONBLANK	式が空白ではない、現在のコンテキストでフィルター処理された列の最後の値を返す。
NEXTDAY	現在のコンテキストで日付列に指定された最初の日付に基づいて、次の日からすべての日付の列を含むテーブルを返す。
NEXTMONTH	現在のコンテキストで日付列の最初の日付に基づいて、その翌月のすべての日付の列を含むテーブルを返す。
NEXTQUARTER	現在のコンテキストで日付列に指定された最初の日付に基づいて、次の四半期のすべての日付の列を含むテーブルを返す。
NEXTYEAR	現在のコンテキストで日付列の最初の日付に基づいて、その翌年のすべての日付の列を含むテーブルを返す。
OPENINGBALANCEMONTH	現在のコンテキストにおける月の、最初の日付で式を評価する。
OPENINGBALANCEQUARTER	現在のコンテキストにおける四半期の、最初の日付で式を評価する。
OPENINGBALANCEYEAR	現在のコンテキストにおける年の、最初の日付で式を評価する。
PARALLELPERIOD	現在のコンテキストで、指定された日付列の日付と並列した期間を表す日付列を含むテーブルを返す。日付は一定の間隔数だけシフトされ、時間が進められるか戻される。
PREVIOUSDAY	現在のコンテキストで、日付列内の最初の日付の前日を表すすべての日付の列を含むテーブルを返す。
PREVIOUSMONTH	現在のコンテキストで日付列内の最初の日付に基づいて、前の月のすべての日付の列を含むテーブルを返す。

PREVIOUSQUARTER	現在のコンテキストで日付列内の最初の日付に基づいて、前の四半期のすべての日付の列を含むテーブルを返す。
PREVIOUSYEAR	現在のコンテキストで日付列内の最後の日付に基づいて、前年のすべての日付の列を含むテーブルを返す。
SAMEPERIODLASTYEAR	現在のコンテキストで、指定された日付列の日付から1年前にシフトした日付の列を含むテーブルを返す。
STARTOFMONTH	指定された日付列について、現在のコンテキストにおける月の最初の日付を返す。
STARTOFQUARTER	指定された日付列について、現在のコンテキストにおける四半期の最初の日付を返す。
STARTOFYEAR	指定の日付列に対して、現在のコンテキストにおける年の最初の日付を返す。
TOTALMTD	現在のコンテキストにおける月度累計の式の値を評価する。
TOTALQTD	現在のコンテキストにおける四半期累計の日付の式の値を評価する。
TOTALYTD	現在のコンテキストにおける式の年度累計値を評価する。

その他の関数

先述のものに分類されない関数です。

▼その他の関数

関数	説明
BLANK	空白を返す。
ERROR	エラーを発生させ、エラーメッセージを生成する。
EVALUATEANDLOG	最初の引数の値を返し、DAX評価ログプロファイラーイベントにログする。
TOCSV	CSV形式の文字列としてテーブルを返す。
TOJSON	JSON形式の文字列としてテーブルを返す。

第10章のまとめ

- パワーピボットでは、テーブルに対してメジャーや計算列といった集計処理を、DAXを使用して行う。DAXを使用することで、通常のパワークエリではできないような集計処理も可能になる。

- 「メジャー」は、テーブルに対して集計処理を行うものを指す。そのため、SUMなどのDAX関数と一緒に使用し、原則的には行単位の処理はできない。行単位の処理を行う場合は「計算列」を使用する。

- 「リレーションシップ」を使用することで、複数のテーブルを関連付けることができる。その結果、複数のテーブルを元にしたピボットテーブルを作成することができ、通常のピボットテーブルよりも、さらに高度で柔軟なデータ分析が可能になる。

第 11 章

DAXの
実戦的な利用方法

ここでは本書の締めくくりとして、DAXについてより理解を深め、実戦で役立つ知識を習得していただきます。さらに、DAXをテストする際に有効なDAXクエリについても解説します。これらの知識が身につけば、パワークエリによるデータ取得・加工からパワーピボット（DAX）による計算・集計処理を経て、ピボットテーブル/ピボットグラフによる可視化という全体の流れが体系的に理解できることでしょう。

11-1 DAXのより詳しい構文と関数の利用例

CheckPoint! □DAXクエリの利用方法
□テーブルを返す関数のポイント

サンプルファイル名　Sample1.xlsx、売上データ.xlsx、担当者マスタ.xlsx

DAXを深く知るための準備

第10章で見たように、DAXには実に多くの命令が用意されています。だからこそ、DAXを用いれば複雑な集計処理も可能になるのですが、そこで問題になるのが、実際に複雑なDAXを作成するときの「テスト」です。第10章では、DAXを使用してメジャーを作成し、ピボットテーブルに組み込みました。そのときに作成したメジャーは、次のようなものです。

▼第10章で作成した合計金額を計算するメジャー

```
合計金額:=SUM('売上データ'[金額])
```

そして、このメジャーの作成後に、ピボットテーブルに表示させることで動作を確認しました。

図11-1-1 「メジャー」を確認するピボットテーブル

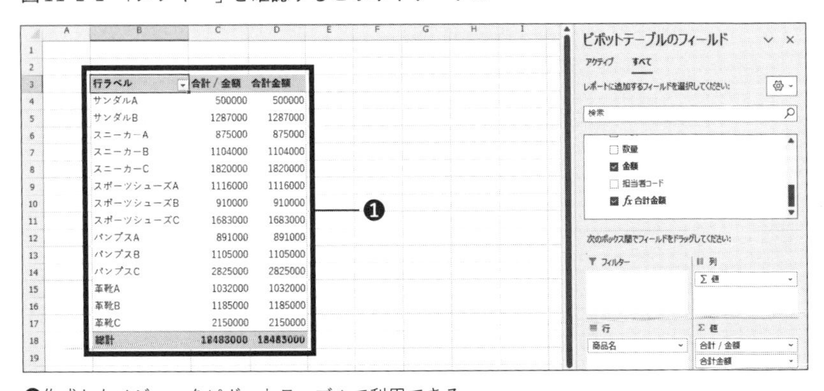

行ラベル	合計 / 金額	合計金額
サンダルA	500000	500000
サンダルB	1287000	1287000
スニーカーA	875000	875000
スニーカーB	1104000	1104000
スニーカーC	1820000	1820000
スポーツシューズA	1116000	1116000
スポーツシューズB	910000	910000
スポーツシューズC	1683000	1683000
パンプスA	891000	891000
パンプスB	1105000	1105000
パンプスC	2825000	2825000
革靴A	1032000	1032000
革靴B	1185000	1185000
革靴C	2150000	2150000
総計	18483000	18483000

❶作成したメジャーをピボットテーブルで利用できる

このピボットテーブルと同様、DAXのテストに使用できるのが「DAXクエリ」です。そこで、ここではまずDAXクエリをExcelで使用する方法から解説します。

DAXクエリの利用方法

ExcelでDAXクエリを使用するには、空のテーブルを利用します。図11-1-2（Sample1.xlsxファイル）は、「売上データ.xlsx」と「担当者マスタ.xlsx」ファイルをパワークエリで読み込み、すでに「データモデル」に追加した状態です。このファイルを使用して、DAXクエリを試してみましょう。

図11-1-2　使用する「Sample1.xlsx」ファイル

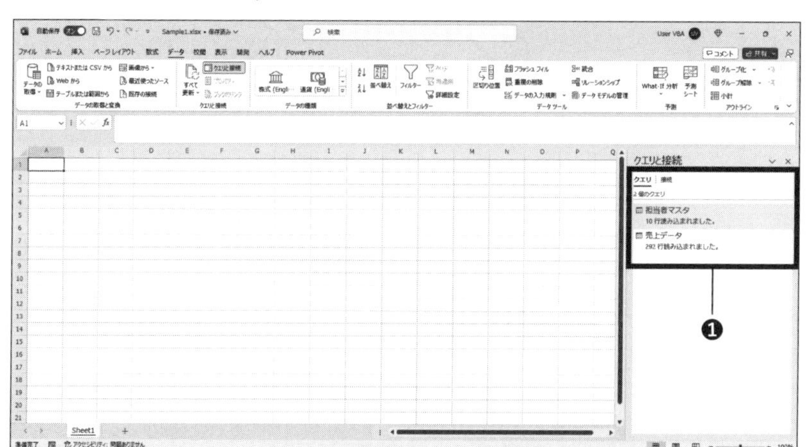

❶「担当者マスタ」と「売上データ」がデータモデルに追加されている

まずはパワークエリにデータを取得します（といっても、データは何もない「空」の状態ですが）。

セルA1を選択した状態で、「データ」タブの「テーブルまたは範囲から」をクリックします。

図11-1-3　テーブルの取得

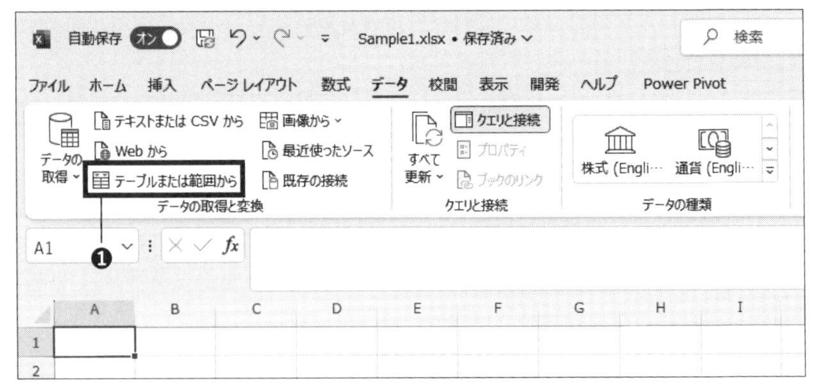

❶「テーブルまたは範囲から」をクリックして、パワークエリに取得する

すると「テーブルの作成」ダイアログボックスが表示されるので、そのまま「OK」をクリックします。

図11-1-4　「テーブルの作成」ダイアログボックス

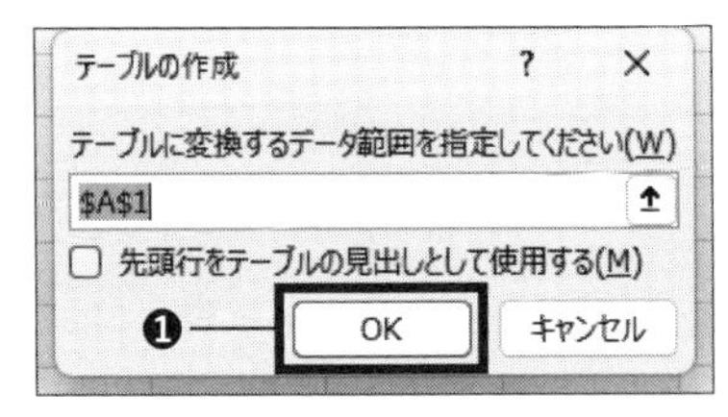

❶そのまま「OK」をクリックする

これで、パワークエリに新しい「クエリ」が作成されます。

図11-1-5　実行結果

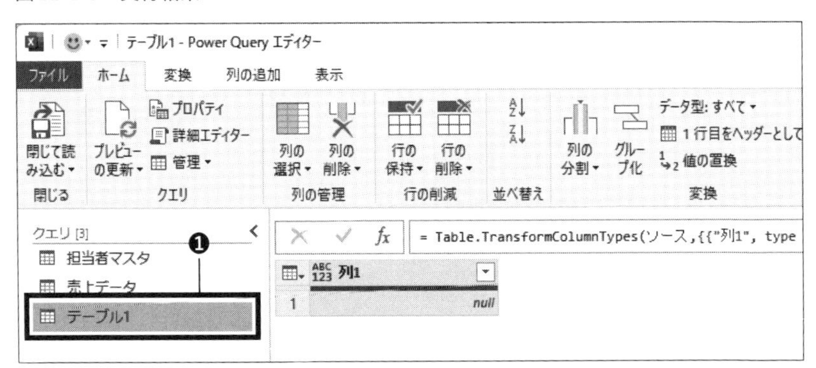

❶新しい「クエリ」として取得された

Memo

実務で使用する場合は、クエリ名を「テスト用クエリ」などに変更しておくと良いでしょう。クエリ名の変更は、対象のクエリを選択し「F2」キーを押すか、ダブルクリック→編集モードにして行います。

続いて、このクエリをExcelに取り込みます。図11-1-6のように、「ホーム」タブの「閉じて読み込む」から「閉じて次に読み込む」をクリックします。

図11-1-6　Excelへの読み込み

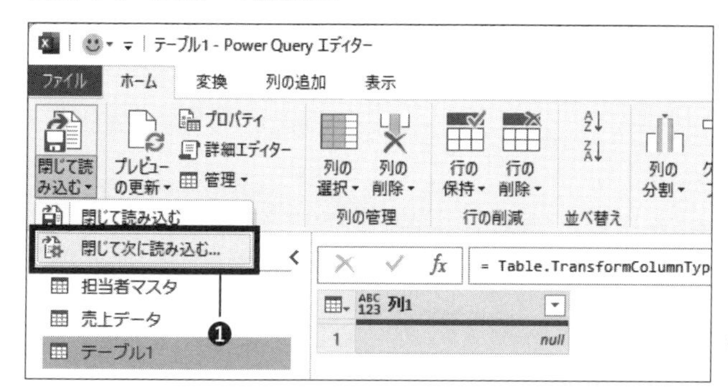

❶対象のクエリをExcelに取り込む

ここでは図11-1-7のように、「テーブル」として取得します。併せて「このデータをデータモデルに追加する」のチェックを入れることを忘れないでください。

これでExcelに「空」のテーブルが作成されました。

図11-1-7　「データのインポート」ダイアログボックス

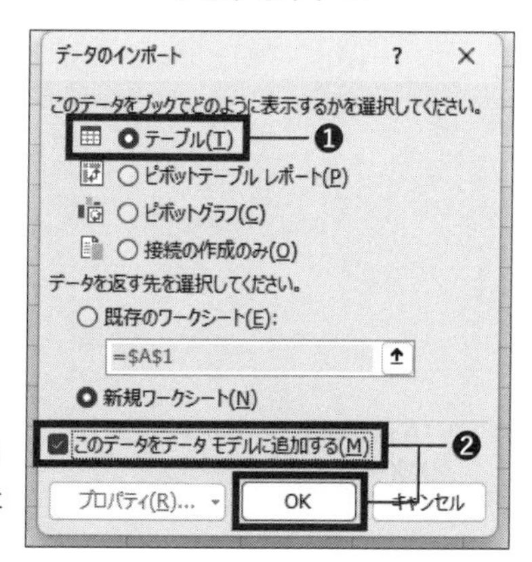

❶「テーブル」が選択されていることを確認する
❷「このデータをデータモデルに追加する」にチェックを入れて、「OK」をクリックする

図11-1-8　実行結果

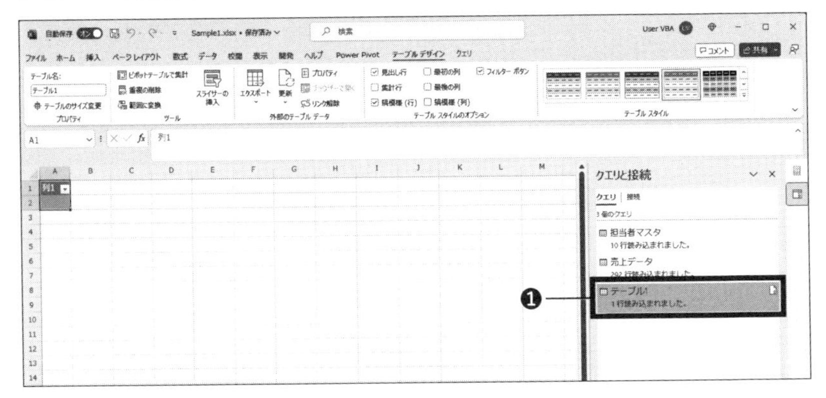

❶新たに「クエリ」が作成された

これで準備は完了です。このクエリが、DAXクエリを試すためのものになります。実際にDAXクエリを指定するには、対象のテーブルを右クリックして、「テーブル」→「DAXの編集」をクリックします。

図11-1-9　DAXクエリの編集

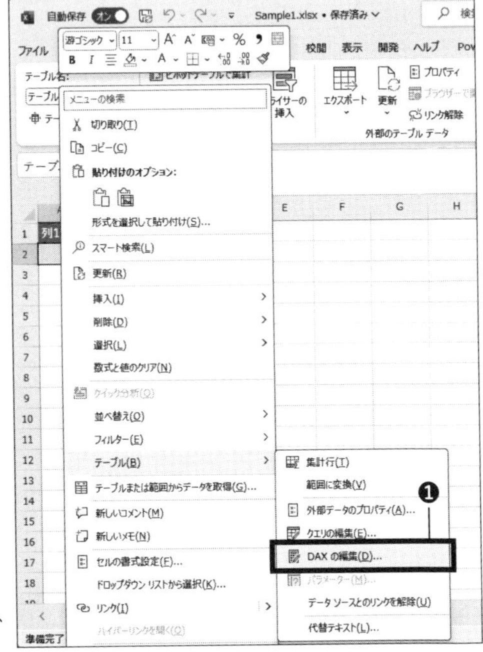

❶「DAXの編集」をクリックして、DAXクエリを作成する

すると「DAXの編集」ダイアログボックスが表示されるので、このダイアログボックスでDAXクエリを作成します。

図11-1-10　「DAXの編集」ダイアログボックス

DAXクエリを作成する
ダイアログボックス

では、実際にDAXを作成してみましょう。ここでは単純に、すでに取得してある「売上データ」テーブルを参照するDAXクエリを作成します。図11-1-11のように「コマンドの種類」を「DAX」にして、「式」に以下の式を入力します。

▼入力する式

```
evaluate '売上データ'
```

図11-1-11　DAXの入力

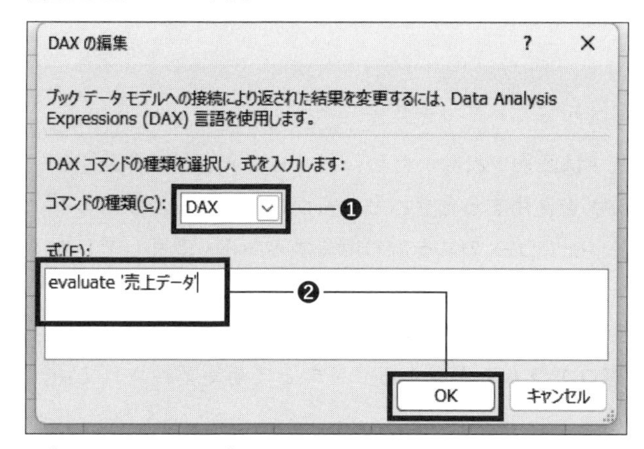

❶「コマンドの種類」を「DAX」にする

❷「evaluate '売上データ'」と入力し、「OK」ボタンをクリックする

すると、あらかじめ取得されている「売上データ」テーブルが参照されて、ワークシートに展開されました。

図11-1-12　実行結果

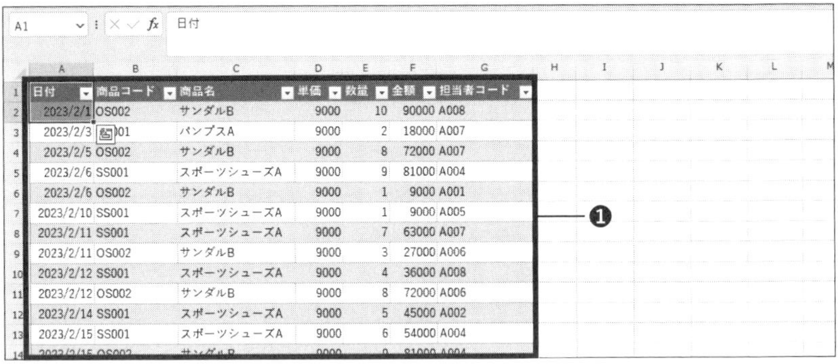

日付	商品コード	商品名	単価	数量	金額	担当者コード
2023/2/1	OS002	サンダルB	9000	10	90000	A008
2023/2/3	[illegible]01	パンプスA	9000	2	18000	A007
2023/2/5	OS002	サンダルB	9000	8	72000	A007
2023/2/6	SS001	スポーツシューズA	9000	9	81000	A004
2023/2/6	OS002	サンダルB	9000	1	9000	A001
2023/2/10	SS001	スポーツシューズA	9000	1	9000	A005
2023/2/11	SS001	スポーツシューズA	9000	7	63000	A007
2023/2/11	OS002	サンダルB	9000	3	27000	A006
2023/2/12	SS001	スポーツシューズA	9000	4	36000	A008
2023/2/12	OS002	サンダルB	9000	8	72000	A006
2023/2/14	SS001	スポーツシューズA	9000	5	45000	A002
2023/2/15	SS001	スポーツシューズA	9000	6	54000	A004

❶「売上データ」テーブルがExcel上に展開された

ところで、EVALUATEキーワードはテーブルを返す関数です。ここでは単純に、すでにデータモデルに取得されている「売上データ」テーブルを参照しました（テーブル名が「'（シングルクォーテーション）」で囲まれている点に注意してください）。EVALUATEキーワードの基本的な機能はこのテーブルを返すことなのですが、そのため様々なDAX関数の結果をテーブルで返し、Excel上で確認することができます。

Memo

ここではEVALUATEキーワードを小文字で入力していますが、DAXでは大文字・小文字は区別されないため、どちらで入力しても動作します。ただし、DAXを使用するときはどちらかに統一するようにしましょう。でないと、後でDAXの式を読む際に読みづらく混乱してしまいます。

このような「命令の読みやすさ」は、プログラムの世界では「可読性」と言って、プログラムを作成するうえでとても重要視されています。

なお、EVALUATEキーワードは「テーブルを返す」と説明しましたが、これは処理結果が値（数値や文字列など。これをスカラー値と呼びます）ではなく、テーブルであるということです。そのため、処理結果をExcelの表（テーブル）として確認できるのです。

EVALUATEキーワードの活用

EVALUATEキーワードですが、これは引数にテーブル、またはテーブルを返す関数を指定することで、先ほどの図11-1-12のようにExcelのワークシート上に処理結果を表示することができます。

では、関数を使用した例も見てみましょう。

次のDAXは、「売上データ」テーブルの「商品名」カラムと、新たに追加する「合計金額」のカラムの2つのカラムからなるテーブルを作成します。なお、「売上テーブル」には、第10章で作成した「金額」列の合計を求めるメジャー「[合計金額]」が設定されています。

▼入力するDAX

```
EVALUATE
ADDCOLUMNS (
  VALUES ( '売上データ'[商品名] ),
  "合計金額", [合計金額]     //[合計金額]はメジャー
)
```

先ほどと同様、対象のテーブルを右クリックして「テーブル」→「DAXの編集」をクリックし、DAXを入力してください。

図11-1-13　DAXの入力

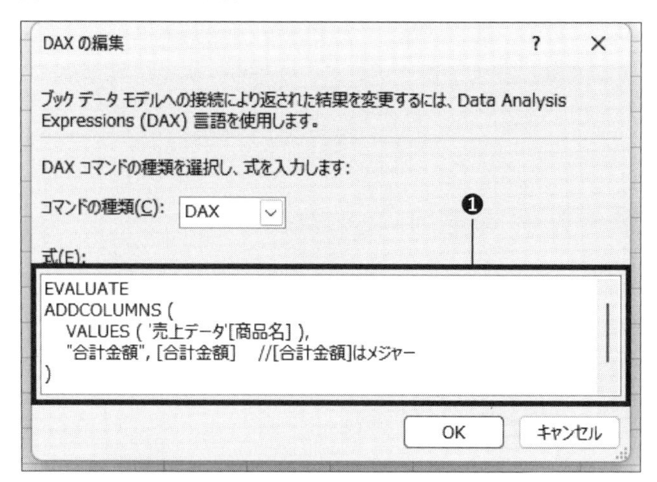

❶DAXを入力する

ここでは、まずVALUES関数で「売上データ」テーブルの「商品名」のユニークな値で構成される、1列のテーブルを取得します。そのテーブルに対して、ADDCOLUMNS関数を使用して「合計金額」の列を新たに追加し、その際に「合計金額」メジャーを参照して値を表示するようにしています。

Memo

DAXでもM言語同様、「コメント」を入れることができます。DAXのコメントは、「//」から始めることで1行のコメントを付けることができます。また、「/*」と「*/」で囲むことで複数行のコメントを入れることもできます。

コメントは、DAXの式を読む手助けにもなります。作成中は良くても、将来メンテナンスする際にコメントがあると助かることが多いので、上手にコメントを利用してください。

DAXを入力したら、「OK」ボタンをクリックすると図11-1-14のように処理結果が表示されます。ここでは作成済みのメジャーを使用して新しいテーブルを作成し、動作を確認することができました。

図11-1-14　実行結果

	A　B	C
1	商品名	合計金額
2	革靴B	1185000
3	スニーカーA	875000
4	スニーカーB	1104000
5	スニーカーC	1820000
6	サンダルA	500000
7	サンダルB	1287000
8	パンプスC	2825000
9	革靴A	1032000
10	スポーツシューズC	1683000
11	パンプスB	1105000
12	パンプスA	891000
13	スポーツシューズB	910000
14	スポーツシューズA	1116000
15	革靴C	2150000
16		

❶メジャーを使用した新しいテーブルを作成することができた

Memo

VALUES関数は、指定したテーブルの列を返す関数です。このとき、重複は削除されます。ですので、例えば「売上データ」テーブルの「商品名」列を指定すると、「売上データ」テーブルの商品一覧を取得することができます。

StepUp!

DAXクエリは、「クエリ」と名の付くことからもわかるように、SQLと同じような命令があります。

▼DAXクエリに用意されている命令

命令	構文	説明
ORDER BY	ORDER BY 対象データ ASC/DESC 列名	EVALUATEで対象に指定したテーブルを、指定した列名でソートする。昇順はASCを、降順はDESCを指定する。
START AT	START AT 値	ORDER BYとセットで使用する。ORDER BYで指定した対象データで、「値」に指定した値から始まるデータを返す。

このようにDAXクエリを使用すると、ピボットテーブルを作成せずに処理結果を確認することができるので、特にテーブルを返す関数をテストしたい場合に有効です。ですから、ピボットテーブルと併せて利用するようにしてください。

Memo

なお、「DAXの編集」画面ではインテリセンスが使用できません。そのため利用を敬遠する方もいるのですが、DAXの結果を手早く確認できるのは作業効率の面でとても効果的です。インテリセンスを使用したいのであれば、パワークエリウィンドウの数式バーでとりあえず入力し、その式を「DAXの編集」画面に貼り付けるという方法もあります。

「DAXの編集」は便利な機能ですので、ぜひ工夫して活用してみてください。

11-2 DAXの活用1：フィルタについて

CheckPoint! □DAXによるフィルタ処理の特徴
□CALCULATE関数の特徴と活用方法

サンプルファイル名　Sample2.xlsx、売上データ.xlsx、担当者マスタ.xlsx

DAXを使用したフィルタ処理

パワーピボットを使用して集計する際に、利用頻度が高いのがフィルタ処理です。対象のデータに対して様々なフィルタを実行することで、分析対象のデータを明確にします。

そこで、ここではDAXを使用したフィルタ処理について解説します。

まずは簡単な処理からです。次のDAXは、「売上データ」テーブルで「商品名」が「サンダルB」のレコードだけを取得します。このDAXを、「Sample1.xlsx」ファイルでDAXクエリを使って実行します（図11-2-1）。

▼「商品名」が「サンダルB」のデータだけ取得するDAX

```
EVALUATE
FILTER(
    VALUES('売上データ'),
    [商品名] = "サンダルB")
```

図11-2-1　実行結果

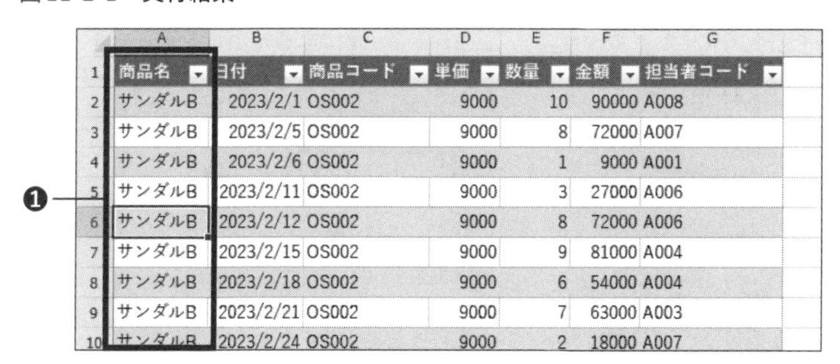

	A	B	C	D	E	F	G
1	商品名	日付	商品コード	単価	数量	金額	担当者コード
2	サンダルB	2023/2/1	OS002	9000	10	90000	A008
3	サンダルB	2023/2/5	OS002	9000	8	72000	A007
4	サンダルB	2023/2/6	OS002	9000	1	9000	A001
5	サンダルB	2023/2/11	OS002	9000	3	27000	A006
6	サンダルB	2023/2/12	OS002	9000	8	72000	A006
7	サンダルB	2023/2/15	OS002	9000	9	81000	A004
8	サンダルB	2023/2/18	OS002	9000	6	54000	A004
9	サンダルB	2023/2/21	OS002	9000	7	63000	A003
10	サンダルB	2023/2/24	OS002	9000	2	18000	A007

❶指定した条件のレコードのみのテーブルが出力された

ここではVALUES関数を使用しています。VALUES関数は引数に「テーブル」を指定した場合、そのテーブル全体を取得します（列名まで指定した場合は、対象の列のみ返します）。ここではまずVALUES関数で「売上データ」テーブルを取得し、そのテーブルに対してFILTER関数でフィルタ処理をしています。

▼VALUES関数の構文

```
VALUES("テーブル名")
VALUES("テーブル名"[列名])
```

VALUES関数の構文は、引数に指定したテーブルまたは列を返す。列の場合は、その列から重複を削除した値で構成されるテーブルを返す。

▼FILTER関数の構文

```
FILTER(対象テーブル,フィルタ条件)
```

「対象テーブル」に指定したテーブルに対してフィルタ処理を行い、その結果を返す。

Memo

なお、FILTER関数の対象となるテーブルには、当然ですがフィルタ対象の列が必要です。VALUES関数で対象列を絞り込んだテーブルを取得し、それをFILTER関数の対象にする場合は、VALUES関数でフィルタをかける列を取得するようにしてください。

次に、同じようなフィルタ処理なのですが、特定の担当者の「金額」の合計を求める処理を行います。今回は「売上データ」テーブルを元に作成した、図11-2-2のようなピボットテーブルをベースにします。このピボッ

図11-2-2　元になるピボットテーブル

	A	B	C	D
1	合計 / 金額			
2	18483000			
3				
4				

❶この状態からメジャーを追加して動作を確認する

トテーブルにメジャーを作成して動作を確認します。これは、先ほど紹介したDAXクエリを使用する方法とは異なり、メジャーの計算結果を確認する場合に有効です（計算処理結果は基本的に「値」であるため）。

では、実際に操作してみましょう。「Sample2.xlsx」ファイルの「Sheet2」を開き、「売上データ」を右クリックし「メジャーの追加」をクリックして、新たにメジャーを作成します。

図11-2-3 「新しいメジャー」の作成

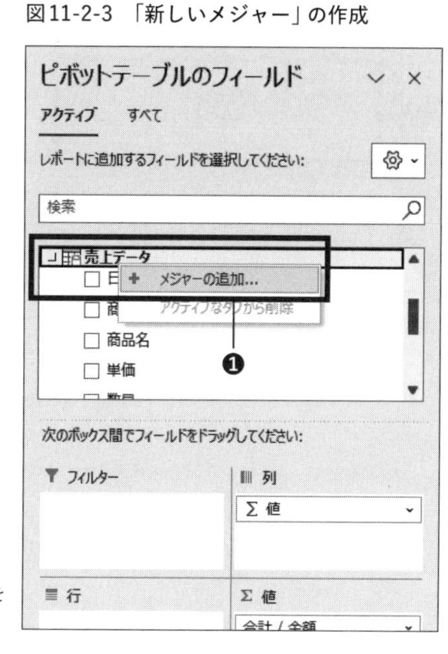

❶「メジャーの追加」をクリックする

「メジャー」ダイアログボックスが表示されるので、図11-2-4のように入力してください。

なお、入力するDAXは次のようになります。

▼入力するDAX

```
=CALCULATE(
  SUM('売上データ'[金額]),
       '売上データ'[商品名] = "サンダルB"
)
```

図11-2-4 「メジャー」ダイアログボックス

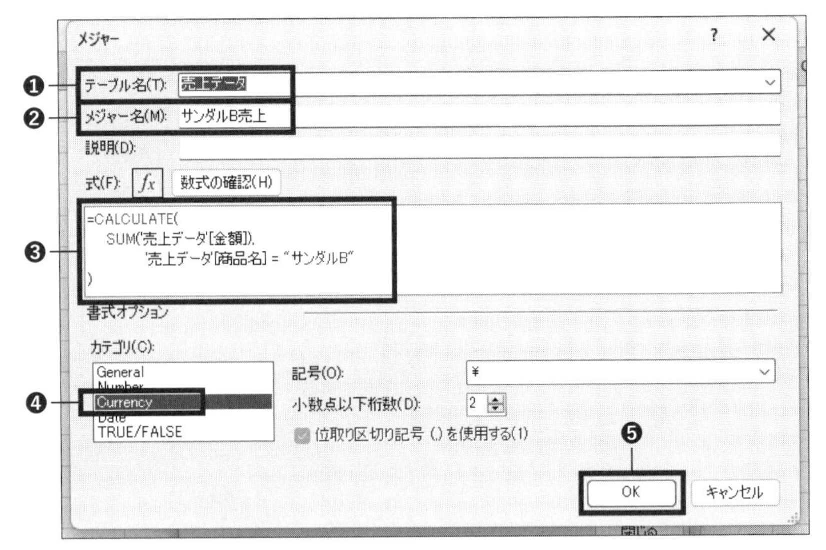

❶「テーブル」が「売上データ」になっていることを確認する

❷「メジャー名」に「サンダルB売上」と入力する

❸「式」に指定したDAXを入力する

❹「カテゴリ」を「Currency」にする。これで、書式付きで表示できるようになる

❺「OK」をクリックする

Memo

このようにExcelの画面からもメジャーを作成することができます。なお、メジャーはテーブルに紐づけられる点にも注意してください。メジャーは「Power Pivot」タブからも作成できますが、その場合は対象テーブルを間違えてしまう可能性があるので、今回紹介したようにテーブル名をクリックして追加した方が確実です。

StepUp!

入力したDAXの構文をチェックすることができます。数式を入力した際、「メジャー」ダイアログボックスで「数式の確認」ボタンをクリックします。クリックすると数式のチェックが行われ、問題が無い場合は図11-2-5のように表示されて、エラーがある場合はエラーメッセージが表示されます

図11-2-5 「数式の確認」

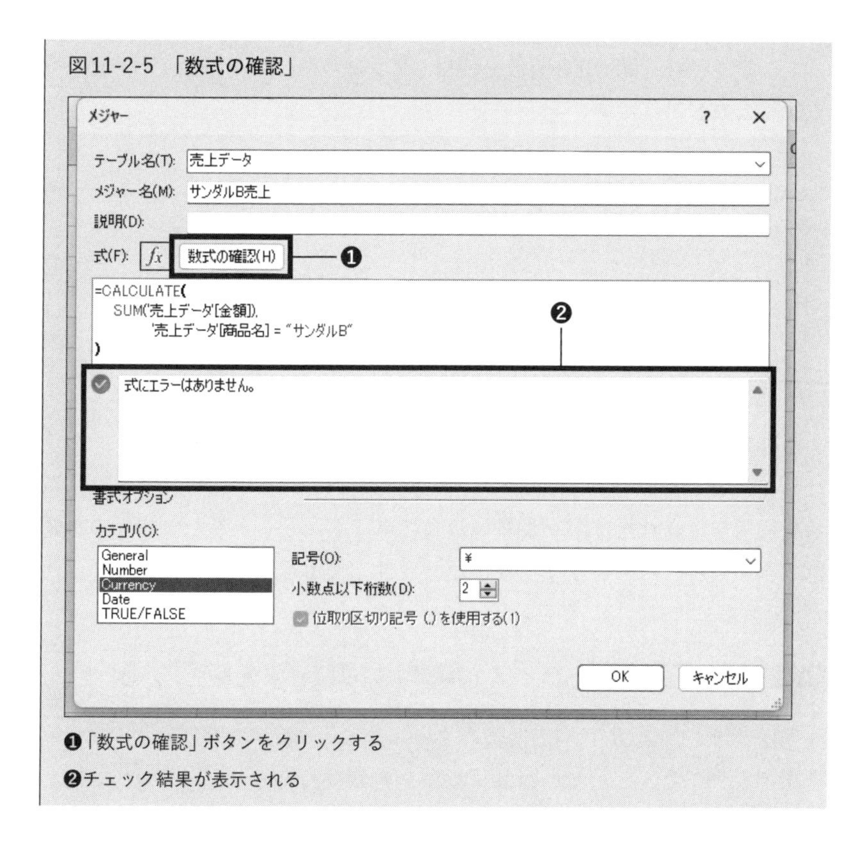

❶「数式の確認」ボタンをクリックする

❷チェック結果が表示される

最後に値を確認します。ピボットテーブルに作成したメジャー「サンダルB売上」を追加しましょう。

図11-2-6 ピボットテーブルの更新

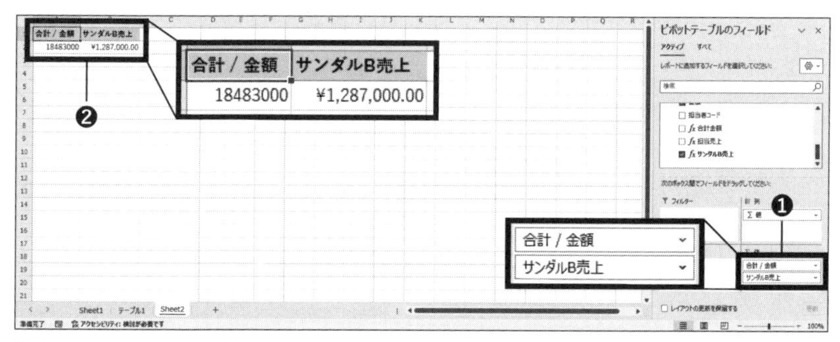

❶「サンダルB売上」を追加する

❷金額が表示された

ここではCALCULATE関数を使用しています。CALCULATE関数の構文は、次のとおりです。

▼CALCULATE関数の構文

```
CALCULATE(式, フィルタ)
```

> 「式」にメジャーを指定し、「フィルタ」に指定した条件で「式」を処理する。

このようにCALCULATE関数を使用すると、メジャーにフィルタをかけることができます。ただし、フィルタの条件に計算式（例えば、MAX関数を使用して売り上げが一番多い数量のデータに絞り込みたい等）の指定はできません。そのような場合には、変数を使用して処理を行います。

CALCULATE関数の「フィルタ」に集計値を使用する

先ほどは、CALCULATE関数のフィルタに「サンダルB」という文字列を指定しました。そして今回は「数量」列の最大値を求め、その値でフィルタをかけてみましょう。この場合、先ほど説明したようにフィルタの条件部分に計算式の指定ができないため、次のように「変数」を使用します。

▼変数を使用したDAXの例

```
= VAR MaxNum = MAX('売上データ'[数量])
RETURN
CALCULATE(
  SUM('売上データ'[金額]),
  '売上データ'[数量] = MaxNum
)
```

ここでは、変数「MaxNum」にMAX関数を使用して求めた値を代入し、その変数をCALCULATE関数で使用しています。このように、DAXではVARキーワードを使用して変数を使用することができます。なお、RETURNキーワードは変数を使用する部分と、実際の処理の区切りを表すと考えてください。

Memo

「変数」は、値を一時的に入れておく「箱」と説明できます。ここでは「MAX('売上データ'[数量])」で求めた値を「MaxNum」という「箱」に入れておき、後で使用するイメージです。なお、この「箱」に入れる処理のことを「代入」と呼びます。代入には「=」が使われます。

では、実際に先ほどのDAXをメジャーとして作成してみましょう。Excelの「挿入」タブから「ピボットテーブル」→「データモデルから」で新たにピボットテーブルを作成し、先ほどと同様「売上データ」に、図11-2-7のようにメジャーを作成します。

図11-2-7　メジャーの作成

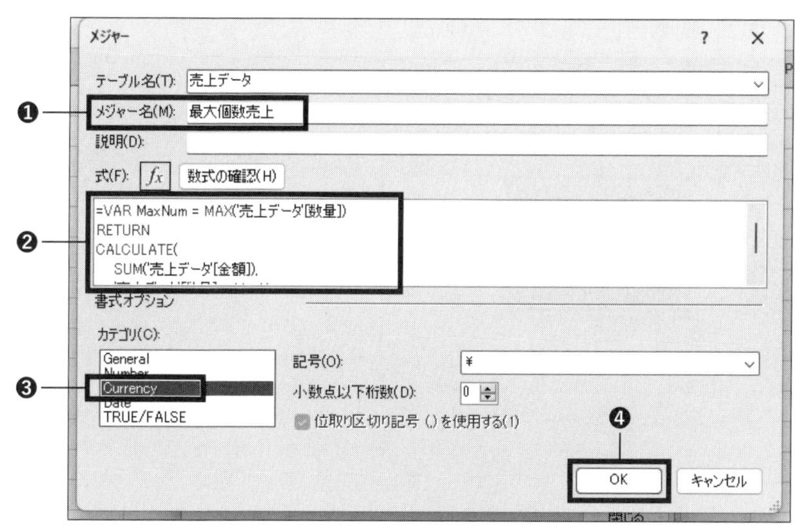

❶「メジャー名」は「最大個数売上」とする
❷「式」に指定したDAXを入力する
❸「カテゴリ」を「Currency」にする
❹「OK」をクリックする

最後に、ピボットテーブルに作成したメジャーを追加して確認しましょう（図11-2-8）。

図11-2-8　実行結果

	A	B
1	最大個数売上	
2	¥2,580,000	
3		
4		

❶処理結果が表示された

このようにCALCULATE関数を使用すると、元のデータに対してフィルタをかけた状態での集計を行うことができます。

フィルタはデータ分析時には重要な処理になるので、ぜひ活用してください。

Memo

「メジャー」ダイアログボックスの「カテゴリ」ですが、環境によって日本語表記だったり英語表記だったり、異なるケースがあるようです。必要に応じて、「Currency」は「通貨」と読み替えてください。

Memo

ピボットテーブルに特定の値のみを表示する方法を利用して、ダッシュボードに次のような「パネル」を作成することができます（ここでは、図形にピボットテーブルの結果を表示しています）。

図11-2-9　ダッシュボードの例

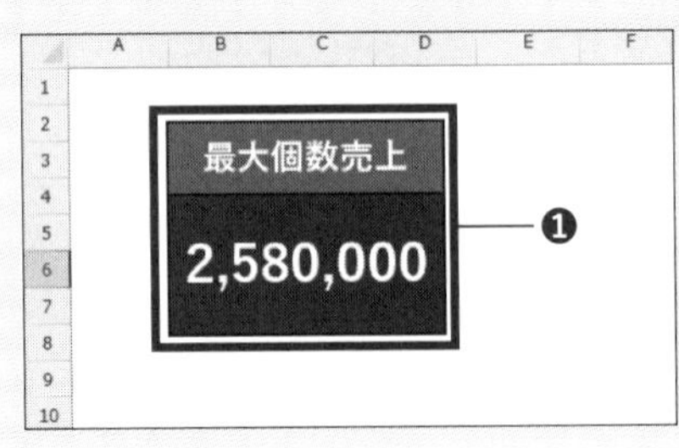

❶ピボットテーブルの値を表示できる

11-3 DAXの活用2：日付テーブルの作成

CheckPoint! □日付テーブルの特徴と注意点
□日付に関する関数のポイント

サンプルファイル名 Sample3.xlsx、Sample4.xlsx、売上データ.xlsx、担当者マスタ.xlsx

パワーピボットにおける「日付」の重要性とは

パワーピボットでは、データ分析のための様々なデータを集計します。その際、「日付」は非常に重要です（ビジネスでデータ分析する際、「会計年度」や「四半期」といった「日付」を考慮しないということはあり得ないでしょう）。

そこで、本節では「日付」に関する様々なテクニックを解説します。まずは日付テーブルです。「売上データ」のようなデータの場合、「販売日」等の「日付」の列が当然あるでしょう。しかし、年末年始や臨時休業などで、「売上データ」の「日付」が1年365日すべての日付をカバーしないこともあります。

ですから、パワーピボットで「日付」に関する分析を正しく行うには、1年365日の日付をもれなく持っているテーブルが必要になります。これを「日付テーブル」と呼びます。

日付テーブルの作成

まず、パワーピボットの標準機能で日付テーブルを作成する方法を解説します。ここでは、あらかじめデータモデルに日付を持つテーブルが追加された状態から処理を行います（「Sample3.xlsx」ファイル参照）。このとき、日付が「2024/1/1」と「2024/12/31」の2件のデータになっていることを確認してください（理由は後述）。パワーピボットの「デザイン」タブで、「日付テーブル」→「新規作成」をクリックします。

図11-3-1 「日付テーブル」の作成

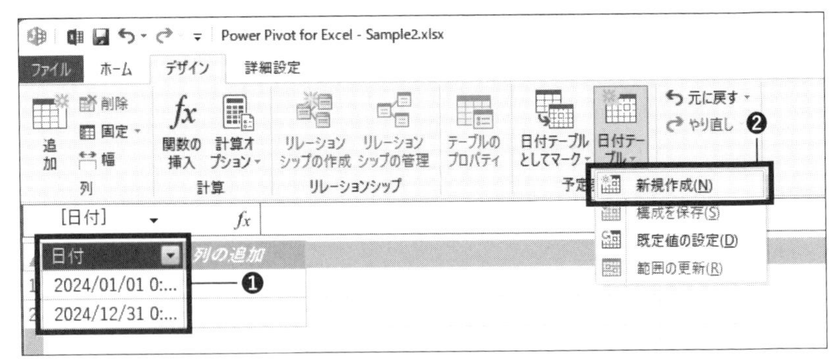

❶あらかじめ日付データが「データモデル」に追加されている

❷「日付テーブル」→「新規作成」をクリックする

これで自動的に日付テーブルが作成されます（図11-3-2）。なお、この機能はあらかじめ追加されているデータモデルから日付を読み取り、その最初の日付と最後の日付までの期間の日付テーブルを作成するものです。今回、あらかじめ日付テーブルをデータモデルに追加していたのはそのためです。

図11-3-2 実行結果

	Date	年	月の番号	月	MMM-YYYY	曜日の番号	曜日
1	2024/01/01 ...	2024	1	Janu...	Jan-2024	2	Monday
2	2024/01/02 ...	2024	1	Janu...	Jan-2024	3	Tuesday
3	2024/01/03 ...	2024	1	Janu...	Jan-2024	4	Wedne...
4	2024/01/04 ...	2024	1	Janu...	Jan-2024	5	Thursd...
5	2024/01/05 ...	2024	1	Janu...	Jan-2024	6	Friday
6	2024/01/06 ...	2024	1	Janu...	Jan-2024	7	Saturday
7	2024/01/07 ...	2024	1	Janu...	Jan-2024	1	Sunday
8	2024/01/08	2024	1	Janu	Jan-2024	2	Monday
36	2024/12/26 ..	2024	12	Dece...	Dec-2024	5	Thursd...
362	2024/12/27 ..	2024	12	Dece...	Dec-2024	6	Friday
363	2024/12/28 ..	2024	12	Dece...	Dec-2024	7	Saturday
364	2024/12/29 ..	2024	12	Dece...	Dec-2024	1	Sunday
365	2024/12/30 ..	2024	12	Dece...	Dec-2024	2	Monday
366	2024/12/31 ..	2024	12	Dece...	Dec-2024	3	Tuesday

❶「2024/1/1」から「2024/12/13」までの日付で、日付テーブルが作成されている

❷併せて「年」などの列も作成されている

Memo

今回はパワーピボットの機能を使用して日付テーブルを作成しましたが、日付を含むテーブルがあれば、そのテーブルを日付テーブルと指定することができます。任意のテーブルを日付テーブルにするには、対象のテーブルを選択した状態で「デザイン」タブから「日付テーブルとしてマーク」をクリックします（図11-3-3）。ただし、対象の日付テーブルには条件があるので注意してください。

図11-3-3　既存のテーブルを「日付テーブル」に指定

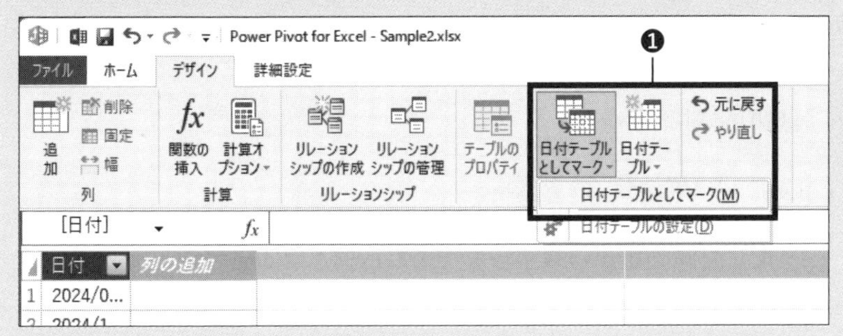

❶任意のテーブルを日付テーブルに指定できる

Microsoftの公式サイトにある日付テーブルの条件は、次のとおりです。

- "日付列" と呼ばれるデータ型 date (または date/time) の列が必要です。
- 日付列には一意の値が含まれている必要があります。
- 日付列に空白を含めることはできません。
- 日付列に欠落している日付があってはなりません。
- 日付列は年間全体にわたっている必要があります。 1 年は必ずしも暦年 (1 月から 12 月) ではありません。
- 対象のテーブルは「日付テーブル」として設定されている必要があります。

DAXによる日付テーブルの作成

パワーピボットの場合、この標準機能を利用するのが手軽で良いのですが、DAXを使用して日付テーブルを作成することも可能です。参考までに紹介しておきましょう。

DAXを使用して日付テーブルを作成するには、次の関数を使用します。

- CALENDAR関数
- CALENDARAUTO関数

▼CALENDAR関数の構文

```
CALENDAR（開始日,終了日）
```

指定した開始日から終了日までの日付テーブルを作成。

▼CALENDARAUTO関数の構文

```
CALENDARAUTO()
```

モデル内のデータの最も古い日付と、最も新しい日付の間の日付テーブルを自動的に作成する。そのため、取り込んだデータに基づいてカレンダーの期間が設定される。

それぞれを実際に見てみましょう。まずはCALENDAR関数の例です。次のDAXは、2024/1/1〜2024/12/31までの日付テーブルを作成します。

▼指定するDAX

```
CALENDAR (DATE (2024,1,1), DATE (2024,12, 31))
```

ここでは動作確認のためのDAXクエリを使用します。「Sample4.xlsx」ファイルを使用して、図11-3-4のように、「EVALUATE」に続けて先ほどのDAXを入力してください。なお、このときに「コマンドの種類」を「DAX」にすることを忘れないようにしましょう。

図11-3-4　CALENDAR関数の例

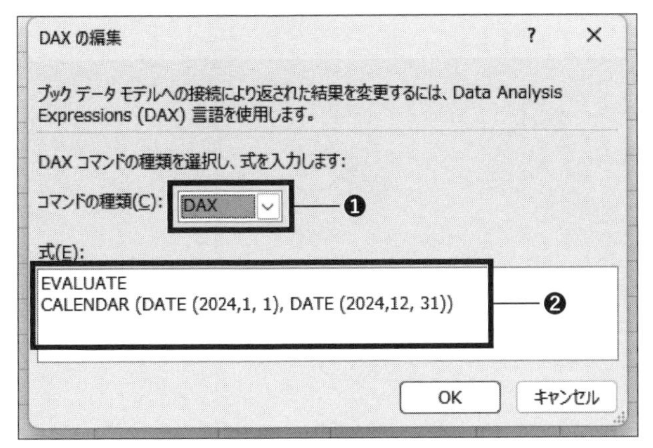

❶「コマンドの種類」を「DAX」にする

❷「DAXクエリ」を使用する。指定したDAXを入力して「OK」をクリックする

これで日付テーブルが作成されました。

図11-3-5　実行結果

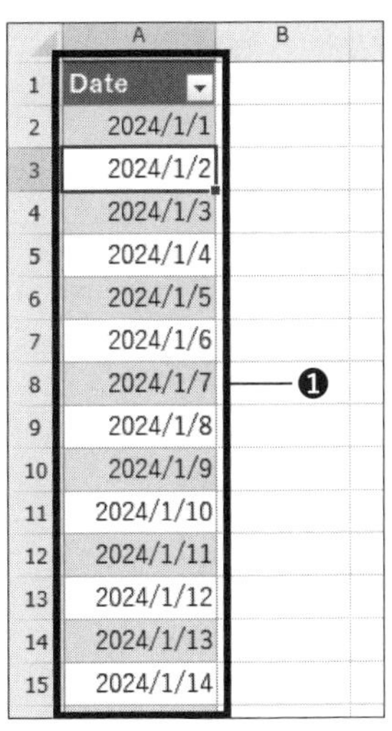

❶指定した日付の日付テーブルが作成された

次に、CALENDARAUTO関数です。こちらもDAXクエリを使用して確認しましょう。図11-3-6のように、「DAXの編集」に入力します。

▼入力するDAX

```
CALENDARAUTO()
```

図11-3-6　DAXクエリの入力

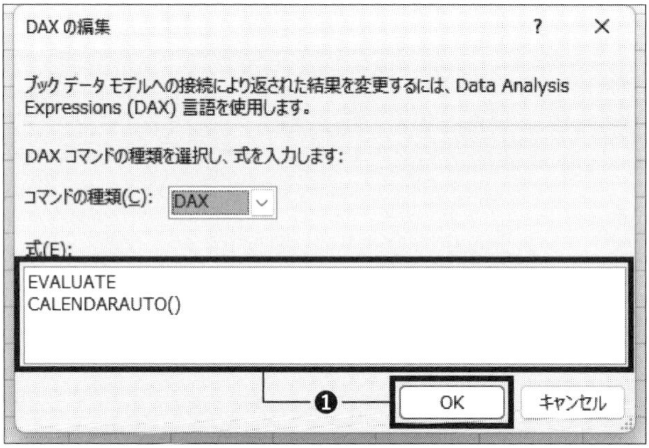

DAX の編集

ブック データ モデルへの接続により返された結果を変更するには、Data Analysis Expressions (DAX) 言語を使用します。

DAX コマンドの種類を選択し、式を入力します:

コマンドの種類(C): DAX

式(E):

```
EVALUATE
CALENDARAUTO()
```

❶ OK　キャンセル

❶このように入力して「OK」をクリックする

これで、現在データモデルに読み込まれているテーブル（ここでは「売上データ」テーブル）の日付を元に、日付テーブルが作成されました（図11-3-7）。

このように、CALENDARAUTO関数はデータモデルにある日付データを元に、開始日と終了日を取得して日付テーブルを作成するのです。

図11-3-7　実行結果

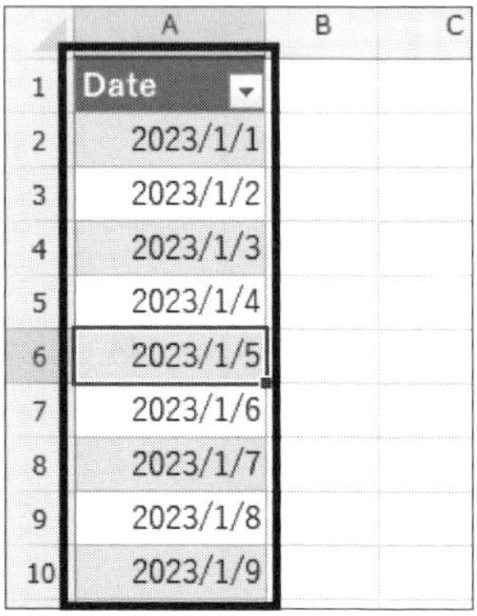

	A	B	C
1	Date		
2	2023/1/1		
3	2023/1/2		
4	2023/1/3		
5	2023/1/4		
6	2023/1/5		
7	2023/1/6		
8	2023/1/7		
9	2023/1/8		
10	2023/1/9		

❶日付テーブルが作成された

日付テーブルのカスタマイズ

先ほどは「Sample3.xlsx」ファイルを用いて作成した日付テーブルですが、よく見ると分析内容によっては足りないものがあります。そこで、ここでは作成した日付テーブルにDAXを使用して列を追加しましょう。

まずは、作成された日付テーブルについて確認します。作成された日付テーブルには、図11-3-8の列がありました。

図11-3-8　作成された日付テーブル

	Date	年	月の番号	月	MMM-YYYY	曜日の番号	曜日
335	2024/11/30 ...	2024	11	Nove...	Nov-2024	7	Saturday
336	2024/12/01 ...	2024	12	Dece...	Dec-2024	1	Sunday
337	2024/12/02 ...	2024	12	Dece...	Dec-2024	2	Monday
338	2024/12/03 ...	2024	12	Dece...	Dec-2024	3	Tuesday
339	2024/12/04 ...	2024	12	Dece...	Dec-2024	4	Wedne...
340	2024/12/05 ...	2024	12	Dece...	Dec-2024	5	Thursd...
341	2024/12/06 ...	2024	12	Dece...	Dec-2024	6	Friday

❶日付に関する複数の列が自動的に作成されている

これらの作成された列は、すべてDAXが設定されています（図11-3-9）。それぞれの列と指定されているDAXを、表「日付テーブルの列とDAXの式」にまとめます。

図11-3-9　DAXが指定されている

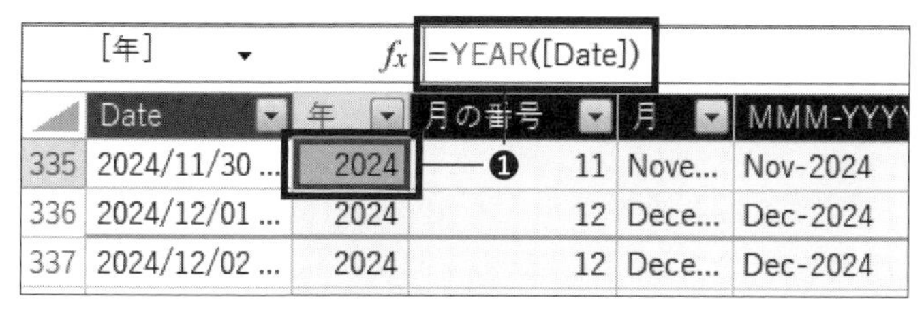

❶「年」の列であれば、「YEAR関数」が指定されている

▼日付テーブルの列とDAXの式

列名	DAX	表示（2024/1/1の場合）	意味
年	YEAR([Date])	2024	「Date」列の日付から「年」を取得する。
月の番号	MONTH([Date])	1	「Date」列の日付から「月」を取得する。
月	FORMAT([Date],"MMMM")	January	「Date」列の日付から「月」を取得して、「MMMM」の形式で表示する。
MMM-YYYY	FORMAT([Date],"MMM-YYYY")	Jan-2024	「Date」列の日付から「年月」を取得して、「MMM-YYYY」の形式で表示する。
曜日の番号	WEEKDAY([Date])	2	「Date」列の日付から曜日の番号を取得する。
曜日	=FORMAT([Date],"DDDD")	Monday	「Date」列の日付から曜日の番号を取得して、「DDDD」の形式で表示する。

ここでは、「年」をYEAR関数、「月」をMONTH関数、曜日の番号をWEEKDAY関数で取得しています。また併せて、FORMAT関数で取得した日付の表示形式を変更しています。FORMAT関数で指定できる日付・時刻に関する表示形式は、次のとおりです。

▼日付・時刻に関する表示形式

文字	説明
:	時刻の区切り記号。時刻の値を書式設定するときに、時刻区切り記号で時、分、秒を区切る。
/	日付の区切り記号。日付の値を書式設定するときに、日付区切り記号で日、月、年を区切る。
¥	次の文字をリテラル文字として表示する。そのため、書式設定文字として解釈されない。
"	二重引用符。二重引用符で囲まれたテキストが表示される。そのため、書式設定文字として解釈されない。
c	日付をddddd、時刻をtttttの順序で表示する。日付のシリアル番号に小数部が無い場合は日付情報のみを表示し、整数部分が無い場合は時刻情報のみを表示する。
d	先頭に0を付けずに数値で日を表示する（1-31）。
dd	先頭に0を付けて数値で日を表示する（01-31）。
ddd	省略形で曜日を表示する（Sun-Sat）。ローカライズされる。
dddd	完全な名前で曜日を表示する（Sunday-Saturday）。 ローカライズされる。
ddddd	日付を完全な日付（年、月、日）で表示する。表示形式はシステムの短縮日付の書式設定に従う。既定の短い日付書式はmm/dd/yyyy。
dddddd	日付のシリアル番号を完全な日付（年、月、日）で表示する。表示形式は、システムが認識する長い日付の書式設定に従う。
w	曜日を数値で表示する（日曜日が1、土曜日が7）。
ww	1年のうちの何週目であるかを数値（1-54）で表示する。
m	先頭に0を付けずに数値で月を表示する（1-12）。mがhまたはhhの直後にある場合、月ではなく分が表示される。
mm	先頭に0を付けて数値で月を表示する（01-12）。mmがhまたはhhの直後にある場合、月ではなく分が表示される。
mmm	省略形で月を表示する（Jan-Dec）。ローカライズされる。
mmmm	完全な月の名前で月を表示する（January-December）。 ローカライズされる。
q	1年のうち何番目の四半期であるかを数値（1-4）で表示する（1-3月が1）。
y	年の通算日を数値で表示する（1-366）。
yy	年を2桁の数字で表示する（00-99）。
yyyy	年を4桁の数字で表示する（100-9999）。

h	先頭に0を付けずに数値で時刻を表示する（0-23）。
hh	先頭に0を付けて数値で時刻を表示する（00-23）。
n	先頭に0を付けずに数値で分を表示する（0-59）。
nn	先頭に0を付けて数値で分を表示する（00-59）。
s	先頭に0を付けずに数値で秒を表示する（0-59）。
ss	先頭に0を付けて数値で秒を表示する（00-59）。
ttttt	時刻を完全な時刻（時間、分、秒）で表示する。表示形式は、システムが認識する時刻書式で定義された時刻区切り文字を使用する。先頭にゼロを付けるオプションを選択した場合、午前または午後の10:00より早い時刻であれば、前にゼロが表示される。既定の時刻書式はh:mm:ss。
AM/PM	12時間制を使用し、正午より前の時刻には大文字のAMを表示する。正午から午後11:59までの時刻には、大文字のPMを表示する。
AM/PM	12時間制を使用し、正午より前の時刻には小文字のAMを表示する。正午から午後11:59までの時刻には、小文字のPMを表示する。
A/P	12時間制を使用し、正午より前の時刻には大文字のAを表示する。正午から午後11:59までの時刻には、大文字のPを表示する。
A/P	12時間制を使用し、正午より前の時刻には小文字のAを表示する。正午から午後11:59までの時刻には、小文字のPを表示する。
AMPM	12時間制を使用して、正午より前の時刻には、システムで定義されているAM文字列リテラルを表示する。正午から11:59PMまでの時刻には、システムで定義されているPM文字列リテラルを表示する。AMPMは大文字にも小文字にもすることができるが、表示される文字列の大文字と小文字は、システム設定で定義されている文字列と一致する。既定の書式はAM/PM。システムが24時間制に設定されている場合、文字列は通常空の文字列に設定される。

なお、FORMAT関数は日付・時刻以外にも、数値や文字列の書式を設定することも可能です。

日付テーブルへの列の追加

では、日付テーブルに計算列を追加していきましょう。まずは「四半期」です。DAXにはQUAUTER関数があるのですが、本書の執筆時点ではExcel

のパワーピボットではサポートされていません。そのため、次の数式を使用します。

▼四半期を求める数式

```
=IF(INT(('予定表'[月の番号]+2)/3) = 1,4, INT(('予定表'[月の番号]+2)/3)-1)
```

ここでは「月の番号」列の値を元に処理をしています。まずは「INT(('予定表'[月の番号]+2)/3)」で、1-3月までは「1」、4-6月が「2」のように四半期を求めることができます。ただし、これだと期初が1月になってしまうので、4月始まりにするためにIF関数を使用しています。1-3月は「4」にしたいので、「INT(('予定表'[月の番号]+2)/3)」の結果が「1」の場合は「4」にします。そして「INT(('予定表'[月の番号]+2)/3)」の結果が2-4の場合は、その値から「-1」することで四半期を取得することができます（図11-3-10）。なお、ここでは列名も「四半期」に変更しています（列名は列見出しをダブルクリックすることで編集できます）。

図11-3-10　実行結果

[四半期]　fx =IF(INT(('予定表'[月の番号]+2)/3) = 1,4, INT(('予定表'[月の番号]+2)/3)-1)

	Date	年	月の番号	月	MMM-YYYY	曜日の番号	曜日	四半期
84	2024/03/24 0:...	2024	3	March	Mar-2024	1	Sunday	4
85	2024/03/25 0:...	2024	3	March	Mar-2024	2	Monday	4
86	2024/03/26 0:...	2024	3	March	Mar-2024	3	Tuesday	4
87	2024/03/27 0:...	2024	3	March	Mar-2024	4	Wedne...	4
88	2024/03/28 0:...	2024	3	March	Mar-2024	5	Thursd...	4
89	2024/03/29 0:...	2024	3	March	Mar-2024	6	Friday	4
90	2024/03/30 0:...	2024	3	March	Mar-2024	7	Saturday	4
91	2024/03/31 0:...	2024	3	March	Mar-2024	1	Sunday	4
92	2024/04/01 0:...	2024	4	April	Apr-2024	2	Monday	1
93	2024/04/02 0:...	2024	4	April	Apr-2024	3	Tuesday	1
94	2024/04/03 0:...	2024	4	April	Apr-2024	4	Wedne...	1
95	2024/04/04 0:...	2024	4	April	Apr-2024	5	Thursd...	1
96	2024/04/05 0:...	2024	4	April	Apr-2024	6	Friday	1

❶「四半期」が求められた。「3月」は「4」に、「4月」は「1」になっていることが確認できる

次は「月末」の日付を求めます。

次のDAXを使用します。

▼月末日を取得するDAX

```
= EOMONTH('予定表'[Date],0)
```

EOMONTH関数は、指定した日付のn月後の月末の日付を取得します。ここでは「0」を指定することで、当月の月末日を取得しています（図11-3-11）。なお、ここでも列見出しを「月末」に編集しています。

図11-3-11　実行結果

❶

[月末]　fx =EOMONTH('予定表'[Date],0)

	Date	年	月の番号	月	MMM-YYYY	曜日の番号	曜日	四半期	月末
1	2024/01/01 0:...	2024	1	Janu...	Jan-2024	2	Monday	4	2024/01/31 0:00:00
2	2024/01/02 0:...	2024	1	Janu...	Jan-2024	3	Tuesday	4	2024/01/31 0:00:00
3	2024/01/03 0:...	2024	1	Janu...	Jan-2024	4	Wedne...	4	2024/01/31 0:00:00
4	2024/01/04 0:...	2024	1	Janu...	Jan-2024	5	Thursd...	4	2024/01/31 0:00:00
5	2024/01/05 0:...	2024	1	Janu...	Jan-2024	6	Friday	4	2024/01/31 0:00:00
6	2024/01/06 0:...	2024	1	Janu...	Jan-2024	7	Saturday	4	2024/01/31 0:00:00
7	2024/01/07 0:...	2024	1	Janu...	Jan-2024	1	Sunday	4	2024/01/31 0:00:00
8	2024/01/08 0:...	2024	1	Janu...	Jan-2024	2	Monday	4	2024/01/31 0:00:00
9	2024/01/09 0:...	2024	1	Janu...	Jan-2024	3	Tuesday	4	2024/01/31 0:00:00
10	2024/01/10 0:...	2024	1	Janu...	Jan-2024	4	Wedne...	4	2024/01/31 0:00:00
11	2024/01/11 0:...	2024	1	Janu...	Jan-2024	5	Thursd...	4	2024/01/31 0:00:00
12	2024/01/12 0:...	2024	1	Janu...	Jan-2024	6	Friday	4	2024/01/31 0:00:00
13	2024/01/13 0:...	2024	1	Janu...	Jan-2024	7	Saturday	4	2024/01/31 0:00:00
14	2024/01/14 0:...	2024	1	Janu...	Jan-2024	1	Sunday	4	2024/01/31 0:00:00

❶当月の月末日が取得された

最後に、会計年度を求めます。例えば、期が4月始まりであれば、2024年3月は「2023年度」となります。

会計年度を求めるには、次のDAXを入力します。

▼会計年度を求めるDAX

```
= IF('予定表'[月の番号]<4,'予定表'[年]-1,'予定表'[年])
```

ここでは「月の番号」で何月かをチェックし、それに応じて「年」を処理しています。

図11-3-12　実行結果

[会計年度]　fx =if('予定表'[月の番号]<4,'予定表'[年]-1,'予定表'[年])

	Date	年	月の番号	月	MMM-YYYY	曜日の番号	曜日	四半期	月末	会計年度
84	2024/03/24 0:...	2024	3	March	Mar-2024	1	Sunday	4	2024/03...	2023
85	2024/03/25 0:...	2024	3	March	Mar-2024	2	Monday	4	2024/03...	2023
86	2024/03/26 0:...	2024	3	March	Mar-2024	3	Tuesday	4	2024/03...	2023
87	2024/03/27 0:...	2024	3	March	Mar-2024	4	Wedne...	4	2024/03...	2023
88	2024/03/28 0:...	2024	3	March	Mar-2024	5	Thursd...	4	2024/03...	2023
89	2024/03/29 0:...	2024	3	March	Mar-2024	6	Friday	4	2024/03...	2023
90	2024/03/30 0:...	2024	3	March	Mar-2024	7	Saturday	4	2024/03...	2023
91	2024/03/31 0:...	2024	3	March	Mar-2024	1	Sunday	4	2024/03...	2023
92	2024/04/01 0:...	2024	4	April	Apr-2024	2	Monday	1	2024/04...	2024
93	2024/04/02 0:...	2024	4	April	Apr-2024	3	Tuesday	1	2024/04...	2024
94	2024/04/03 0:...	2024	4	April	Apr-2024	4	Wedne...	1	2024/04...	2024
95	2024/04/04 0:...	2024	4	April	Apr-2024	5	Thursd...	1	2024/04...	2024
96	2024/04/05 0:...	2024	4	April	Apr-2024	6	Friday	1	2024/04...	2024

❶会計年度が入力された。3月と4月で年度が変わっていることが確認できる

このように、標準機能で作成した日付テーブルに独自に列を追加することで、より有効なデータ分析が可能になります。

動的な日付テーブル

最後に、今回作成した日付テーブルの注意点と、その解決策について解説します。

今回作成した日付テーブルは、データモデルに取得済みのテーブルを元にしていました。しかし、データ分析はその場一度きりではなく、毎年続いていくものです。今回の方法で作成した日付テーブルは、作成時に元となったテーブルが更新されても、日付テーブルの日付が更新されるわけではありません。そのため、ある程度余裕を持った期間で作っておかないと、いずれ分析したい期間が日付テーブルに存在しないということになってしまいます。

それを避ける手軽な方法は、日付データをExcelで作成し、それをデータモデルとして加えることです。そして、このテーブルを「日付テーブル」として設定すれば良いのです。

図11-3-13
Excelによる日付データの例

	A	B
1	日付	
2	2024/1/1	
3	2024/1/2	
4	2024/1/3	
5	2024/1/4	
6	2024/1/5	
7	2024/1/6	
8	2024/1/7	
9	2024/1/8	
10	2024/1/9	
11	2024/1/10	
12	2024/1/11	
13	2024/1/12	
14	2024/1/13	

このデータをデータモデルとして取得して、
日付テーブルとして利用する

なお、この場合はデータモデルとして取得後、パワーピボットの「デザイン」タブから「日付テーブルとしてマーク」の処理を行うようにしましょう。こうすれば、元となるExcelのデータを更新すれば、パワークエリ側でも日付の範囲が更新されるので便利です。

Memo

なお、作成した日付テーブルはリレーションシップを使用して、他のテーブルの日付列と関連付けを行うようにしましょう。そうすることで、日付テーブルにある項目でのデータ分析が可能になります。

11-4 DAXの活用3：その他の関数

CheckPoint! □イテレータ関数とは？
□フィルタ関数のポイント

サンプルファイル名 Sample5.xlsx、Sample6.xlsx、売上データ.xlsx、担当者マスタ.xlsx、商品マスタ.xlsx

末尾に「X」の付く関数

ここでは、DAXの中でも特に覚えておいて欲しい関数について解説します。まずは、末尾に「X」の付く関数からです。

DAXで合計を求めるメジャーを作成する場合、SUM関数を使用しました（第10章参照）。実は、DAXにはSUM関数と似た名前でSUMX関数があります。この末尾に「X」が付く関数は、SUM以外にもAVERAGE/AVERAGEX、MAX/MAXX、MIN/MINXなど複数あるのですが、メジャーの作成時にとても有効なのでぜひ覚えておいてください。

では、サンプルを見て行きましょう（「Sample5.xlsx」ファイル参照）。図11-4-1は、パワークエリ経由で3つのテーブルをパワーピボットのデー

図11-4-1 使用する3つのテーブル

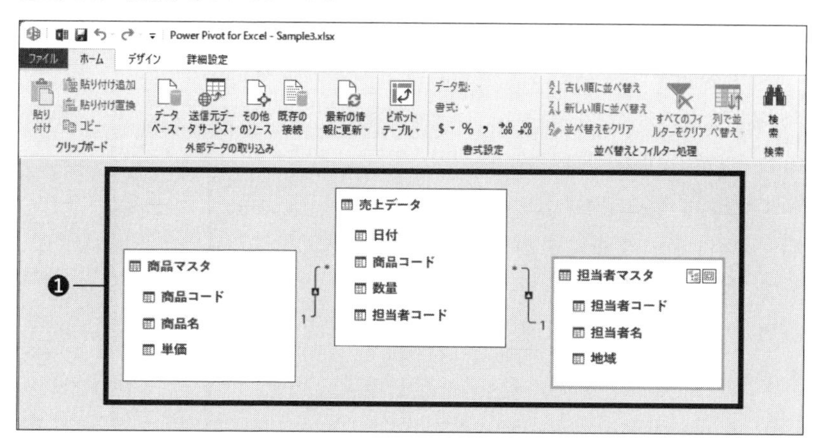

❶この3つのテーブルを元に処理を行う

タモデルに追加し、リレーションシップの設定を行った状態です。このデータモデルを使用して、SUM関数とSUMX関数の違いについて解説します。

SUM関数を使用したケース

ここでは、売上金額の「総合計」を求めるメジャーを作成してみます。最初は、すでに紹介したSUM関数を使用するケースです。まずは「売上データ」テーブルに「売上金額」を求める計算列を追加します。その後に、この「売上金額」列をSUM関数で集計して「総合計」を求めます。

「売上データ」テーブルには、「日付」「商品コード」「数量」「担当者コード」の4列があります。

図11-4-2 「売上データ」テーブル

	日付	商品コ...	数量	担当者コ...	列の
1	2023/0...	LA002	3	A006	
2	2023/0...	SA001	2	A006	
3	2023/0...	SA002	8	A007	
4	2023/0...	SA003	1	A003	
5	2023/0...	SA003	3	A008	
6	2023/0...	OS001	4	A005	
7	2023/0...	OS002	10	A008	
8	2023/0...	PA003	8	A010	
9	2023/0...	LA001	1	A005	
10	2023/0...	SS003	3	A005	

❶このテーブルに「売上金額」の計算列を追加する

「売上金額」は「単価」×「数量」で求めることができるのですが、「単価」列がありません。「単価」列は「商品マスタ」テーブルにあるので（図11-4-3）、そちらを参照して「売上金額」を求めます。

図11-4-3 「商品マスタ」テーブル

	商品コ...	商品名	単価	列の追加
1	LA002	革靴B	15000	
2	SA001	スニーカ...	7000	
3	SA002	スニーカ...	12000	
4	SA003	スニーカ...	20000	
5	OS001	サンダルA	5000	
6	OS002	サンダルB	9000	
7	PA003	パンプスC	25000	
8	LA001	革靴A	12000	
9	SS003	スポーツ...	17000	
10	PA002	パンプスB	13000	
11	PA001	パンプスA	9000	

❶この「単価」列を参照して「売上金額」を求める

では、「売上テーブル」に計算列を追加しましょう。追加するDAXは次のようになります。

▼「売上金額」を求めるDAX

```
='売上データ'[数量]*RELATED('商品マスタ'[単価])
```

ここでは、「売上データ」テーブルの「数量」列と、「商品マスタ」テーブルの「単価」列を乗算しています。このとき、REELATED関数を使用して、「商品マスタ」テーブルを関連付けて呼び出していることに注意してください。これで「売上金額」を求めることができました（図11-4-4）。

なお、ここでは列名を「売上金額」に変更しています。

図11-4-4　実行結果

[売上金額] ▾ fx ='売上データ'[数量]*RELATED('商品マスタ'[単価])

	日付	商品コ...	数量	担当者コ...	売上金額	列の追加
1	2023/0...	LA002	3	A006	45000	
2	2023/0...	SA001	2	A006	14000	
3	2023/0...	SA002	8	A007	96000	
4	2023/0...	SA003	1	A003	20000	
5	2023/0...	SA003	3	A008	60000	
6	2023/0...	OS001	4	A005	20000	
7	2023/0...	OS002	10	A008	90000	
8	2023/0...	PA003	8	A010	200000	
9	2023/0...	LA001	1	A005	12000	
10	2023/0...	SS003	3	A005	51000	
11	2023/0...	PA002	8	A010	[illegible]	

❶「売上金額」が計算された

さらに、この「売上金額」の合計（総合計）を求めるメジャーを作成します。「計算領域」に、次のDAXを入力してください。

▼「総合計」メジャーのDAX

```
総合計:=SUM('売上データ'[売上金額])
```

図11-4-5　実行結果

[売上金額]　f_x　総合計:=SUM('売上データ'[売上金額])

	日付	商品コ...	数量	担当者コ...	売上金額	列の追加
1	2023/0...	LA002	3	A006	45000	
2	2023/0...	SA001	2	A006	14000	
3	2023/0...	SA002	8	A007	96000	
4	2023/0...	SA003	1	A003	20000	
5	2023/0...	SA003	3	A008	60000	
6	2023/0...	OS001	4	A005	20000	
7	2023/0...	OS002	10	A008	90000	
15	2023/0...	OS001	4	A007	20000	
16	2023/0...	PA001	2	A007	18000	
17	2023/0...	SS002	4	A001	52000	
18	2023/0...	OS001	7	A009	35000	

❶ 総合計: 18483...

❶メジャーを入力する

処理結果を確認しましょう。「売上データ」テーブルを元にピボットテーブルを作成し、「総合計」を表示します。

図11-4-6 「売上データ」を元にしたピボットテーブル

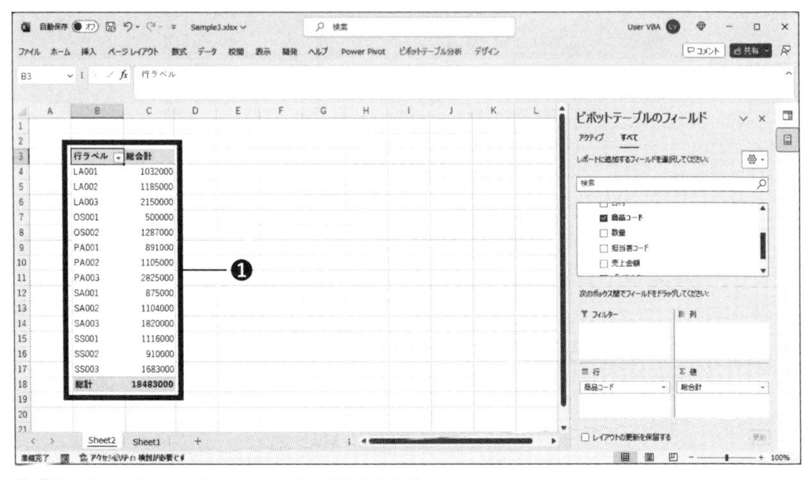

❶「総合計」のあるピボットテーブルが作成された

「総合計」のDAXを確認する

では、ここで「総合計」を求めるメジャーについて確認しましょう。「総合計」を求めるメジャーは次のようになっていました。

▼「総合計」メジャーのDAX

```
総合計:=SUM('売上データ'[売上金額])
```

このメジャーですが、Excelの感覚だと「売上金額」を求める処理も1つの式にまとめてしまって、次のようにできるのではないかと考える方もいると思います。

▼「売上金額」の計算もまとめた数式

```
総合計:=SUM('売上データ'[売上金額] * RELATED('商品マスタ'
[単価]))
```

しかし、実際にメジャーに設定してみるとエラーが発生してしまいます。

図11-4-7　エラーになったメジャー

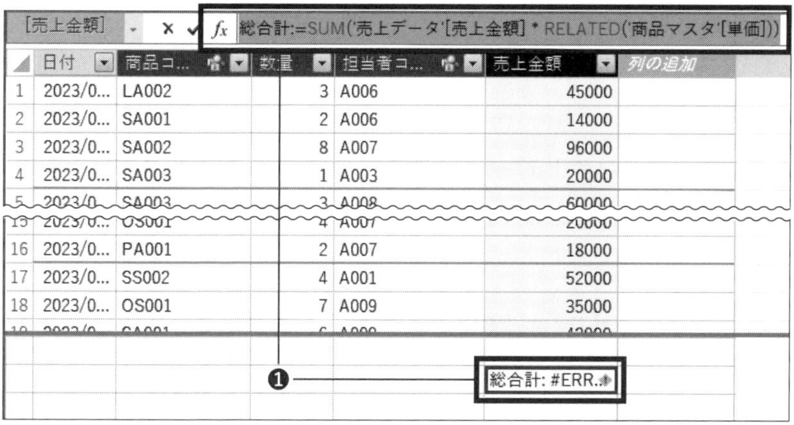

[売上金額]　fx 総合計:=SUM('売上データ'[売上金額] * RELATED('商品マスタ'[単価]))

	日付	商品コ...	数量	担当者コ...	売上金額	列の追加
1	2023/0...	LA002	3	A006	45000	
2	2023/0...	SA001	2	A006	14000	
3	2023/0...	SA002	8	A007	96000	
4	2023/0...	SA003	1	A003	20000	
5	2023/0...	SA003	3	A008	60000	
15	2023/0...	OS001	4	A007	20000	
16	2023/0...	PA001	2	A007	18000	
17	2023/0...	SS002	4	A001	52000	
18	2023/0...	OS001	7	A009	35000	

❶ 総合計: #ERR..

❶指定したDAXを入力するとエラーになる

これは、メジャーがあくまで「列」を対象に集計処理するものだからです。ですから、SUM関数もあくまで「列」を対象にするのです。対して、今回指定した「'売上データ'[売上金額] * RELATED('商品マスタ'[単価])」の式は、1行ごとの計算を行う式になっています。そのためSUM関数に指定できず、エラーになるのです。

このような場合に使用するのがSUMX関数になります。「X」が付いた関数は、行ごとの処理をサポートしているのですが、これを「イテレーション」と呼びます（第10章参照）。

SUMX関数を使用したケース

SUMX関数の構文ですが、SUM関数とは異なるので注意が必要です。SUMX関数の構文は次のようになります。

▼SUMXの構文

```
SUMX(テーブル名, 式)
```

「テーブル名」に指定したテーブルを対象に、「式」に指定した処理の合計を求める。

では、実際に入力するメジャーを見てみましょう。SUMX関数を使用した場合のメジャーは、次のようになります。

▼SUMX関数の例

```
総合計:=SUMX('売上データ',[数量]*RELATED('商品マスタ'
[単価]))
```

これで、「売上データ」テーブルを1行ずつ計算した値の合計を求めることができます。実際に、メジャーに設定してみましょう。図11-4-8のように、エラーにならず「総合計」が集計されます。

図11-4-8　実行結果

[売上金額]　fx 総合計:=SUMX('売上データ',[数量]*RELATED('商品マスタ'[単価]))

	日付	商品コ...	数量	担当者コ...	売上金額	列の追加
1	2023/0...	LA002	3	A006	45000	
2	2023/0...	SA001	2	A006	14000	
3	2023/0...	SA002	8	A007	96000	
4	2023/0...	SA003	1	A003	20000	
5	2023/0...	SA003	3	A008	60000	
6	2023/0...	OS001	4	A005	20000	
14	2023/0...	SS003	4	A002	68000	
15	2023/0...	OS001	4	A007	20000	
16	2023/0...	PA001	2	A007	18000	
17	2023/0...	SS002	4	A001	52000	
18	2023/0...	OS001	7	A009	35000	

❶ 総合計: 18483...

❶エラーにならず「総合計」が計算された

処理結果をピボットテーブルでも確認しましょう。先ほどと同様に、「総合計」が集計できていることが確認できます。

図11-4-9　実行結果

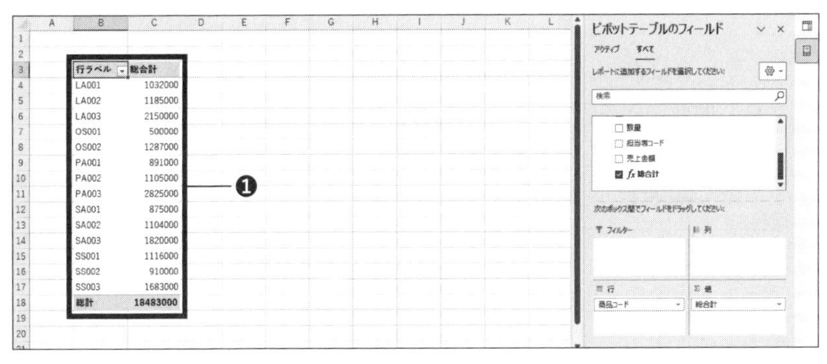

行ラベル	総合計
LA001	1032000
LA002	1185000
LA003	2150000
OS001	500000
OS002	1287000
PA001	891000
PA002	1105000
PA003	2825000
SA001	875000
SA002	1104000
SA003	1820000
SS001	1116000
SS002	910000
SS003	1683000
総計	18483000

❶「総合計」が集計された

このように、「X」が付く関数を使用すると、メジャーでも行ごとの処理を含めることができるのです。今回の例であれば、SUMX関数を使用することで「売上金額」列を作らずに済みます。

> Memo
>
> 「X」が付いた関数を利用すると、余計な計算列を作成せずに済むというメリットがあるのですが、一方でパフォーマンス的には「X」付きの関数の方が悪いとされています。情況に応じて使い分けるようにしてください。

フィルタ関数を活用する

フィルタ関数についてはすでに本章でも説明しましたが、ここではさらに踏み込んで活用するため、ALL関数について解説します（「Sample6.xlsx」ファイル参照）。

ALL関数は、適用済みのフィルタを無視してくれる関数です。そこで、先ほど作成した「総合計」と比較して動作を確認してみます。

次のDAXを入力してください。

▼ALL関数の例

```
総合計_ALL:=CALCULATE(SUM('売上データ'[売上金額]),ALL('売上データ'))
```

ここではCALCULATE関数を使用してフィルタ条件を指定していますが、ALL関数があるためフィルタは無視されて集計されます。

図11-4-10　ALL関数の利用

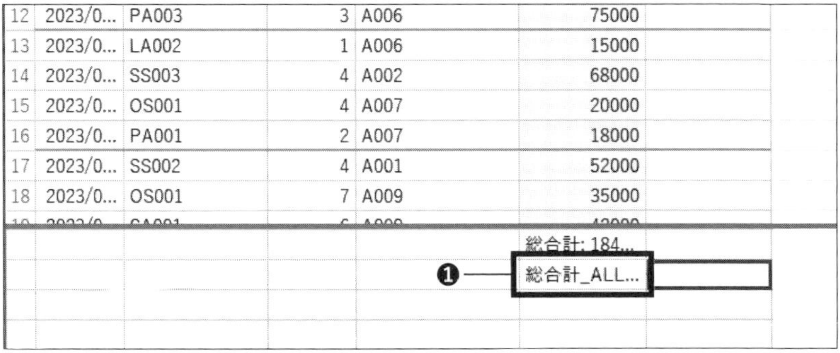

12	2023/0...	PA003	3	A006	75000
13	2023/0...	LA002	1	A006	15000
14	2023/0...	SS003	4	A002	68000
15	2023/0...	OS001	4	A007	20000
16	2023/0...	PA001	2	A007	18000
17	2023/0...	SS002	4	A001	52000
18	2023/0...	OS001	7	A009	35000

総合計: 184...

❶ 総合計_ALL...

❶「総合計_ALL」を入力する

動作をピボットテーブルで確認します。今回は、「総合計」と「総合計_ALL」の2つの値で比較します。わかりやすいように、スライサーの設定をしてあります。「Sheet2」のピボットテーブルに作成した「総合計_ALL」のメジャーを追加してください。

まずは、スライサーによるフィルタリングを行わないケースです。

図11-4-11 「総合計」と「総合計_ALL」の比較（全体）

総合計	総合計_ALL
18483000	18483000

商品コード
LA001
LA002
LA003
OS001
OS002
PA001
PA002
PA003

❶スライサーによるフィルタがかかっていない状態。両方の値は同じになる

次に、スライサーで対象を絞り込んでみます。すると、「総合計」の方はスライサーに応じて値が変わるのに対し、「総合計_ALL」は変化しないことがわかります。

図11-4-12 「総合計」と「総合計_ALL」の比較（スライサー指定あり）

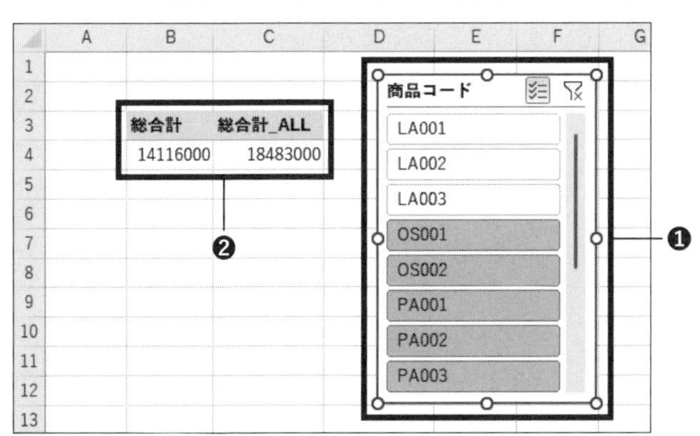

❶スライサーでフィルタをかける ❷金額に違いが生じる

このように、通常のメジャーがフィルタ条件に応じて集計結果が変わるのに対し、ALL関数はフィルタを無視する働きをします。そのため、今回紹介したようにフィルタをかけた状態と、そうでない状態の値を比較する際に使用することができるのです。

Memo

ALL関数と似た関数には、次のようなものがあります。併せて覚えておいてください。

関数名	構文	説明
ALLEXCEPT	ALLEXCEPT(テーブル,列)	指定した列のフィルタのみ除外する。
ALLSELECTED	ALLSELECTED(テーブル,列)	指定した列のフィルタのみ適用する。

以上で、DAXについての解説は終了です。

さて、本書ではこれまで、パワークエリの概要から始まりM言語、さらにはDAXと、データ分析のために必要な機能全般にわたって踏み込んで解説してきました。

本書の内容を理解しておけば、様々な実戦の場面においてパワークエリを効果的に活用することができるでしょう。

ぜひ、皆さんの業務にも活かしてみてください。

第11章のまとめ

- DAXクエリを使用することで、CALCULATE関数のようなテーブルを返す関数の動作チェックを容易に行うことができる。DAXの確認はピボットテーブルを行うケースが基本だが、DAXクエリを知ることで、より効率的にDAXの式を作ることができるようになる。

- 日付テーブルは、パワーピボットの標準機能を使用するのが便利である。ただし、データの分析内容によっては「四半期」等の列が足りないケースがあるので、必要に応じて列を追加する。また、日付テーブルの期間が変更になる場合は、Excelで作成したリストを元にする方法も有効である。

- 末尾に「X」が付いた関数は、通常「列」単位でしか集計処理できないメジャーで、行ごとの計算をサポートする。そのため、余分な計算列を作成しなくても良いというメリットがあるが、一方でパフォーマンス的に不利というデメリットもあるので、使用する場合には注意が必要。

索引

■記号・数字

■A - D

■E - L

■M - R

■S - T

■V - Y

■あ行

■か行

■さ行

■た行

■な行

■は行

■ま行

■や～わ行

◉著者紹介

沢内晴彦（さわうち はるひこ）

1960年生まれ。川崎市出身、川崎市在住。SIerでの勤務を経て現在は業務コンサルティング会社に勤務。
Excelはバージョン5から利用を始め、VBAもすでに20年以上の経験がある。その間、社内・社外向けにVBAを利用したツールを開発し、その数はゆうに1000を超える。近年ではローコード/ノーコードツールの普及とともに、パワークエリをはじめとしたPowerApps製品を利用したツール開発だけでなく、業務効率化のための業務分析や計画立案、プロジェクト進行・管理といった業務も行う。その対象業務は多岐にわたり、種類の如何を問わず大きな成果を上げている。
また、後進の育成にも関わり、セミナーやコードのレビューでの指導のわかりやすさには定評があり、その圧倒的な知識や経験に裏付けられた指導から社内にとどまらず、取引先からも絶大な信頼を得ている。
著書に『入門レベルでは決して足りない実務に必須のスキルとは ExcelVBA 実戦のための技術』（ソシム）などがある。

カバーデザイン：坂本真一郎（クオルデザイン）
本文デザイン・DTP：有限会社 中央制作社

Excel パワークエリ実戦のための技術
データの取得、行・列操作によるデータ処理から、モデリング、let 式、DAX クエリまで完全解説！

2024年 3月 5日　初版第1刷発行
2024年10月 2日　初版第2刷発行

著者　　沢内 晴彦
発行人　片柳 秀夫
編集人　志水 宣晴
発行　　ソシム株式会社
https://www.socym.co.jp/
〒101-0064　東京都千代田区神田猿楽町 1-5-15 猿楽町 SS ビル
TEL：(03)5217-2400（代表）
FAX：(03)5217-2420

印刷・製本　　シナノ印刷株式会社

定価はカバーに表示してあります。
落丁・乱丁本は弊社編集部までお送りください。送料弊社負担にてお取替えいたします。
ISBN 978-4-8026-1450-4